普通高等教育"十一五"国家级规划教材

21世纪高等学校计算机规划教材

21st Century University Planned Textbooks of Computer Science

数据库Access 2003应用教程

Access 2003 Applications

卢湘鸿 主编 陈恭和 白艳 副主编

名家系列

人民邮电出版社

北京

图书在版编目（CIP）数据

数据库Access 2003应用教程 / 卢湘鸿主编．—北京：人民邮电出版社，2007.8（2015.7 重印）
普通高等教育“十一五”国家级规划教材．21世纪高等学校计算机规划教材
ISBN 978-7-115-15602-0

Ⅰ．数… Ⅱ．卢… Ⅲ．关系数据库－数据库管理系统，Access 2003－高等学校－教材 Ⅳ．TP311.138

中国版本图书馆CIP数据核字（2007）第062672号

内 容 提 要

本书为普通高等教育“十一五”国家级规划教材，是按照教育部高等教育司组织制定的《普通高等学校文科类专业大学计算机教学基本要求（2006 年版）》计算机大公共课程中有关数据库的教学基本要求编写的。

全书以 Microsoft Access 2003 关系型数据库为背景，由数据库基础知识、Access 2003 操作简介、建立数据表和关系、查询、窗体、报表、数据访问页、宏、数据安全和综合应用案例等 10 章组成。

书中介绍数据库基本概念，并结合 Access 2003 学习数据库的建立、维护及管理，掌握数据库设计的步骤和 SQL 的使用方法。通过与数据库系统的融合，介绍信息管理类应用软件的开发过程与设计技巧。全书以应用为目的，以案例为引导，结合管理信息系统和数据库基本知识，使学生可以参照教材提供的讲解和上机实验，较快地掌握 Access 软件的基本功能和操作，达到基本掌握小型管理信息系统建设的目的。

本书适合作为高等院校各专业计算机公共基础课程数据库方面的教材，还可作为计算机等级考试的培训教材及自学人员的用书。

普通高等教育“十一五”国家级规划教材
21 世纪高等学校计算机规划教材
数据库 Access 2003 应用教程

◆ 主　　编　卢湘鸿
　副 主 编　陈恭和　白　艳
　责任编辑　张　鑫
◆ 人民邮电出版社出版发行　　北京市丰台区成寿寺路 11 号
　邮编　100164　　电子邮件　315@ptpress.com.cn
　网址　http://www.ptpress.com.cn
　固安县铭成印刷有限公司印刷
◆ 开本：787×1092　1/16
　印张：17.75　　　　2007 年 8 月第 1 版
　字数：427 千字　　　2015 年 7 月河北第 19 次印刷

ISBN 978-7-115-15602-0/TP

定价：29.00 元

读者服务热线：(010)81055256　印装质量热线：(010)81055316
反盗版热线：(010)81055315

编者的话

本书为普通高等教育"十一五"国家级规划教材，是按照教育部高等教育司组织制定的《普通高等学校文科类专业大学计算机教学基本要求（2006年版）》计算机大公共课程中有关数据库的教学基本要求编写的。

作为目前世界上最流行的关系型桌面数据库管理系统，微软公司的Microsoft Office Access可以有效地组织、管理和共享数据库的信息，并且数据库信息与Web结合在一起，为在局域网络和互联网共享数据库的信息奠定了基础。同时，Access概念清楚，简单易学，功能完备，不仅成为初学者的首选，而且被越来越广泛地运用于开发各类管理软件。

全书以Microsoft Access 2003 关系型数据库为背景，内容包括数据库基础知识、Access 2003操作简介、建立数据表和关系、查询、窗体、报表、数据访问页、宏、数据安全及综合应用案例等10章。

全书除了对数据库基本原理和Access的基本功能进行介绍外，重点放在Access数据库的重要对象表、查询、窗体、报表与宏的建立、使用、应用，以及数据库的安全等内容上。最后通过对一个信息管理系统开发案例的讲述，不仅综合了Access的主要功能的应用，而且为读者自行开发管理系统提供了切实可行的模板。

本书从始至终贯穿一个学生十分熟悉的"教学信息管理"数据库的实例，从表的建立开始直到数据库的安全，渐进式地逐步形成一个完整的系统。本书注重理论联系实例，条理清楚、概念明确、注重实际操作技能，并通过丰富的习题和实验，帮助学生进一步掌握所学内容。

本书以应用为目的，以案例为引导，结合管理信息系统和数据库基本知识，力求避免术语的枯燥讲解和操作的简单堆砌，使学生可以参照教材提供的讲解和上机实验，尽快掌握Access软件的基本功能和操作，能够学以致用地完成小型管理信息系统的建设。

本书可以满足32学时至72学时（其中上机时间不少于一半学时）的教学需要。分两个层次安排：第一层次，安排36学时，以第1章至第6章为教学基本要求；第二层次，安排72学时，可以全书为教学内容，以学生独立完成一个小型数据库应用系统作为教学的最终要求。

当然，如何安排教学，应从不同专业学生毕业后在社会工作与专业本身对Access数据库最需要的基本要求出发，还要考虑到学时的允许，以及软硬件设备和师资等方面的条件，来决定在教学中对知识模块的取舍。

本书适合作为高等院校各专业计算机公共基础课程数据库方面的教材，还可作为计算机等级考试的培训教材及自学人员的用书。

本书由卢湘鸿[注]组织编写并任主编，由陈恭和、白艳任副主编。参加本书初稿编写的主要有（按姓氏笔画排名）：北京语言大学的白艳（第1章到第4章）、对外经济贸易大学的陈恭和（第10章）、北京语言大学的黄建平（第8章到第9章）、北京语言大学的贾岩（第5章到第6章）和北京大学的唐大仕（第7章）。参加一些章节部分内容、例题及习题初稿编写的有（按姓氏笔画排名）：白晶、马凤茹、刘燕、闫希荣、陈萌、陈金亮等。全书由陈恭和统稿，最后由卢湘鸿审定。

本书虽然是编者长期从事文科计算机教学第一线的经验总结，但限于作者水平，书中难免会有错误或不妥之处，敬请同行和读者批评指正。

编　者

2007年5月

注：卢湘鸿　北京语言大学信息科学学院计算机科学与技术系教授、教育部高等学校文科计算机基础教学指导委员会副主任、全国高等院校计算机基础教育研究会文科专业委员会主任。

目录

第 1 章　数据库基础知识

数据库是 20 世纪 60 年代后期发展起来的一项重要技术，20 世纪 70 年代以来，数据库技术得到了迅速发展和广泛应用，已经成为计算机科学与技术的一个重要分支。今天，信息资源已成为各个部门的重要财富和资源，对一个国家来说，数据库的建设规模、数据库信息量的大小和使用频度已成为衡量这个国家信息化程度的重要标志。

本章将介绍有关数据库管理系统的必备基础知识，这些是学习和掌握 Access 2003 数据处理技术的基础和前提。

1.1　数据库系统概述

数据库的出现使数据处理进入了一个崭新的时代，它能把大量的数据按照一定的结构存储起来，开辟了数据处理的新纪元。数据处理的基本问题是数据的组织、存储、检索、维护和加工利用，这些正是数据库系统所要解决的问题。

1.1.1　数据、信息和数据处理

1．数据（Data）

数据是指存储在某一种媒体上的能够被识别的物理符号。日常所见现象和事物等都是数据，数据用类型和值来表示。

数据在大多数人头脑中的第一个反应就是数字。数字只是最简单的一种数据，数据的种类很多，如文字、图形、图像、声音、教师和学生的档案等都是数据，都可以经过数字化后存入计算机。在计算机中，可用 0 和 1 两个符号编码来表示各种各样的数据。

为了了解世界，交流信息，人们需要描述这些事物。在日常生活中，直接用自然语言（如汉语）描述。在计算机中，为了存储和处理这些事物，就要抽出事物的特征组成一个记录来描述，如在“教学信息管理”系统中，学生就可以这样描述：

（杨胶，女，1986-4-30，山东，团，计算机科学）

上面的学生记录就是数据。

2．信息（Information）

信息是经过加工处理的有用数据。数据只有经过提炼和抽象变成有用的数据后才能成为信息。信息仍以数据的形式表示。

3．数据处理（Data Processing）

数据处理是指将数据加工并转换成信息的过程。数据处理的核心是数据管理。计算机对

数据的管理是指对各种数据进行分类、组织、编码、存储、检索及维护提供操作手段。

1.1.2 数据管理技术的发展概况

随着计算机软硬件技术的发展，数据管理技术的发展大致经历了人工管理、文件系统和数据库系统 3 个阶段。

1．人工管理阶段（20 世纪 50 年代）

数据与处理数据的程序密切相关，互相不独立，数据不做长期保存，而且依赖于计算机程序或软件。

2．文件系统阶段（20 世纪 60 年代）

程序与数据有一定的独立性，程序和数据分开存储，程序文件和数据文件具有各自的属性。数据文件可以长期保存，但数据冗余（数据重复）度大，缺乏数据独立性，做不到集中管理。

3．数据库系统阶段（20 世纪 60 年代后期）

这个阶段基本实现了数据共享，减少了数据冗余，数据库采用特定的数据模型，数据库具有较高的数据独立性，数据库系统有统一的数据控制和数据管理。

1.1.3 数据库系统的组成

1．数据库（DataBase，DB）

数据库，顾名思义，是存放数据的仓库，这个仓库是在计算机存储设备上，而且数据是按照一定的格式存放的。人们借助计算机技术和数据库技术科学地保存和管理大量的复杂的数据，以便能方便而充分地利用这些宝贵的信息资源。

所谓数据库是指长期储存在计算机内的，有组织的、可共享的数据集合。数据库中的数据按一定的数据模型组织、描述和存储，具有较小的冗余度、较高的数据独立性和易扩展性，并可以为各种用户共享。

2．数据库管理系统（DataBase Management System，DBMS）

数据库管理系统是数据库系统的一个重要组成部分。它是位于用户与操作系统之间的数据管理软件，如常见的 Access、SQL Server、Oracle 等，都是常用的数据库管理系统。它主要包括以下几个方面的功能。

（1）数据定义功能

DBMS 提供了数据定义语言（Data Definition Language，DDL），通过它可以方便地对数据库中的数据对象进行定义。

（2）数据操纵功能

DBMS 还提供数据操纵语言（Data Manipulation Language，DML），用户使用 DML 可实现对数据库中数据的基本操作，如查询、插入、删除、修改等。

（3）数据库的运行管理

在建立、运行和维护数据库时，由数据库管理系统统一管理、统一控制，以保证数据的安全性、完整性、多用户对数据的并发使用及发生故障后的系统恢复。

（4）数据库的建立和维护功能

包括数据库初始数据的输入、转换功能；数据库的转储、恢复功能；数据库的管理重组织功能和性能监视、分析功能等。这些功能通常是由一些实用程序完成的。

3．数据库系统（DataBase System，DBS）

数据库系统是指在计算机系统中引入数据库后的系统，一般由数据库、数据库管理系统（及其应用开发工具）、数据库应用系统、数据库管理员、应用程序员和用户组成，如图 1-1 所示。

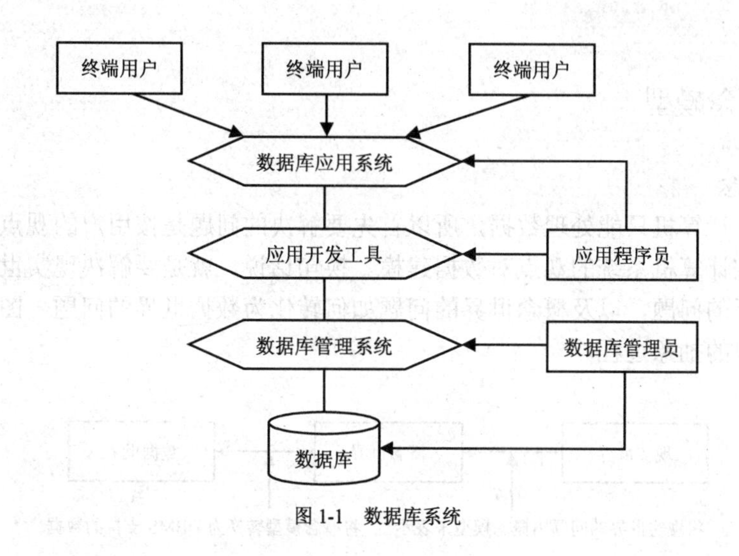

图 1-1　数据库系统

说明：数据库管理系统通常指 Access、SQL Server、Oracle 等软件。数据库应用系统是在这些软件中开发的系统，如财务电算化软件、学校信息管理系统等。

1.2 数 据 模 型

数据模型是工具，是用来抽象地表示和处理现实世界中的数据和信息的工具。数据模型应满足 3 个方面的要求：一是能够比较真实地模拟现实世界；二是容易被人理解；三是便于在计算机系统中实现。

1.2.1　什么是数据模型

数据模型是客观事物及其联系的数据描述，它应具有描述数据和数据联系两方面的功能。数据模型是由数据结构、数据操作和数据的约束条件 3 部分组成。其中数据结构是所研究对象类型的集合，是对系统静态特征的描述；数据操作是指对数据库中各种对象（型）的实例（值）允许执行的操作的集合；数据的约束条件是一组完整性规则的集合。完整性规则是指数据模型中数据及其联系所具有的制约和依存规则，用以限定符合数据模型的数据库状态以及状态的变化，以保证数据的正确、有效及相容。

不同的数据模型实际上是提供给我们模型化数据和信息的不同工具。根据模型应用的不同目的，可以将这些模型化分为两类，它们分别属于两个不同的层次。

第一类模型是概念模型，它是按用户的观点对数据和信息建立模型，是用户和数据库设计人员之间进行交流的工具，主要用于数据库设计。这一类模型中最著名的模型就是实体关系模型。另一类模型是数据模型，主要包括网状模型、层次模型和关系模型等，它是按计算机系统的观点对数据建模，主要用于 DBMS 的实现。

数据模型是数据库系统的核心和基础。各种机器上实现的 DBMS 软件都是基于某种数据模型的。

1.2.2 概念模型

1. 基本概念

我们知道，计算机只能处理数据，所以首先要解决的问题是按用户的观点对数据和信息建模，然后再按计算机系统的观点对数据建模。换句话说，就是要解决现实世界的问题如何转化为概念世界的问题，以及概念世界的问题如何转化为数据世界的问题，图 1-2 所示是现实世界客观对象的抽象过程。

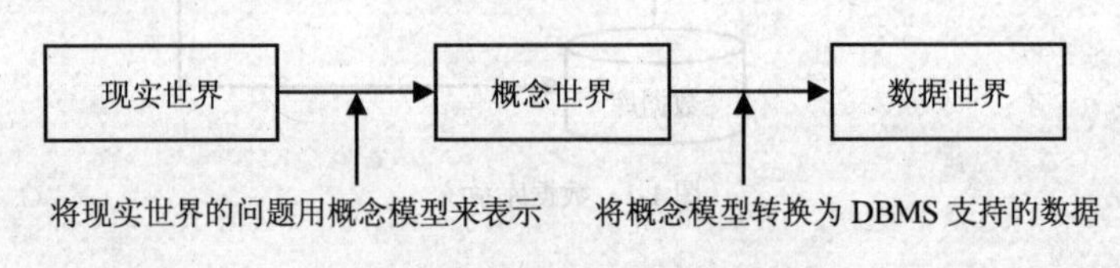

图 1-2 现实世界客观对象的抽象过程

在概念模型中，需要用到以下几个术语。

（1）实体（Entity）

客观存在并相互区别的事物称为实体。实体可以是实际的事物，也可以是抽象的事物。例如，学生、课程等都是属于实际的事物；学生选课、教师授课等都是抽象的事物。

（2）实体的属性（Attribute）

描述实体的特性称为属性。例如，学生实体用学号、姓名、性别、年龄、政治面貌、简历、照片等属性来描述。

（3）实体集和实体型（Entity Set And Entity Type）

属性值的集合表示一个实体，而属性的集合表示一种实体的类型，称为实体型。同类型的实体的集合，称为实体集。

例如，学生（学号，姓名，性别，年龄，政治面貌，简历，照片）就是一个实体型。对于学生来说，全体学生就是一个实体集。

在 Access 中，用“表”来存放同一类实体，即为实体集。例如，学生表、教师表、成绩表等。Access 的一个“表”包含若干个字段，“表”中的字段就是实体的属性。字段值的集合组成表中的一条记录，代表一个具体的实体，即每一条记录表示一个实体。

2. 实体联系模型

实体联系模型也叫 E-R 模型或 E-R 图，它是描述概念世界、建立概念模型的实用工具。

E-R 图包括下面 3 个要素。

（1）实体。用矩形框表示，框内标注实体名称。

（2）属性。用椭圆形表示，并用连线与实体连接起来。

（3）实体之间的联系。用菱形框表示，框内标注联系名称，用连线将菱形框与有关实体相连，并在连线上注明联系类型。图 1-3 所示为两个 E-R 图。

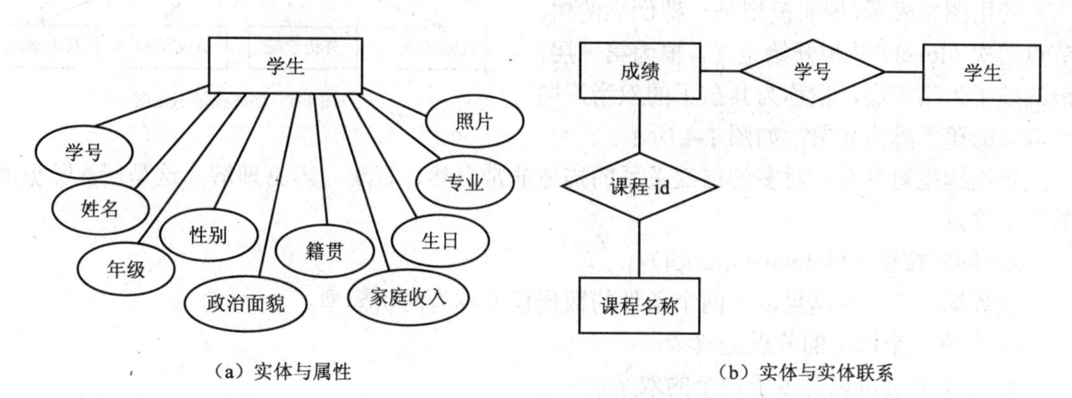

（a）实体与属性　　（b）实体与实体联系

图 1-3　两个 E-R 图

实体之间的对应关系称为联系，它反映现实世界事物之间的相互联系。两个实体（设 A，B）间的联系有以下 3 种类型。

- 一对一联系（1:1）。如果 A 中的任一属性至多对应 B 中的唯一属性，且 B 中的任一属性至多对应 A 中的唯一属性，则称 A 与 B 是一对一联系。例如，电影院中观众与座位之间、乘车旅客与车票之间、病人与病床之间等都是一对一联系。
- 一对多联系（1:N）。如果 A 中至少有一属性对应 B 中一个以上的属性，且 B 中的任一属性至多对应 A 中的一个属性，则称 A 对 B 是一对多联系。例如，学校对系、班级对学生等都是一对多联系。
- 多对多联系（M:N）。如果 A 中至少对应 B 中一个以上属性，且 B 中也至少有一个属性对应 A 中一个以上属性，则称 A 与 B 是多对多联系。例如，学生与课程之间，工厂与产品之间，商店与顾客等都是多对多联系。

1.2.3　三种数据模型

数据模型是数据库系统的基石，任何一个数据库管理系统都是基于某种数据模型的。数据库管理系统所支持的传统数据模型分为层次模型、网状模型和关系模型 3 种。

3 种数据模型之间的根本区别在于实体之间联系的表示方式不同。层次模型是用“树结构”来表示实体之间的联系；网状模型是用“图结构”来表示实体之间的联系；关系模型是用“二维表”（或称关系）来表示实体之间的联系。

1．层次模型（Hierarchical Model）

层次模型是数据库系统中最早出现的数据模型，它用树型结构表示各类实体以及实体之间的联系，颇为类似文件管理器的树状结构。层次模型数据库系统的典型代表是 IBM 公司的 IMS（Information Management Systems）数据库管理系统，它是一个曾经广泛使用的数据库管理系统。

在数据库中，对满足以下两个条件的数据模型称为层次模型。

● 有且仅有一个节点无双亲，这个节点称为“根节点”；

● 其他节点有且仅有一个双亲。

若用图来表示，层次模型是一棵倒立的树。节点层次（level）从根开始定义，根为第一层，根的孩子为第二层，根称为其孩子的双亲，同一双亲的孩子称为兄弟，如图 1-4 所示。

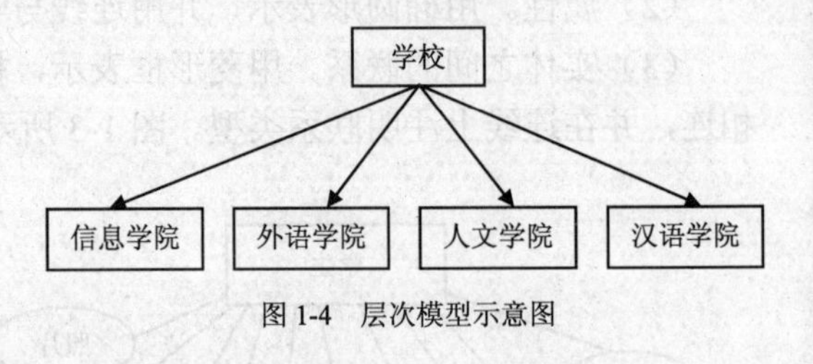

图 1-4 层次模型示意图

层次模型对具有一对多的层次关系的描述非常自然、直观、容易理解，这是层次数据库的突出优点。

2．网状模型（Netware Model）

在数据库中，对满足以下两个条件的数据模型称为网状模型。

● 允许一个以上的节点无双亲。

● 一个节点可以有多于一个的双亲。

网状模型的典型代表是 DBTG 系统，也称 CODASYL 系统，它是 20 世纪 70 年代数据系统语言协会 CODASYL 下属的数据库任务组（Data Base Task Grop，DBTG）提出的一个系统方案，图 1-5 给出了一个抽象的简单的网状模型。

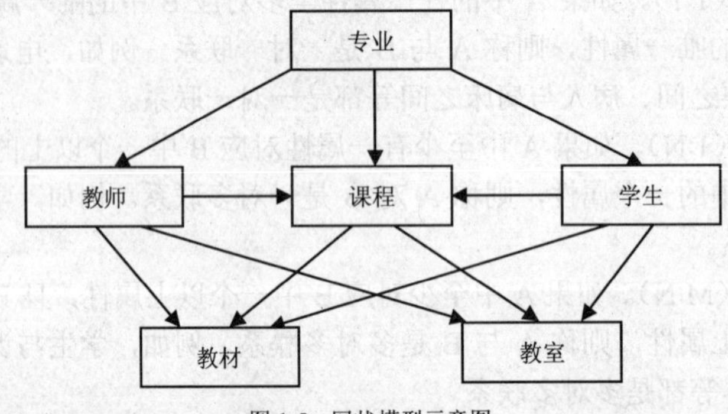

图 1-5 网状模型示意图

3．关系模型（Relational Model）

关系模型是目前最重要的一种模型，也是目前所有数据库系统采用的数据模式。美国 IBM 公司的研究员 E.F.Codd 于 1970 年发表了题为“大型共享系统的关系数据库的关系模型”的论文，文中首次提出了数据库系统的关系模型。20 世纪 80 年代以来，计算机厂商推出的数据库管理系统（DBMS）几乎都支持关系模型，非关系系统的产品也大都加上了关系接口。

用二维结构来表示实体以及实体之间联系的模型称为关系模型。关系数据库模型是以关系数学理论为基础的，在关系模型中，操作的对象和结果都是二维表，这种二维表就是关系。

关系模型与层次模型、网状模型的本质区别在于数据描述的一致性，模型概念单一。在关系数据库中，每一个关系都是一个二维表，无论实体本身还是实体间的联系均用“关系”二维表来表示，使得描述实体的数据本身能够自然地反映他们之间的联系，而传统的层次和网状模型数据库是使用链接指针来存储和体现联系的。

表 1-1 比较了 3 种数据模型的优缺点。

表 1-1　　层次模型、网状模型及关系模型的优缺点

数据模型	占用内存空间	处理效率	设计弹性	数据设计复杂度	界面亲和力
层次模型	高	高	低	高	低
网状模型	中	中–高	低–中	高	低–适度
关系模型	低	低	高	低	高

1.3　关系数据模型

20 世纪 80 年代以来，新推出的数据库管理系统几乎都支持关系数据模型，Access 就是一种关系数据库管理系统。本节结合 Access 来介绍关系数据库系统的基本概念。

1.3.1　关系术语及特点

关系数据模型的用户界面非常简单，一个关系的逻辑结构就是一个二维表。这种用二维表的形式表示实体和实体间联系的数据模型称为关系数据模型。目前流行的关系型数据库 DBMS 产品包括 Access、SQL Server、FoxPro、Oracle 等软件。

1. 关系术语

在 Access 中，一个"表"就是一个关系。图 1-6 所示给出了一张"教师"表，图 1-7 所示给出了一张"课程"表，这是两个关系。这两个表中都有唯一标识一名教师的属性——教师 id，根据"教师 id"通过一定的关系运算可以将两个关系联系起来。

教师 : 表

教师id	姓名	性别	婚否	籍贯	职称	专业	科室	宅电	手机
1	李质平	男	-1	上海	副教授	文科基础	文史	(010)-60442777	13135839366
2	赵侃茹	女	0	山东	讲师	文科基础	文史	(010)-84853399	13589244127
3	张衣沿	男	0	山西	教授	文科基础	文史	(010)-86941009	13295973205
4	刘也	男	-1	河南	讲师	文科基础	文史	(010)-68598674	13124955892
5	张一弛	男	0	河南	讲师	理科基础	理科综合	(010)-66615122	13540498065
6	杨齐光	男	0	四川	助教	理科基础	理科综合	(010)-61091108	13536400842
7	柳坡	男	-1	北京	讲师	理科基础	数学	(010)-80340217	13371104621
8	张庄庄	女	-1	四川	讲师	理科基础	理科综合	(010)-67326966	13349756956
9	孙亦欧	女	0	四川	讲师	原子物理	量子力学	(010)-62548655	13315508937
10	章匀	男	0	上海	教授	原子物理	量子力学	(010)-85740218	13863126039

记录: 1 共有记录数: 37

图 1-6　"教师"表

课程表 : 表

星期	节次	课程id	教师id	教室id	班级对象
1	5	1	22	5	/34
3	1	1	22	4	/34
1	1	2	38	1	/33/34
1	3	2	39	1	/31/32
3	5	2	39	1	/31/32
5	3	2	38	1	/33/34
2	1	3	5	5	/11/12

记录: 1 共有记录数: 61

图 1-7　"课程"表

（1）关系（Relation）

一个关系就是一个二维表，每个关系有一个关系名。其格式为

关系名（属性名 1，属性名 2，……，属性名 *n*）

在 Access 中，用下面格式表示表的结构：

表名（字段名 1，字段名 2，……，字段名 *n*）

例如，“教师”表可以描述为

教师（教师 id，姓名，性别，婚否，籍贯，职称，……，简历）

（2）元组（Tuple）

在一个二维表（一个具体关系）中，水平方向的行称为元组，每一行是一个元组。元组对应表中的一个具体记录。例如，“教师”表和“课程”表两个关系各包括多条记录（或多个元组）。

（3）属性（Attribute）

二维表中垂直方向的列称为属性，每一列有一个属性名。在 Access 中表示为字段名。每个字段的数据类型、宽度等在创建表的结构时规定。例如，“教师”中的“教师 id”、“姓名”、“性别”等字段名及其相应的数据类型组成表的结构。

（4）域（Domain）

域是指属性的取值范围，即不同元组对同一个属性的取值所限定的范围。例如，“姓名”的取值范围是文字字符；性别从“男”、“女”两个汉字中取一；“婚否”只能从逻辑真或逻辑假两个值中取值。

（5）主键（Primary Key）

其值能够唯一地标识一个元组的属性或属性的组合。在 Access 中表示字段或字段的组合。例如，“教师”中的“教师 id”可以唯一确定一个元组，也就成为本关系的主键。由于具有某一职称的可能不止一人，所以“职称”字段不能成为“教师”表中的主键。一个表只能有一个主键，主键可以是一个字段，也可以由若干字段组合而成。

（6）外键（Foreign Key）

表之间的关系是通过外键来建立的。一个表中的“外键”就是与它所指向的表中的主键对应的一个属性。如果两个表之间呈现“一对多”关系，则“一”表中的主键字段必然出现在“多”表中，成为联系两个表的纽带，“多”表中出现的这个字段就被称为外键。

2．关系的特点

关系模型看起来简单，但是并不能将日常手工管理所用的各种表格，按照一张表一个关系直接存放到数据库系统中。在关系模型中对关系有一定的要求，关系必须具有以下特点。

（1）关系必须规范化

所谓规范化是指关系模型中的每一个关系模型都必须满足一定的要求。最基本的要求是所有属性值都是原子项（不可再分）。

手工制表中经常出现表 1-2 所示的复合表。这种表格不是二维表，不能直接作为关系来存储，必须去掉应发工资和应扣工资这两项。

表 1-2　　复合表示例

姓名	职称	应发工资			应扣工资			实发工资
		基本工资	奖金	津贴	房租	水电	托儿费	

（2）在同一个关系中不能出现相同的属性名，即不允许同一表中有相同的字段名。

（3）关系中不允许有完全相同的元组，即冗余。

在一个关系中元组的次序无关紧要。任意交换两行的位置并不影响数据的实际含义。

1.3.2 关系运算

关系数据库进行查询时，需要找到用户感兴趣的数据，这就需要对关系进行一定的关系运算。关系的基本运算有两类：一类是传统的集合运算（并、差、交等），另一类是专门的关系运算（选择、投影、联接），有些查询需要几个基本运算的组合。

1．传统的集合运算

进行并、差、交集合运算的两个关系必须具有相同的关系模式，即元组有相同的结构。

（1）并（Union）

两个相同结构关系的并是由属于这两个关系的元组组成的集合。

例如，有两个结构相同的学生关系 R1、R2，分别存放两个班的学生，将第二个班的学生记录追加到第一个班的学生记录后面就是两个关系的并集。

（2）差（Difference）

设有两个相同的结构关系R和S,R与S的差是由属于R但不属于S的元组组成的集合，即差运算的结果是从R中去掉S中相同的元组。

例如，设有选修计算机基础的学生关系R，选修数据库Access的学生关系S，若求选修了计算机基础，但没有选修数据库Access的学生，就应当进行差运算。

（3）交（Intersection）

两个具有相同结构的关系R和S，他们的交是由既属于R又属于S的元组组成的集合。交运算的结果是R和S的共同元组。

例如，有选修计算机基础的学生关系R，选修数据库Access的学生关系S，若求既选修了计算机基础又选修了数据库Access的学生，就应当进行交运算。

2．专门的关系运算

关系数据库管理系统能完成选择、投影和联接3种关系操作。

（1）选择（Select）

从关系中找出满足给定条件的元组的操作称为选择。选择的条件以逻辑表达式的形式给出，逻辑表达式的值为真的元组将被选取。例如，要从“教师”表中找出“职称”为教授的教师，所进行的查询操作就属于选择操作。

（2）投影（Project）

从关系模式中指定若干属性组成新的关系称为投影。

投影是从列的角度进行的运算，相当于对关系进行垂直分解。经过投影运算可以得到一个新的关系，其关系模式所包含的属性个数往往比原关系少，或者属性的排列顺序不同。投影运算提供了垂直调整关系的手段，体现出关系中列的次序无关紧要这一特点。

例如，要从“学生”关系中查询学生的“姓名”和“年级”，所进行的查询操作就属于投影运算。

（3）联接（Join）

联接是关系的横向结合。联接运算将两个关系模式拼接成一个更宽的关系模式，生成的新关系中包含满足联接条件的元组。

联接过程是通过联接条件来控制的，联接条件中将出现两个表中的公共属性名，或者具有相同的语义，可比的属性。联接结果是满足条件的所有记录。

选择和投影运算的操作对象只是一个表，相当于对一个二维表进行切割。联接运算需要两个表作为操作对象。如果需要联接两个以上的表，应当两两进行联接。

总之，在对关系数据库的查询中，利用关系的投影、选择和联接运算可以方便地分解或构成新的关系。

1.3.3 关系的完整性

关系模型的完整性规则是对关系的一种约束条件。在关系模型中有实体完整性、参照完整性和用户定义完整性 3 类完整性约束。其中，实体完整性和参照完整性是关系模型必须满足的完整性约束条件，它由关系系统自动支持。

1．实体完整性（Entity Integrity）

设置主键是为了确保每个记录的唯一性，因此各个记录的主键字段值不能相同，也不能为空。如果唯一标识了数据库表的所有行，则称这个表展现了实体完整性。实体完整性要求关系的主键不能取重复值，也不能取空值。

2．参照完整性（Referential Integrity）

参照完整性规则，定义了外键与主键之间的引用规则。如学生表中的“学号”字段是该表的主键，但在成绩表中是外键，则在成绩表中该字段的值只能取“空”或取学生表中学号的其中值之一。

3．用户定义完整性（Definition Integrity）

实体完整性和参照完整性适用于任何关系数据库系统，而用户定义的完整性则是针对某一具体数据库的约束条件，由应用环境决定。它反映某一具体应用所涉及的数据必须满足的语义要求。通常，用户定义的完整性主要是字段级/记录级/有效性规则。

1.4 数据库设计基础

众所周知，任何软件产品的开发过程都必须遵循一定的开发步骤。在创建数据库之前，应先对数据库进行设计。

Access 数据库文件的扩展名为 .mdb。在建立一个数据库管理系统之前，合理的设计数据库的结构是保障系统高效、准确完成任务的前提。

1.4.1 数据库设计的步骤

设计数据库的关键，在于明确数据的存储方式与关联方式。在各种类型的数据库管理系统中，为了能够更有效、更准确地为用户提供信息，往往需要将关于不同主题的数据存放在不同的表中，Access 也是如此。

比如一个教学信息管理数据库，至少应有两个表，一个表用来存放学生基本情况，另一个表用来存放课程情况。如果想查看某一个课程及选修该课程的学生情况，就需要在两个表之间建立一个联系（即增加一个联系表）。

所以在设计数据库时，首先要把数据分解成不同相关内容的组合，再分别存放在不同的表中，然后再告诉 Access 这些表相互之间是如何进行关联的。

说明：虽然可以使用一个表来同时存储学生数据和课程数据，但这样数据的冗余度太高，而且无论对设计者来说，还是对使用者来说，在数据库的创建和管理上都将非常麻烦。

设计数据库可按以下步骤进行。

（1）分析数据需求。确定数据库要存储哪些数据。

（2）确定需要的表。一旦明确了数据库需要存储的数据和所要实现的功能，就可以将数据分解为不同的相关主题，在数据库中为每个主题建立一个表。

（3）确定需要的字段。确定在各表中存储数据的内容，即确立各表的结构。

（4）确定各表之间的关系。仔细研究各表之间的关系，确定各表之间的数据应该如何进行联接。

（5）改进整个设计。可以在各表中加入一些数据作为例子，然后对这些例子进行操作，看是否能得到希望的结果。如果发现设计不完备，可以对设计做一些调整。

在最初的设计中，不必担心发生错误或遗漏。若在数据库设计的初始阶段出现一些错误，在 Access 中是极易修改的。但一旦数据库中拥有大量数据，并且被用到查询、报表、窗体或 Web 访问页中，再进行修改就非常困难了。所以在确定数据库设计之前一定要做适量的测试和分析工作，排除其中的错误和不合理的设计。

下面以“教学信息管理”应用系统为例，介绍数据库设计的一般过程。

1.4.2　分析建立数据库的目的

首先考虑“为什么要建立 DB 及建立 DB 要完成的任务”，这是 DB 设计的第一步，也是 DB 设计的基础。然后考虑与 DB 的最终用户进行交流，了解现行工作的处理过程，讨论应保存及怎样保存要处理的数据。要尽量收集与当前处理有关的各种数据表格。

建立“教学信息管理”数据库的目的是为了实现教学信息管理，对教师、学生、课程及教室等相关数据进行管理。

在功能方面的要求是：在“教学信息管理”数据库中，至少应存放教与学两方面的数据，即有关学生的情况、教师的情况、课程安排、教室安排以及考试成绩等方面的数据。要求从中可以查出每个学生各门课程的成绩、某门课程由哪位教师担任、哪些学生选修了这门课、教师和学生的上课地点以及这门课程的考试成绩等信息。如有可能，应尽量使用表格的形式来描述这些数据。

1.4.3　确定数据库中的表

从确定的 DB 所要解决的问题和收集的各种表格中，不一定能够找出生成这些表格结构的线索。因此，不要急于建立表，而应先进行设计。

为了能更合理地确定出DB中应包含的表，应按下列原则对信息进行分类。

（1）若每条信息只保存在一个表中，只需在一处进行更新。这样效率高，同时也消除了包含不同信息的重复项的可能性。

（2）每个表应该只包含关于一个主题的信息，可以独立于其他主题来维护每个主题的信息。

例如，在“教学信息管理”数据库中，应将教师和学生的信息分开，这样当删除一个学生信息就不会影响教师信息。学生信息可分为个人信息和学习成绩信息两类。

根据上述分析，可以初步拟订该数据库应包含5个数据表，即教师表、学生表、成绩表、课程名称表和教室表。

1.4.4 确定表中的字段

表确定后，就要确定每张表应该包含哪些字段。在确定所需字段时，要注意以下几点。

（1）每个字段包含的内容应该与表的主题相关，应包含相关主题所需的全部信息。

（2）不要包含需要推导或计算的数据。

（3）一定要以最小逻辑部分作为字段来保存信息。

根据以上原则，可以为“教学信息管理”数据库的各个表设置表结构，如表1-3～表1-7所示。

表1-3 “教师”表结构

字段名	字段类型	字段宽度	小数位数	字段名	字段类型	字段宽度	小数位数
教师id	自动编号	长整型		专业	文本	5	
姓名	文本	4		科室	文本	5	
性别	文本	1		宅电	文本	11	
婚否	是/否			手机	文本	15	
籍贯	文本	5		照片	OLE 对象		
职称	文本	3		简历	备注		

表1-4 “学生”表结构

字段名	字段类型	字段宽度	小数位数	字段名	字段类型	字段宽度	小数位数
学号	自动编号	长整型		生日	日期/时间		
姓名	文本	4		籍贯	文本	5	
年级	文本	1		政治面貌	文本	1	
专业	文本	5		家庭收入	数字	长整型	自动
班级id	文本	2		照片	OLE 对象		
性别	文本	1					

表1-5 “成绩”表结构

字段名	字段类型	字段宽度	小数位数
学号	数字	长整型	自动
课程id	数字	字节	自动
考分	数字	单精度型	自动

表 1-6　　"教室"表结构

字 段 名	字 段 类 型	字 段 宽 度	小 数 位 数
教室 id	自动编号	长整型	
处所	文本	6	
多媒体	是/否		

表 1-7　　"课程名称"表结构

字 段 名	字 段 类 型	字 段 宽 度	小 数 位 数	字 段 名	字 段 类 型	字 段 宽 度	小 数 位 数
课程 id	数字	字节	自动	课时	数字	字节	自动
课程	文本	3		年级对象	文本	1	
全名	文本	8		专业对象	文本	5	
必修	是/否			多媒体需求	是/否		
学分	数字	字节	自动				

1.4.5　确定主键及建立表之间的关系

到目前为止，已经把不同主题的数据项分在不同的表中，且在每个表中可以存储各自的数据了。在 Access 中，每个表不是完全孤立的部分，表与表之间有可能存在着相互的联系。例如，前面创建的"教学信息管理"数据库中有 5 个表，它们的结构如表 1-3～表 1-7 所示。仔细分析这 5 个表，不难发现，不同表中有相同的字段名，如"学生"表中"学号"，"成绩"表中也有"学号"，通过这个字段，就可以建立起这两个表之间的关系。

1．主键

为保证在不同表中的信息发生联系，每个表都有一个能够唯一确定每条记录的字段或字段组合，该字段或字段组合被称为主关键字（或叫主键）。主键是用于将表联系到其他表的外部键（被联接表中与主键匹配的字段或字段组）上的，从而使不同表中的信息发生联系。

如果表中没有可作为主关键字的字段，可以在表中增加一个字段，该字段的值为序列号，以此来标识不同记录。

主键的性质：主键的值不允许重复；

　　　　　　主键不允许是空（Null）值。

上述几个表的主关键字为加粗字体部分的字段或字段组合。

2．关系的种类

表之间的关系可以归结为以下 3 种类型。

（1）一对一关系（one-to-one relationship）

一对一关系表现为主表中的每一条记录只与相关表中的一条记录相关联。例如，人事部门的教师表和财务部门的工资表之间就存在一对一关系。

（2）一对多关系（one-to-many relationship）

一对多关系表现为主表中的每条记录与相关表中的多条记录相关联。即表 A 中的一条记录在表 B 中可以有多条记录与之对应，但表 B 中的一条记录最多只能与表 A 中一条记录对应。

在上面建立的“教学信息管理”数据库中，“学生”表和“成绩”表之间就是一对多的关系，因为一个学生可以选修多门课程。

一对多关系是最普遍的关系，也可以将一对一关系看做是一对多关系的特殊情况。

（3）多对多关系（many-to-many relationship）

考察学校中学生和课程两个实体型，一个学生可以选修多门课程，一门课程有多名学生选修。因此，学生和课程之间存在着多对多关系。

在 Access 中，多对多的关系表现为一个表中的多条记录在相关表中可以有多条记录与之对应，即表 A 中的一条记录在表 B 中可以对应多条记录，而表 B 中的一条记录在表 A 中也可对应多条记录。

说明：在 Access 或 SQL Server 等数据库中，只有一对一、一对多的关系，并没有多对多关系。多对多是理论上及实际需求时会有这种情况，但在数据库软件中则没有，因此，会将一个多对多关系分解为多个一对多关系。

在设计数据库时，应将多对多关系分解成两个一对多关系，其方法就是在具有多对多关系的两个表之间创建第 3 个表，即纽带表。

在 Access 数据库中，表之间的关系一般都是一对多的关系。把一端表称为主表或父表，将多端表称为相关表或子表。

例如，“学生”表和“课程名称”表之间就是多对多的关系。每门课程可以有多个学生选修，同样一个学生也可以选修多门课程。而“成绩”表就是“学生”表和“课程名称”表之间的纽带表，通过“成绩”表把“学生”表和“课程名称”表联系起来。比如，通过“学生”表和“成绩”表，可以查出某个学生各门功课的成绩，而通过“课程名称”表和“成绩”表，可以查出某门课程都有哪些学生选修，以及这门课程的考试成绩等信息。

如果考虑到一个教师可能不止开设一门课程，而同一门课也可能有几位教师同时讲授的情况，那么“教师”表和“课程名称”表也是多对多的关系。为此，也应该设置一个纽带表，以把“教师”表和“课程名称”表分解成两个一对多关系。

基于以上考虑，在“教学信息管理”数据库中再增加一个表，“课程表”表，该表作为“教师”表和“课程名称”表之间的纽带表，应将“教师”表的主关键字“教师 id”和“课程名称”表的主关键字“课程 id”放入其中。

新增加的“课程表”的表结构如表 1-8 所示。

表 1-8　“课程表”表结构

字段名	字段类型	字段宽度	小数位数	字段名	字段类型	字段宽度	小数位数
星期	数字	字节	自动	教师 id	数字	长整型	自动
节次	数字	字节	自动	教室 id	数字	长整型	自动
课程 id	数字	字节	自动	班级对象	文本	10	

这样，在“教学信息管理”数据库中共有 6 个表：学生、教师、课程名称、成绩、教室

和课程表。这 6 个表之间的关系如图 1-8 所示。

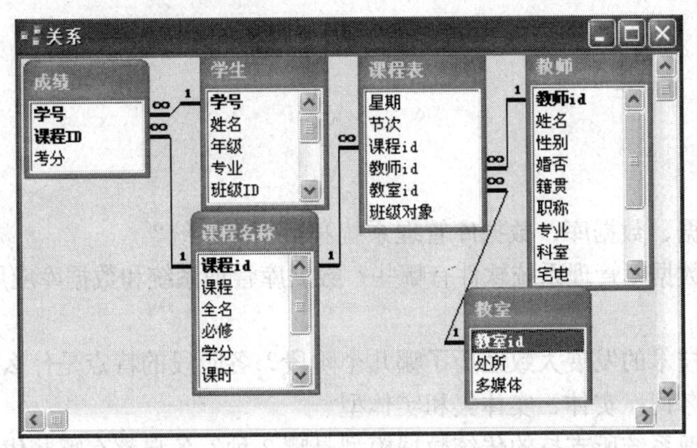

图 1-8　“教学信息管理”数据库 6 个表间的关系

1.4.6　完善数据库

在设计数据库时，信息复杂和情况变化会造成考虑不周，如有些表没有包含属于自己主题的全部字段，或者包含了不属于自己的主题字段。此外，在设计数据库时经常忘记定义表与表之间的关系，或者定义的关系不正确。因此，在初步确定了数据库需要包含哪些表、每个表包含哪些字段以及各个表之间的关系以后，还要重新研究一下设计方案，检查可能存在的缺陷，并进行相应的修改。只有通过反复修改，才能设计出一个完善的数据库系统。

本 章 小 结

数据库是数据管理的最新技术，是计算机科学的重要分支。本章主要介绍了数据库的基本概念。

1．数据与信息的关系，知道信息是经过加工处理后的有用数据。

2．数据处理的目的是为了得到信息，数据处理的核心问题是数据管理。目前，数据管理技术经历了人工管理、文件系统和数据库系统等 3 个阶段。

3．数据库系统是一个应用系统，一般由数据库、数据库管理系统（及其应用开发工具）、数据库应用系统、数据库管理员、应用程序员和用户组成。

4．在数据库发展过程中，数据模型经历了层次模型、网状模型和关系模型，目前所有的数据库都是关系型数据库。关系模型中有 3 类完整性约束：实体完整性、参照完整性和用户定义完整性。

5．利用关系的投影，选择和联接运算可以方便地分解或构成新的关系。

6．使用数据库之前，应进行数据库设计，即确定数据库的用途、确定数据库中的各个表和字段，以及表间关系。

7．表之间的关系可以分为一对一、一对多及多对多 3 种关系，但在实际设计中，通常将一个多对多关系分解为两个一对多关系。

习 题 1

1.1 思考题

1．什么是数据、数据库、数据库管理系统和数据库系统？

2．现常用的数据库管理系统软件有哪些？数据库管理系统和数据库应用系统之间的区别是什么？

3．数据管理技术的发展大致经历了哪几个阶段？各阶段的特点是什么？

4．解释以下名词：实体、实体集和实体型。

5．数据库管理系统所支持的传统数据模型是哪 3 种？各自都有哪些优缺点？

6．怎样理解关系、元组、属性、域、主键和外键？

7．设计数据库的基本步骤有哪些？

1.2 选择题

1．数据库 DB、数据库系统 DBS 和数据库管理系统 DBMS 之间的关系是（　　）。

（A）DBMS 包括 DB 和 DBS　　（B）DBS 包括 DB 和 DBMS

（C）DB 包括 DBS 和 DBMS　　（D）DB、DBS 和 DBMS 是平等关系

2．在数据管理技术的发展过程中，大致经历了人工管理阶段、文件系统阶段和数据库系统阶段。其中数据独立性最高的阶段是（　　）阶段。

（A）数据库系统　　（B）文件系统

（C）人工管理　　（D）数据项管理

3．如果表 A 中的一条记录与表 B 中的多条记录相匹配，且表 B 中的一条记录与表 A 中的多条记录相匹配，则表 A 与表 B 间的关系是（　　）关系。

（A）一对一　　（B）一对多

（C）多对一　　（D）多对多

4．在数据库中能够唯一地标识一个元组的属性（或者属性的组合）称为（　　）。

（A）记录　　（B）字段

（C）域　　（D）主键

5．表示二维表的“列”的关系模型术语是（　　）。

（A）字段　　（B）元组

（C）记录　　（D）数据项

6．表示二维表中的“行”的关系模型术语是（　　）。

（A）数据表　　（B）元组

（C）记录　　（D）字段

7．Access 的数据库类型是（　　）。

（A）层次数据库　　（B）网状数据库

（C）关系数据库　　（D）面向对象数据库

8．属于传统的集合运算的是（　　）。

（A）加、减、乘、除　　（B）并、差、交

（C）选择、投影、联接　　（D）增加、删除、合并

9．关系数据库管理系统的 3 种基本关系运算不包括（　　）。

（A）比较　　（B）选择　　（C）联接　　（D）投影

10．下列关于关系模型特点的描述中，错误的是（　　）。

（A）在一个关系中元组和列的次序都无关紧要

（B）可以将日常手工管理的各种表格，按照一张表一个关系直接存放到数据库系统中

（C）每个属性必须是不可分割的数据单元，表中不能再包含表

（D）在同一个关系中不能出现相同的属性名

11．在数据库设计的步骤中，当确定了数据库中的表后，接下来应该（　　）。

（A）确定表的主键　　（B）确定表中的字段

（C）确定表之间的关系　　（D）分析建立数据库的目的

12．在建立“教学信息管理”数据库时，将学生信息和教师信息分开，保存在不同的表中的原因是（　　）。

（A）避免字段太多，表太大

（B）便于确定主键

（C）当删除某一学生信息时，不会影响教师信息，反之亦然

（D）以上都不是

1.3　填空题

1．目前常用的数据库管理系统软件有________、________和________。

2．________实际上就是存储在某一种媒体上的能够被识别的物理符号。

3．一个关系的逻辑结构就是一个________。

4．对关系进行选择、投影或联接运算之后，运算的结果仍然是一个________。

5．在关系数据库的基本操作中，从表中选出满足条件的元组的操作称为________；从表中抽取属性值满足条件的列的操作称为________；把两个关系中相同属性和元组联接在一起构成新的二维表的操作称为________。

6．要想改变关系中属性的排列顺序，应使用关系运算中的________运算。

7．工资关系中有工资号、姓名、职务工资、津贴、公积金、所得税等字段，其中可以作为主键的字段是________。

8．表之间的关系有 3 种，即一对一关系、________和________。

第 2 章 Access 2003 系统概述

Microsoft 公司推出的数据库管理系统——Access 2003，是 Microsoft Office 2003 系列应用软件的一个重要组成部分。Microsoft Access 有很多优点，如易学、易用、功能强大，面向对象的可视化设计，利用 Web 检索和发布数据，与其他 Office 软件的有效集成等。

本章主要介绍 Access 2003 的安装、创建数据库、Access 数据库的窗口操作及 Access 数据库的 7 种对象，使用户能够真正地体会到 Access 的强大功能。

2.1 Access 简介

2.1.1 Access 的安装、启动与退出

1. 安装

Access 2003 是一个 32 位的软件，运行在 Windows 9x/NT/2000/XP 等操作系统环境下。当进入 Windows 操作系统后，将 Microsoft Office 2003 的安装光盘放入驱动器，系统会自动启动“Microsoft Office 2003 安装”的安装画面。接下来只需根据窗口提示信息便可以一步一步地安装 Access 2003 了。建议采用“完全安装”方式。

2. 启动

启动 Access 2003 的方式与启动其他 Office 软件完全相同，可通过“开始”菜单、桌面快捷方式、“运行”中输入命令等操作来进行。Access 的图标是 。

3. 退出

退出 Access 2003 的方法比较多，常采用如下两种方法。

- 选择“文件 | 退出”菜单命令。
- 单击 Microsoft Access 标题栏右边的“关闭”按钮 。

说明：如果意外地退出 Microsoft Access，可能会损坏数据库文件。

2.1.2 Access 2003 主界面

Access 2003 是一个功能强大的数据库管理工具。从外观上看，Access 2003 继承了 Office 2003 的风格，但仍然有较大的修改，包括图标等资源的矢量化真彩风格，使整个 Access 2003 的界面看上去十分令人舒适。Access 2003 的主界面如图 2-1 所示。

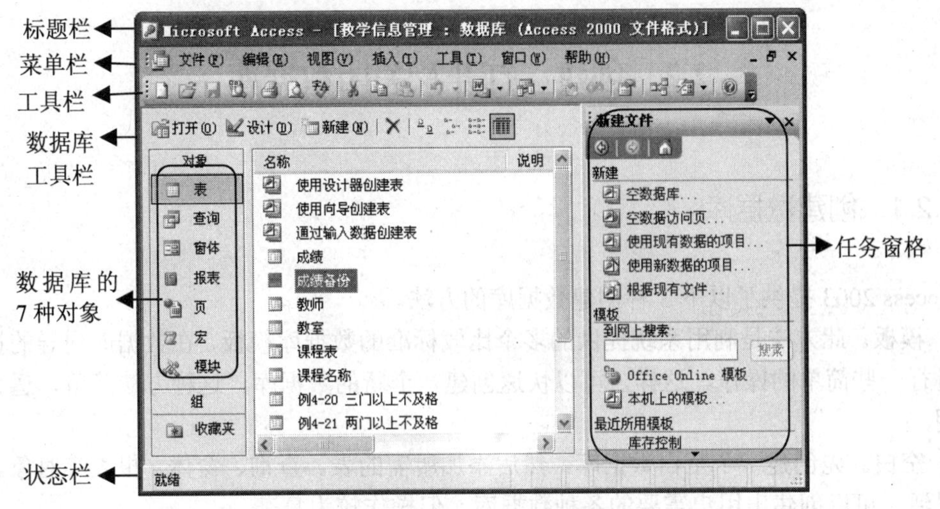

图 2-1　Access 2003 的主界面

任务窗格提供了打开和新建数据库等非常方便的命令操作，打开与关闭任务窗格常采用如下 3 种方法。

- 单击任务窗格的“关闭”按钮×，即可关闭任务窗格。
- 选择“视图 | 任务窗格”菜单命令，可以关闭或显示任务窗格，如图 2-2 所示。
- 系统默认启动 Access 时会自动显示任务窗格。如果启动时没有显示任务窗格，可以通过选择“工具 | 选项 | 视图”选项卡，选择“启动任务窗格”复选框，并单击“确定”按钮，如图 2-3 所示。然后，重新启动 Access 即可显示任务窗格。

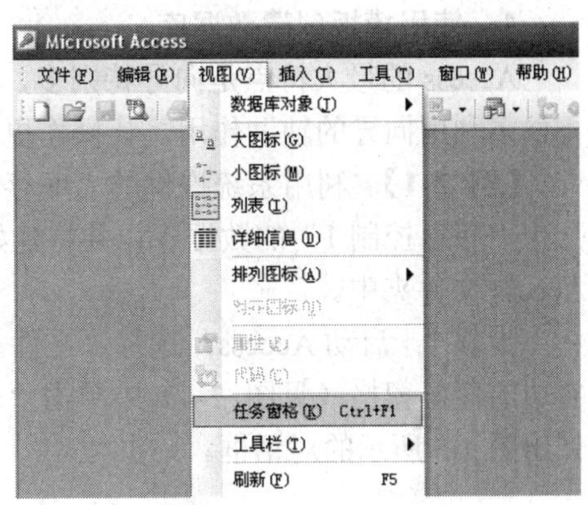

图 2-2　打开“任务窗格”

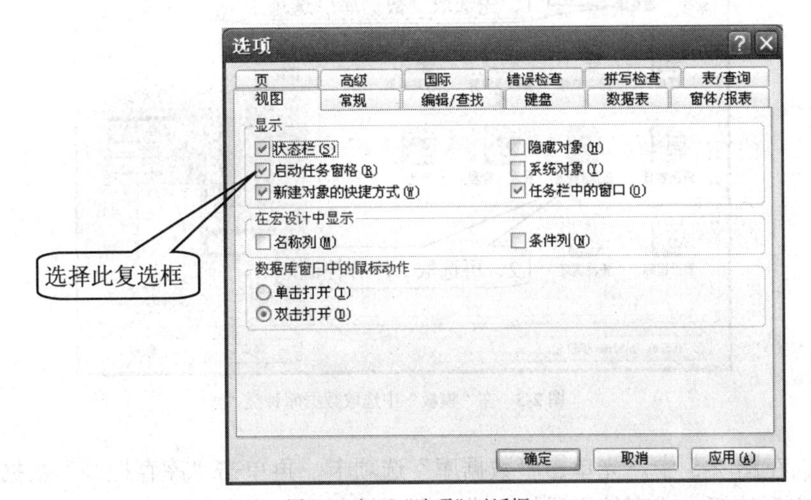

图 2-3　打开“选项”对话框

2.2 创建、打开及关闭数据库

2.2.1 创建数据库

Access 2003 提供了以下 3 种创建数据库的方法。

● 模板。此方法是利用系统提供的多个比较标准的数据库模板，在数据库向导的提示步骤下进行一些简单的操作。这样，可以快速创建一个新的数据库。这种方法简单，适合初学者使用。

● 空白。先创建一个空白数据库，然后添加所需的表、查询、窗体、报表等对象。这种方法灵活，可以创建出用户需要的各种数据库，但操作较为复杂。

● 根据现有的文件。此方法是利用已有的数据库创建出一个新的数据库。

1. 使用模板创建数据库

Access 的最大特点是向导特别多，在开始接触 Access 时，不妨多利用向导的辅助作用，让操作更顺畅。

【例 2-1】 利用系统提供的"库存管理"模板，快速建立一个"库存控制 1"的数据库，并将建好的数据库保存在 D 盘 Access 文件夹中。

步骤 1：启动 Access，选择"文件 | 新建"菜单命令，在右边的任务窗格（见图 2-4）中单击"本机上的模板"选项，弹出图 2-5 所示的对话框。

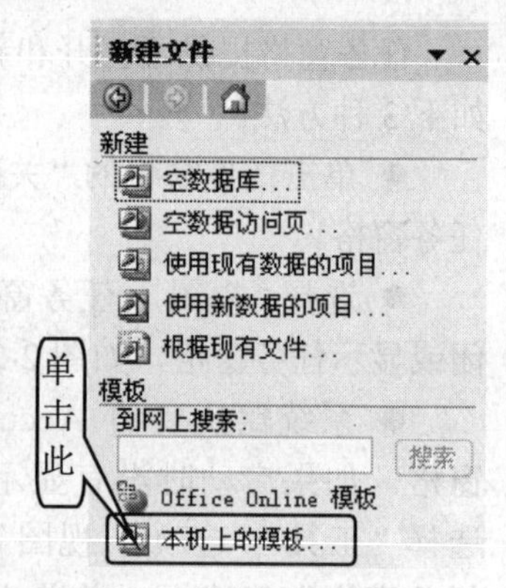

图 2-4 "新建文件"任务窗格

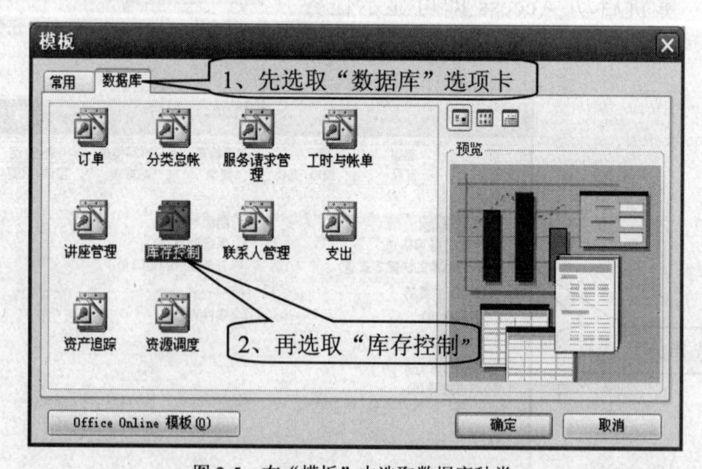

图 2-5 在"模板"中选取数据库种类

步骤 2：在图 2-5 中，先单击"数据库"选项卡，再单击"库存控制"数据库模板，最后单击"确定"按钮（或直接用鼠标双击"库存控制"），弹出如图 2-6 所示的对话框。

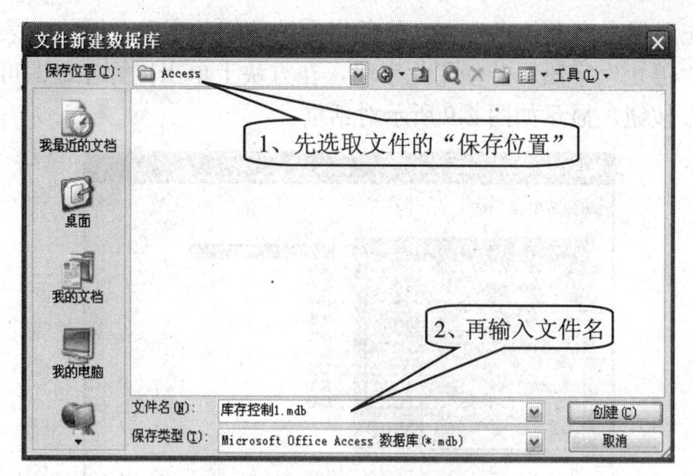

图 2-6　输入新数据库名称图

步骤 3：在“保存位置”，选择 D 盘的 Access 文件夹；在“文件名”位置，输入“库存控制 1”，然后单击“创建”按钮，系统将打开如图 2-7 所示对话框。

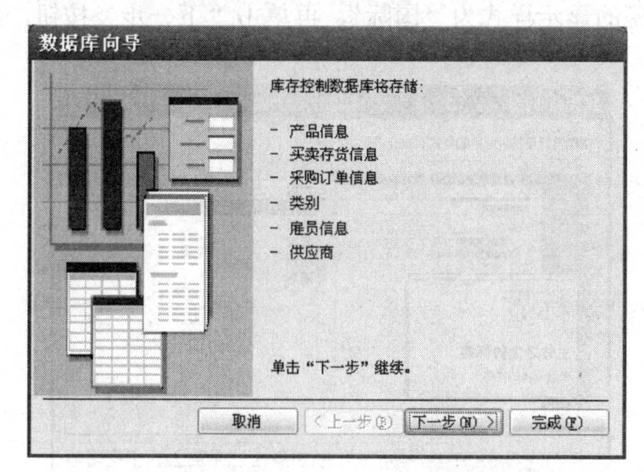

图 2-7　数据库向导将建立的内容

步骤 4：直接单击“下一步”按钮，显示如图 2-8 所示对话框。

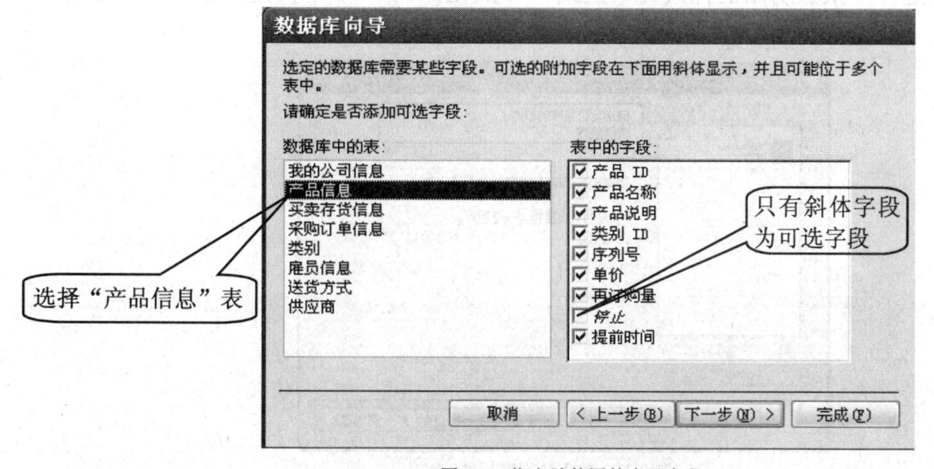

图 2-8　指定欲使用的表及字段

步骤 5：首先选择“产品信息”表，然后指定欲使用的字段。图 2-8 表示不使用“产品信息”数据表的“停止”字段。若使用此字段，在方块上单击鼠标左键即可。完成这步操作后单击“下一步”按钮，显示如图 2-9 所示对话框。

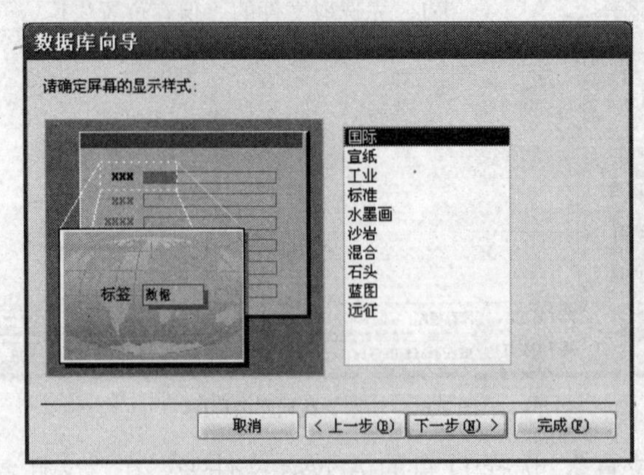

图 2-9 指定窗体样式

步骤 6：确定屏幕的显示样式为“国际”，再单击“下一步”按钮，显示如图 2-10 所示对话框。

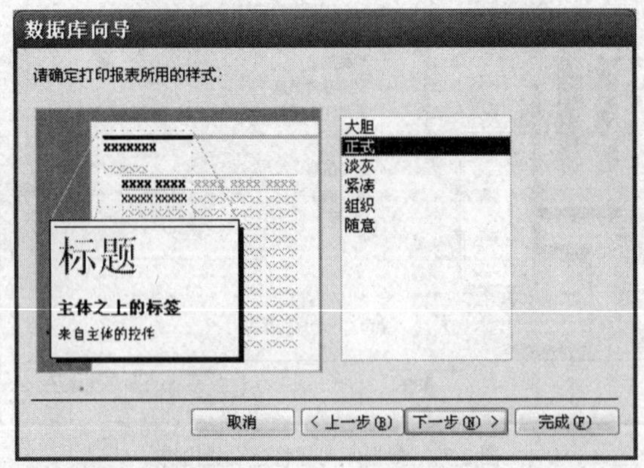

图 2-10 指定报表样式

步骤 7：指定打印报表所用的样式为“正式”，再单击“下一步”按钮，显示如图 2-11 所示对话框。

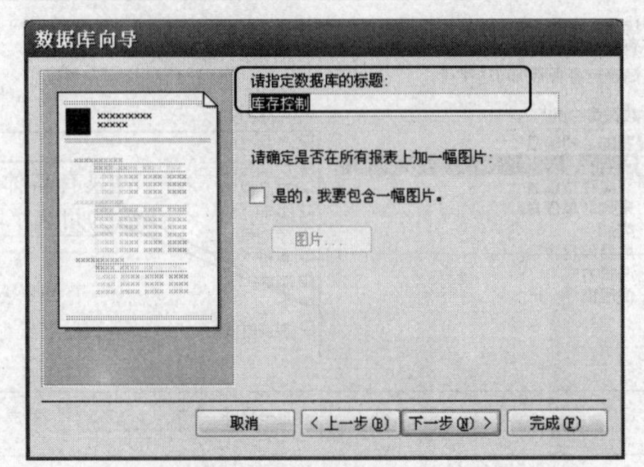

图 2-11 输入数据库标题

步骤 8：输入数据库的标题为“库存控制”，再单击“下一步”按钮，显示如图 2-12 所示对话框。

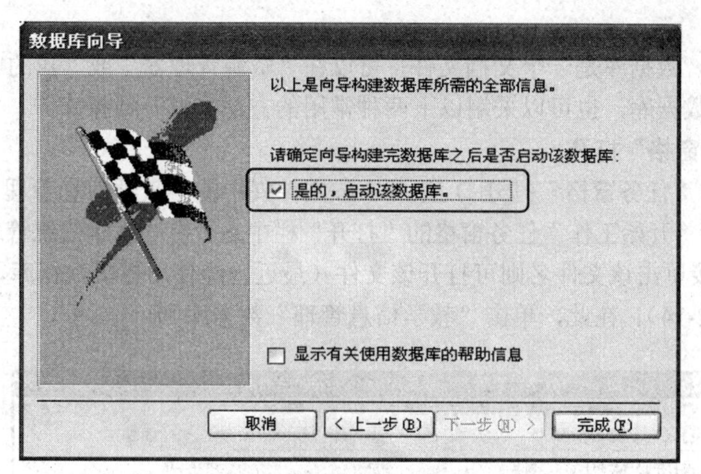

图 2-12　选择是否启动该数据库

步骤 9：在图 2-12 中，选择“是的，启动该数据库”复选框。然后单击“完成”按钮。至此，利用模板创建的“库存控制 1”数据库已全部完成。

2．创建空数据库

创建空数据库是除了数据库向导以外，最常使用的方法。

【例 2-2】 创建一个名为“教学信息管理”的空数据库，并将建好的数据库保存在 D 盘的 Access 文件夹中。

步骤 1：启动 Access，选择“文件 | 新建”菜单命令，在右边的任务窗格（见图 2-4）中单击“空数据库”选项，弹出图 2-6 所示的对话框。

步骤 2：在“保存位置”选择 D 盘的 Access 文件夹，在“文件名”位置中输入数据库的名称，即“教学信息管理”，单击“创建”按钮，出现如图 2-13 所示的对话框。

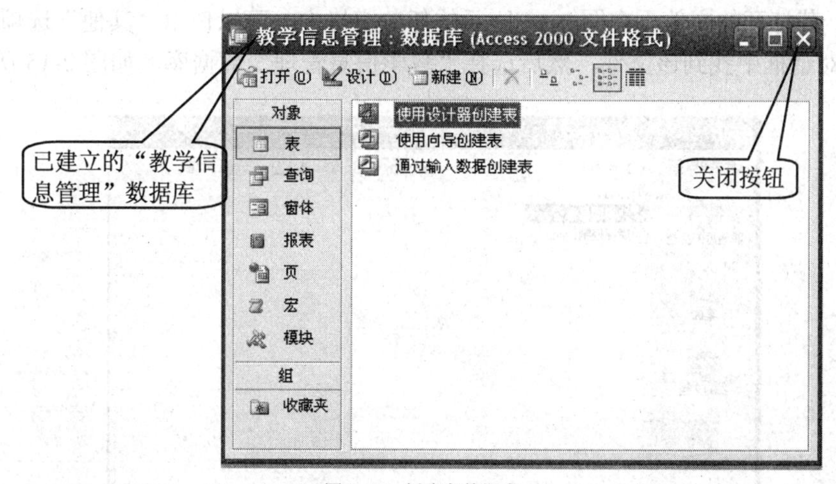

图 2-13　创建空数据库

在图 2-13 中显示了已建立的数据库。此窗口名称为数据库窗口，也是设计操作时经常使用的窗口，可以由此建立、打开和设计各个对象。

2.2.2 打开数据库

在 Access 中，数据库是一个文档文件，可以在“资源管理器”或“我的电脑”窗口中双击.mdb 文件打开数据库，也可以采用以下两种常用的方法来打开数据库。

1．由“任务窗格”打开

【例 2-3】 由“任务窗格”打开 D 盘 Access 文件夹中的“教学信息管理”数据库。

步骤 1：查看“开始工作”任务窗格的“打开”栏中是否有“教学信息管理”数据库文件名，如果有，直接单击该文件名则可打开该文件（最近曾经使用过的数据库，都会显示在任务窗格中，见图 2-14）。在此，单击“教学信息管理”数据库则可。

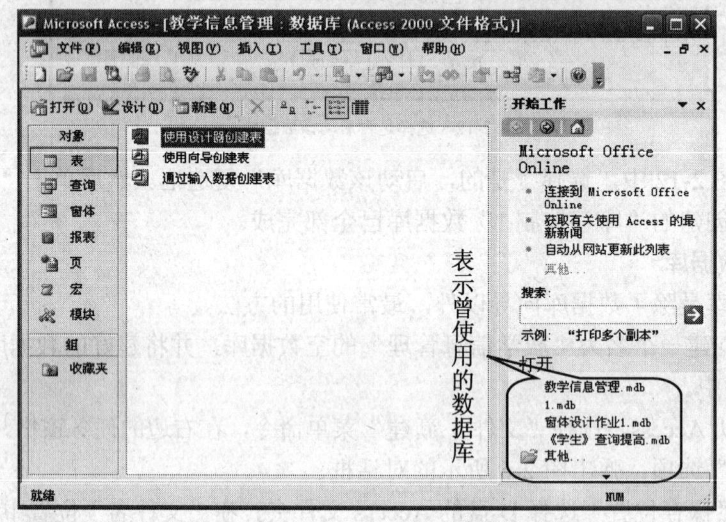

图 2-14 “任务窗格”中显示曾使用过的数据库

步骤 2：若打开的文件不在图 2-14 所示的任务窗格中，可以使用“其他”选项，在弹出的“打开”对话框中找到该文件，然后选择“教学信息管理”数据库，如图 2-15 所示。

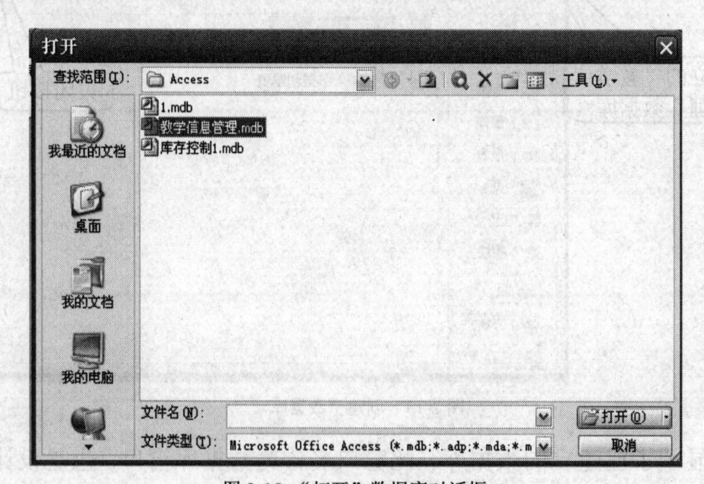

图 2-15 “打开”数据库对话框

2．由“文件”菜单打开

除了使用“任务窗格”外，也可以使用“文件｜打开”菜单命令或单击工具栏上的“打开”按钮，出现“打开”对话框，如图 2-15 所示。在该对话框中，找到该文件，然后选择“教学信息管理”数据库即可。

以上是在单用户环境下打开数据库的方法。若在多用户环境下（即多个用户，通过网络共同操作一个数据库文件），则应根据使用方式的不同，在“打开”对话框右下角的“打开”下拉列表中选择相应的打开方式，如图 2-16 所示。

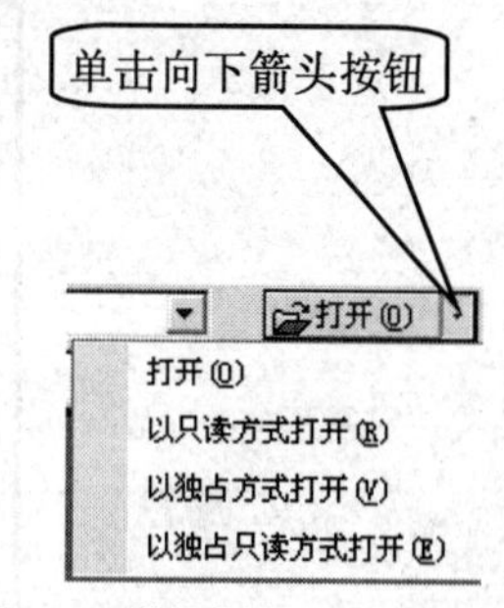

图 2-16　数据库的打开方式选择

● 以共享方式打开。采用这种方式，网络上的其他用户可以再打开这个文件，也可以同时编辑这个文件，这是默认的打开方式。

● 以只读方式打开。如果只是想查看已有的数据库并不想对它进行修改，可以选择以只读方式打开，这种方式可以防止对数据库的无意修改。

● 以独占方式打开。可以防止网络上的其他用户访问这个数据库文件，也可以有效地保护自己对共享数据库文件的修改。

● 以独占只读方式打开。为了防止网络上的其他用户同时访问这个数据库文件，而且不需对数据库进行修改时，可以选择这种方式，这样可以防止网上的其他用户对这个数据库文件继续进行修改。

如果要打开一个最近打开过的数据库，可以在“文件”菜单底部单击其文件名。Microsoft Access 将使用与最后一次打开文件相同的选项设置来打开该数据库文件。

另外，可以直接在 Access 2003 主窗口中打开外部文件格式（如 dBASE，Paradox，Microsoft Exchange，Microsoft Excel）的数据文件；也可以直接打开任意 ODBC 数据源，例如 Microsoft SQL Server 或 Microsoft FoxPro。

Access 数据库文件的扩展名是 mdb，打开数据库对话框默认显示扩展名为.mdb 的文件。

说明：同一时间内，Access 只可以打开一个数据库，无法同时打开多个数据库。

2.2.3　存储并关闭数据库

用以下方法可存储并关闭数据库，但不关闭 Access 主窗口。

● 单击数据库窗口的“关闭”按钮，如图 2-13 所示，即可关闭“教学信息管理”数据库。

● 选择主窗口的“文件｜关闭”菜单命令。

2.2.4　关于版本

在首次使用 Access 2003 时，默认情况下创建的数据库将采用 Access 2000 文件格式。如果希望每次新建的数据库都采用 Access2002～2003 文件格式，可以先任意建立或打开一个数据库（否则无法使用相关菜单），从菜单栏依次选择“工具｜选项｜高级”选项卡，如图 2-17 所示，在“默认文件格式”中选择“Access 2002—2003”，则以后新建的数据库都将采用 Access

2002～2003 文件格式。

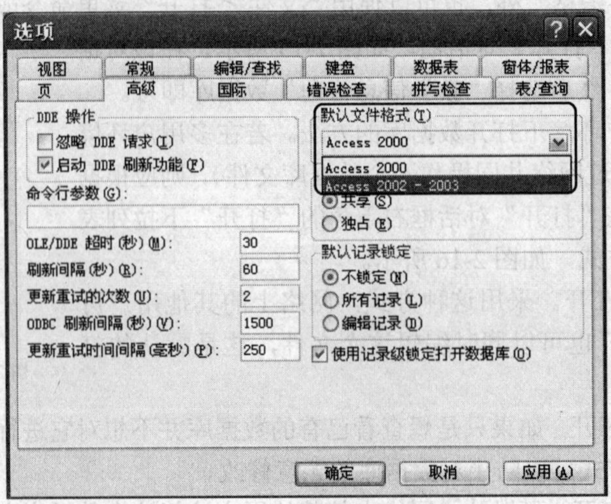

图 2-17 更改“默认文件格式”

2.2.5 设置默认文件夹

用 Access 所创建的各种文件都需要保存在磁盘中，为了快速正确地保存和访问磁盘上的文件，应当设置默认的磁盘目录。在 Access 中，如果不指定保存路径，则使用系统默认的保存文件的位置，即“我的文档”。

利用“工具 | 选项”菜单命令设置默认数据库文件夹，操作步骤如下。

● 选择“工具 | 选项”菜单命令，打开“选项”对话框，选择“常规”选项卡，如图 2-18 所示。

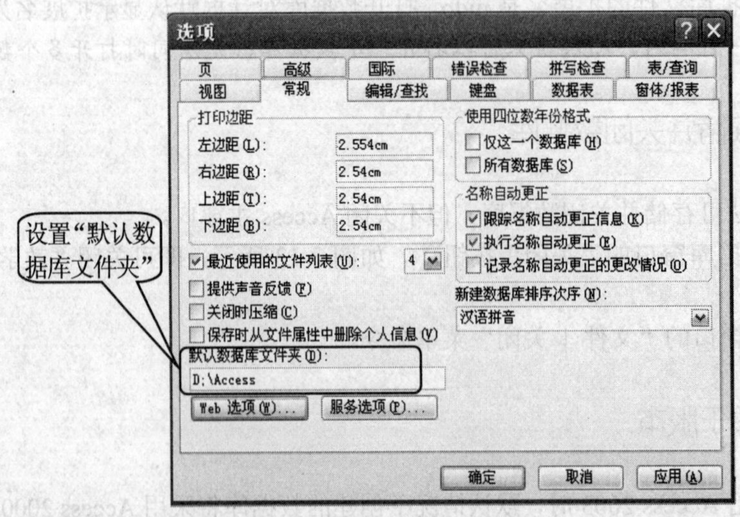

图 2-18 设置“默认数据库文件夹”

● 在“默认数据库文件夹”文本框中输入“D:\Access”（或从“资源管理器”地址栏剪贴），并单击“确定”按钮，以后每次启动 Access，此文件夹都是系统默认数据库保存的文件夹，直到再次更改为止。

说明：本书约定，所有创建的数据库文件全部保存在D盘根目录下的名为“Access”的文件夹中，并设置此文件夹为默认数据库保存的文件夹。

2.3 数据库窗口操作

当创建或打开 Microsoft Access 文件时，就会出现如图 2-19 所示的数据库窗口。数据库窗口是 Access 文件的命令中心。从这里可以创建和使用 Access 数据库或 Access 项目中的任何对象。

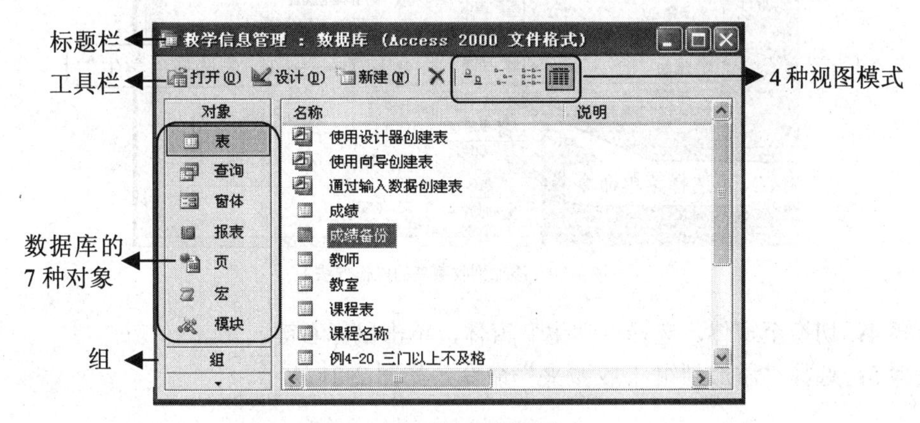

图 2-19 显示所有表的数据库窗口

2.3.1 4 种视图模式

一个 Access 数据库可拥有多个不同类型的对象，由数据表至模块等都是对象。一般情况下，同一时间只能显示一种对象，如图 2-19 所示，显示所有数据表。若要显示“查询”，在“查询”上单击鼠标左键即可。

数据库窗口中所有对象的显示方式，我们称为视图模式。Access 共有 4 种视图模式，图 2-19 是“详细信息”模式，此外还有“大图标”、“小图标”及“列表”3 种模式。

以实用性而言，“列表”及“详细信息”比较实用，前者可看到所有的对象，后者可按“名称”、“类型”、“创建日期”或“修改日期”来改变对象的排列顺序。

2.3.2 数据库对象的组

数据库窗口会显示 Access 数据库的 7 种对象，但在列表框中同一时间只能显示一种对象，无法同时显示多种类型的对象。若要同时显示多种类型的对象，可以使用“组”对象，将多个对象加入到组中。

1. 向组中添加数据库对象

向组中添加对象是在该组中创建指向该对象的快捷方式，不会影响对象的实际位置。

【例 2-4】 将“教学信息管理”数据库中的“学生”表和“学生”窗体添加到收藏夹中。

步骤 1：启动 Access，打开“教学信息管理”数据库。

步骤 2：选择“学生”数据表。

步骤 3：选择“编辑 | 添加到组 | 收藏夹”菜单命令，如图 2-20 所示。

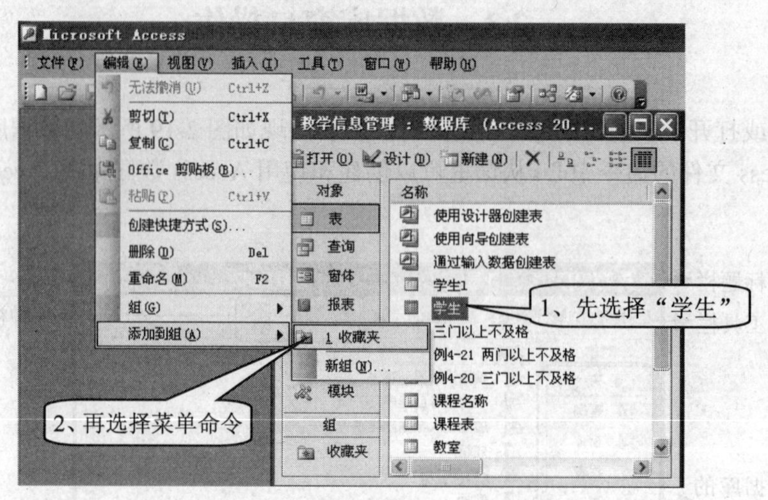

图 2-20 添加到收藏夹的操作方法 1

步骤 4：切换至窗体，选择“学生”窗体，单击鼠标右键。

步骤 5：选择“添加到组 | 收藏夹”命令，如图 2-21 所示。

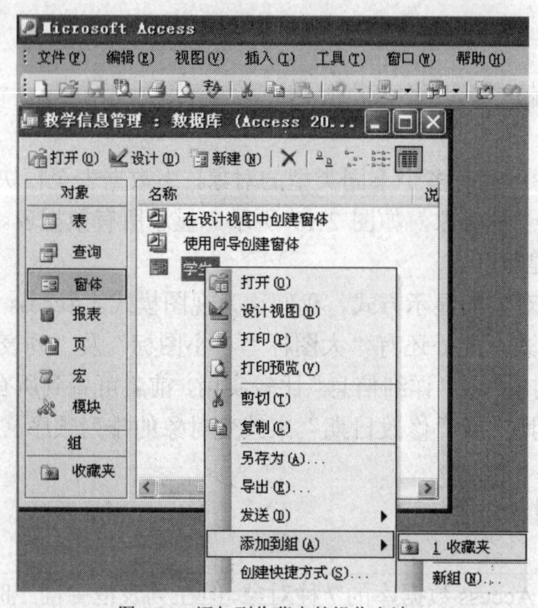

图 2-21 添加到收藏夹的操作方法 2

以上说明了两种“添加到组”的操作，可以使用“编辑 | 添加到组 | 收藏夹”菜单命令或使用鼠标右键打开的快捷菜单。而本例使用的组名称是“收藏夹”，是 Access 默认加入的组，加入到组后的结果如图 2-22 所示。

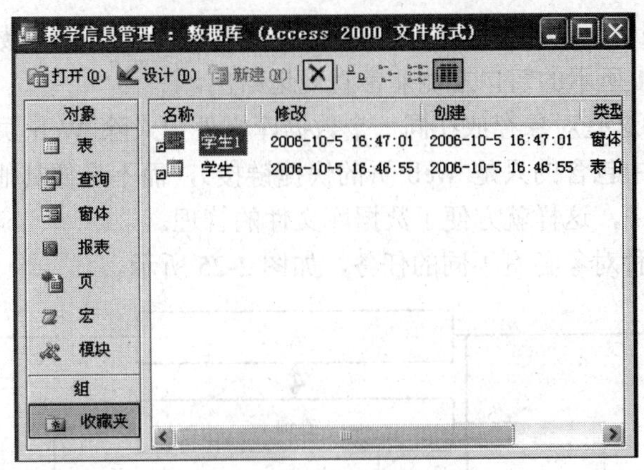

图 2-22 加入到收藏夹之后

说明：组中的“收藏夹”，并不是 Internet Explorer 浏览器中的“收藏夹”。而是 Access “组”模块中默认的组名。

2．新建组

“组”栏包括一个或多个组。组中存放的是数据库中不同类型对象（如表或查询）的快捷方式。

创建一个组的操作步骤如下。

步骤 1：用鼠标右键单击“对象”栏中的任何对象或“组”栏中的任何组，打开快捷菜单，选择“新组”命令，如图 2-23 所示，打开“新建组”对话框。

步骤 2：在“新建组”对话框中输入要创建的组名，也可以用系统给定的组名，然后单击“确定”按钮，如图 2-24 所示。

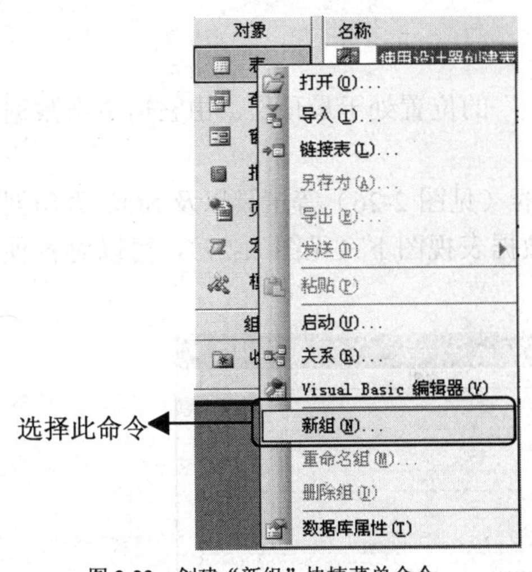

图 2-23 创建“新组”快捷菜单命令

图 2-24 “新建组”对话框

2.4 7 种对象的关系

作为一个数据库管理系统，Access 2003 通过各种数据库对象来管理数据。

Access 数据库由数据库对象和组两部分组成，其中对象又分为 7 种。这些数据库对象包括表、查询、窗体、报表、数据访问页、宏和模块。当打开一个 Access 数据库时，这些 Access 的数据库对象在图 2-1 所示的窗口左侧非常直观地给出。

Access 所提供的这些对象存放在同一个数据库文件中（除 Web 页单独存在于数据库文件之外，数据库文件中包含的只是 Web 页的快捷链接），而不是像其他 PC 的数据库那样分别存放在不同的文件中，这样就方便了数据库文件的管理。

Access 数据库 7 种对象各有不同的任务，如图 2-25 所示。

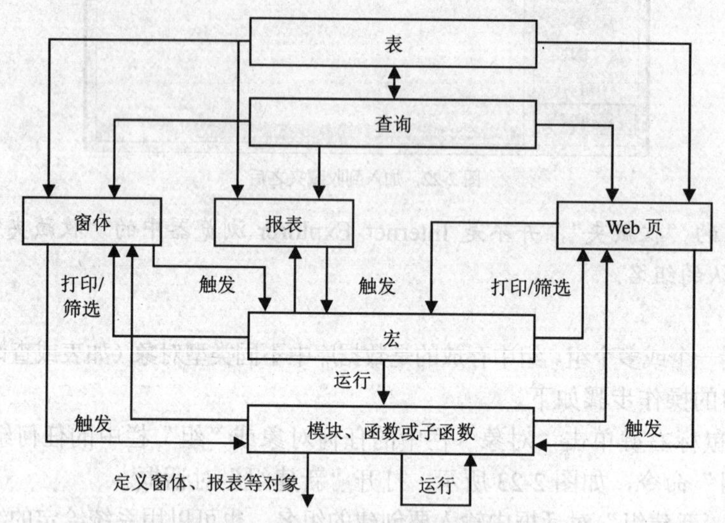

图 2-25　Access 数据库各对象及其相互关系图

2.4.1　表（Table）

从图 2-25 中可以看到，在整个关系图中，“表”的位置处于最顶层，由它衍生出数据库对象的其他部分，它是数据库系统的数据源。

在 Access 中，用户可以利用表向导、表设计器（见图 2-26）等工具以及 SQL 语句创建表，然后将各种不同类型的数据输入到表中。在数据表视图下（见图 2-27），可以对各种不同类型的数据进行维护、加工、处理等操作。

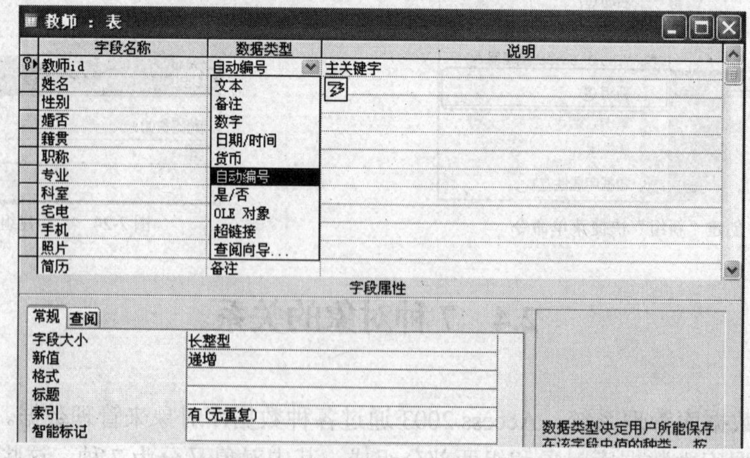

图 2-26　教师表的“设计视图”窗口

教师：表

	教师id	姓名	性别	婚否	籍贯	职称	专业	科室	宅电
+	1	李质平	男	-1	上海	副教授	文科基础	文史	(010)-604427
+	2	赵侃茹	女	0	山东	讲师	文科基础	文史	(010)-848533
+	3	张衣沿	男	0	山西	教授	文科基础	文史	(010)-869410
+	4	刘也	男	-1	河南	讲师	文科基础	文史	(010)-685986
+	5	张一弛	男	0	河南	讲师	理科基础	理科综合	(010)-666151
+	6	杨齐光	男	0	四川	助教	理科基础	理科综合	(010)-610911
+	7	柳坡	男	-1	北京	讲师	理科基础	数学	(010)-803402
+	8	张庄庄	女	-1	四川	讲师	理科基础	理科综合	(010)-673269
+	9	孙亦欧	女	0	四川	讲师	原子物理	量子力学	(010)-625486
+	10	章匀	男	0	上海	教授	原子物理	量子力学	(010)-857402
+	11	钱如平	女	-1	北京	副教授	原子物理	加速器维护	(010)-861959
+	12	孙月时	女	-1	黑龙江	讲师	原子物理	加速器维护	(010)-844987
+	13	赵屏萍	女	0	天津	副教授	计算机科学	硬件	(010)-845371

记录：1　共有记录数：37

图 2-27　教师表的“数据表视图”窗口

2.4.2　查询（Query）

查询也是一个“表”，是以表为基础数据源的“虚表”。查询可以作为表加工处理后的结果，也可以作为数据库其他对象的数据来源。

在 Access 中，查询具有极其重要的地位，利用不同的查询方式，可以方便、快捷地浏览数据库中的数据，同时利用查询还可以实现数据的统计分析与计算等操作。

图 2-28 所示的内容是利用查询设计器创建查询的窗口，图 2-29 所示的内容是查询的数据表视图窗口。

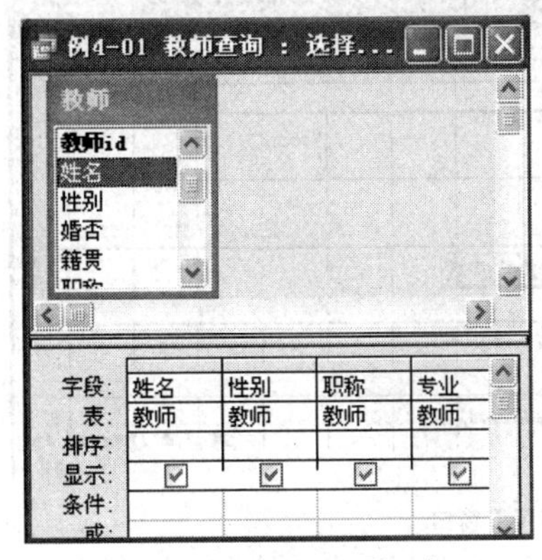

图 2-28　查询“设计视图”窗口

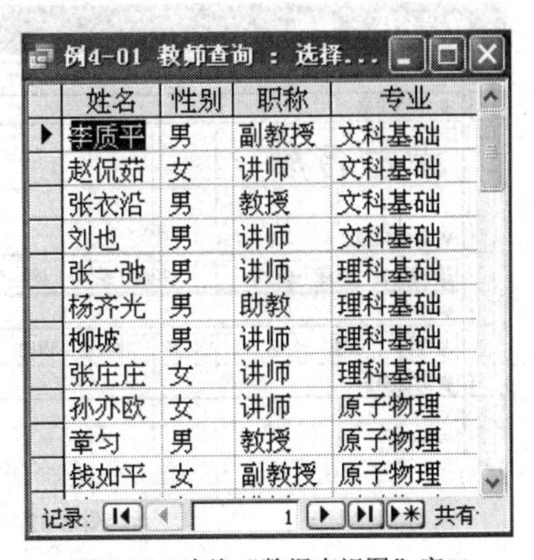
例4-01 教师查询 : 选择...

姓名	性别	职称	专业
李质平	男	副教授	文科基础
赵侃茹	女	讲师	文科基础
张衣沿	男	教授	文科基础
刘也	男	讲师	文科基础
张一弛	男	讲师	理科基础
杨齐光	男	助教	理科基础
柳坡	男	讲师	理科基础
张庄庄	女	讲师	理科基础
孙亦欧	女	讲师	原子物理
章匀	男	教授	原子物理
钱如平	女	副教授	原子物理

记录：1　共有

图 2-29　查询“数据表视图”窗口

2.4.3　窗体（Form）

窗体是用户与 Access 数据库应用程序交互的主要接口，用户通过建立和设计不同风格的窗体，加入数据、文字、图像、多媒体，使得数据的输入输出更加方便，程序界面友好而实用。

窗体本身并不存储数据，数据一般存在数据表中。它只是提供了访问数据、编辑数据的界面。通过这个界面，使得用户对数据库的操作更加简单。

通过窗体的创建（见图 2-30），用户可以不必接触表就浏览、检索、更新和修改（有一定的限制）数据表（见图 2-31），较以前在数据表的表格中操作有了很大的改进。

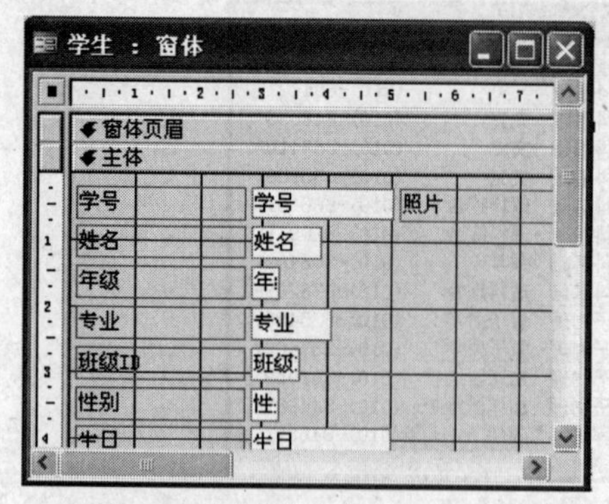

图 2-30　学生窗体“设计视图”窗口

图 2-31　学生窗体“窗体视图”窗口

2.4.4　报表（Report）

报表是以打印格式展示数据的一种有效方式。与窗体不同，报表不能用来输入数据。在数据库的使用中，有很大一部分用户的目的是为了打印和显示数据，尽管窗体也可提供打印和显示功能，但要产生复杂的打印输出及许多统计分析时，窗体所提供的功能是不能够满足用户需要的。而报表对数据专业化的显示和分析功能正好弥补了窗体这方面的不足。

图 2-32 所示为课程名称报表的设计视图窗口，图 2-33 所示为相应的打印预览窗口。

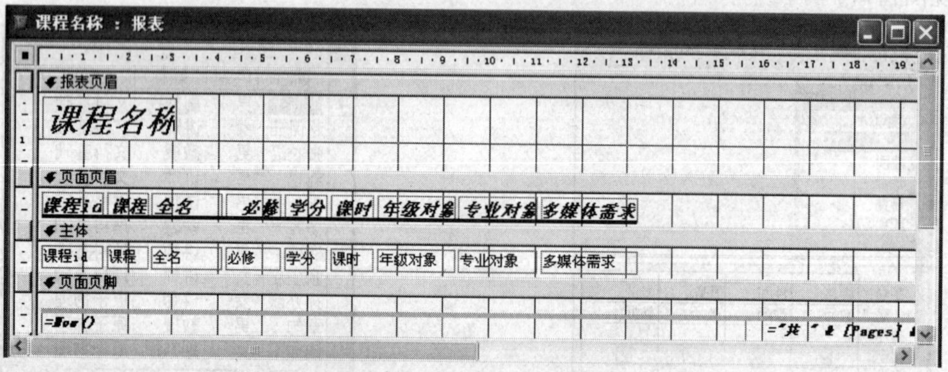

课程名称 : 报表

报表页眉

课程名称

页面页眉

课程id 课程 全名 必修 学分 课时 年级对象 专业对象 多媒体需求

主体

课程id 课程 全名 必修 学分 课时 年级对象 专业对象 多媒体需求

页面页脚

=Now()　="共 " & [Pages] &

图 2-32　课程名称报表“设计视图”窗口

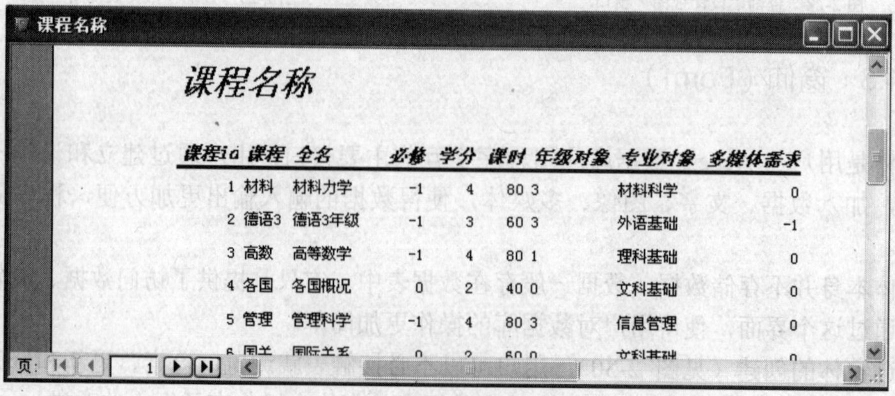

课程名称

课程名称

课程id	课程	全名	必修	学分	课时	年级对象	专业对象	多媒体需求
1	材料	材料力学	-1	4	80	3	材料科学	0
2	德语3	德语3年级	-1	3	60	3	外语基础	-1
3	高数	高等数学	-1	4	80	1	理科基础	0
4	各国	各国概况	0	2	40	0	文科基础	0
5	管理	管理科学	-1	4	80	3	信息管理	0
6	国关	国际关系	0	2	60	0	文科基础	

页: 1

图 2-33　课程名称报表“打印预览”窗口

2.4.5 宏（Macro）

宏是由一些操作组成的集合，创建这些操作可以帮助用户自动完成常规任务。宏对象可以是单个宏命令、多个宏操作，也可以是一组宏的集合。通过事件触发宏操作，可以更方便地在窗体或报表中操作数据。

宏操作可以打开窗体、运行查询、生成报表、运行另一个宏以及调用模块等。

2.4.6 数据访问页（Web）

数据访问页是数据库中的一种特殊的数据库对象，它可以实现因特网与用户数据库中的数据相互访问。

2.4.7 模块（Module）

模块是一个用VBA代码编辑的程序，基本上是由声明、语句和过程组成的集合。

对于熟悉Visual Basic程序设计语言的用户，可以通过Visual Basic程序设计语言编写数据库应用系统的前台界面，再依靠Access的后台支持，实现系统开发的全过程。

用户可以在数据库的Visual Basic编辑器中编辑VBA代码，如图2-34所示。

图2-34 代码的设计窗口

而对于不熟悉Visual Basic程序设计语言的用户，直接编辑VBA语言不可避免地要遇到许多麻烦，如不熟悉代码、不了解库函数以及编译问题等。对于一个较大型数据库的开发工作，要使得该产品具有更加灵活多变的功能，完成更多用户特定需求的任务，加入模块就变得必不可少。

因为在数据库的开发过程中，开发人员可以完全不接触源代码，仅利用Access提供的可视化数据库编程工具，如查询、窗体、报表和数据访问页等，就可以完成绝大部分的任务，所以不熟悉 Visual Basic 程序设计语言的用户，也不必担心。本书中综合例子的功能实现，就是直接通过 Access 2003 提供的可视化编程工具来实现的。

限于篇幅，本书不再介绍模块编程。

本章小结

本章首先介绍了 Access 2003 的安装、启动和退出的方法，然后通过第 1 章介绍的数据库知识，来解析 Access 2003 数据库中的相关内容与操作。

1．任务窗格是启动 Access 后，进行下一步操作的起始位置，可在此打开或建立数据库。也可使用模板创建数据库或创建空数据库。

2．数据库的一般操作包括创建数据库，打开、存储与关闭数据库，设置默认文件夹等。

3．Access 的数据库窗口有“大图标”、“小图标”、“列表”及“详细信息”4 种视图模式。

4．在 Access 2003 中建立的数据库，其格式默认为 Access 2000 文件格式，如果需要也可以采用 Access2002～2003 文件格式。

5．若要同时显示不同类型的对象，需使用“组”对象。将多个对象加入到组中，也可以自己建立新组。

6．Access 数据库是由表、查询、窗体、报表、数据访问页、宏和模块 7 种对象组成。其中较特别的是数据访问页。

习题 2

2.1 思考题

1．请说明 Access 数据库中 7 种对象之间的关系。

2．Access 2003 是什么类型的数据库管理系统？

3．利用 Access 数据库模板创建的数据库与创建的空数据库有哪些不同？

4．常用的打开数据库的两种方法是什么？

5．不同版本数据库之间可以相互转化吗？

6．如何设置数据库文件保存的默认位置？

2.2 选择题

1．Access 所属的数据库应用系统的理想开发环境的类型是（ ）。

（A）大型　（B）大中型　（C）中小型　（D）小型

2．Access 是一个（ ）软件。

（A）文字处理　（B）电子表格

（C）网页制作　（D）数据库管理

3．利用 Access 创建的数据库文件，其默认的扩展名为（ ）。

（A）.ADP　（B）.DBF　（C）.FRM　（D）.MDB

4．在 Access 中，建立数据库文件可以选择“文件”下拉菜单的（　　）菜单命令。
（A）新建　（B）打开　（C）保存　（D）另存为

5．下列（　　）不是“任务窗格”的功能。
（A）打开旧文件　（B）建立空数据库
（C）删除数据库　（D）以向导建立数据库

6．Access 在同一时间，可打开（　　）个数据库。
（A）1　（B）2　（C）3　（D）4

7．Access 2003 建立的数据库文件，默认为（　　）版本。
（A）Access 2002　（B）Access 2000
（C）Access 97　（D）以上都不是

8．以下不属于 Access 数据库对象的是（　　）。
（A）窗体　（B）组合框　（C）报表　（D）宏

9．在 Access 数据库对象中，不包括（　　）对象。
（A）窗体　（B）表　（C）工作簿　（D）报表

10．Access 中的（　　）对象允许用户使用 Web 浏览器访问 Internet 或企业网中的数据。
（A）宏　（B）表
（C）数据访问页　（D）模块

11．Access 数据库中存储和管理数据的基本对象是（　　），它是具有结构的某个相同主题的数据集合。
（A）窗体　（B）表　（C）工作簿　（D）报表

12．数据表及查询是 Access 数据库的（　　）。
（A）数据来源　（B）控制中心
（C）强化工具　（D）用于浏览器浏览

13．下列说法中正确的是（　　）。
（A）在 Access 中，数据库中的数据存储在表和查询中
（B）在 Access 中，数据库中的数据存储在表和报表中
（C）在 Access 中，数据库中的数据存储在表、查询和报表中
（D）在 Access 中，数据库中的全部数据都存储在表中

14．在使用“模板”创建数据库时，在“数据库向导”第二个对话框的“表中的字段”列表框中，有用斜体字表示的字段，它们表示（　　）。
（A）当前表必须包含的字段　（B）当前表可选择的字段
（C）字段在当前表中的值用斜体显示　（D）以上都不是

2.3 填空题

1．Access 是功能强大的________系统，具有界面友好、易学易用、开发简单、接口灵活等特点。

2．________是数据库中用来存储数据的对象，是整个数据库系统的基础。

3．Access 数据库中的对象包括：________、________、________、________、________、________和________。

4. Access 中，除________之外，其他对象都存放在一个扩展名________的数据库文件中。

2.4 上机实验

1. 安装与卸载 Office 办公套件中的 Access 组件。

2. 用两种以上的方法启动 Access 2003 数据库管理系统，了解 Access 2003 主窗口。

3. 通过 Access 的快捷图标启动 Access。如果没有快捷图标，请自己在桌面上或快速启动栏中建立一个 Access 的快捷图标。

4. 在 D 盘根目录下创建一个名为“Access”的文件夹。然后通过“工具 | 选项”菜单命令设置该文件夹为默认数据库文件夹。

5. 在“D:\Access”文件夹中创建一个名为“教学信息管理”的空数据库。

6. 利用数据库提供的“讲座管理”模板，在“Access”文件夹中创建一个名为“计算机系讲座管理”的数据库。

7. 用不同的方法打开“教学信息管理”数据库。

8. 用不同的方法关闭“教学信息管理”数据库。

9. 请运行 Access 2003 提供的“地址簿示例数据库”，总结它有哪些功能，包括哪些表。

10. 用不同的方法退出 Access 系统。

第 3 章　建立数据表和关系

在数据库中，数据表是用来存储信息的仓库，是整个数据库的基础，就像房子的地基。建立数据库后，下一步便是建立数据表和建立相关表之间的关系。所谓关系就是各个数据表之间通过相关字段建立的联系。

建立了表的组成结构以及表与表之间的关系之后，再输入数据，可以保证数据的完整性，数据库的其他对象才能在表的基础上进行创建。

3.1　创　建　表

Access 提供了以下 3 种常用创建表的方法。

- 使用设计视图创建表。这是一种最常用的方法。
- 使用表向导创建表。其创建方法与使用“模板创建数据库”的方法类似。
- 使用数据表视图创建表。在数据表视图中直接在字段名处输入字段名。该方法比较简单，但无法对每一字段的数据类型、属性值进行设置，一般还需要在设计视图中进行修改。

3.1.1　使用设计视图创建表

【例 3-1】 使用设计视图创建“教师”表，该表的结构可参照表 1-3。

步骤 1：打开“D:\Access\教学信息管理”数据库。

步骤 2：在数据库窗口中，单击“表”对象，然后单击“新建”按钮“新建(N)”，屏幕显示如图 3-1 所示。在该对话框中选择“设计视图”选项，然后单击“确定”按钮，屏幕显示如图 3-2 所示的设计视图。

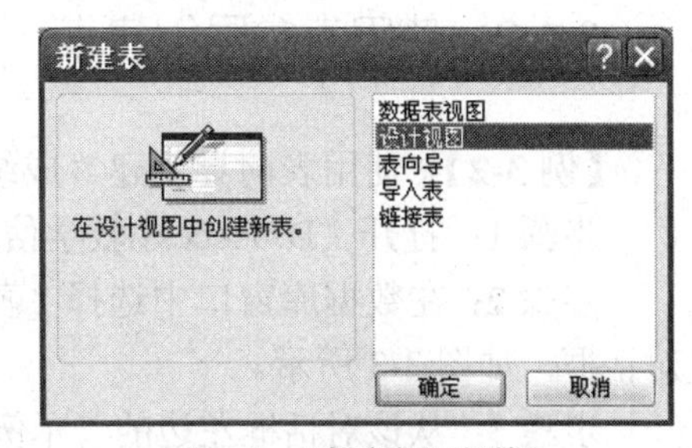

图 3-1　“新建表”对话框

在 Access 中，也可以在数据库窗口中单击“表”对象，然后双击对象列表框中“使用设计器创建表”，或单击数据库窗口工具栏的“设计”按钮打开如图 3-2 所示的设计视图。

表的设计视图分为上下两部分。上半部分是字段输入区，从左至右分别为字段选定器、字段名称列、数据类型列和说明列。字段选定器用来选择某一字段；字段名称列用来说明字段的名称；数据类型列用来定义该字段的数据类型；如果需要可以在说明列中对字段进行必要的说明。下半部分是字段属性区，在此区中可以设置字段的属性值。

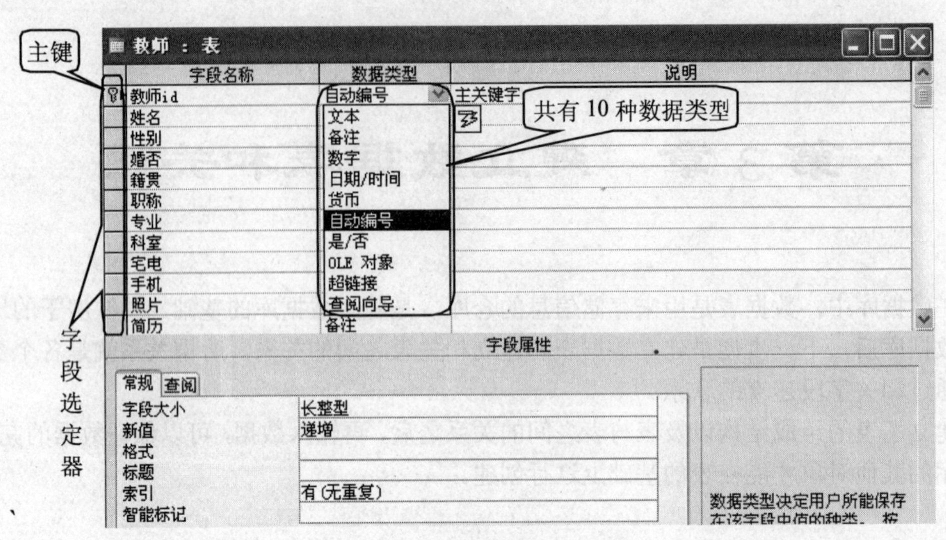

图 3-2　表的设计视图

步骤 3：单击设计视图的第一行“字段名称”列，并在其中输入“教师”表的第一个字段名称“教师 id”，然后单击“数据类型”列，并单击其右侧的向下箭头按钮，这时弹出一个下拉列表，列表中列出了 Access 提供的 10 种数据类型，如图 3-2 所示。

步骤 4：选择“自动编号”数据类型，在“常规”选项卡中设置其“字段大小”为“长整型”。用同样的方法，参照表 1-3 的有关内容定义表中其他的字段。在“说明”列中输入字段的说明信息：“主关键字”。说明信息不是必须的，但它增加了数据的可读性。

步骤 5：定义完全部字段后，单击第一个字段“教师 id”的选定器，然后单击工具栏上“主关键字”按钮，给“教师”表定义了一个主关键字。

步骤 6：单击工具栏上的“保存”按钮，这时出现“另存为”对话框。

步骤 7：在“另存为”对话框中的“表名称”文本框中输入表名“教师”。

步骤 8：单击“确定”按钮，便完成了表结构的创建。

3.1.2　使用表向导创建表

【例 3-2】 使用表向导创建“成绩”表，该表的结构可参照表 1-5。

步骤 1：打开“D:\Access\教学信息管理”数据库。

步骤 2：在数据库窗口中选择“表”对象，然后双击“使用向导创建表”，打开“表向导”对话框，如图 3-3 所示。

步骤 3：从该对话框左边的“示例表”中选择“学生和课程”表，这时“示例字段”框中显示“学生和课程”表包含的所有字段。单击“>>”按钮，将“示例字段”列表中的所有字段移到“新表中的字段”列表中。

在选择字段时，也可以单击“>”按钮，选择一个字段或双击要选的字段移到“新表中的字段”列表中。若对已选的字段不满意，可以使用“<”按钮或“<<”按钮，取消选择的字段。

若对“示例字段”中的字段名不满意，可以选择图 3-3 中的“重命名字段”按钮，重新

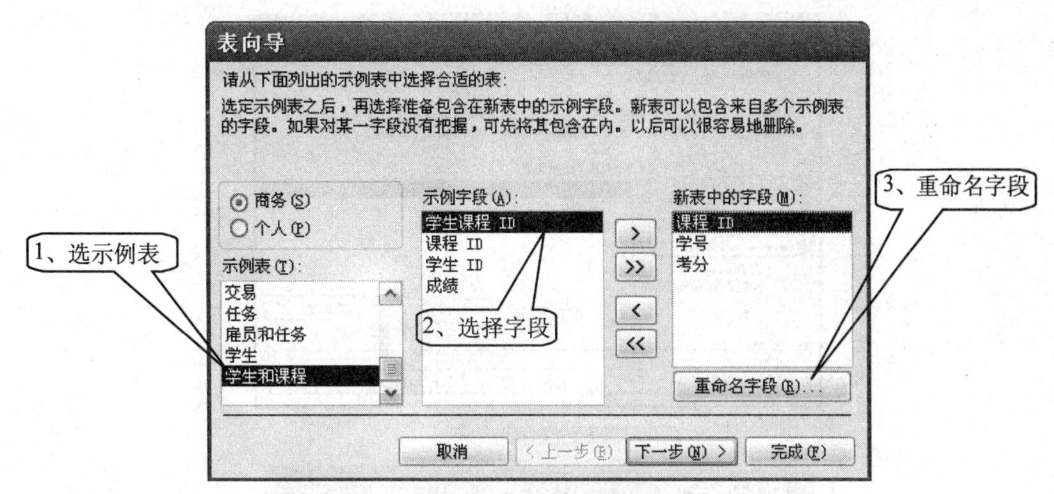

图 3-3　“表向导”对话框

对表中的字段命名。将“新表中的字段”重命名的方法是选定相应字段后，单击“重命名字段”按钮。在图 3-3 中已经对“新表中的字段”全部进行了重命名。

步骤 4：单击“下一步”按钮，屏幕显示如图 3-4 所示。在“请指定表的名称”文本框中输入“成绩”，然后单击“是，帮我设置一个主键”。

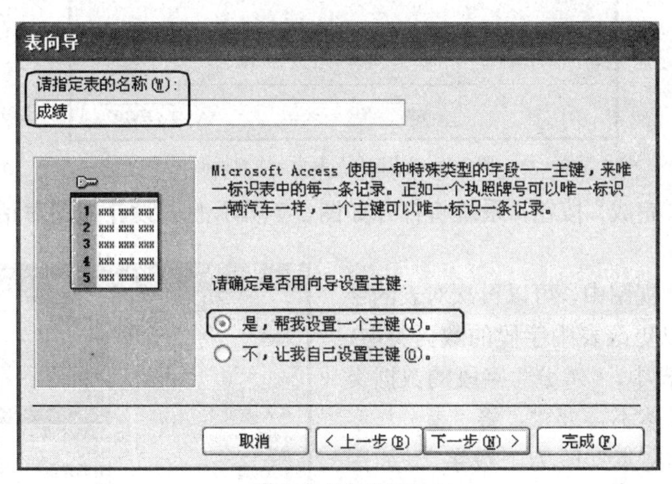

图 3-4　输入表名称

步骤 5：单击“下一步”按钮，屏幕显示如图 3-5 所示。该对话框询问新建的表是否与其他的表相关（注：数据库内至少拥有一个数据表时才会弹出此框）。

步骤 6：根据前面确定的“教学信息管理”数据库中表之间的关系（见图 1-10）来检查图 3-5 所示对话框中列出的相关情况，如果符合确定的关系，单击“下一步”按钮；如果需要与列表框中的某个表建立关系，则单击列表框中的相关表，然后单击“关系”按钮进一步定义，最后单击“下一步”按钮，屏幕显示如图 3-6 所示。

步骤 7：在图 3-6 中，单击“修改表的设计”选项，可以修改表的设计；单击“直接向表中输入数据”选项，可以向表中输入数据；单击“利用向导创建的窗体向表中输入数据”选项，向导创建一个输入数据的窗体。这里单击“修改表的设计”选项。

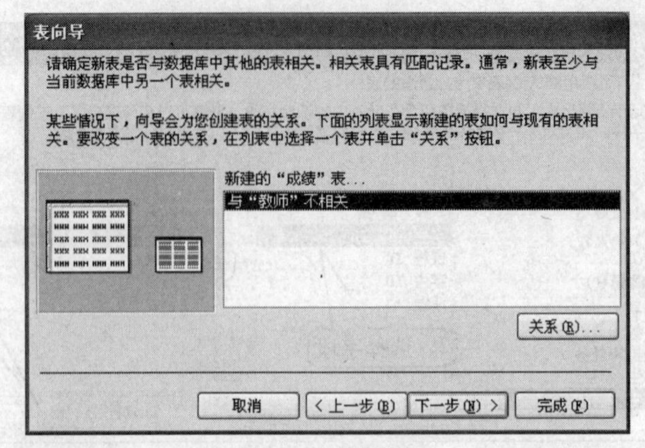

图 3-5　表的相关性

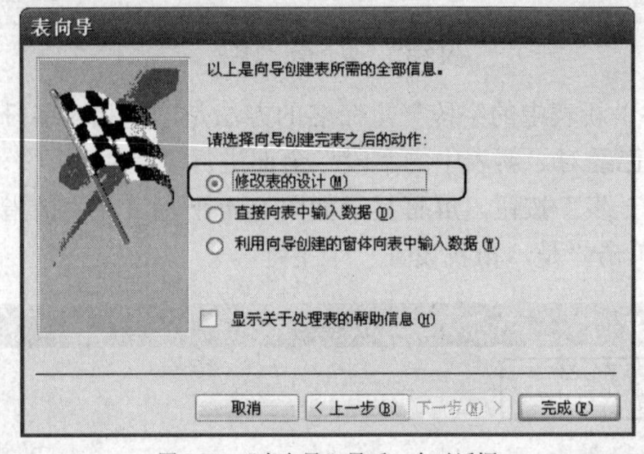

图 3-6　"表向导"最后一个对话框

步骤 8：单击"完成"按钮，系统将打开如图 3-7 所示的表设计视图对话框，显示"成绩"表结构。

步骤 9：在设计视图中，可以再次对表的字段重新命名，也可以更改表中字段的数据类型。例如，在"成绩"表中，"考分"字段的数据类型为"文本"，这显然不合要求，将"考分"字段的数据类型从"文本"改为"数字"，如图 3-7 所示。

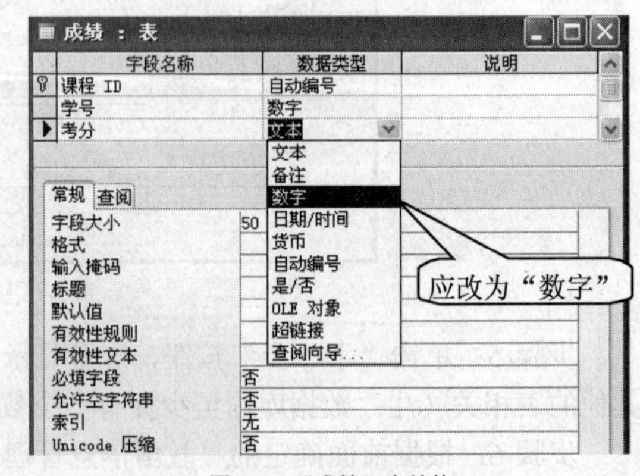

图 3-7　"成绩"表结构

步骤 10：关闭设计视图。

使用表向导创建的表，有时与用户的实际要求有所不同，需要通过设计视图对其进行修改。因此，掌握设计视图的建立方法对于正确建立表结构非常重要。

3.1.3　使用数据表视图创建表

【例 3-3】 使用数据表视图创建"教室"表，该表的结构可参照表 1-6。

步骤 1：打开“D:\Access\教学信息管理”数据库。

步骤 2：在数据库窗口中选择“表”对象，然后双击“通过输入数据创建表”，出现空数据表视图。在默认情况下，表的字段名为字段 1，字段 2……

步骤 3：在设计视图中，将默认字段名字段 1、字段 2、字段 3 修改为表 1-6 所示的表结构，输入有关数据后的结果如图 3-8 所示

这种方法操作方便，但字段名很难体现对应数据的内容，且字段的数据类型也不一定符合设计者的思想。所以用这种方法创建的表，还要经过再次修改字段名和字段属性后才能完成表的设计。

教室 : 表

教室id	处所	多媒体
1	D1-101	-1
2	D1-102	-1
3	J2-301	0
4	J2-302	0
5	J2-302	0
6	Z1-701	-1
7	Z1-702	-1
8	Z1-201	-1
9	Z1-202	-1
10	Z1-301	0
(自动编号)		

记录: 1 共有记录数: 10

图 3-8　使用数据表视图创建“教室”表

3.2 输入数据

在建立了表结构后，就可以向表中输入数据了。向表中输入数据就好像在一张空白表格内填写数字一样简单。在 Access 中，可以使用数据表视图向表中输入数据，也可以导入已有的其他类型文件。

3.2.1　使用数据表视图直接输入数据

【例 3-4】 向“教师”表中输入两条记录，输入内容如表 3-1 所示。

表 3-1　　**“教师”表内容**

教师 id	姓名	性别	婚否	籍贯	职称	专业	科室	宅电	手机	照片	简历
1	李质平	男	-1	上海	副教授	文科基础	文史	01060442777	13135839366	图像 1	复旦大学
2	赵侃茹	女	0	山东	讲师	文科基础	文史	01084853399	13589244127	图像 2	

步骤 1：在数据库窗口中选择“表”对象，然后双击“教师”表，打开数据表视图，如图 3-9 所示。

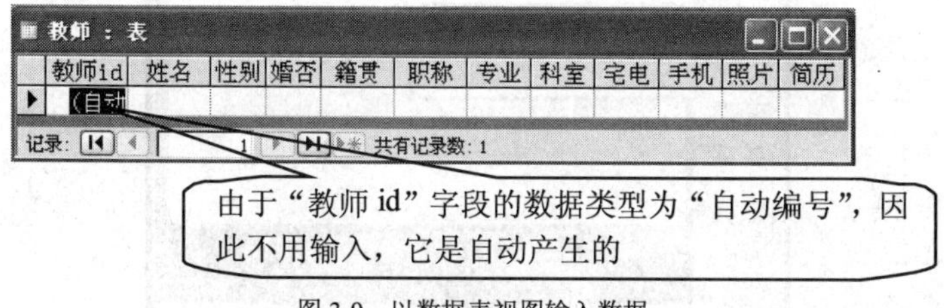

图 3-9　以数据表视图输入数据

步骤 2：“教师”表是在 3.1.1 节中建立的一个表结构，它还没有任何记录，从第一个空记录的第一个字段开始分别输入“姓名”、“性别”、“婚否”等字段的值，每输入完一个字段值按 Enter 或按 Tab 键转至下一个字段。

步骤 3：输入“照片”时，将鼠标指针指向该记录的“照片”字段列，单击鼠标右键，弹出快捷菜单，如图 3-10 所示。

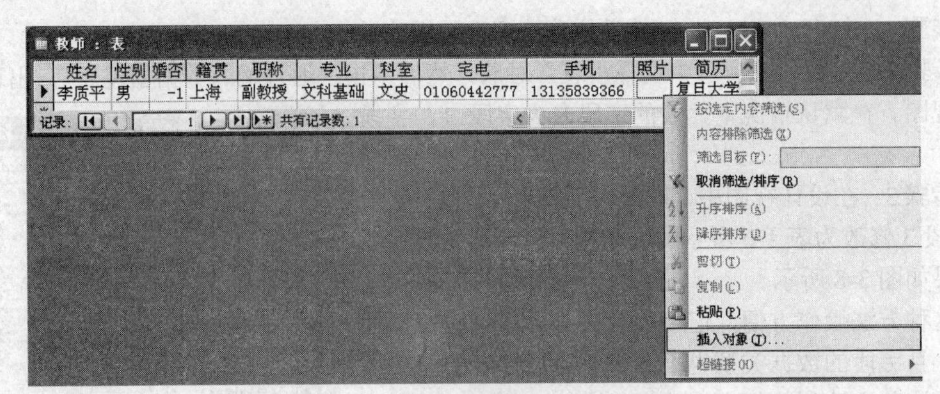

图 3-10 快捷菜单

步骤 4：选择“插入对象（J）...”命令，打开“插入对象”对话框，如图 3-11 所示。

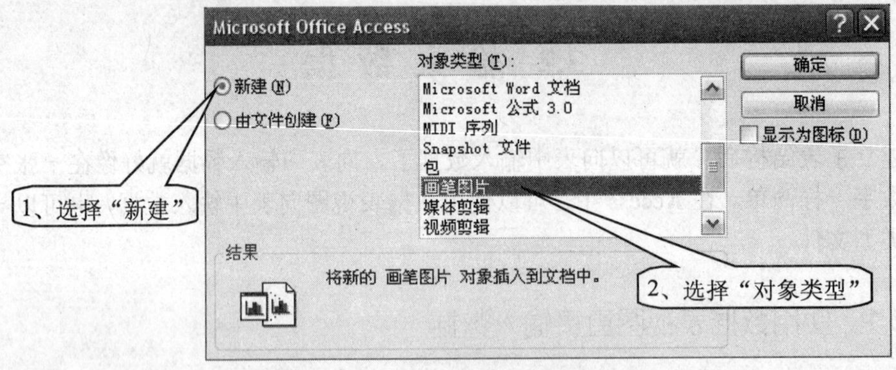

图 3-11 “插入对象”对话框

步骤 5：首先选择“新建”选项，然后在“对象类型”列表框中选择“画笔图片”，单击“确定”按钮。屏幕显示“画图”程序窗口，如图 3-12 所示。

图 3-12 “画图”程序窗口

步骤 6：在图 3-12 中，选择 “编辑 | 粘贴来源”菜单命令，打开如图 3-13 所示“粘贴来源”对话框。在“查找范围”中找到存放图片的文件夹，并打开所需的图片。

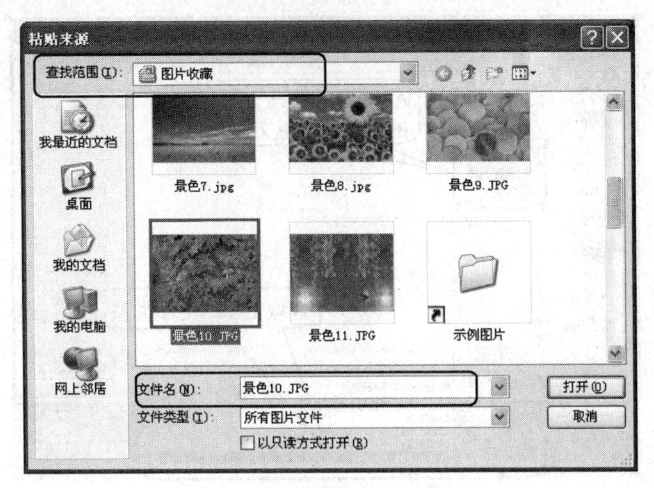

图 3-13 “粘贴来源”对话框

步骤 7：关闭“画图”程序窗口。此时第一条记录的“照片”字段已有内容，如图 3-14 所示。

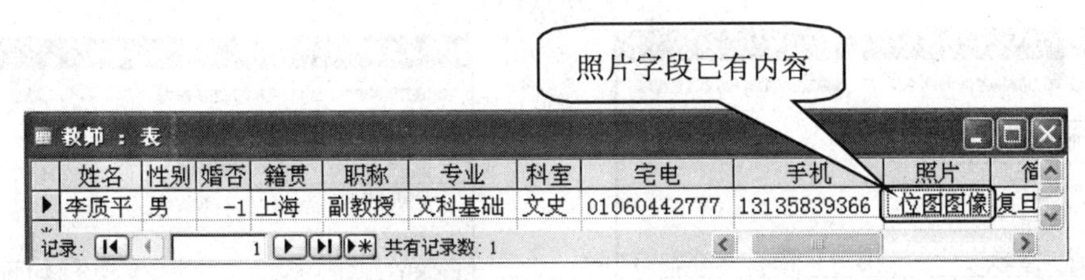

图 3-14 “教师”表内容

步骤 8：按 Enter 键或按 Tab 键转至下一个字段，即“简历”字段，输入“复旦大学”。到此，“教师”表的第一条记录已输入完成。按 Enter 键或按 Tab 键转至第二条记录，依此类推。

步骤 9：输入全部记录后，单击工具栏上的“保存”按钮或直接单击“教师”表右上角的“关闭”按钮，即可保存表中的数据记录。

3.2.2 使用其他文件建立数据表

导入是将数据导入到新的 Microsoft Access 表中，这是一种将数据从不同格式转换并复制到 Microsoft Access 中的方法。作为导入数据源的文件类型包括 Microsoft Access 数据库、Excel 文件（xls）、IE（HTML）、dBASE 等。

1．导入 Excel 文件

【例 3-5】 将已经建好的 Excel 文件“课程名称.xls”导入到“教学信息管理”数据库中，数据表的名称为“课程名称”。

步骤 1：在数据库窗口中，选择“文件 | 获取外部数据 | 导入”菜单命令，这时屏幕显示“导入”对话框，在“查找范围”中指定文件所在的文件夹，然后在“文件类型”文本框中选择“Microsoft Excel”选项，如图 3-15 所示。

步骤 2：选取 D: \Access\课程名称.xls，再单击“导入”按钮。

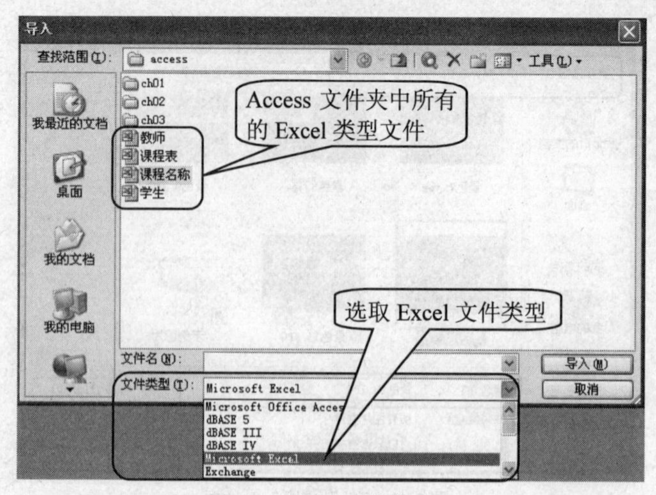

图 3-15　指定“文件类型”

步骤 3：在“导入数据表向导”的第 1 个对话框中选取“第一行包含列标题”，如图 3-16 所示。再单击“下一步”按钮，显示“导入数据表向导”的第 2 个对话框，如图 3-17 所示。

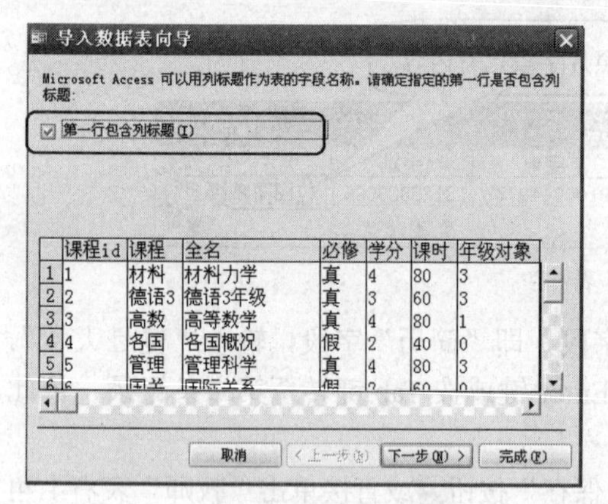

图 3-16　选取“第一行包含列标题”

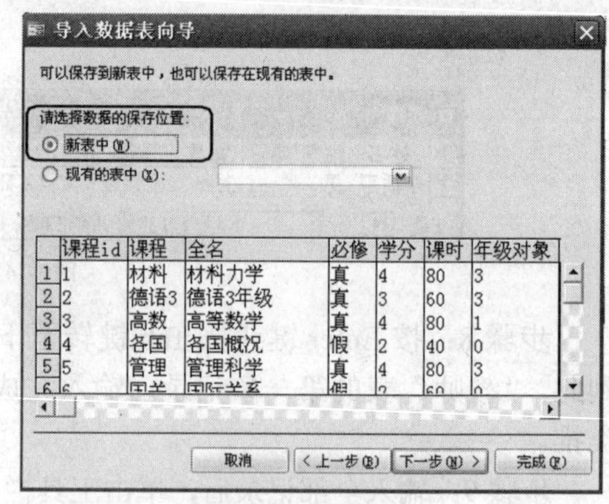

图 3-17　保存在“新表中”

步骤 4：在图 3-17 中，选取“新表中”，表示来自 Excel 工作表的数据将成为数据库的新数据表，再单击“下一步”按钮，显示“导入数据表向导”的第 3 个对话框，如图 3-18 所示。

步骤 5：在图 3-18 中，如果不准备导入“课程 id”字段，在“课程 id”字段单击鼠标左键，再勾选“不导入字段（跳过）”，完成后单击“下一步”按钮，显示“导入数据表向导”的第 4 个对话框，如图 3-19 所示。

步骤 6：在图 3-19 中选择“让 Access 添加主键”，由 Access 添加一个自动编号作为主关键字，再单击“下一步”按钮，显示“导入数据表向导”的第 5 个对话框，如图 3-20 所示。在“导入列表”文本框中输入导入数据表名称“课程名称”。

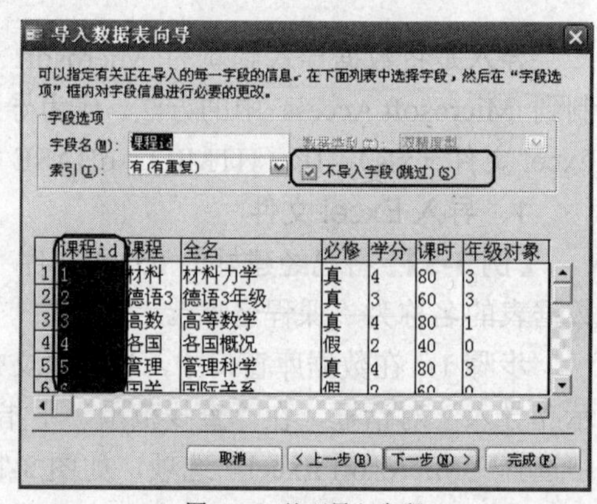

图 3-18　处理导入字段

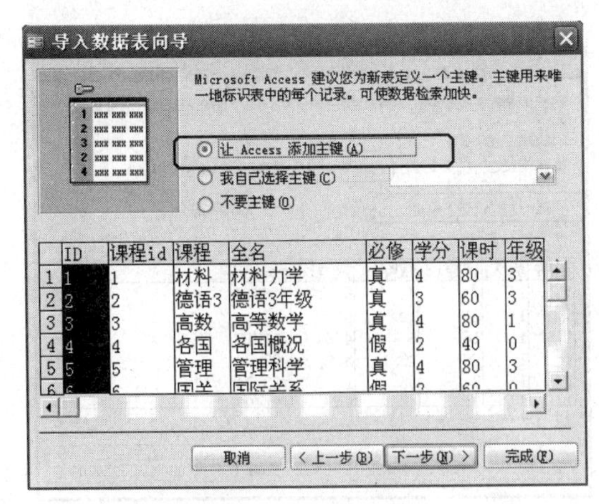

图3-19 让Access添加主键

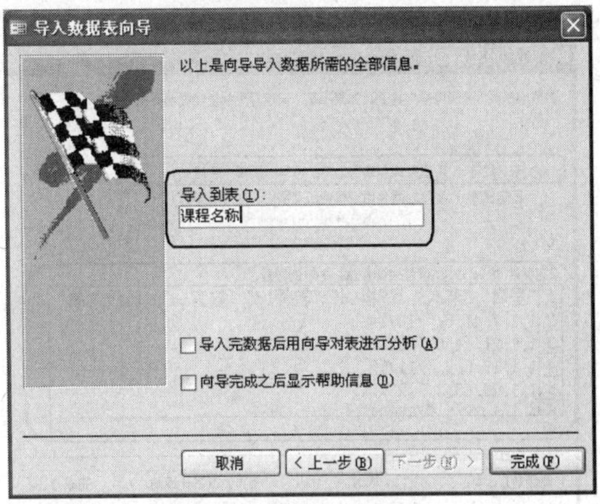

导入数据表向导

以上是向导导入数据所需的全部信息。

导入到表(I):

课程名称

导入完数据后用向导对表进行分析(A)

向导完成之后显示帮助信息(D)

取消 <上一步(B) 下一步(N)> 完成(F)

图3-20 指定数据表的名称

步骤7：单击“完成”按钮，显示“导入数据表向导”结果提示框，如图3-21所示。提示数据导入已经完成。

图3-21 “导入数据表向导”结果提示框

完成之后，“教学信息管理”数据库会增加一个名为“课程名称”的数据表，内容是来自“课程名称.xls”的数据。完成后的“课程名称”数据表打开后如图3-22所示。

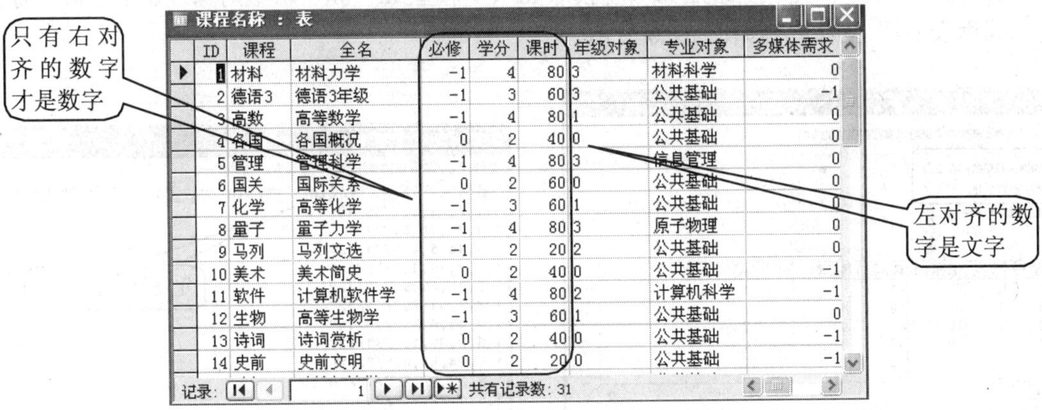

课程名称 : 表

ID	课程	全名	必修	学分	课时	年级对象	专业对象	多媒体需求
1	材料	材料力学	-1	4	80	3	材料科学	0
2	德语3	德语3年级	-1	3	60	3	公共基础	-1
3	高数	高等数学	-1	4	80	1	公共基础	0
4	各国	各国概况	0	2	40	0	公共基础	0
5	管理	管理科学	-1	4	80	3	信息管理	0
6	国关	国际关系	0	2	60	0	公共基础	0
7	化学	高等化学	-1	3	60	1	公共基础	0
8	量子	量子力学	-1	4	80	3	原子物理	0
9	马列	马列文选	-1	2	20	2	公共基础	0
10	美术	美术简史	0	2	40	0	公共基础	-1
11	软件	计算机软件学	-1	4	80	2	计算机科学	-1
12	生物	高等生物学	-1	3	60	1	公共基础	0
13	诗词	诗词赏析	0	2	40	0	公共基础	-1
14	史前	史前文明	0	2	20	0	公共基础	-1

记录: 1 共有记录数: 31

只有右对齐的数字才是数字

左对齐的数字是文字

图3-22 导入之后的“课程名称”表

2. 导入文本文件

Access可以将带分隔符或固定宽度的文本文件导入到Access的表中。

【例3-6】 将已经建好的文本文件“课程表.txt”导入到“教学信息管理”数据库中，数据表的名称为“课程表”。

步骤1：在数据库窗口中，选择“文件 | 获取外部数据 | 导入”菜单命令，显示“导入”对话框，如图3-15所示。在“文件类型”中选取“文本文件”选项。

步骤2：选取“D：\Access\课程表.txt”文件，再单击“导入”按钮，显示“导入文本向导”的第1个对话框，如图3-23所示。

步骤3：在图3-23中选取“带分隔符”选项，然后单击“下一步”按钮，显示“导入文本向导”的第2个对话框，如图3-24所示。

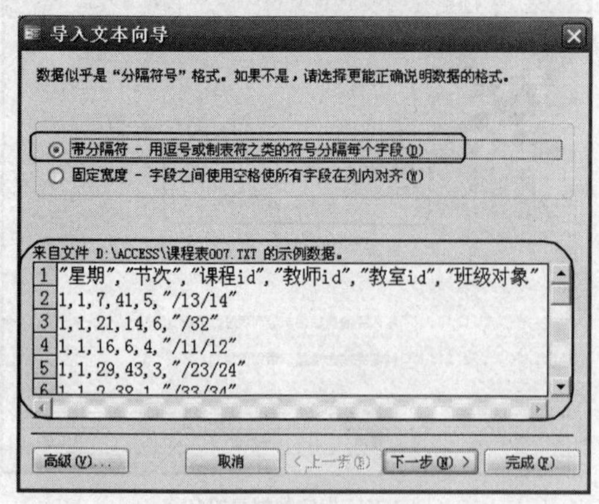

图 3-23 选择"带分隔符"选项

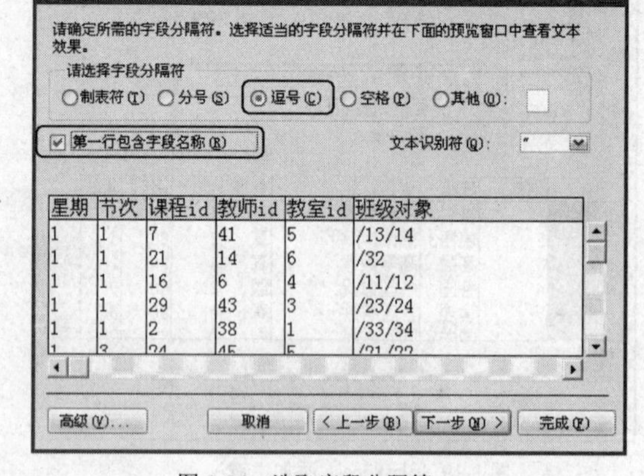

图 3-24 选取字段分隔符

步骤 4：在图 3-24 中，选取"逗号"为字段分隔字符，再勾选"第一行包含字段名称"，然后单击"下一步"按钮，显示"导入文本向导"的第 3 个对话框，如图 3-25 所示。

以下步骤与【例 3-5】的操作相同，不再叙述。

以上是导入文本文件的操作，完成后即可将文本文件的数据导入至 Access，该数据可以成为单一数据表，也可以成为某个数据库中的一个数据表。本例使用的"课程表.txt"文本文件共有"星期"、"节次"、"课程 id"、"教师 id"、"教室 id"和"班级对象"6 个字段，原始的"课程表.txt"文件内容如图 3-26 所示。

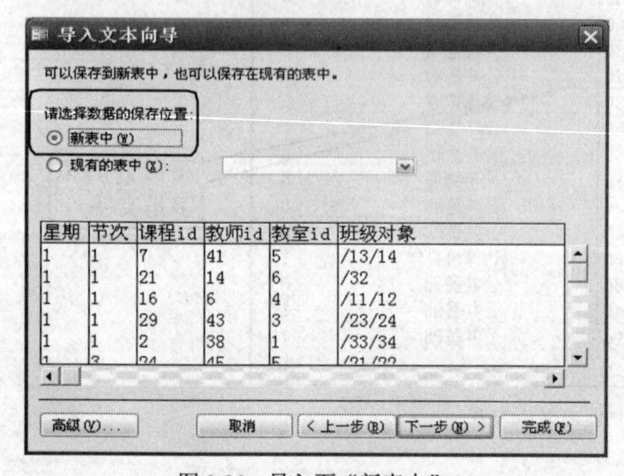

图 3-25 导入至"新表中"

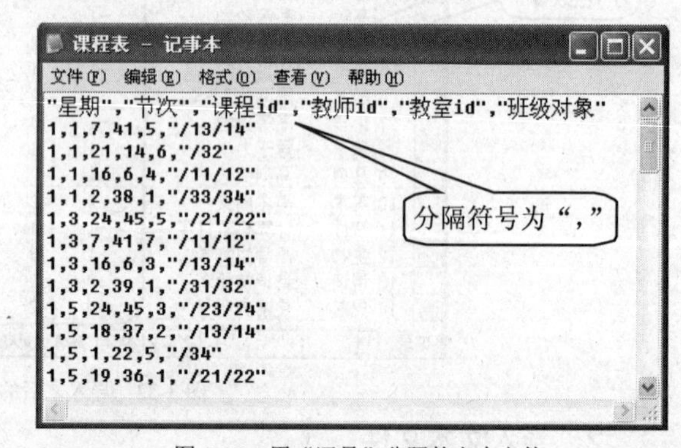

图 3-26 用"逗号"分隔的文本文件

图 3-26 所示为用"逗号"分隔的文本文件。由于数据库必须明确定义字段，所以导入的文本文件需有统一分隔单位，在图 3-26 中两个逗号之间的所有数据，即为一个字段。所以，文本文件的分隔单位只有统一，才可以做到正确分隔。如果未统一，则导入后的数据有可能不正确。除了用逗号做分隔字符外，还可以使用制表符、分号、空格等其他字符，也可以使用"固定宽度字符"。

3. 导入 HTML 文件

【例 3-7】 将已经建好的"学生.html"文件导入到"教学信息管理"数据库中，数据表的名称为"学生"。

步骤 1：在数据库窗口中，选择“文件｜获取外部数据｜导入”菜单命令，显示“导入”对话框（见图 3-15），在“文件类型”中选取“HTML 文档”选项。

步骤 2：选取“D：\Access\学生.html”文件，再单击“导入”按钮，显示“导入 HTML 向导”的第一个对话框，如图 3-23 所示。

以下步骤与【例 3-5】的操作相同，不再复述。

说明：对于外部文件，除了导入之外，也可以使用“文件｜获取外部数据｜链接表”菜单命令，以链接的方式，链接到外部文件。而在链接数据表内更改记录，也会保存到原文件中。

在 3.1 节中，分别用设计视图、表向导和数据表视图 3 种方法创建了“教师”、“成绩”和“教室”3 张表。在 3.2 节中，又采用了导入其他文件的方法，分别导入了“课程名称.xls”、“课程表.txt”和“学生.html”文件，创建了“课程名称”、“课程表”和“学生”3 张表，至此，“教学信息管理”数据库的 6 张表已全部建立。

通常，创建新表的步骤如下。

- 创建表的结构　定义表包含哪些字段，每个字段的数据类型及其他属性。
- 向表中输入记录　即向表中输入数据。

如果是从其他已有的文件导入数据，操作步骤如下。

- 导入数据到数据库中　即将导入的数据成为其中的一个数据表。
- 重新调整表的结构　可以重命名字段、更改字段的数据类型及其他属性。

3.3　字段操作

数据表的设计重点就是定义数据表所需要的字段、每个字段所使用的数据类型及相应的属性等。

3.3.1　字段的名称及数据类型

1．字段的名称

字段名称是用来标识字段的，它可以由英文、中文和数字组成，但必须符合 Access 数据库的对象命名规则。以下规则同样适用于表名、查询名等对象的命名。

- 字段名称的长度为 1～64 个字符，一个汉字占 2 个字符。
- 字段名称可以用字母、数字、空格以及其他一切特别字符，但不能包含（.）、叹号（!）及中括号（[]）等字符。
- 不能使用 ASCII 值为 0～31 的字符。
- 不能以空格开头。

2．字段的数据类型

在给字段命名后，就应该确定字段的数据类型。例如，若字段的类型为数字，就不可以在此字段内输入文本；若输入错误数据，Access 会发出错误信息，且不允许保存。表 3-2 列出了 Access 提供的 10 种数据类型。

表 3-2　　字段的数据类型

数据类型	标　识	说　明	大　小	示　例
文本	Text	文本或文本与数字的组合，可以是不必计算的数字	最大值为 255 个中文或英文字符	公司名称、地址、电话号码
备注	Memo	适用于较长的文本叙述	最长 65536 个字符	经历、说明、备注
数字	Number	只可保存数字	1，2，4，8 个字节	数量、售价
日期/时间	Datetime	可以保存日期及时间，允许范围为 100/1/1 至 9999/12/31	8 个字节	出生日期、入学时间
货币	Money	用于计算的货币数值与数值数据，小数点后 1～4 位，整数最多 15 位	8 个字节	单价、总价
自动编号	AutoNumber	在添加记录时自动插入的唯一顺序或随机编号	4 个字节	编号
是/否	Yes/No	用于记录逻辑型数据 Yes（−1）/No（0）	1 位	送货否、婚否
OLE 对象	OLE Object	内容为非文本、非数字、非日期等内容，也就是用其他软件制作的文件	最大可达 1GB（受限于磁盘空间）	照片
超级链接	Hyperlink	内容可以是文件路径、网页的名称等，单击后可以打开	最长 2048 个字符	电子邮件、首页
查阅向导	Lookup Wizard	在向导创建的字段中，允许使用组合框来选择另一个表中的值		专业

说明："查询向导"字段主要是为该字段重新创建一个查阅列，以便能够方便输入和查阅其他表或本表中其他字段的值，以及本字段已经输入过的值。

3．更改类型的注意事项

建立字段后，必须立即定义字段类型，那么字段类型是否可以再更改呢？可以。但一般情况下，字段类型一经定义完成，除非万不得已，最好不要更改。因为数据表及字段是数据库的重要基础建设，更改类型会造成数据库系统在后续设计时的许多麻烦，有时可造成数据类型转换错误或数据遗失的情况。

因此，如果要修改字段类型，首先必须了解更改类型可能造成的结果。表 3-3 列出了更改类型时可能出现的情况。

表 3-3　　更改类型可能出现的情况

更改字段类型	允许更改	可能有的结果
文本改数字	可以	若含有文本，则删除字段内的文本
数字改文本	可以	没有问题
文本改日期	可以	该栏数据必须符合日期。若不符合日期格式，即予以删除
日期改文本	可以	没有问题
数字改日期	可以	1 代表 1899/12/31，2 代表 1900/1/1，依此类推
日期改数字	可以	同上

表 3-3 仅列出了文本、数字、日期等 3 种常用类型。一般而言，转换为文本类型时，都不会有错误，因为文本类型允许任何字符，其允许范围最大。如果反过来，将文件转换为数字，就有可能造成数据遗失，因为数字类型不允许 0～9 以外的符号或字符，转换时若发生错误，Access 会显示警告信息。

3.3.2　设置字段属性

在完成表结构的设置后，还需要在属性区域设置相应的属性值，每一个字段都有一系列的属性描述，字段的属性决定了如何存储、处理和显示该字段的数据。属性包括字段大小、格式、输入掩码、默认值、有效性规则、有效性文本、输入法模式、标题等。

表中每个字段都有一系列的属性描述。字段的属性表示字段所具有的特性，不同的字段类型有不同的属性。当选择某一字段时，“设计视图”下部的“字段属性”区就会依次显示出该字段的相应属性，如图 3-27 所示。下面介绍如何设置字段的属性。

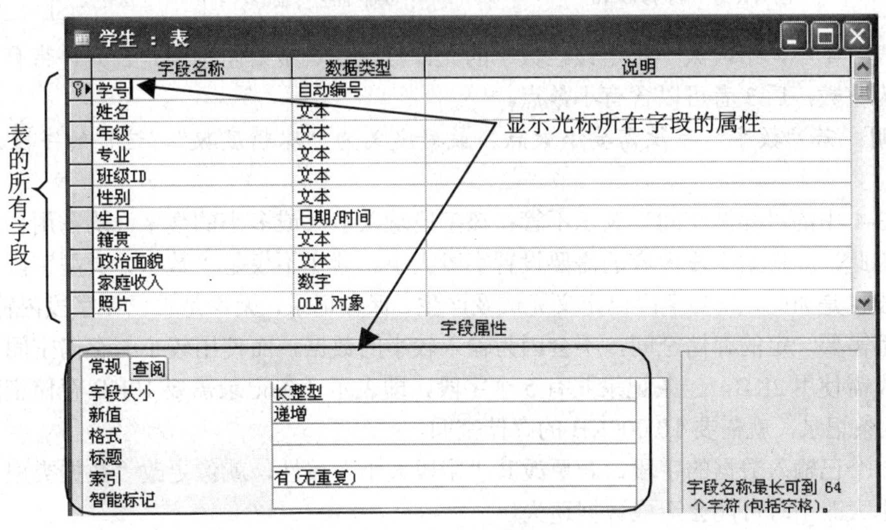

图 3-27　数据表设计视图窗口

1．控制“字段大小”

“字段大小”属性可使用在文本、数字及自动编号 3 种数据类型中。文本类型的字段大小为 1～255 个中文或英文字符，默认值是 50。数字类型“字段大小”属性共有 7 个选择，如图 3-28 所示。

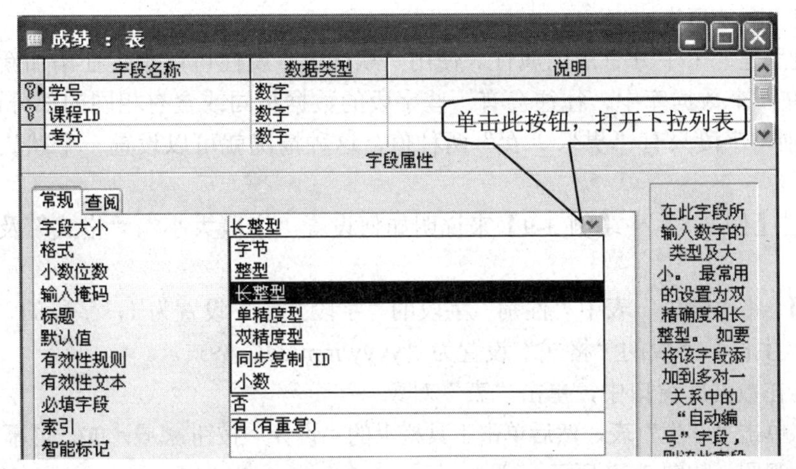

图 3-28　“数字”类型的字段大小属性

图 3-28 中的 7 个选择各代表不同的允许范围，除了“同步复制 ID”（此项不可使用）外，其他 6 个选择的允许范围如表 3-4 所示。

表 3-4　　“数字”类型的字段大小

字段大小	可输入数值的范围	标识	小数点	存储空间
字节	0～255	Byte	无	1 字节
整数	−32 768～32 767	Integer2	无	2 字节
长整数	−2 147 483 648～2 147 483 647	Integer4	无	4 字节
单精度数	-3.4×10^{308}～3.4×10^{308}	Float4	7	4 字节
双精度数	-1.797×10^{308}～1.797×10^{308}	Float8	15	8 字节
小数点	-1.797×10^{308}～1.797×10^{308}	Dec(<all>，<dec>)	28	12 字节

在表 3-4 中，字段大小决定该栏数字的允许范围。其主要差别为是否允许带有小数点，前 3 者为整数，后 3 者可以含有小数点。

说明：若“数字”字段需要小数点，最好定义为“双精度数”，这样的字段大小比较稳定。

表 3-4 中的“存储空间”表示不管在该字段输入多大或多小的数字，均占用一定的存储空间。因此，应根据字段内容的需要设置字段大小。其实不仅是“数字”类型字段，其他类型的字段也是如此，只要字段已定义完成及产生、保存记录，无论是否已在字段内输入数据，该字段都需要一定的存储空间，不会因为输入较小的数据，而使用较小的存储空间。例如，一个字段需使用 2KB，一条记录共有 5 个字段，即表示一条记录需要 10KB 存储空间；如果有 1 000 条记录，就需要 10 000KB 的存储空间。

在一个已输入数据的字段，若更改其“字段大小”属性，就像更改“数据类型”一样，要注意由大改小时可能会造成数据遗失。

2．选择所需的“格式”

“格式”属性用来决定数据的打印方式和屏幕显示方式。通过格式属性可设置“自动编号”、“数字”、“货币”、“日期/时间”和“是/否”数据类型的显示格式。“格式”属性只影响值如何显示，而不影响在表中值如何存储。不同数据类型的字段，其“格式”选择有所不同，应注意区分。

3．设置“默认值”

“默认值”是一个十分有用的属性。使用“默认值”属性可以指定在添加新记录时自动输入的值。在一个数据库中，往往会有一些字段的数据相同或含有相同的部分，如“学生”表中的“性别”字段只有“男”、“女”两种值，这种情况就可以设置一个默认值，减少输入量。

下面通过【例 3-8】～【例 3-9】来说明如何设置“字段大小”、“格式”及“默认值”属性。

【例 3-8】 将“学生”表中“性别”字段的“字段大小”设置为 1，字段的“默认值”设置为“男”，“生日”字段的“格式”设置为“yyyy/mm/dd”格式。

步骤 1：在数据库窗口中，单击“表”对象。

步骤 2：单击“学生”表，然后单击工具栏上的“设计”按钮 设计(D)，屏幕显示“学生”表的“设计”视图，如图 3-29 所示。

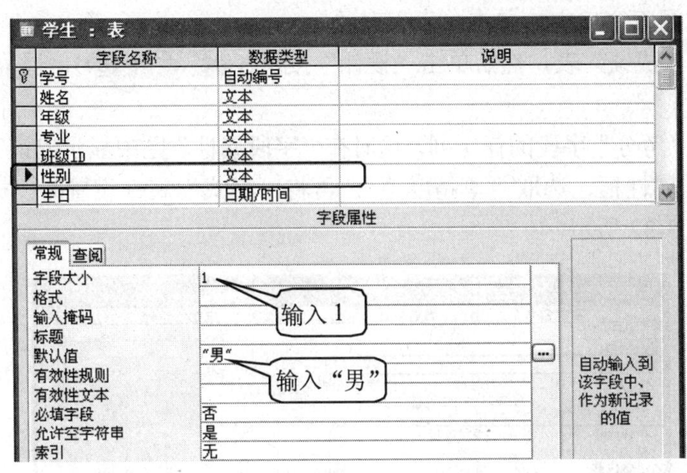

图3-29 设置"字段大小"和"默认值"属性

步骤3：在图3-29中，单击"性别"字段的任一列，则在"字段属性"区中显示出该字段的所有属性。在"字段大小"文本框中输入"1"，在"默认值"属性框中输入"男"。

步骤4：单击"生日"字段的任一列，则在"字段属性"区中显示出"生日"字段的所有属性。单击"格式"属性框，选择右侧向下箭头按钮，可以看到系统提供了7种日期/时间格式。

步骤5：由于系统提供的日期/时间格式没有要求"yyyy/mm/dd"格式，所以直接在"格式"属性框中输入"yyyy/mm/dd"（见图3-30），表示使用4位数表示年份，年月日之间的分隔符号为"/"。当然也可以输入"yy/mm/dd"，表示用2位数表示年份。

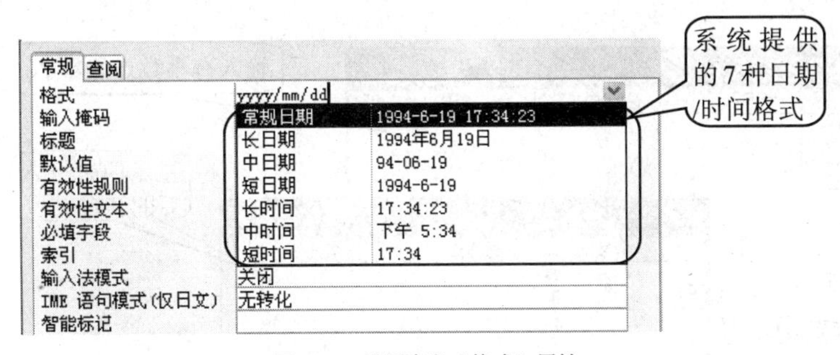

图3-30 设置字段"格式"属性

说明：在输入文本值时，例如"男"时，可以不加引号，系统会自动加上引号。设置"默认值"属性时，必须与字段中所设的数据类型相匹配，否则会出现错误。

设置默认值后，Access在生成新记录时，将这个默认值插入到相应的字段中，如图3-31所示。当然，也可以使用这个默认值，也可以输入新值来取代这个默认值。

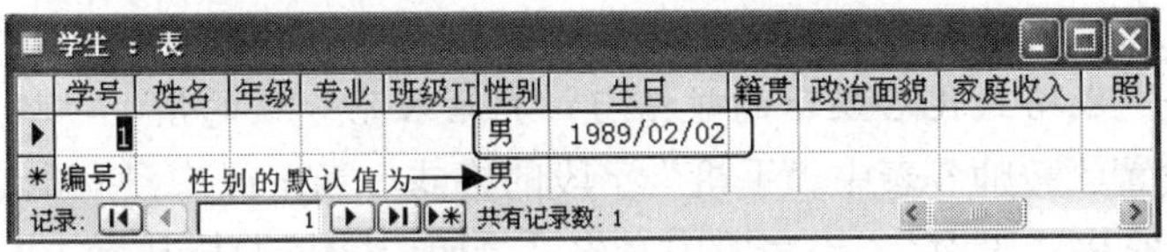

图3-31 设置字段属性后的"学生"表

【例3-9】 将"成绩"表中"考分"字段的"字段大小"设置为"单精度型"，"格式"属性设置为"标准"，小数位数为0。

步骤 1：在数据库窗口中，单击“表”对象。

步骤 2：单击“成绩”表，然后单击“设计”按钮（设计(D)），屏幕显示“学生”表的设计视图。

步骤 3：单击“考分”字段的任一列，这时在“字段属性”区中显示出该字段的所有属性。单击“字段大小”属性框，选取“单精度型”；再将“格式”属性设置为“标准”，小数位数改为 0，结果如图 3-32 所示。

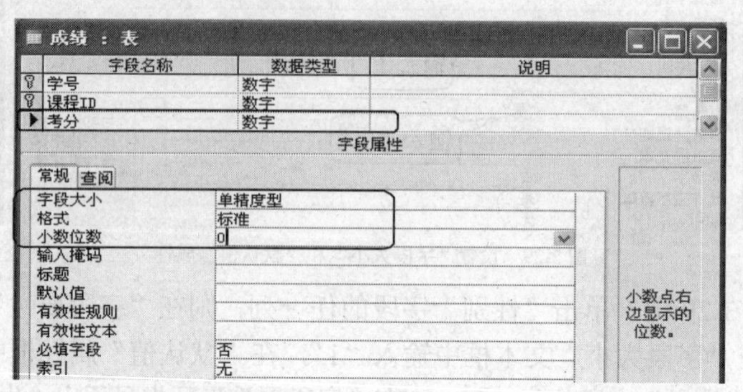

图 3-32 更改数字类型的“字段大小”及“格式”属性

本例的目的是在数字类型的字段输入带有小数点的数据。输入完成后，以格式化的方式，四舍五入成整数，并显示出来。

图 3-33 所示的状态是在第一条记录的“考分”字段输入“85.5”，保存后显示四舍五入后的数据“86”。

输入有小数点的数字

显示四舍五入后的整数

成绩 : 表

学号	课程ID	考分
7	9	86
7	19	68
7	23	90
7	24	76
7	25	53
7	28	62
7	29	61
11	4	53

记录: 2 共有记录数: 1846

图 3-33 使用“格式”处理四舍五入

说明：本例由于使用了格式化处理，故在图 3-33 中的“86”只是格式化后显示的数据。该字段实际存储的数据仍是四舍五入以前的实际数据“85.5”，计算时也会使用实际数据。如果使用此方式，会造成格式化后显示的数据与计算结果不一致的情况，故不建议使用。

【例 3-10】 设置“教师”表中“手机”字段的格式，当字段中没有电话号码或是“Null”值时，要显示出字符串“没有”。当字段中有电话号码时，按原样显示。

步骤 1：在数据库窗口中，单击“表”对象。

步骤 2：单击“教师”表，然后单击“设计”按钮设计(D)，屏幕显示“教师”表的设计视图。

步骤 3：单击“手机”字段的任一列，这时在“字段属性”区中显示出该字段的所有属性。单击“格式”属性框，在其下拉列表框中输入“@；"没有"”，如图 3-34 所示。

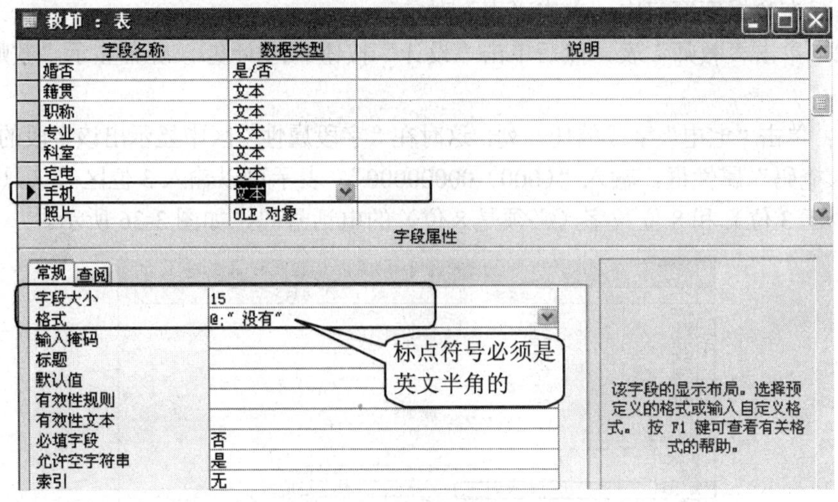

图 3-34　设置“格式”

步骤 4：单击工具栏上的“视图”按钮，切换到“教师”表的数据表视图，如图 3-35 所示。当“手机”字段没有输入数据时，皆显示“没有”，但当光标移入时，则不显示此二字，以便输入。

	教师id	姓名	性别	婚否	籍贯	职称	专业	科室	宅电	手机	照片	简历
+	46	王诘雨	男	-1	四川	助教	文科基础	文科综合	01086400842	13386195932		
+	47	兆先和	男	0	贵州	副教授	文科基础	文科综合	01064751625	13787691108		
*	动编号)									没有		

记录：1 共有记录数：37

图 3-35　显示的数据

除本例使用的符号外，还可以使用如表 3-5 所示的各种符号，在类型为“文本”的字段内自定义格式属性。

自定义格式为：<格式符号>；<字符串>

表 3-5　　自定义“文本”类型字段格式属性的符号

符　号	代 表 功 能	范　例
@	显示字符或空格	使用@@，则输入“j”的结果为“ j”，前方加一空格
&	与上项类似，差异为此项在无字符时予以省略	使用&&&，则输入“jo”时，显示“jo”，不加空格
—	强制向右对齐	—@@@
!	强制向左对齐	!@@@
>	强迫所有字符大写	>@@@@ 或>johnson
<	强迫所有字符小写	<@@@@ 或<John

4．使用“输入掩码”

“输入掩码”属性是用来设置用户输入字段数据时的格式。如果希望输入数据的格式标准保持一致，或希望检查输入时的错误，可以使用 Access 提供的“输入掩码向导”来设置一个输入掩码。输入掩码属性可用于“文本”、“数字”、“日期/时间”和“货币型”字段。

【例 3-11】为"教师"表中"宅电"字段设置"输入掩码"，以保证用户只能输入 3 位数字的区号和 8 位数字的电话号码，区号和电话号码之间用"-"分隔。

步骤 1：在数据库窗口中，单击"表"对象。

步骤 2：单击"教师"表，然后单击"设计"按钮设计(D)，屏幕显示"教师"表的设计视图。

步骤 3：单击"宅电"字段的任一列，这时在"字段属性"区中显示出该字段的所有属性。单击"输入掩码"属性框，输入"(000)-00000000"，表示可以输入 3 位区号（只能是 3 位，不可多或少于 3 位）和 8 位数字（必须是 8 位）的电话号码，如图 3-36 所示。

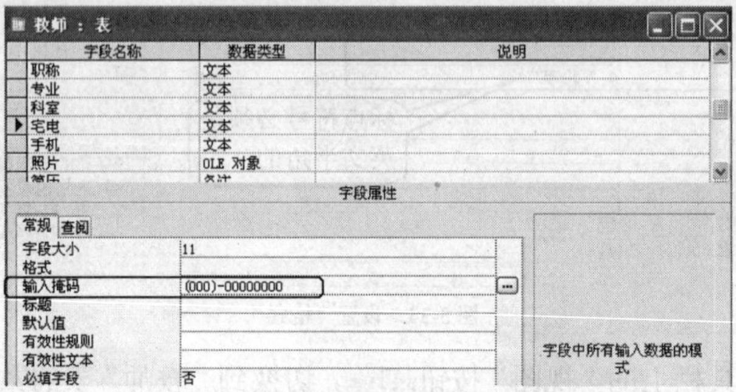

图 3-36 "宅电"字段"输入掩码"属性设置结果

步骤 4：单击工具栏上的"视图"按钮，切换到"教师"表的数据表视图，如图 3-37 所示。如果"宅电"字段没有输入数据时，当光标移入该字段时，皆显示"(　　)-　　"格式。

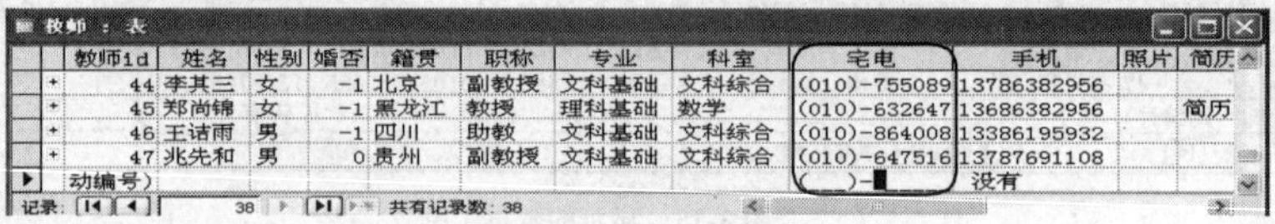

图 3-37 显示的数据

如果字段的数据类型为"文本"和"日期/时间"型的，可以用"输入掩码向导"帮助设置，具体操作为单击"输入掩码"右边的按钮（见图 3-36），打开"输入掩码向导"对话框，如图 3-38 所示。可以从列表中选择需要的掩码，也可以单击"编辑列表"按钮，打开"自定义'输入掩码向导'"对话框，创建自定义的输入掩码。当然也可以在"输入掩码"栏中自己输入。

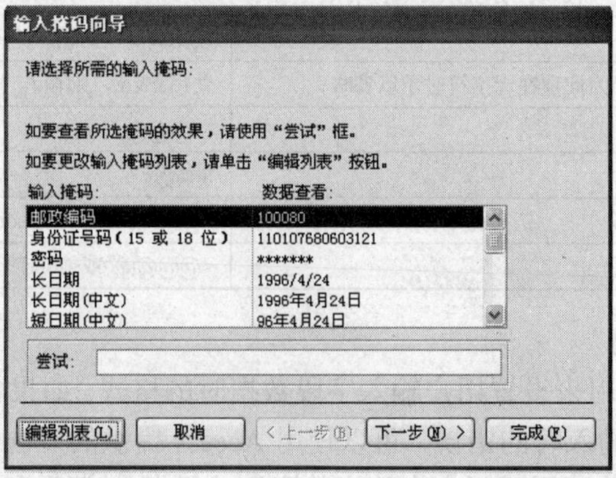

图 3-38 "输入掩码"向导对话框

在 Access 中，无论字段类型为何种类型，只要有输入掩码属性，就可以使用如表 3-6 所示的符号。

表 3-6　　自定义“输入掩码”的符号

符　号	功 能 说 明	设 置 范 例	输 入 范 例
0	可输入 0～9 的数字，不可输入空格，每一位都必须输入	(000)0000-0000	(021)7901-1234
9	可输入 0～9 的数字或空格，不是每一位都必须输入	(99)000-0000	输入(1)765-4321 变成(17)654-321
#	可输入 0～9 的数字、空格、加号和减号，不是每一位都必须输入	#999	−020
&	可输入任意字符、空格，每一位都必须输入	&&&&&&&	ASD-123
C	可输入任意字符、空格，不是每一位都必须输入	&&&&CCCC	JOHN-10
L	可输入大小写英文字母、不可输入空格，每一位都必须输入	0:00LL	1:34PM
?	可输入大小写英文字母、空格，不是每一位都必须输入	????\-0000	OS-1234
!	将输入数据方向更换为由右至左，但输入前的字符左方需留空，方看得出差别	!????	靠右对齐的文字
>及<	接下来的字符以大写或小写显示，且输入英文时，大小写不受键盘的 CapsLock 限制	>L<LL?????	Johnson
\	接下来的字符以原义字符显示	\A	A

说明：“输入掩码”与“格式”属性的区别：“格式”属性定义数据的显示方式，而“输入掩码”属性是定义数据的输入方式。

5．定义“有效性规则”和“有效性文本”

“有效性规则”是 Access 中一个非常有用的属性，利用该属性可以防止非法数据输入到表中。有效性规则的形式和设置目的随字段的数据类型不同而不同。对“文本”类型字段，可以设置输入的字符个数不能超过某一个值；对“数字”类型字段，可以让 Access 只接受一定范围内的数据；对“日期/时间”类型字段，可以将数值限制在一定的月份或年份之内。

“有效性文本”是指当输入了字段有效性规则不允许的值时显示的出错提示信息，此时用户必须对字段值进行修改，直到正确为止。如果不设置“有效性文本”，出错提示信息为系统默认显示信息。

有些约束条件涉及多个字段（如“必修课不得少于 20 课时”），其“有效性规则”/“有效性文本”可在记录级属性表中定义（右击表设计器窗口标题栏，打开“属性”对话框）。

【例 3-12】设置“成绩”表中“考分”字段的“有效性规则”为“考分>=0 And 考分<=100”；出错的提示信息为：“考分只能是 0～100 之间的值。”

步骤 1：在数据库窗口中，单击“表”对象。

步骤 2：单击“成绩”表，然后单击“设计”按钮设计(D)，屏幕显示“成绩”表的“设计视图”。

步骤 3：单击“考分”字段的任一列，这时在“字段属性”区中显示了该字段的所有属性。在“有效性规则”文本框中输入“>=0 And <=100”，在“有效性文本”文本框中输入“考分只能是 0 到 100 之间的值”，如图 3-39 所示。

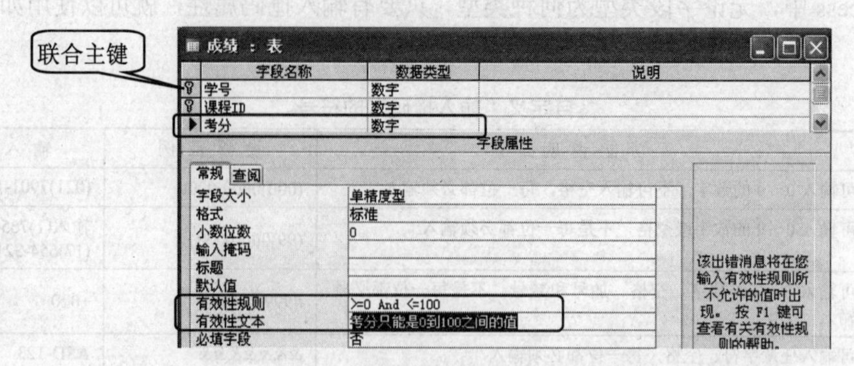

图 3-39 设置“有效性规则”与“有效性文本”

步骤 4：单击工具栏上的“视图”按钮，切换到“成绩”表的数据表视图，如果输入一个超出限制范围的值，如输入“111”，按 Enter 键，这时屏幕显示提示框，如图 3-40 所示。

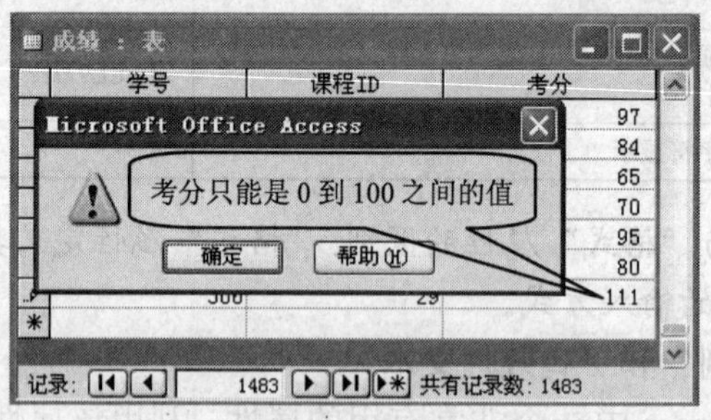

图 3-40 测试所设“有效性规则”

常用的有效性规则示例如表 3-7 所示。

表 3-7 常用的有效性规则示例

有效性规则	有效性文本
<>0	必须是非零值
>1000 Or Is Null	必须为空值或大于 1000
Like "A????"	必须是 5 个字符并以字母 A 为开头
Like "王*"	必须姓王
>= #1/1/96# And <#1/1/97#	必须是 1996 年中的日期

6．索引

索引实际上是一种逻辑排序，它并不改变数据表中数据的物理顺序。建立索引的目的是提高查询数据的速度。可以建立索引属性字段的数据类型为“文本”、“数字”、“货币”或“日期/时间”。

在一个表中，可根据表中记录处理的需要创建一个或多个索引，可以用单个字段创建一个索引，也可以用多个字段（字段组合）创建一个索引。使用多个字段索引进行排序时，一般按索引中的第一个字段进行排序，当第一个字段有重复值时，再按第二个字段进行排序，依此类推。

索引有以下 3 种取值。

- 无：表示无索引（默认值）。
- 有（有重复）：表示有索引但允许字段中有重复值。
- 有（无重复）：表示有索引但不允许字段中有重复值。

索引可以提高查询速度，但维护索引顺序是要付出代价的。当对表进行插入、删除和修改记录等操作时，系统会自动维护索引顺序，也就是说索引会降低插入、删除和修改记录等操作的速度。所以，建立索引是个策略问题，并不是建的越多越好。

说明：对于数据类型为“备注”、“超链接”和“OLE对象”的字段不能建立索引。

作为主键的无重复索引是维护“实体完整性”的主要手段。如果表的主键为单一字段，系统自动为该字段创建索引，索引值为“有（无重复）”。复合主键必须手工建立（如“成绩”表的“学号”+“课程id”）。

主键（无重复索引）设置完毕，关闭设计器时会立即检查实体完整性。Access的反应策略与其他DBMS有所不同，对现有数据违反规则只提出警告——下不为例。

7．其他属性

（1）标题

“标题”属性的意义类似更改字段名，如字段名是英文，可以在“标题”属性输入中文，即可在打开数据表或制作窗体时，使该字段显示中文名称。

说明：在使用Access时可能会发现，在数据表视图中字段列顶部的名称与字段的名称不相同。这是因为数据表视图中字段列顶部显示的名称来自于该字段的“标题”属性框。如果“标题”属性框中为空白，数据表视图中字段列顶部将显示对应字段的名称；如果“标题”属性框中输入了新名字，该新名字将显示在数据表视图中相应字段列顶部。

（2）允许空字符串

空字符串就是“""”，这个数据对Access而言不是空白，而是字符串，空白值是Null。在实际应用上，若只是Access单一环境，应用不到零长度字符串。

（3）Unicode压缩

该属性可以设定是否对“文本”、“备注”、或“超链接”字段中的数据进行压缩，目的是为了节约存储空间。

（4）输入法模式

此属性可以控制中文输入法的显示方式，有多种选择。若使用中文环境，则只有3项可使用（开启、关闭和随意），其他均是针对日文及韩文环境的。

若字段类型为“文本”，系统会自动启动中文输入法，此时属性为“开启”；若是电话、传真等字段，虽是文本，却不需要中文输入法。建议针对此类字段，关闭或停用中文输入法，可以用选项中的“随意”表示不更改目前输入法状态；“打开”及“关闭”表示打开或关闭输入法。

3.3.3 设置主键

主键，也叫主关键字，是唯一能标识一条记录的字段或字段的组合。指定了表的主键后，在表中输入新记录时，系统会检查该字段是否有重复数据。如果有，则禁止重复数据输入到表中。同时，系统也不允许主关键字段中的值为Null。

一般在创建表的结构时，就需要定义主键，否则在保存操作时系统会询问是否要创建主键。如果选择“是”，系统将自动创建一个“自动编号（ID）”字段作为主键。该字段在输入记录时会自动输入一个具有唯一顺序的数字。

【例 3-13】 设置“成绩”表的主键。

步骤 1：在数据库窗口中，单击“表”对象。

步骤 2：单击“成绩”表，然后单击“设计”按钮设计(D)，屏幕显示“成绩”表的设计视图。

步骤 3：分析“成绩”表，该表的主键应是由“学号”和“课程 ID”两个字段构成的联合主键。单击“学号”字段左边的行选定器，选定“学号”行，再按下“Ctrl”键不放，单击“课程 ID”字段的行选定器，即可选定“学号”和“课程 ID”两个字段。

步骤 4：单击工具栏的“主键”按钮或选择“编辑｜主键”菜单命令，结果如图 3-39 所示。

3.4 建立表间的关系

前面已经创建了数据库和表。在 Access 中如果要管理和使用好表中的数据，需要建立表和表之间的关系，这样多个表才有意义，才能为建立查询、创建窗体或报表打下良好的基础。在关系型数据库中，利用关系可以避免出现冗余的数据。关系是通过匹配字段（通常是两个表中同名的列）中的数据进行工作的。相关联的字段（即匹配字段）不一定要有相同的名称，但必须有相同的字段类型，并具有相同的“字段大小”属性设置。不过主键字段如果是“自动编号”字段，由于“自动编号”的“字段大小”为长整型，所以它可以和一个类型为“数字”，“字段大小”属性为“长整型”的字段相匹配。

3.4.1 建立表间的关系

数据库中的多个表之间要建立关系，必须先给各个表建立主键或索引，并且要关闭所有打开的表。否则，不能建立表间的关系。

【例 3-14】 定义“教学信息关系”数据库中 6 个表之间的关系。

步骤 1：启动 Access 及打开“D:\Access\教学信息管理.mdb”数据库。

步骤 2：选择“工具｜关系”菜单命令，或单击工具栏上的“关系”按钮，打开“关系”窗口，然后单击工具栏上的“显示表”按钮，打开如图 3-41 所示的“显示表”对话框。

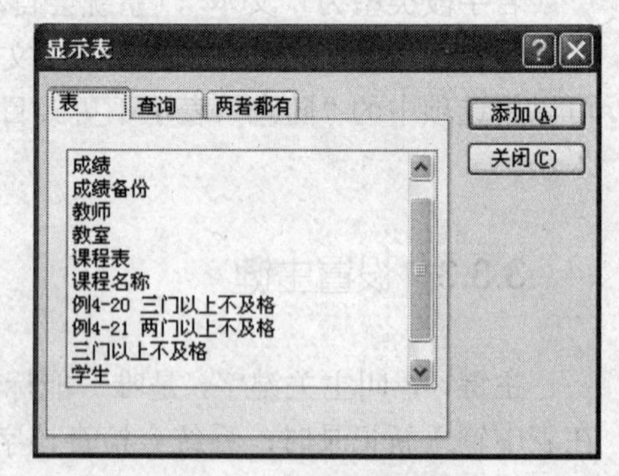

图 3-41 “显示表”对话框

步骤 3：在“显示表”对话框中，单击“成绩”表，然后单击“添加”按钮，接着使用同样的方法将“教师”、“教室”、“课程表”、“课程名称”和“学生”表添加到如图 3-42 所示的“关系”窗口中。

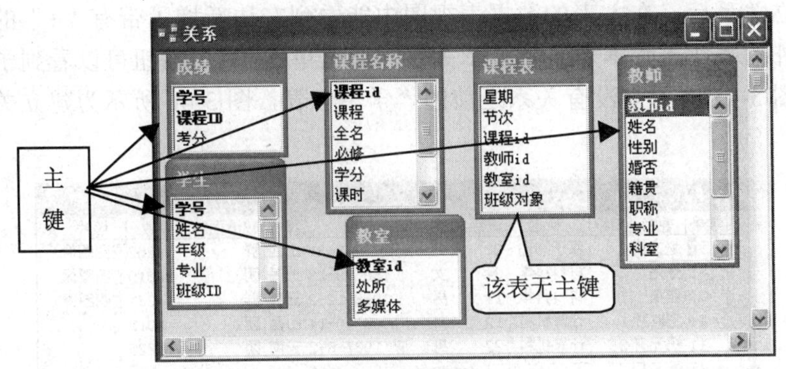

图 3-42　“关系”窗口

在图 3-42 的“关系”窗口中，每个表中字段名加粗的字段即为该表的主键或联合主键（主键一般是在建立表结构时设置的）。

步骤 4：选定“学生”表中的“学号”字段，然后按下鼠标左键并拖曳到“成绩”表中的“学号”字段上，松开鼠标，屏幕显示如图 3-43 所示的“编辑关系”对话框。

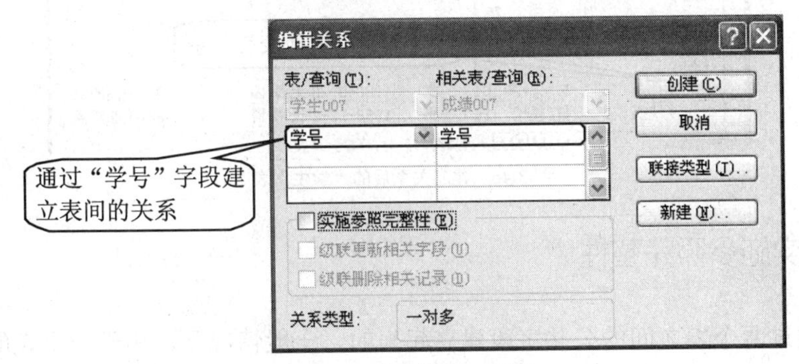

图 3-43　“编辑关系”对话框

步骤 5：用同样方法，依次建立其他几个表间的关系，如图 3-44 所示。

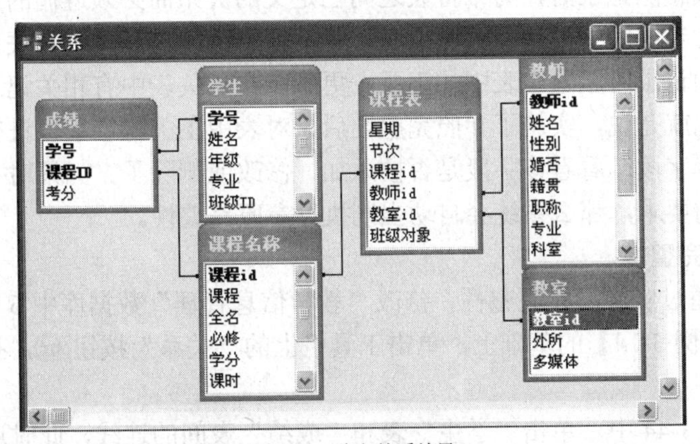

图 3-44　建立关系结果

步骤 6：单击“关闭”按钮，这时 Access 询问是否保存布局的修改，单击“是”按钮，即可保存所建的关系。

表间建立关系后，在主表的数据表视图中能看到左边新增了带有“+”的一列，这说明该表与另外的表（子数据表）建立了关系。通过单击“+”按钮可以看到子数据表中的相关记录。图 3-45 所示为没有关系之前的“学生”表，图 3-46 所示为建立关系后的“学生”表。

学生 ：表

学号	姓名	年级	专业	班级II	性别	生日	籍贯	政治面貌	家庭收入	照片
7	赵文揆	2	原子物理	21	男	1988-5-31	山西	群	10252	立图图像
8	孙是	3	材料科学	34	女	1986-9-23	上海	团	26810	立图图像
9	钱疾	1	材料科学	14	男	1988-12-2	云南	群	4381	立图图像
10	王时种	1	计算机科学	12	女	1988-10-14	山西	团	8012	
11	杨元有	2	计算机科学	22	男	1987-8-2	云南	团	11325	

记录：1 共有记录数：300

图 3-45　没有关系之前的“学生”表

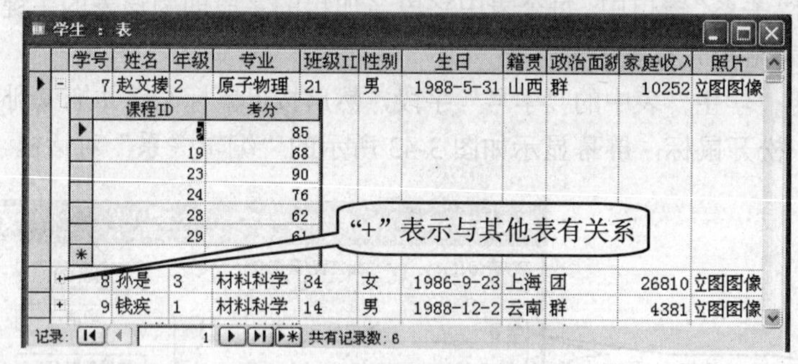

图 3-46　建立关系后的“学生”表

3.4.2　实施参照完整性

关系是通过两个表之间的公共字段建立起来的。一般情况下，由于一个表的主关键字是另一表的字段，因此形成了两个表之间一对多的关系。

在定义表之间的关系时，应设立一些准则，这些准则将有助于数据的完整。参照完整性就是在输入记录或删除记录时，为维持表之间已定义的关系而必须遵循的规则。如果实施了参照完整性，那么当主表中没有相关键值时，就不能将该键值添加到相关表中，也不能在相关表中存在匹配的记录时删除主表中的记录，更不能在相关表中有相关记录时，更改主表中的主关键字值。也就是说，实施了参照完整性后，对表中主关键字字段进行操作时系统会自动地检查主关键字字段，看看该字段是否被添加、修改或删除了。如果对主关键字的修改违背了参照完整性的要求，那么系统会自动强制执行参照完整性。

1．实施参照完整性

【例 3-15】 通过实施参照完整性，修改“教学信息管理”数据库中 6 个表之间的关系。

步骤 1：在【例 3-14】的基础上，单击工具栏上的“关系”按钮，打开“关系”窗口（见图 3-44）。

步骤 2：在图 3-44 中，单击“学生”表和“成绩”表间的连线，此时连线变粗，然后在连线处单击右键，弹出快捷菜单，如图 3-47 所示。

步骤 3：在快捷菜单中选择“编辑关系”选项，屏幕显示“编辑关系”对话框，如图 3-48 所示。

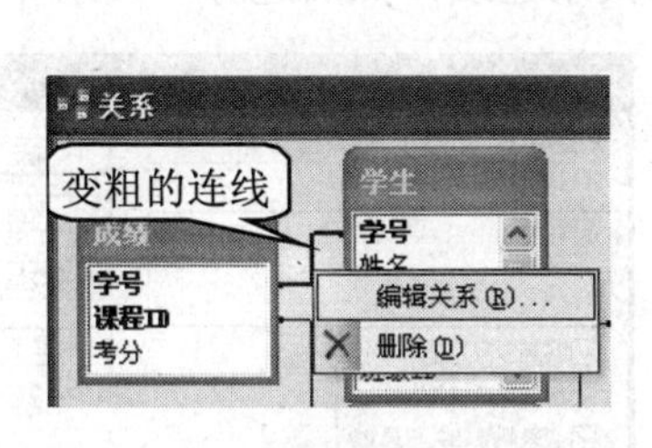

图 3-47 编辑关系

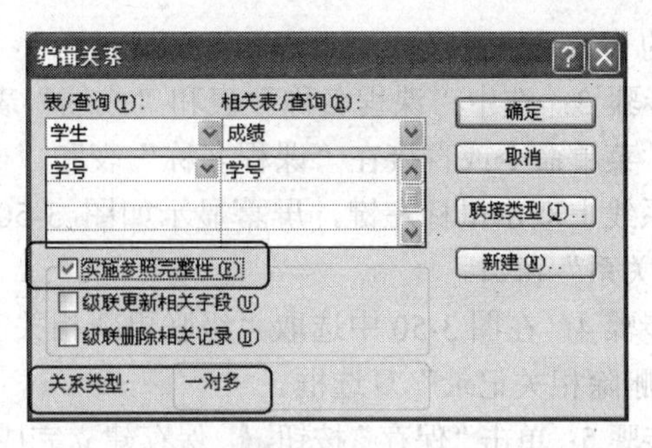

图 3-48 实施参照完整性

步骤 4：在图 3-48 中选择“实施参照完整性”复选框。保存建立完成的关系，这时看到的“关系”窗口如图 3-49 所示，两个数据表之间显示如∞-1的线条。

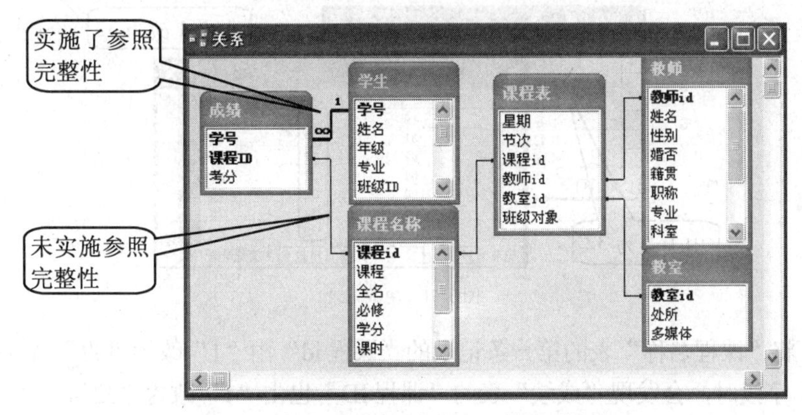

图 3-49 部分“实施参照完整性”后的关系结果

说明：在建立关系时有如下两点需要注意。

（1）在图 3-48 中，可以选取或不选取“实施参照完整性”。若未选取，表示关系不会限制及检查完整性。

（2）在图 3-48 中，关系类型只会显示“一对一”或“一对多”，若显示为“未确定的”关系类型，表示关系无效。若建立关系双方的字段都是主关键字或主索引，则关系类型为“一对一”，若只有其中一方为主关键字或主索引，则为“一对多”。

2．使用级联显示

如果选择了“实施参照完整性”复选框后，“级联更新相关字段”和“级联删除相关记录”两个复选框就可以使用了。如果选择了“级联更新相关字段”复选框，则当更新主表中主键值时，系统会自动更新相关表中的相关记录的字段值。如果选择了“级联删除相关记录”复选框，则当删除主表中记录时，系统会自动删除相关表中的所有相关的记录。如果上述 2 个复选框都不选，则只要子表有相关记录，主表中该记录就不允许删除。所以 2 个复选共有 4 种条件组合。

【例 3-16】 在“教学信息管理”数据库中，“课程名称”表和“成绩”表的关系是“一对多”的关系，使用“级联更新相关字段”功能，使两个表中的“课程 ID”同步更新。

步骤 1：启动 Access 及打开“D:\Access\教学信息管理.mdb”数据库。

步骤 2：选择“工具 | 关系”菜单命令，或单击工具栏上的关系按钮，打开如图 3-49

所示的“关系”窗口。

步骤 3：选中“课程名称”表和“成绩”表两表间的关系连线，然后选择“关系 | 编辑关系”菜单命令或直接在“课程名称”表和“成绩”表的关系线上双击鼠标左键，屏幕显示如图 3-50 所示的“编辑关系”窗口。

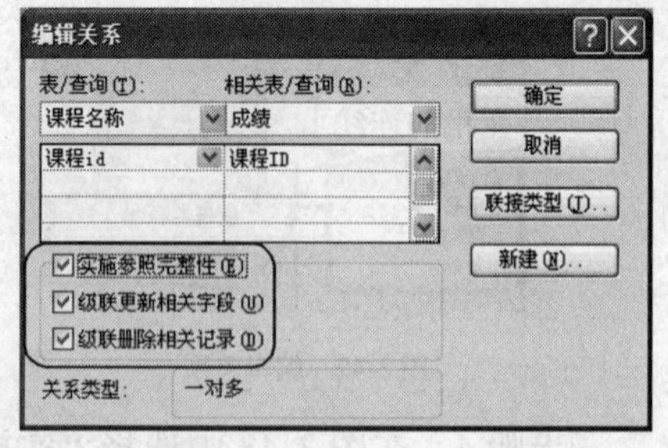

图 3-50 “编辑关系”对话框

步骤 4：在图 3-50 中选取“级联更新相关字段”及“级联删除相关记录”复选框。

步骤 5：单击“保存”按钮，保存建立完成的关系。

步骤 6：分别打开“课程名称”表和“成绩”表，将两者调整至可以同时显示在屏幕的状态，如图 3-51 所示。

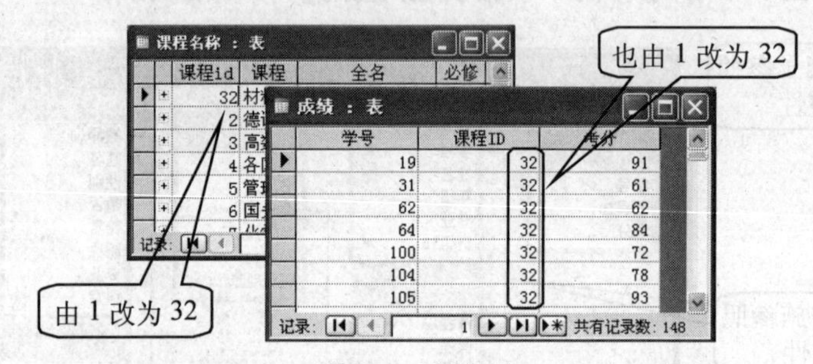

图 3-51 更改记录

步骤 7：将“课程名称”表的第一条记录的“课程 id”由“1”改为“32”，将鼠标移到下一个“课程 id”字段时，会发现“成绩”表的“课程 ID”也由“1”改为“32”。

在图 3-51 中，在“一对多”关系的“一”方（即“课程名称”表）更改数据，此时由于已启动“级联更新相关字段”，所以在“多”方（即“成绩”表）原来的数据也会自动更改。反之，若未启动“级联更新相关字段”，则两个表的“课程 id”字段不会同时更新。

在建立表之间的关系时，应注意以下事项。

- 确定没有记录

建议在没有记录时建立关系。否则，若选择了较严格的条件，如“参照完整性”，有时就无法建立关系。因为关系建立之后，Access 会立即在两个数据表内检查记录是否合法。

- 确定关系双方的字段及意义

也就是必须经过系统分析，确切了解为何要在两个数据表间建立关系，每个关系才有意义。

- 双方字段类型需相同

关系双方都是字段，其类型必须相同，如全为“文本”、“数字”（自动编号也是数字。若为数字类型，其“字段大小”也必须相同）或“日期/时间型”等，除了类型必须相同外，字段名称可以不同。

3.4.3 编辑和删除表间关系

表间关系创建后，在使用过程中，如果不符合要求，如需级联更新字段、级联删除记录，可以重新编辑表间关系，也可以删除表间关系。

1．编辑表间关系

若要重新编辑两个表之间的关系，双击所要修改的关系连线，打开“编辑关系”对话框（见图3-50），即可对其进行修改。

2．删除表间关系

若要删除两个表之间的关系，右键单击所要修改的关系连线，在弹出的快捷菜单（见图3-47）中选择“删除”命令，即可删除两个表之间的关系。

3.4.4　查阅向导

在一般情况下，表中大多数字段的数据都来自用户输入的数据，或从其他数据源导入的数据。但在有些情况下，表中某个字段的数据也可以取自于其他表中的某个字段的数据，或者取自于固定的数据，这就是字段的查阅功能。该功能可以通过使用表设计器的“查阅向导”对话框来实现。

【例3-17】 创建一个查阅列表，使输入“成绩”表的“课程ID”字段的数据时不必直接输入，而是通过下拉列表选择来自于“课程名称”表中的“课程id”和“全名”字段的数据。

步骤1：启动Access及打开“D:\Access\教学信息管理.mdb”数据库，并选择“成绩”表。

步骤2：单击“设计”按钮 设计(D)，屏幕显示“成绩”表的设计视图，如图3-52所示。

步骤3：在图3-52中，选择“课程ID”字段，打开其“数据类型”下拉列表列，选择“查阅向导”，命令。打开“查阅向导”的第1个对话框，如图3-53所示。

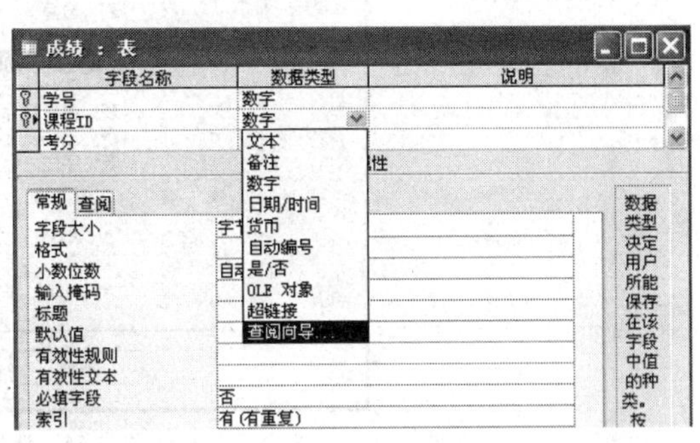

图3-52　选择“查阅向导”

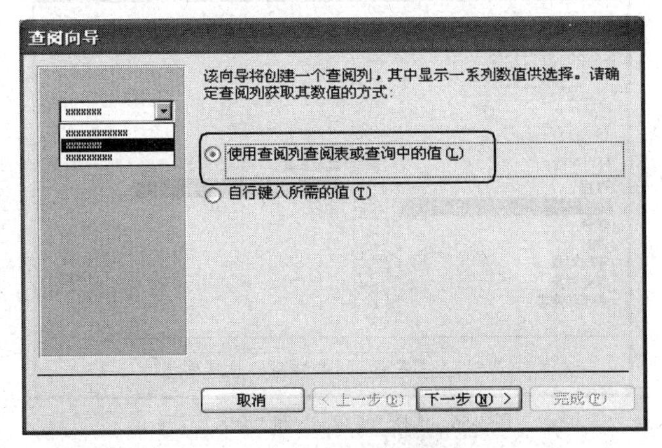

图3-53　“查阅向导”对话框

说明：如果“成绩”表的“课程ID”字段已经和其他的表建立了关系，则系统会打开一个提示用户删除该关系的对话框，如图3-54所示。可以根据提示先删除关系，再选择“查阅向导”命令来打开“查阅向导”对话框。如果一个表使用了查阅向导，就会自动建立和相关表的关系。

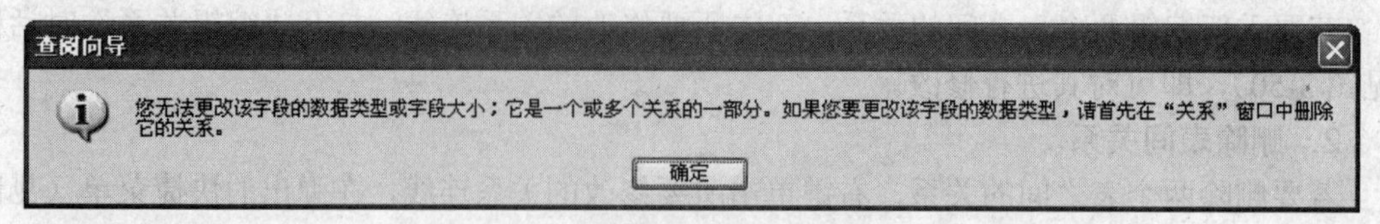

图 3-54　提示删除已有关系的对话框

步骤 4：在图 3-53 中，选择“使用查阅列查阅表或查询中的值”单选按钮（系统默认），单击“下一步”按钮，打开“查阅向导”的第 2 个对话框，如图 3-55 所示，可以根据要求选择“视图”栏中的“表”、“查询”或“两者”单选按钮。在此选择“表”单选按钮，并选择列表框中的“课程名称”表，单击“下一步”按钮，打开“查阅向导”的第 3 个对话框，如图 3-56 所示。

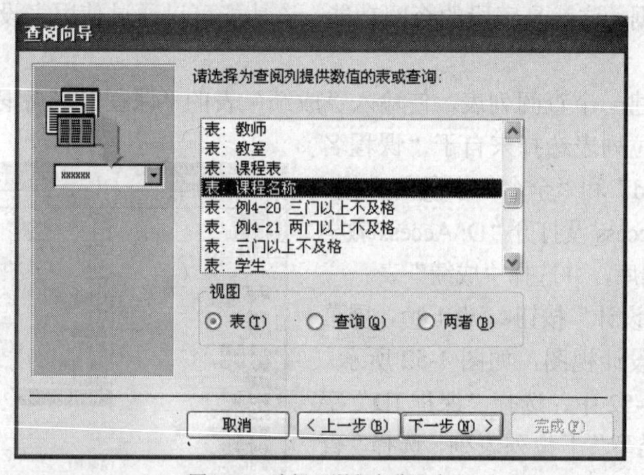

图 3-55　选择“课程名称”表

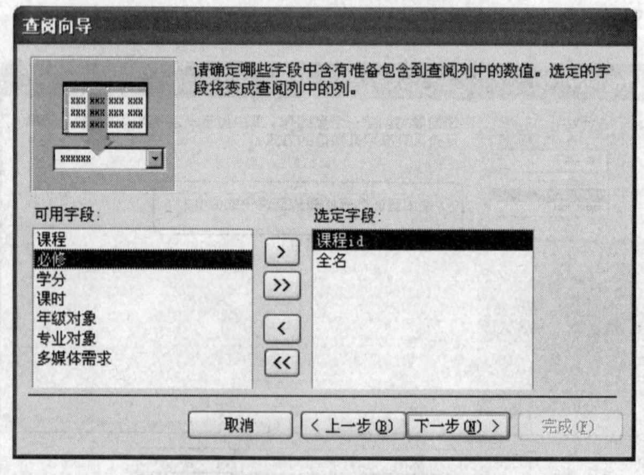

图 3-56　选择“课程 id”和“全名”字段

步骤 5：在图 3-56 中，从“可用字段”列表框中选择“课程 id”和“全名”字段到“选定字段”中，单击“下一步”按钮，打开“查阅向导”的第 4 个对话框，如图 3-57 所示。

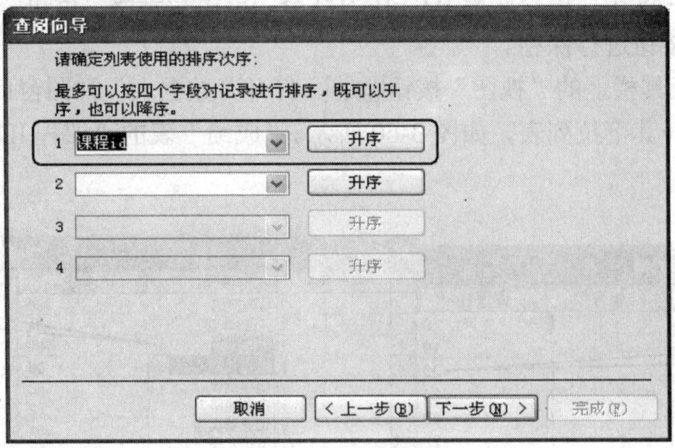

图 3-57　选择按"课程 id"字段升序排序

步骤 6：在图 3-57 中，从下拉列表中选择"课程 id"，并按系统默认的"升序"排序，单击"下一步"按钮，打开"查阅向导"的第 5 个对话框，如图 3-58 所示。在此选择"隐藏键列"复选框，表示隐藏"课程 id"列，只显示与"课程 id"对应的"全名"字段。单击"下一步"按钮，打开"查阅向导"的第 6 个对话框，如图 3-59 所示。

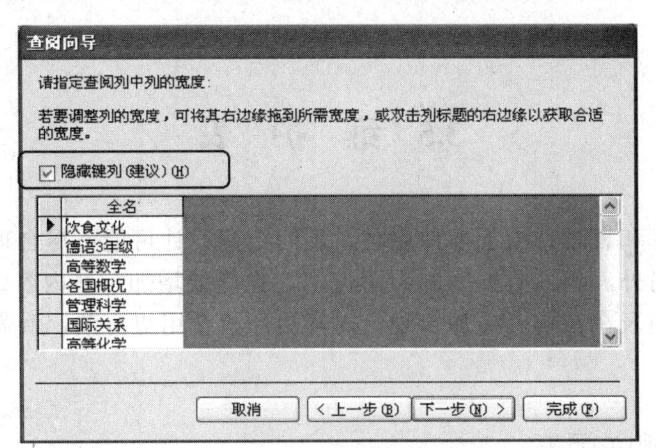

图 3-58　指定查阅列的宽度

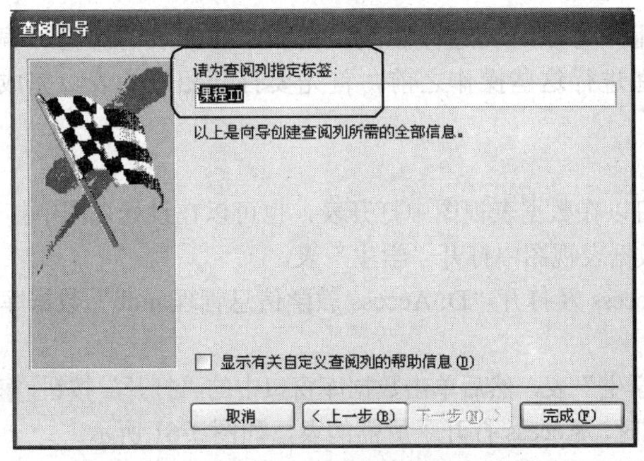

图 3-59　指定查阅列标签

步骤 7：在图 3-59 中，用“课程 ID”作为标签，单击“完成”按钮，打开提示保存的对话框，单击“是”按钮进行保存。

步骤 8：单击工具栏上的“视图”按钮，打开“数据表”视图窗口；单击“课程 ID”列右边的按钮，打开其下拉列表，如图 3-60 所示。“成绩”表的“课程 ID”不再是数字，而是课程的名称。

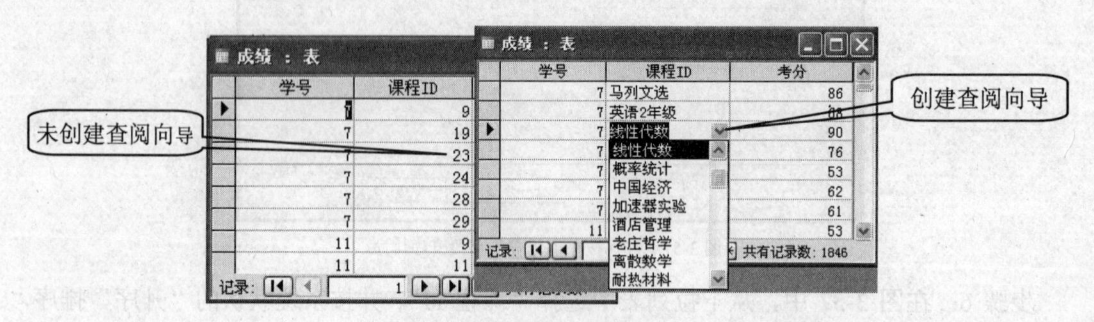

图 3-60 “成绩”表的对比

说明：如果一个数据表 A 的一个字段的值来源于数据表 B 中的某个字段，可以使用查阅向导。目的有二：一是便于数据的输入及数据的直观性；二是可以用下拉列表防止输入不存在的值。

3.5 维 护 表

在创建数据库和表时，由于种种原因，表的结构设计可能不尽合理，有些内容不能满足实际需要。另外，随着数据库的不断使用，也需要增加一些内容或删除一些内容。为了使数据库中的表在结构上更加合理，内容更新，使用更有效，就需要经常对表进行维护。

3.5.1 打开和关闭表

表建好以后，用户可以对表进行修改，例如，修改表的结构、编辑表中的数据、浏览表中的记录等。在进行这些操作之前，首先要打开相应的表，完成这些操作后，要关闭表。

1. 打开表

在 Access 中，可以在数据表视图中打开表，也可以在设计视图中打开表。

【例 3-18】 在数据表视图中打开“学生”表。

步骤 1：启动 Access 及打开“D:\Access\教学信息管理.mdb”数据库，在数据库窗口中，单击“表”对象。

步骤 2：单击“学生”表，然后单击数据库窗口中的“打开”按钮打开(O)；或直接双击要打开表的名称，此时，Access 打开了所需的表，如图 3-61 所示。

【例 3-19】 在设计视图中打开“学生”表。

学生 ：表

学号	姓名	年级	专业	班级II	性别	生日	籍贯	政治面貌	家庭收入	照片
7	赵文揍	2	原子物理	21	男	1988-5-31	山西	群	10252	位图图像
8	孙是	3	材料科学	34	女	1986-9-23	上海	团	26810	位图图像
9	钱疾	1	材料科学	14	男	1988-12-2	云南	群	4381	位图图像
10	王时种	1	计算机科学	12	女	1988-10-14	山西	团	8012	
11	杨元有	2	计算机科学	22	男	1987-8-2	云南	团	11325	
12	钱席陶	3	信息管理	33	女	1986-12-25	上海	群	141346	
13	钱倬	2	计算机科学	22	女	1987-12-29	河南	团	10143	
14	周穆	2	信息管理	23	男	1988-5-23	贵州	群	8569	

记录：1 共有记录数：300

图 3-61　在数据表视图中打开“学生”表

步骤 1：启动 Access 及打开“D:\Access\教学信息管理.mdb”数据库，在数据库窗口中，单击“表”对象。

步骤 2：单击“学生”表，然后单击数据库窗口中的“设计”按钮 设计(D)；如图 3-62 所示。

学生 ：表

字段名称	数据类型	说明
学号	自动编号	
姓名	文本	
年级	文本	
专业	文本	
班级ID	文本	
性别	文本	
生日	日期/时间	
籍贯	文本	
政治面貌	文本	
家庭收入	数字	
照片	OLE 对象	

字段属性

常规　查阅

字段大小	长整型
新值	递增
格式	
标题	
索引	有(无重复)

字段名称最长可到 64 个字符(包

图 3-62　在设计视图中打开“学生”表

说明：*在数据表视图下打开表以后，可以在该表中输入新的数据、修改已有的数据或删除不需要的数据。如果要修改表结构，应在表的设计视图中操作。*

数据库中的表共有 4 种视图，如果需要在表的几种视图间切换，可单击工具栏上的“视图”按钮旁的向下箭头，如图 3-63 所示。

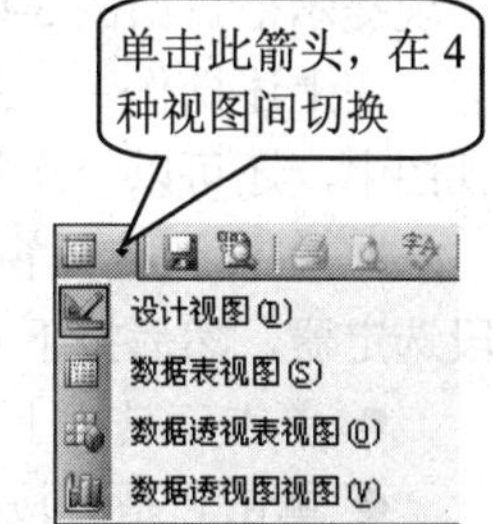

图 3-63　表的 4 种视图

2．关闭表

表的操作结束后，应该将其关闭。不管表是处于设计视图状态，还是处于数据表视图状态，选择“文件 | 关闭”菜单命令或单击表窗口右上角的“关闭”按钮都可以将打开的表关闭。在关闭表时，如果曾对表的结构或布局进行过修改，Access 会显示一个提示框，询问是否保存所做的修改。单击“是”按钮保存所做的修改；单击“否”按钮放弃所做的修改；单击“取消”按钮取消关闭操作。

3.5.2　修改表的结构

修改表结构的操作主要包括增加字段、修改字段、删除字段和重新设置主键等。修改表结构只能在表的设计视图中完成。

1．增加字段

在表中增加一个新字段不会影响其他字段和现有的数据。其操作如下。

● 在数据库窗口中，单击“表”对象。

● 单击需要添加字段的表，然后单击“设计”视图按钮设计(D)。

● 将光标移到要插入新字段的位置，单击工具栏上的“插入行”按钮。

● 在新行的“字段名称”列中输入新字段的名称。

● 单击“数据类型”列，并单击右侧的向下箭头按钮，在弹出的列表中选择所需的数据类型。

● 单击工具栏上的“保存”按钮，保存所做的修改。

在插入字段设置完字段数据类型之后，还可以在窗口下面的字段属性区修改字段的属性。

2．修改字段

修改字段包括修改字段的名称、数据类型、说明、属性等。其操作如下。

● 在数据库窗口中，单击“表”对象。

● 单击需要修改字段的表，然后单击“设计”视图按钮设计(D)。

● 如果要修改某字段的名称，在该字段的“字段名称”列中，单击鼠标左键，修改字段名；如果要修改字段的数据类型，单击该字段“数据类型”列右侧的向下箭头按钮，从弹出的列表框中选择所需的数据类型。

● 单击工具栏上的“保存”按钮，保存所做的修改。

3．删除字段

删除表中某一字段的操作如下。

● 在数据库窗口中，单击“表”对象。

● 单击需要删除字段的表，然后单击“设计”视图按钮设计(D)。

● 将光标移到要删除字段的位置上。

● 单击工具栏上的“删除行”按钮。这时屏幕出现提示框，如图 3-64 所示。

图 3-64 删除提示框

在上述操作中，只删除了一个字段，在表“设计”视图中，还可以一次删除多个字段，其操作如下。

● 在设计视图窗口中用鼠标单击要删除字段的字段选定器，然后按下 Ctrl 键不放，再用鼠标单击每一个要删除字段的字段选定器。

● 单击工具栏上的“删除行”按钮。这时屏幕出现提示框，如图 3-64 所示。

● 单击“是”按钮，删除所选所有字段。

● 单击工具栏上的“保存”按钮，保存所做的修改。

说明：如果所删除字段的表为空，就不会出现删除提示框；如果表中含有数据，不仅会出现提示框需要用户确认，而且还将删除利用该表所建立的查询、窗体或表报中的字段，即删除字段时，还要删除整个 Access 中对该字段的使用。

4．重新设置主键

如果原定义的主键不合适，可以重新定义。重新定义主键需要先删除原主键，然后再定义新的主键。其操作如下。

● 在数据库窗口中，单击“表”对象。

● 单击需要重新定义主键的表，然后单击“设计”视图按钮设计(D)。

● 将光标移到主键所在行的字段选定器上，然后单击工具栏上的“主键”按钮。此操作将取消原来设置的主键。

● 单击要设为主键的字段选定器，然后单击工具栏上的“主键”按钮，这时主键所在的字段选定器上显示一个“主键”图标，表明该字段是主键。

3.5.3　编辑表的内容

编辑表中的内容是为了确保表中数据的准确，使所建的表能够满足实际需要。编辑表中内容的操作主要包括定位记录、选择记录、添加及保存记录、删除记录和修改数据等。

1．定位记录

数据表中有了数据后，修改是经常要做的操作，其中定位和选择记录是首要的任务。常用的定位方法有两种；一是使用记录号定位；二是使用快捷键定位。

【例 3-20】 将指针定位到“学生”表中第 30 条记录上。

步骤 1：启动 Access 及打开“D:\Access\教学信息管理.mdb”数据库，在数据库窗口中，单击“表”对象。

步骤 2：双击“学生”表，打开该表的数据表视图。

步骤 3：在窗口底部记录定位器 记录: 30 中的记录编号框中双击编号，然后在记录编号框中输入要查找记录的记录号“30”。

步骤 4：按 Enter 键，这时，光标将定位在该记录上，结果如图 3-65 所示。

学生 : 表

学号	姓名	年级	专业	班级ID	性别	生日	籍贯	政治面貌	家庭收入	照片
33	杨藜日	1	材料科学	14	女	1988-3-4	云南	群	8846	
34	周崭陶	1	计算机科学	12	女	1989-6-6	上海	群	68131	
35	周铜溇	1	计算机科学	12	女	1988-6-16	山西	团	9629	
36	赵攀	1	信息管理	13	女	1989-2-24	重庆	群	54577	
37	杨疆	3	计算机科学	32	女	1987-6-25	河南	团	6497	
38	郑也柢	1	信息管理	13	男	1988-12-31	四川	团	5200	
39	李讵	2	原子物理	21	女	1987-6-23	上海	团	132462	

记录: 30 共有记录数: 300

图 3-65　定位查找记录

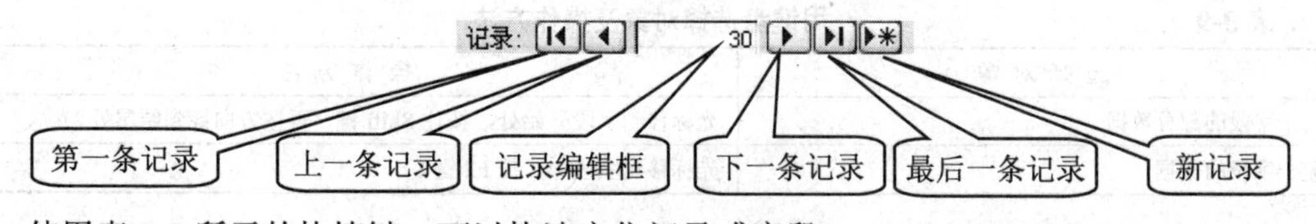

使用表 3-8 所示的快捷键，可以快速定位记录或字段。

表 3-8　　**快捷键及定位功能**

快 捷 键	定 位 功 能
Tab　回车　右箭头	下一字段
Shift+Tab　左箭头	上一字段
Home	当前记录中的第一个字段

续表

快 捷 键	定 位 功 能
End	当前记录中的最后一个字段
Ctrl+上箭头	第一条记录中的当前字段
Ctrl+下箭头	最后一条记录中的当前字段
Ctrl+Home	第一条记录中的第一个字段
Ctrl+End	最后一条记录中的最后一个字段
上箭头	上一条记录中的当前字段
下箭头	下一条记录中的当前字段
PgDn	下移一屏
PgUp	上移一屏
Ctrl+PnDn	左移一屏
Ctrl+PgUp	右移一屏

2．选择记录

选择记录是指选择需要的记录。用户可以在数据表视图下用鼠标或键盘两种方法选择数据范围。

在数据表视图下打开相应表后，可以用鼠标选择数据范围。

● 选择字段中的部分数据：单击开始处，拖动鼠标到结尾处。

● 选择字段中的全部数据：将鼠标放在字段左边，待鼠标指针变成空心十字后，单击鼠标左键。

● 选择相邻多字段中的数据：将鼠标放在字段左边，待鼠标指针变成空心十字后，拖动鼠标到最后一个字段的结尾处。

● 选择一列数据：单击该列的字段选定器。

● 选择多列数据：单击第一列顶端字段名，拖动鼠标到最后一个字段的结尾处。

在“数据表视图”下打开相应表后，可以用鼠标选择记录范围。

● 选择一条记录：单击该记录的记录选定器。

● 选择多条记录：单击第一条记录的记录选定器，按住鼠标左键，拖动鼠标到选定范围的结尾处。

键盘选择数据的方法如表 3-9 所示。

表 3-9 用键盘选择对象及操作方法

选 择 对 象	操 作 方 法
一个字段的部分数据	光标移到字段开始处，按住 Shift 键，再按方向键到结尾处
整个字段的数据	光标移到字段中，按 F2 键

3．添加及保存记录

在已建立的表中，如果需要添加新记录，其操作方法如下。

【例 3-21】 在“学生”表中添加一条新记录。

步骤 1：启动 Access 及打开“D:\Access\教学信息管理.mdb”数据库，在数据库窗口中，单击“表”对象。

步骤 2：双击“学生”表，打开该表的数据表视图。

步骤3：单击工具栏上的“新记录”按钮，将光标移到新记录上。

步骤4：输入数据，然后选择“记录 | 保存记录”菜单命令。

图3-66所示为正在输入记录的状态。输入完一个字段，按Tab键继续向右移动插入点。若已是最后一个字段，则下移至新记录内，继续输入记录。

学生 ：表

学号	姓名	年级	专业	班级ID	性别	生日	籍贯
302	赵粕蕴	2	计算机科学	22	男	1987-3-7	北京
303	李明	1	材料科学	14	女	1988-10-8	上海
304	李墁琨	2	原子物理	21	男	1986-10-24	云南
305	周太桥	1	信息管理	13	男	1988-3-13	河北
306	王炔	2	信息管理	23	男	1987-12-28	四川
(自					男		

记录：301　共有记录数：301

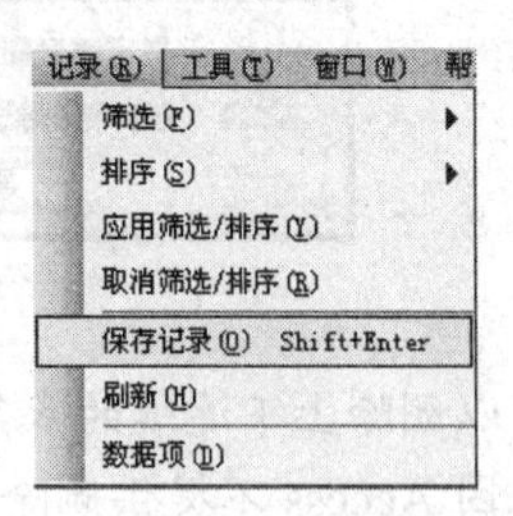

图3-66　输入及保存记录

说明：除了按Tab键，也可以按Enter键。且不一定每一条记录的每个字段都必须有数据。以“学生”表为例，只有“学号”字段必须有数据，因为“学号”字段为该表的主键，但又因为“学号”字段的数据类型为“自动编号”类型，所以输入时可以略过此栏，其他字段可以空白不填。

输入记录后，可以使用以下两种方法来保存记录。

- 选择“记录 | 保存记录”菜单命令。
- 移至下一条记录时，Access会自动保存上一条记录，可以由记录选定器判断记录是否已保存，如图3-67所示。

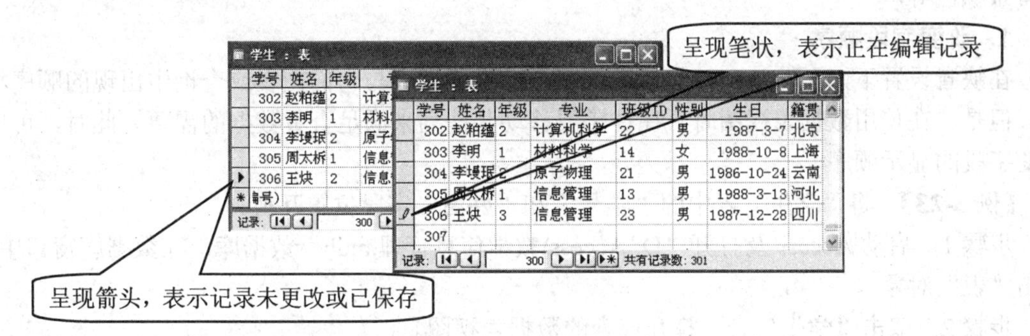

图3-67　由记录选定器判断是否已保存记录

图3-67中两张图的记录选定器显示不同的状态，若为▶，表示目前没有记录在编辑中，不需要保存；若为✎，表示该记录在编辑状态，且尚未保存。

4．删除记录

表中的信息如果出现了不需要的数据，就应将其删除。

【例3-22】 删除“学生”表中的某两条记录。

步骤1：启动Access及打开“D:\Access\教学信息管理.mdb”数据库，在数据库窗口中，单击“表”对象。

步骤2：双击“学生”表，打开该表的数据表视图。

步骤3：将鼠标移至欲删除记录的行选定器上，当鼠标指针变为→时，按住左键不放，向下或向上拖曳，选取两条记录，如图3-68所示。

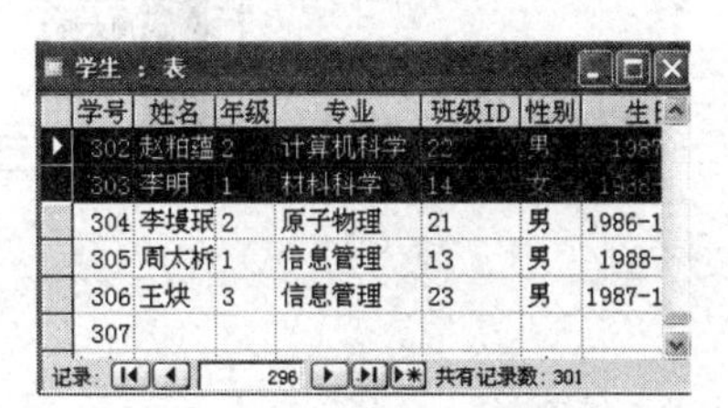

图3-68　选取两条记录

步骤 4：按下 Del 键，或选择“编辑 | 删除”菜单命令。

步骤 5：若确定要删除记录，请单击“是”按钮，如图 3-69 所示。

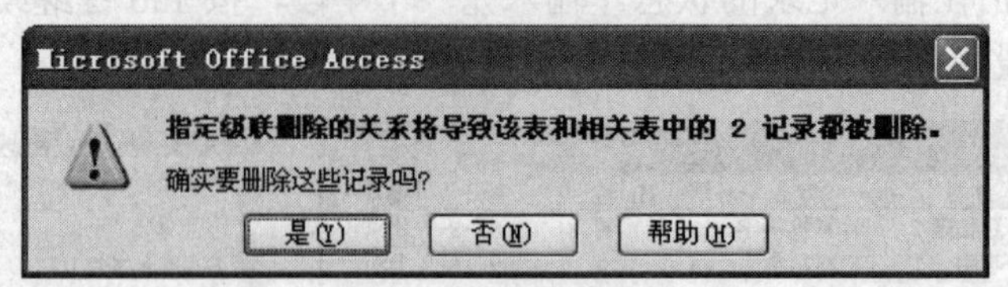

图 3-69　确认是否删除

说明：可以删除上下连续的多条记录，但无法同时选取多条不连续的记录。记录删除后即无法恢复，因 Access 不提供删除标记及恢复功能。

5．修改数据

在已建立的表中，如果出现了错误数据，可以对其进行修改。在数据表视图中修改数据的方法非常简单，只要将光标移到要修改数据的相应字段直接修改则可。

3.5.4　调整表的外观

调整表的外观是为了使表看上去更清楚、美观。调整表的外观的操作包括改变字段顺序、调整字段显示宽度和高度、隐藏列或显示列、冻结列或解冻列、设置字体、调整表中网格线及背景颜色等。

1．改变字段顺序

在缺省设置下，通常 Access 显示数据表中的字段顺序与它们在表或查询中出现的顺序相同。但是，在使用数据表视图时，往往需要移动某些列来满足查看数据的需要。此时，可以改变字段的显示顺序。

【例 3-23】 将“学生”表中的“学号”和“姓名”字段位置互换。

步骤 1：启动 Access 及打开“D:\Access\教学信息管理.mdb”数据库，在数据库窗口中，单击“表”对象。

步骤 2：双击“学生”表，打开该表的数据表视图。

步骤 3：将鼠标指针定位在“学号”字段列的字段名上，这时鼠标指针会变成一个粗体黑色向下箭头↓，单击鼠标左键，显示如图 3-70 所示。

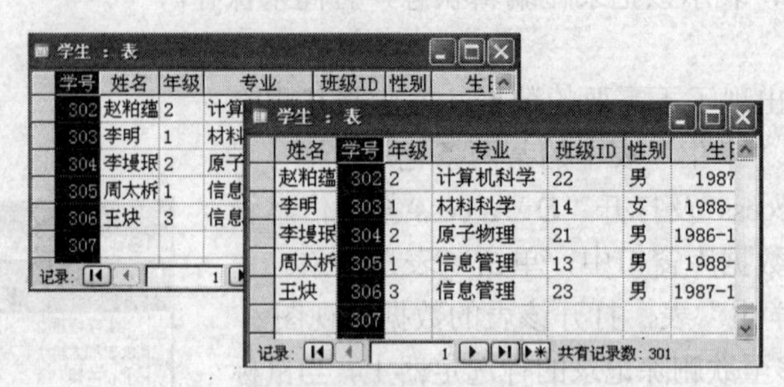

图 3-70　改变前后字段顺序

步骤 4：将鼠标指针放在“学号”字段列的字段名上，然后按下鼠标左键并拖动鼠标到“姓名”字段后，释放鼠标左键，结果如图 3-70 所示。

说明：移动数据表视图中的字段，不会改变“设计视图”中字段的排列顺序，而只是改变字段在数据表视图下的显示顺序。

2．调整字段显示宽度和高度

在所建立的表中，若数据过长，数据显示就会被遮住；若数据设置的字号过大，数据就会在一行中被切断。为了能够完整地显示字段中的全部数据，可以调整字段显示的宽度和高度。可以采用“格式 | 列宽 | 最佳匹配”菜单命令，调整字段显示宽度。

可以用鼠标和菜单命令调整字段的显示高度。使用鼠标调整字段显示高度的操作步骤如下。

- 在数据库窗口中单击“表”对象，双击所需的表。
- 将鼠标指针放在表中任意两行选定器之间，这时鼠标指针变为双箭头。
- 按住鼠标左键，拖动鼠标上下移动。当调整到所需高度时，松开鼠标左键。

使用菜单命令的操作步骤如下。

- 在数据库窗口中单击“表”对象，双击所需的表。
- 单击表中的任意单元格。
- 选择“格式 | 行高”菜单命令，出现“行高”对话框。
- 在该对话框的“行高”文本框中输入所需的行高值，如图 3-71 所示。

说明：调整字段的列宽与行高基本相同，操作方法是选择“格式 | 列宽”菜单命令。但更改行高后，会改变所有记录的高度，而列宽则可以针对个别字段进行设置，即各字段可以使用不同的宽度。

3．隐藏列或显示列

在数据表视图中，为了便于查看表中的主要数据，可以将某些字段列暂时隐藏起来，需要时再将其显示出来。

（1）隐藏某些字段列

【例 3-24】 将“学生”表中的“性别”字段列隐藏起来。

步骤 1：启动 Access 及打开“D:\Access\教学信息管理.mdb”数据库。在数据库窗口中，单击“表”对象。

步骤 2：双击“学生”表，打开该表的数据表视图。

步骤 3：单击“性别”字段选定器，如图 3-72 所示。如果一次要隐藏多列，单击要隐藏的第一列字段选定器，然后再按住鼠标左键，拖动鼠标到达最后一个需要选择的列。

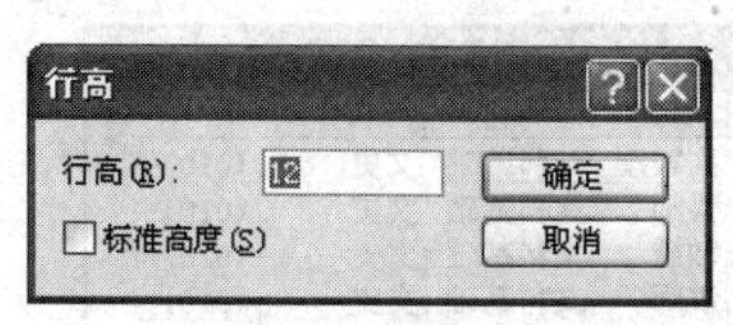

图 3-71 设置行高

图 3-72 选定隐藏列

步骤 4：选择“格式 | 隐藏列”菜单命令。这时，Access 将选定的“性别”字段列隐藏起来了，结果如图 3-73 所示。

（2）显示隐藏的列

如果希望将隐藏的列重新显示出来，操作步骤如下。

- 在数据库窗口中，单击“表”对象，双击“学生”表。
- 选择“格式｜取消隐藏列”菜单命令，出现“取消隐藏列”对话框，如图 3-74 所示。

学生 : 表

姓名	学号	年级	专业	班级ID	生日
赵粕蕴	302	2	计算机科学	22	1987-3-7
李明	303	1	材料科学	14	1988-10-8
李墁珉	304	2	原子物理	21	1986-10-24
周太柝	305	1	信息管理	13	1988-3-13
王炔	306	3	信息管理	23	1987-12-28
	307				

记录: 1 共有记录数: 301

图 3-73　隐藏列后的结果

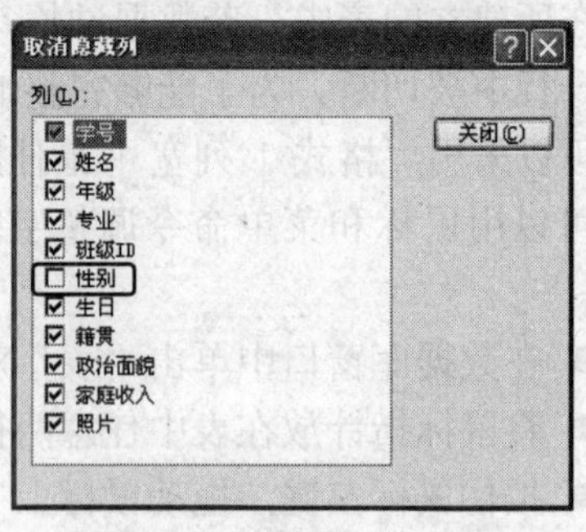

图 3-74　“取消隐藏列”对话框

- 在“列”列表中选中要显示列的复选框。
- 单击“关闭”按钮。

这样，就可以将隐藏的列重新显示出来了。

隐藏字段的操作不会显示任何对话框，隐藏之后，字段即暂时消失。若再打开图 3-74，有☑符号者表示字段已显示在数据工作区内，没有此符号者表示已隐藏。此图状态表示“性别”字段已隐藏，在空格中单击，即可取消该字段的隐藏。

4．冻结列或解冻列

在通常的操作中，常常需要建立比较大的数据库表。由于表过宽，在数据表视图中，有些关键的字段值因为水平滚动后无法看到，影响了数据的查看。例如“教学信息管理”数据库中的“教师”表，由于字段数比较多，当查看“教师”表中的“手机”字段值时，“姓名”字段已经移出了屏幕，因而不能知道是哪位教师的“手机”。解决这一问题的最好方法是利用 Access 提供的冻结列功能。

【例 3-25】 冻结“教师”表中的“姓名”列。

步骤 1：启动 Access 及打开“D:\Access\教学信息管理.mdb”数据库，在数据库窗口中，单击“表”对象。

步骤 2：双击“教师”表，打开该表的数据表视图。

步骤 3：选定要冻结的字段，单击“姓名”字段选定器。

步骤 4：选择“格式｜冻结列”菜单命令。

步骤 5：在“教师”表中，移动水平滚动条，结果如图 3-75 所示。

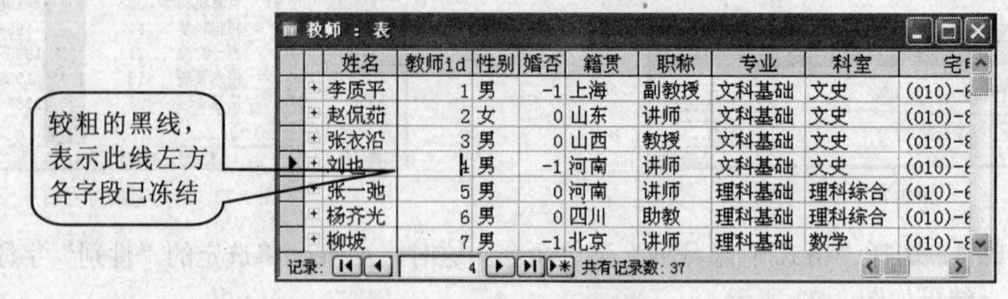

姓名	教师id	性别	婚否	籍贯	职称	专业	科室
李质平	1	男	-1	上海	副教授	文科基础	文史
赵侃茹	2	女	0	山东	讲师	文科基础	文史
张衣沿	3	男	0	山西	教授	文科基础	文史
刘也	4	男	-1	河南	讲师	文科基础	文史
张一弛	5	男	0	河南	讲师	理科基础	理科综合
杨齐光	6	男	0	四川	助教	理科基础	理科综合
柳坡	7	男	-1	北京	讲师	理科基础	数学

图 3-75　冻结“姓名”字段列后

步骤 6：选择“文件｜保存”菜单命令或按下“保存”按钮。

当向右移动水平滚动条后，“姓名”字段始终固定在最左方。若取消冻结，可选择“格式｜取消对所有列的冻结”菜单命令即可解除对“姓名”列的冻结。

5．更改字体及设置数据表格式

在数据表视图中，一般在水平方向和垂直方向都显示网格线。网格线采用银色，背景采用白色。可以改变单元格的显示效果，如字体、字型和字号等，也可以选择网格线的显示方式和颜色，表格的背景颜色等。

【例 3-26】 将“学生”表设置成“字体”为楷体，“字号”为 5 号，“字形”为斜体，“颜色”为藏青色，“单元格效果”为平面，“网格线显示方式”为水平方向，“背景色”为“蓝色”。

步骤 1：启动 Access，并打开“D:\Access\教学信息管理.mdb”数据库。在数据库窗口中，单击“表”对象。

步骤 2：双击“学生”表，打开该表的数据表视图。

步骤 3：选择“格式｜字体”菜单命令，屏幕显示“字体”对话框，如图 3-76 所示。

步骤 4：将“字体”改为“楷体”，“字形”改为“斜体”，“字号”改为五号，“颜色”改为“藏青色”，单击“确定”按钮。

步骤 5：回到数据表视图，选择“格式｜数据表”菜单命令，这时屏幕显示“设置数据表格式”对话框，如图 3-77 所示。

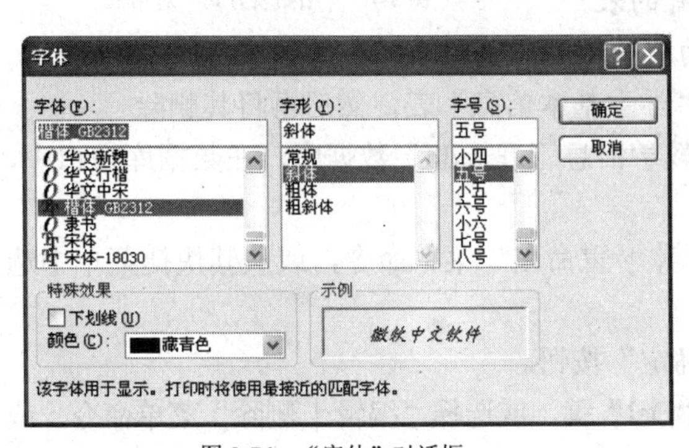

图 3-76　“字体”对话框

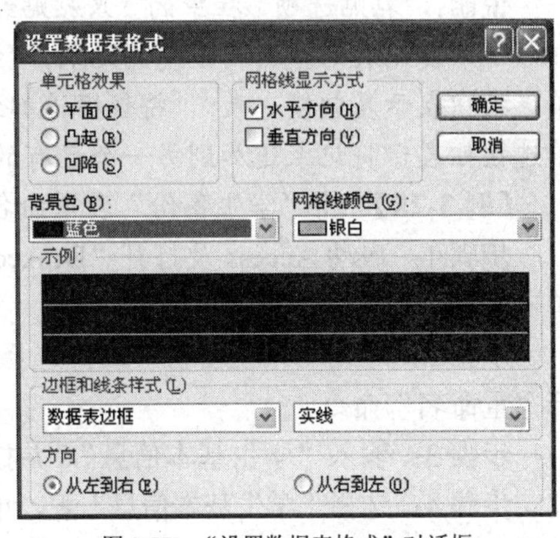

图 3-77　“设置数据表格式”对话框

步骤 6：将“单元格效果”改为平面，“网格线显示方式”改为水平方向，“背景色”改为“蓝色”，再单击“确定”按钮。

步骤 7：选择“文件｜保存”菜单命令或按下“保存”按钮。

本例使用了两个对话框，使用图 3-76 可以更改文字相关设置，使用图 3-77 可设置数据表的背景、网格线等。两者都以整个数据表为设置对象，无法针对特定记录或字段更改格式。

3.6　操　作　表

创建好数据库和表后，需要对它们进行必要的操作。对数据表的操作可以在数据库窗口中对表进行复制、重命名和删除等操作，也可以在数据表视图中对表进行查找、替换指定的文本、对表中的记录排序及筛选指定条件的记录等操作。

3.6.1 复制、重命名及删除表

复制表可以对已有的表进行全部复制、只复制表的结构以及把表的数据追加到另一个表的尾部。

【例 3-27】 将“学生”表的表结构复制一份，并命名为“学生备份”表。

步骤 1：启动 Access 及打开“D:\Access\教学信息管理.mdb”数据库，在数据库窗口中，单击“表”对象。

步骤 2：选择“学生”表，单击工具栏上的“复制”按钮，或选择“编辑｜复制”菜单命令，或从其快捷菜单中选择“复制”命令，或直接按 Ctrl+C 快捷键。

步骤 3：单击工具栏上的“粘贴”按钮，或选择“编辑 | 粘贴”菜单命令，或直接按 Ctrl+V 键，打开“粘贴表方式”对话框，如图 3-78 所示。

步骤 4：在“表名称”文本框中输入“学生备份”，并选择“粘贴选项”栏中的“只粘贴结构”单选按钮，最后单击“确定”按钮。

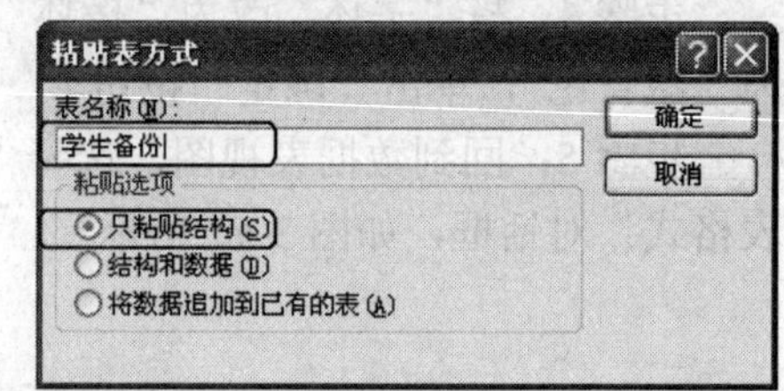

图 3-78 “粘贴表方式”对话框

说明：“粘贴选项”栏中的“只粘贴结构”单选按钮表示只复制表的结构而不复制记录；“结构和数据”单选按钮表示复制整个表；“将数据追加到已有的表”单选按钮表示将记录追加到另一个已有的表的尾部，这对数据表的合并很有用。

【例 3-28】 将“学生备份”表重命名为“学生基本信息”表，然后再将其删除。

步骤 1：启动 Access 及打开“D:\Access\教学信息管理.mdb”数据库，在数据库窗口中，单击“表”对象。

步骤 2：单击“学生备份”表，选择“编辑｜重命名”菜单命令，或从其快捷菜单中选择“重命名”命令。

步骤 3：输入“学生基本信息”，并按“确定”按钮。

步骤 4：选择“学生基本信息”表，单击“Del”键，或选择“编辑｜删除”菜单命令，或从其快捷菜单中选择“删除”命令，打开是否删除表的对话框，单击“是”按钮执行删除操作。

3.6.2 查找与替换数据

在操作数据表时，如果表中的数据非常多，这时查找数据就比较困难。Access 提供了非常方便的查找功能，使用它可以快速地找到所需要的数据。

如果要修改多处相同的数据，可以使用替换功能，自动将查找到的数据更新为新数据。

【例 3-29】 查找“学生”表中“籍贯”为“重庆”的所有记录，并将其值改为“四川”。

步骤 1：启动 Access 及打开“D:\Access\教学信息管理.mdb”数据库，在数据库窗口中，单击“表”对象。

步骤 2：双击“学生”表，选择“编辑｜查找”菜单命令，这时屏幕显示如图 3-79 所示。

步骤 3：在“查找内容”框中输入“重庆”，然后在“替换为”框中输入“四川”，其他选项如图 3-79 所示。

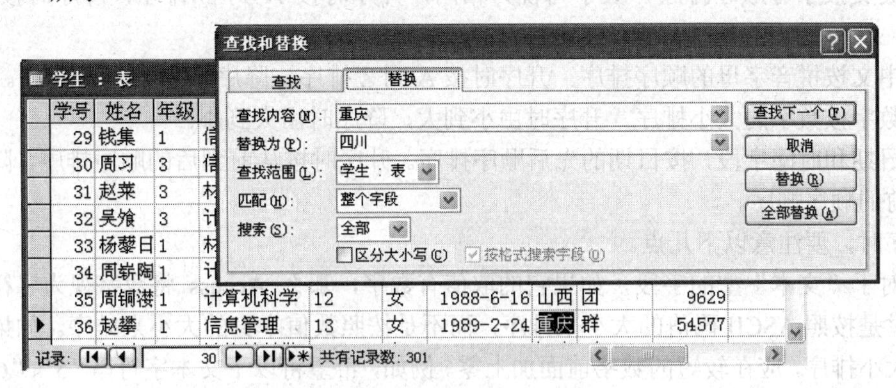

图 3-79　“查找和替换”对话框

步骤 4：如果一次替换一个，单击“查找下一个”按钮，找到后，单击“替换”按钮；如果不替换当前找到的内容，则继续单击“查找下一个”按钮；如果一次要替换出现的全部指定内容，则单击“全部替换”按钮。这里单击“全部替换”按钮，这时出现一个提示框，要求确认是否要完成替换操作。

步骤 5：单击“是”按钮，进行替换操作。

在指定查找内容时，希望在只知道部分内容的情况下对数据表进行查找，或者按照特定的要求查找记录。如果出现以上情况，可以使用通配符作为其他字符的占位符。

在“查找和替换”对话框中，可以使用如表 3-10 所示的通配符。

表 3-10　　通配符的用法

字　符	代 表 功 能	范　例
*	通配任意个数的字符（个数可以为 0）	wh* 可以找到 white、wh 和 why 等，但找不到 wash 和 withot 等
?	通配任何单一字符	b?ll 可以找到 ball 和 bill 等，但找不到 blle 和 beall 等
[ ]	通配方括号内任何单个字符	b [ae] ll 可以找到 ball 和 bell，但找不到 bill 等
!	通配任何不在括号内的字符	b [!ae] ll 可以找到 bill 和 bll 等，但找不到 bell 和 ball
-	通配范围内的任何一个字符，必须以递增排序来指定区域（A 到 Z）	b [a-c] d 可以找到 bad、bbd 和 bcd，但找不到 bdd 等
#	通配任何单个数字字符	1#3 可以找到 103、113、123 等

3.6.3　记录排序

在一般情况下，向表中输入数据时，人们不会有意地去安排输入数据的先后顺序，而只考虑输入的方便性，按照数据到来的先后顺序输入。例如，在登记学生成绩时，哪一个学生的成绩先出来，就先录入哪一个，这符合实际情况和习惯。但从这些数据中查找所需的数据就十分不方便。为了提高查找效率，需要重新整理数据，对此最有效的方法是对数据进行排序。

排序是根据当前表中的一个或多个字段的值对整个表中的所有记录进行重新排列。排序时可以按升序，也可以按降序。排序记录时，不同的字段类型，排序规则有所不同，具体有以下规则。

● 英文按字母顺序排序，大小写视为相同，升序时按 A 到 Z 排序，降序时按 Z 到 A 排序。

● 中文按拼音字母的顺序排序。升序时按 A 到 Z 排序，降序时按 Z 到 A 排序。

● 数字按数字的大小排序。升序时由小到大，降序时由大到小。

● 日期和时间字段，按日期的先后顺序排序。升序时按从前到后的顺序排序，降序时按从后向前的顺序排序。

排序时，要注意以下几点。

● 对于“文本”型的字段，如果它的取值有数字，那么 Access 将数字视为字符串。因此排序时是按照 ASCII 码值的大小来排序，而不是按照数值本身的大小来排序。如果希望按其数值大小排序，应在较短的数字前面加上零。例如，希望将以下文本字符串“5”、“6”、“12”按升序排序，排序的结果是“12”、“5”、“6”，这是因为“1”的 ASCII 码小于“5”的 ASCII 码。要想实现升序排序，应将 3 个字符串改为“05”、“06”、“12”。

● 按升序排列字段时，如果字段的值为空值，则将包含空值的记录排列在列表的第一条。

● 数据类型为“备注”、“超链接”、“OLE”对象的字段不能排序。

● 排序后，排序次序将与表一起保存。

【例 3-30】 在“学生”表中按“籍贯”字段升序排序。

步骤 1：启动 Access 及打开“D:\Access\教学信息管理.mdb”数据库，在数据库窗口中，单击“表”对象。

步骤 2：双击“学生”表。

步骤 3：将鼠标放在“籍贯”字段列的任意一个单元格内。

步骤 4：选择“记录 | 排序 | 升序排序”菜单命令，或单击工具栏上的“升序”按钮，排序结果如图 3-80 所示。

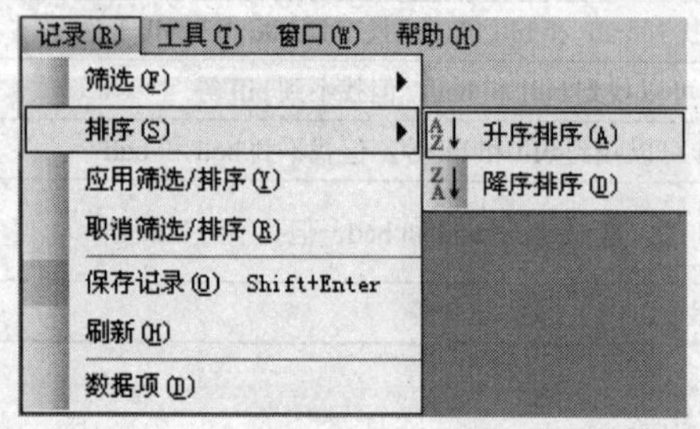

学生 : 表

学号	姓名	年级	专业	班级ID	性别	生日	籍贯	政治面貌
177	李明	2	信息管理	23	女	1988-8-28	北京	团
302	赵粕蕴	2	计算机科学	22	男	1987-3-7	北京	团
32	吴飧	3	计算机科学	32	男	1986-7-28	北京	群
144	吴盎	3	计算机科学	32	男	1986-10-23	贵州	团
238	杨痊芩	3	材料科学	34	女	1986-10-17	贵州	团
147	王讪忭	3	材料科学	34	女	1986-1-28	贵州	群
235	周萤缬	1	原子物理	11	男	1988-11-15	贵州	团
215	李颐易	2	计算机科学	22	女	1987-3-23	贵州	团

记录: 1 共有记录数: 300

图 3-80　按“籍贯”排序后的结果

步骤 5：选择“文件 | 保存”菜单命令，或单击工具栏上的“保存”按钮即把排序后的结果保存。

【例 3-31】 在“学生”表中按“专业”和“籍贯”两个字段升序排序。

步骤 1：启动 Access 及打开“D:\Access\教学信息管理.mdb”数据库，在数据库窗口中，单击“表”对象。

步骤 2：双击“学生”表。

步骤 3：选取“专业”字段，将此列移动至“生日”和“籍贯”中间。

步骤 4：选择用于排序的“生日”和“籍贯”两个字段的字段选定器。

步骤 5：选择“记录｜排序｜升序排序”菜单命令，或单击工具栏上的“升序”按钮，排序结果如图 3-81 所示。

学生 : 表

学号	姓名	年级	班级ID	性别	生日	专业	籍贯	政治面貌	家庭收入	照片
247	杨侯玩	1	14	女	1989-5-25	材料科学	北京	群	166954	
276	周侑邹	2	24	女	1989-8-25	材料科学	北京	团	8696	
147	王讪忭	3	34	女	1986-1-28	材料科学	贵州	群	4770	
238	杨痉芩	3	34	女	1986-10-17	材料科学	贵州	团	4599	
138	李诗徉	2	24	女	1987-9-29	材料科学	河北	团	7553	
154	孙疾	2	24	女	1988-5-2	材料科学	河北	群	6172	
64	杨菥匭	3	34	女	1986-9-11	材料科学	河北	群	55834	

记录：1　共有记录数：300

按“专业”和“籍贯”升序排序

图 3-81　按“专业”和“籍贯”排序后的结果

说明：选择多个字段排序时，必须注意字段的先后顺序。Access 先对最左边的字段进行排序，然后依此从左到右进行排序。

【例 3-32】 使用“高级筛选｜排序”功能，在“学生”表中先按“年级”升序排序，再按“生日”降序排序。

步骤 1：启动 Access 及打开“D:\Access\教学信息管理.mdb”数据库，在数据库窗口中，单击“表”对象。

步骤 2：双击“学生”表。

步骤 3：选择“记录｜筛选｜高级筛选/排序”菜单命令，出现如图 3-82 所示的“筛选”窗口。

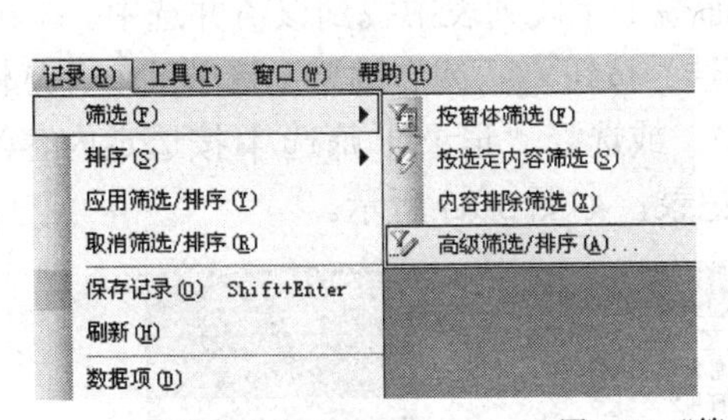

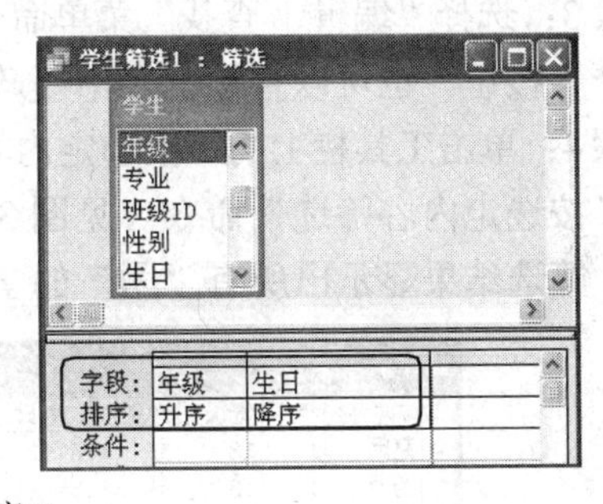

图 3-82　“筛选”窗口

“筛选”窗口分为上、下两部分。上半部分显示了被打开表的字段列表，下半部分是设计网格，用来指定排序字段、排序方式和排序条件。

步骤 4：用鼠标单击设计网格中第一列字段行右侧的向下箭头按钮，从弹出的列表中选择“年级”字段，然后用同样的方法在第二列的字段行上选择“生日”字段。

步骤 5：单击“年级”的“排序”单元格，单击右侧向下箭头按钮，选择“升序”；使用同样的方法在“生日”的“排序”单元格中选择“降序”。

步骤 6：单击工具栏上的“应用筛选”按钮，排序结果如图 3-83 所示。

学生 : 表

学号	姓名	年级	班级ID	性别	生日	专业
256	赵闲	1	13	女	1987-11-17	信息管理
239	杨月	1	12	男	1987-11-12	计算机科学
45	陈趴	1	13	男	1987-11-11	信息管理
198	郑白	1	13	男	1987-11-6	信息管理
276	周侑邹	2	24	女	1989-8-25	材料科学
77	郑下膺	2	24	男	1989-7-17	材料科学
203	钱滩	2	24	女	1989-5-4	材料科学

记录：1　共有记录数：300

图 3-83　排序结果

在指定排序次序后，选择“记录｜取消筛选/排序”菜单命令，可以取消所设置的排序顺序。

说明：在【例3-31】中，排序的两个字段必须是相邻的字段，而且两个字段都按同一种次序排序。如果希望两个字段按不同的次序排序，或者按两个不相邻的字段排序，就必须使用在【例3-32】中所使用的方法，即使用“高级筛选/排序”功能。

3.6.4 筛选记录

使用数据表时，经常需要从众多的数据表中挑选出一部分满足某种条件的数据进行处理。例如，在“学生”表中，需要从该表中找出政治面貌是“团”的学生。

对于筛选记录，Access中提供了4种方法：按选定内容筛选、按窗体筛选、按筛选目标筛选及高级筛选。“按选定内容筛选”是一种最简单的筛选方法，使用它可以很容易地找到包含某字段值的记录；“按窗体筛选”是一种快速的筛选方法，使用它不用浏览整个表中的记录，同时可以对两个以上字段的值进行筛选；“按筛选目标筛选”是一种较灵活的方法，根据输入的筛选条件进行筛选；“高级筛选”可以进行复杂的筛选，挑选出符合多重条件的记录。

经过筛选后的表，只显示满足条件的记录，而不满足条件的记录将被隐藏起来。

1．按选定内容筛选

【例3-33】 在“学生”表中筛选出政治面貌是“团”的所有学生记录。

步骤1：启动Access及打开“D:\Access\教学信息管理.mdb”数据库，在数据库窗口中，单击“表”对象。

步骤2：双击“学生”表。

步骤3：选择“编辑｜查找”菜单命令，并在“查找内容”框中输入“团”，然后单击“查找下一个”按钮。也可以直接在表中“政治面貌”字段列表中找到该值并选中。

步骤4：单击工具栏上的“按选定内容筛选”按钮，或右键单击选中的值并从快捷菜单中选择“按选定内容筛选”命令（见图3-84），或选择“记录｜筛选｜按选定内容筛选”菜单命令，筛选结果显示出所有“团”的学生记录，如图3-85所示。

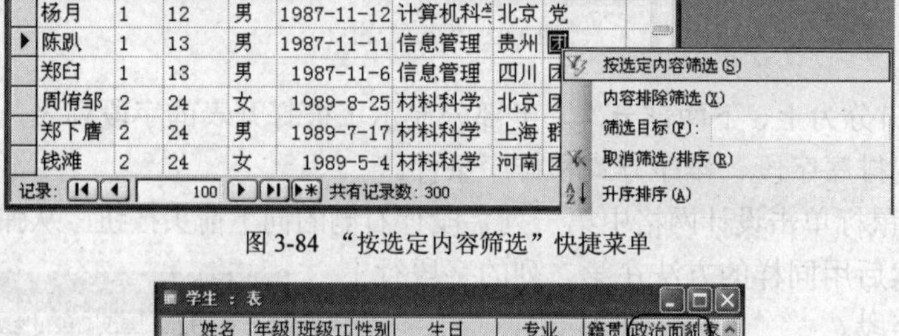

图3-84 “按选定内容筛选”快捷菜单

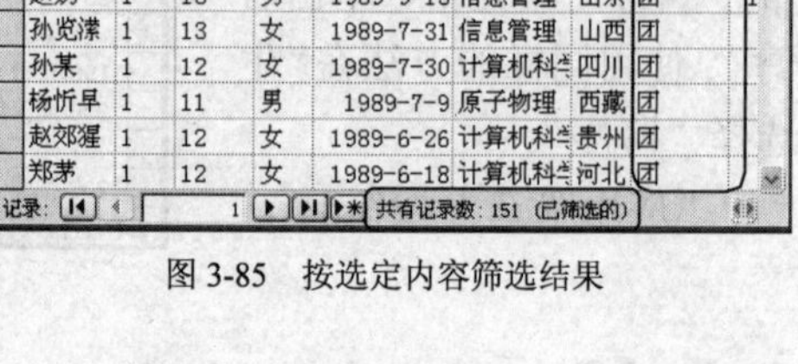

图3-85 按选定内容筛选结果

在保存表时，系统会保存筛选，可以在下次打开表时，继续使用此次的筛选。具体操作是选择“记录｜应用筛选/排序”菜单命令，即可显示上次保存的筛选结果。

如果要重新显示原表中的所有记录，可以取消筛选，具体操作是选择“记录｜取消筛选/排序”菜单命令，即可显示原表中的所有记录。

内容排除筛选和按选定内容筛选恰好相反，排除那些满足条件的记录，而显示出不满足条件的记录，在此不再赘述。

2．按窗体筛选

按窗体筛选记录时，Access将数据表变成一个空白记录，每个字段是一个下拉列表框，可以从每个下拉列表框中选取一个值作为筛选的条件。如果选择两个以上的值，还可以通过窗体底部的“或”标签来确定两个字段值之间的关系。

【例3-34】 在“学生”表中筛选出年级是1年级的所有北京学生记录。

步骤1：启动Access及打开“D:\Access\教学信息管理.mdb”数据库，在数据库窗口中，单击“表”对象。

步骤2：双击“学生”表。

步骤3：单击工具栏上的“按窗体筛选”按钮，或选择“记录｜筛选｜按窗体筛选”菜单命令，打开“按窗体筛选”窗口，如图3-86所示。

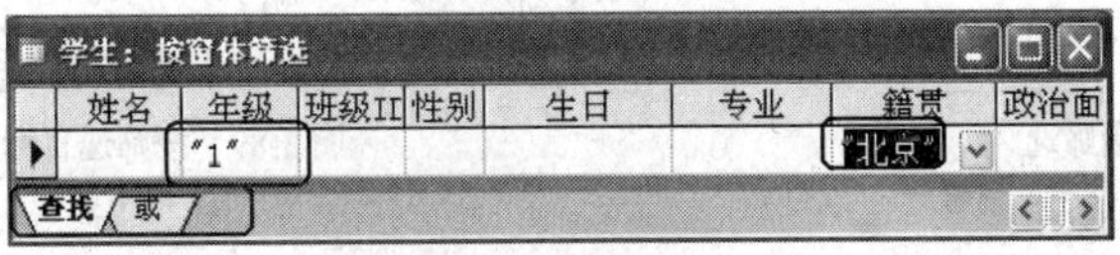

图3-86 “按窗体筛选”窗口

步骤4：选择“查找”标签，单击“年级”字段，并单击右侧向下箭头按钮，从下拉列表中选择“1”。

步骤5：再单击“籍贯”字段，从下拉列表中选择“北京”。

步骤6：单击工具栏上的“应用筛选”按钮，或选择“筛选｜应用筛选/排序”菜单命令，即可显示1年级的所有北京学生记录，如图3-87所示。

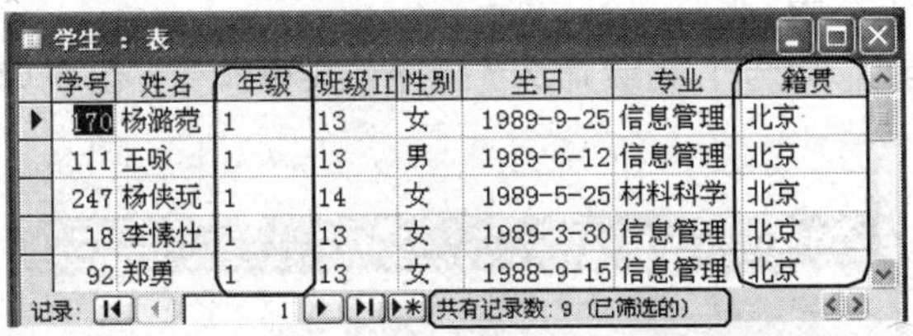

图3-87 按窗体筛选结果

说明：在图3-86中，窗口底部有两个标签（“查找”和“或”标签）。在“查找”标签中输入的各条件表达式之间是“与”操作，表示各条件必须同时满足；在“或”标签中输入的各条件表达式之间是“或”操作，表示只要满足其中之一即可。

3．按筛选目标筛选

“按筛选目标筛选”是在“筛选目标”框中输入筛选条件来查找含有指定值或符合表达式值的所有记录。

【例 3-35】 在“成绩”表中筛选出考分大于等于 90 分的记录。

步骤 1：启动 Access 及打开“D:\Access\教学信息管理.mdb”数据库，在数据库窗口中，单击“表”对象。

步骤 2：双击“成绩”表。

步骤 3：将鼠标放在“考分”字段列的任一位置，然后单击鼠标右键，弹出快捷菜单，如图 3-88 所示。

步骤 4：在快捷菜单的“筛选目标”框中输入“>=90”，按 Enter 键，筛选结果如图 3-89 所示。

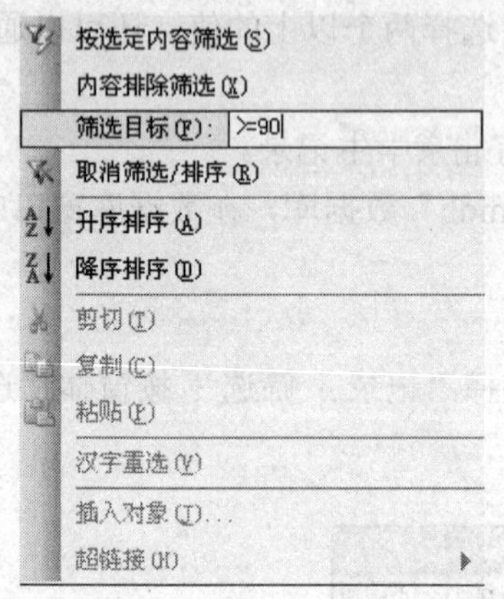

图 3-88 按筛选目标筛选

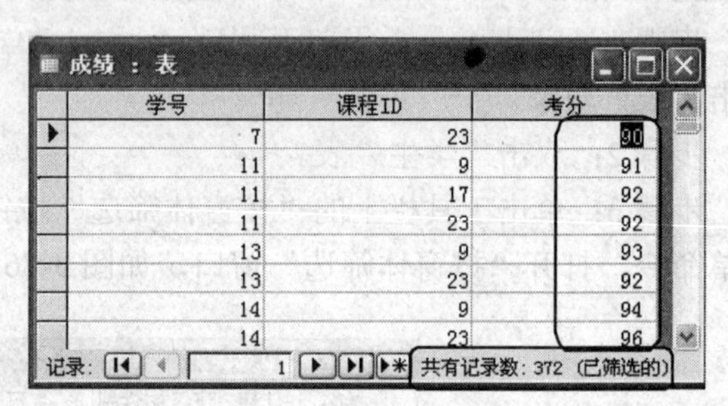

图 3-89 按筛选目标筛选结果

4. 高级筛选

前面介绍的 3 种方法是筛选记录中最容易的方法，筛选的条件单一，操作非常简单。但在实际应用中，常常涉及到复杂的筛选条件。此时使用“高级筛选”，可以很容易实现复杂的筛选条件，而且还可以对筛选的结果进行排序。

【例 3-36】 在“学生”表中查找 1988 年出生的男学生，并按“生日”降序排序。

步骤 1：启动 Access 及打开“D:\Access\教学信息管理.mdb”数据库，在数据库窗口中，单击“表”对象。

步骤 2：双击“学生”表。

步骤 3：选择“记录 | 筛选 | 高级筛选 / 排序”菜单命令，出现如图 3-90 所示的“筛选”窗口。

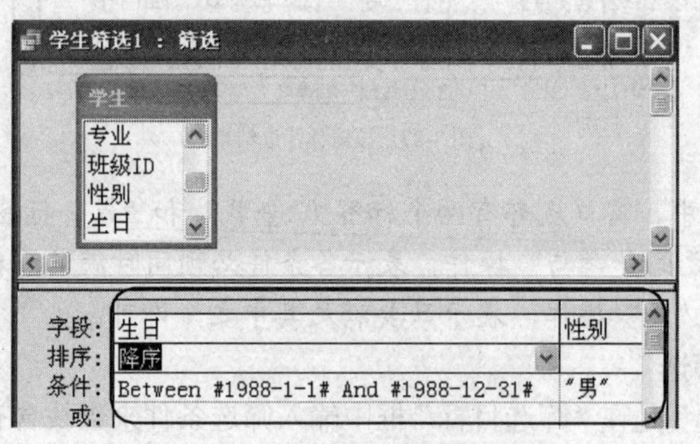

图 3-90 设置筛选条件和排序方式

步骤 4：用鼠标单击设计网格中第一列“字段”行右侧的向下箭头按钮，从弹出的列表中选择“生日”字段，然后用同样的方法在第二列的“字段”行上选择“性别”字段。

步骤 5：在“生日”的“条件”单元格中输入筛选条件：“Between #1988-1-1# And #1988-12-31#”（该条件的书写方法将在后续章节中介绍），在“性别”的“条件”单元格中输入筛选条件“男”。

步骤 6：单击“生日”的“排序”单元格，选择“降序”。

步骤 7：单击工具栏上的“应用筛选”按钮，筛选结果如图 3-91 所示。

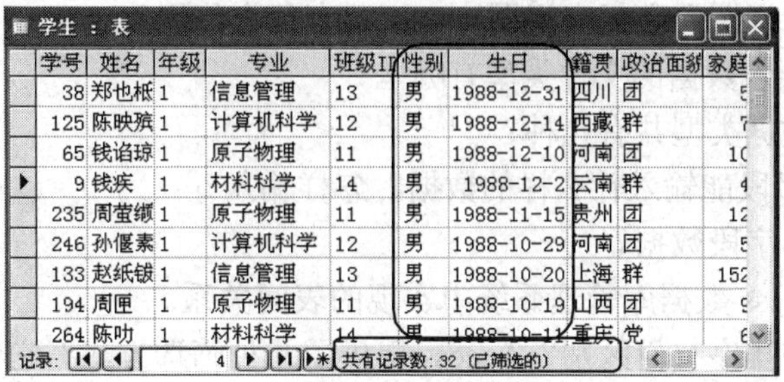

学生 : 表

学号	姓名	年级	专业	班级I	性别	生日	籍贯	政治面貌	家庭
38	郑也柢	1	信息管理	13	男	1988-12-31	四川	团	5
125	陈映殡	1	计算机科学	12	男	1988-12-14	西藏	群	7
65	钱谄琼	1	原子物理	11	男	1988-12-10	河南	团	1C
9	钱疾	1	材料科学	14	男	1988-12-2	云南	群	4
235	周萤缬	1	原子物理	11	男	1988-11-15	贵州	团	12
246	孙偃素	1	计算机科学	12	男	1988-10-29	河南	团	5
133	赵纸锇	1	信息管理	13	男	1988-10-20	上海	群	152
194	周匣	1	原子物理	11	男	1988-10-19	山西	团	9
264	陈叻	1	材料科学	14	男	1988-10-11	重庆	党	6

记录：4　共有记录数：32（已筛选的）

图 3-91　筛选结果

本 章 小 结

在 Access 中，数据表是处理数据、建立关系数据库和应用程序的基础单元，它用于存储收集来的各种数据。本章介绍了建立数据表的几种常用方法，强调了建立数据表的主要步骤就是定义表中的一个或多个字段，最后介绍了数据表的维护与操作。

1．可以使用 3 种方法创建表：设计视图、表向导和数据表视图创建表。其中，使用设计视图创建表是一种最常用的方法。

2．一般创建一个数据表分 2 步，第 1 步是先创建表的结构，然后再输入数据。可以使用直接输入数据和导入外部数据这两种方法向表中输入数据。

3．在创建表的结构时，需要了解表的 10 种字段类型。一个字段必须有类型，类型代表该字段允许的数据范围，必须依据实际需要定义字段的类型。字段的 10 种类型是文本、备注、数字、日期/时间、货币、自动编号、是/否、OLE 对象、超链接和查询向导。

4．每一种字段类型都有若干属性，本章介绍了设置表的字段属性，其中包括字段的大小、格式、默认值、输入掩码、有效性规则、索引等。

5．每个表只能有一个主键，主键的值不能为空和不可重复。

6．建立表间关系时，关系双方至少需要一方有索引（无重复）或主键，若双方均有索引（无重复）或主键，为一对一关系，若只有一方有索引（无重复）或主键，则为一对多关系；

7．建立关系双方的字段类型必须相同（包括字段的大小），字段的名称可以不同。

8．数据表的维护，包括打开及关闭表、修改表的结构（在表的设计视图中操作）、编辑表的内容和调整表的外观（在数据表视图中操作）。

9．在数据库窗口中操作表，包括复制、重命名及删除表。表中数据亦可以在数据表视图窗口中重新排列、筛选和排序，以按用户的要求显示数据。

习 题 3

3.1 思考题

1．简述创建表的 3 种方法，比较 3 种方法的优缺点。
2．数据表有设计视图和数据表视图，它们各有什么作用？
3．Access 支持导入数据的文件类型有哪些？
4．表中字段的数据类型共有几种？
5．OLE 对象型字段能输入什么样的数据？怎样输入？
6．如何输入备注字段数据？
7．举例说明 Access 数据库管理系统中实现的表间关系。
8．记录的筛选与排序有何区别？Access 提供了几种筛选方式？它们有何区别？
9．怎样显示子数据表的数据？
10．怎样冻结或解冻列，隐藏或显示列？

3.2 选择题

1．下列选项中错误的字段名是（　　）。
（A）已经发出货物客户　（B）通信地址～1
（C）通信地址.2　（D）1 通信地址
2．Access 表中字段的数据类型不包括（　　）。
（A）文本　（B）备注　（C）通用　（D）日期/时间
3．如果表中有“联系电话”字段，若要确保输入的联系电话值只能为 8 位数字，应将该字段的输入掩码设置为（　　）。
（A）00000000　（B）99999999
（C）########　（D）????????
4．通配任何单个字母的通配符是（　　）。
（A）#　（B）!　（C）?　（D）[]
5．若要求在文本框中输入文本时达到密码“*”号的显示效果，则应设置的属性是（　　）。
（A）“默认值”属性　（B）“标题”属性
（C）“密码”属性　（D）“输入掩码”属性
6．下列选项叙述不正确的是（　　）。
（A）如果文本字段中已经有数据，那么减小字段大小不会丢失数据
（B）如果数字字段中包含小数，那么将字段大小设置为整数时，Access 自动将小数取整
（C）为字段设置默认属性时，必须与字段所设的数据类型相匹配
（D）可以使用 Access 的表达式来定义默认值
7．要在输入某日期/时间型字段值时自动插入当前系统日期，应在该字段的默认值属性

框中输入（　　）表达式。

（A）Date( )　　（B）Date［］　　（C）Time( )　　（D）Time［］

8．数据表中的“行”称为（　　）。

（A）字段　　（B）数据　　（C）记录　　（D）数据视图

9．默认值设置是通过（　　）操作来简化数据输入。

（A）清除用户输入数据的所有字段

（B）用指定的值填充字段

（C）消除了重复输入数据的必要

（D）用与前一个字段相同的值填充字段

10．“按选定内容筛选”允许用户（　　）。

（A）查找所选的值

（B）键入作为筛选条件的值

（C）根据当前选中字段的内容，在数据表视图窗口中查看筛选结果

（D）以字母或数字顺序组织数据

11．在Access中，利用“查找和替换”对话框可以查找到满足条件的记录。若要查找当前字段中所有第一个字符为“y”，最后一个字符为“w”的数据，下列选项中正确使用的通配符是（　　）。

（A）y［abc］w　　（B）y*w　　（C）y?w　　（D）y#w

3.3　填空题

1．修改表结构只能在________视图中完成。

2．修改字段包括修改字段的名称、________、说明等。

3．在Access中，可以在________视图中打开表，也可以在设计视图中打开表。

4．“是/否”型字段实际保存的数据是________或________，________表示“是”，________表示“否”。

5．如果希望两个字段按不同的次序排序，或者按两个不相邻的字段排序，须使用________窗口。

6．在数据表视图中，________某字段列或几个字段列后，无论用户怎样水平滚动窗口，这些字段总是可见的，并且总是显示在窗口的最左边。

7．在Access的数据表中，必须为每个字段指定一种数据类型，字段的数据类型有________、________、________、________、________、________、________、________、________、________。其中，________数据类型可以用于为每个新记录自动生成数字。

8．在输入数据时，如果希望输入的格式标准保持一致或希望检查输入时的错误，可以通过设置字段的________属性来设置。

3.4　上机实验

1．建立“教学信息管理”数据库，导入数据库中的6张表。

2．设置表的各种属性及建立表间关系。

● 对“教师”的“宅电”字段设置输入掩码，以保证用户只能输入3个数字的区号和8

个数字的电话号码，区号和电话号码之间用“-”分隔。

● 在“学生”表中，通过“输入掩码向导”为“生日”字段设置输入掩码为短日期；将“生日”字段的格式属性设置为长日期，并在数据表视图窗口查看“生日”字段的显示结果，比较输入掩码和格式的区别。

● 在“成绩”表中，要求“考分”字段只能接收 1～100 的整数，请为该字段设置有效性规则，违反该规则时提示用户“请输入 1～100 的数据”。

● 在“成绩”表中，要求“考分”字段的所有数据小数点后显示 2 位小数。

● 将“成绩”表的“学号”、“课程 ID”和“考分”字段分别改名为“XH”、“KCID”和“KF”，在数据表视图窗口中查看显示结果。

● 把字段“XH”、“KCID”和“KF”的“标题”属性分别设置为“学号”、“课程 ID”和“考分”，在数据表视图窗口中查看显示结果有什么变化。

● 为各表设置合适的主键，建立表间的关系，结果如图 3-92 所示。

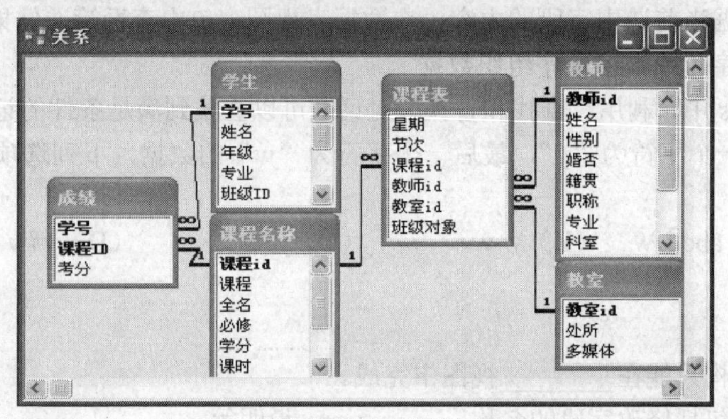

图 3-92 “教学信息管理”数据库中表间关系

3．对各表记录的操作。

● 在“学生”表的第 8 条记录的“照片”字段中输入一张照片，照片文件自选。

● 只显示“学生”表的“学号”、“姓名”和“性别”3 个字段，然后再显示全部字段的信息。

● 将“学生”表的“学号”、“姓名”字段冻结起来，然后移动光标，观察显示结果，最后再解冻列。

● 筛选出“男”学生的记录，然后再取消筛选。

● 筛选出“云南”的“男”生记录，然后显示表的全部记录。

第4章 查　询

数据库中的数据通常被保存在数据表中。虽然用户可以在表中进行很多操作，如浏览数据、排序数据、对数据进行筛选和更新等，但必要时还应该对数据进行检索和分析。用户对数据库的数据管理及利用并不是只停留在某一个数据表的数据上，有时需要综合利用多个数据源来完成某些任务。

数据库管理系统的优点不仅在于它能存储数据，更在于它能处理数据，其强大的查询功能，使用户能够很方便从海量数据中找到针对特定需求的数据。使用 Access 的查询对象可以按照不同的方式查看、更改和分析数据，查询结果还可以作为其他数据库对象（如窗体、报表和数据访问页等）的数据来源。

4.1 认识查询

在 Access 中，任何时候都可以从已经建立的数据库表中按照一定的条件抽取出需要的记录，查询就是实现这种操作最主要的方法。

4.1.1 查询的功能

查询是对数据表中的数据进行查找，产生一个类似于表的结果，它是 Access 数据库中的第二个对象。在 Access 中可以方便地创建查询，在创建查询的过程中定义要查询的内容和条件，Access 将根据定义的内容和条件在数据库表中搜索符合条件的记录，同时查询可跨越多个数据表，也就是通过关系在多个数据表间寻找符合条件的记录。利用查询可以实现以下功能。

1．选择字段

在查询中，可以只选择表中的部分字段。例如，建立一个查询，只显示“教师”表中每一个教师的姓名、性别和科室。

2．选择记录

根据特定的条件查找所需的记录，并显示找到的记录。例如，建立一个查询，只显示“教师”表中职称是教授的男教师。

3．编辑记录

编辑记录主要包括添加记录、修改记录和删除记录等。在 Access 中，可以利用查询添加、修改和删除表中的记录。例如，将政治面貌是“群”的学生从“学生”表中删除。

4．实现计算

查询不仅可以找到满足条件的记录，而且还可以在建立查询的过程中进行各种统计计算，如计算每门课程的平均成绩。另外，还可以建立一个计算字段，利用计算字段来保存计算的结果。

5．建立新表

利用查询得到的结果可以建立一个新表。例如，将“考分”大于等于 60 分以上的学生找出来，并放在一个新表中。

6．建立基于查询的报表和窗体

如果想从一个或多个表中选择合适的数据显示在报表或窗体中，可以先建立一个查询，再将查询结果作为报表或窗体的数据源。每次打印报表或窗体时，该查询就从它的基表中检索出符合条件的新记录。这样，可提高报表或窗体的使用效果。

4.1.2 查询与数据表的关系

因为表和查询都可以作为数据库的“数据来源”的对象，可以将数据提供给窗体、报表、数据访问页或另外一个查询，所以一个数据库中的数据表和查询名称不可重复，如有“学生”数据表，则不可以再建立名为“学生”的查询。

与表不同的是，查询本身并不保存数据，它保存的是如何去取得信息的方法与定义（亦即相关的 SQL 语句）。当运行查询时，这些信息便会取出，但查询所得的信息并不会储存在数据库中。因此，二者的关系可以理解为，数据表负责保存记录，查询负责取出记录，二者在目的上可以说完全相同，都可以将记录以表格的形式显示在屏幕上，这些记录的进一步处理是用来制作窗体、报表和数据访问页。

4.1.3 查询的类型

Access 支持 5 种不同类型的查询，即选择查询、参数查询、交叉表查询、操作查询和 SQL 查询。

1．选择查询

选择查询是最常用的查询类型，它可以从数据库的一个或多个表中检索数据，也可以在查询中对记录进行分组，并对记录做总计、计数、平均值以及其他类型的统计计算。

2．参数查询

参数查询在执行时将出现对话框，提示用户输入参数，系统根据所输入的参数找出符合条件的记录。

3．交叉表查询

使用交叉表查询可以计算并重新组织数据的结构，这样可以更加方便地分析数据。交叉表查询计算数据的总计、计数、平均值以及其他类型的综合计算。这种数据可以分为两类信息：一类作为行标题在数据表左侧排列；另一类作为列标题在数据表的顶端。

4．操作查询

操作查询是仅在一个操作中更改许多记录的查询，共有删除、更新、追加与生成表 4 种类型。

5．SQL 查询

SQL 查询是用户使用 SQL 语句创建的查询。可以用结构化查询语句（SQL）来查询、更新和管理 Access 这样的关系数据库。Access 中，在查询的设计视图中创建的每一个查询，系统都在后台为它建立了一个等效的 SQL 语句。执行查询时，系统实际上就是执行这些 SQL 语句。

但是，并不是所有的 SQL 查询都能够在设计视图中创建出来，如联合查询、传递查询、数据定义查询和子查询只能通过编写 SQL 语句实现。

4.1.4　主要视图简介

在 Access 中，提供了数据表视图、设计视图、SQL 视图、数据透视表视图和数据透视图视图。前 3 种视图是经常使用的视图方式，下面详细介绍这 3 种视图的主要功能。图 4-1、图 4-2 和图 4-3 是“学生”表中“女生情况”的 3 种查询视图。

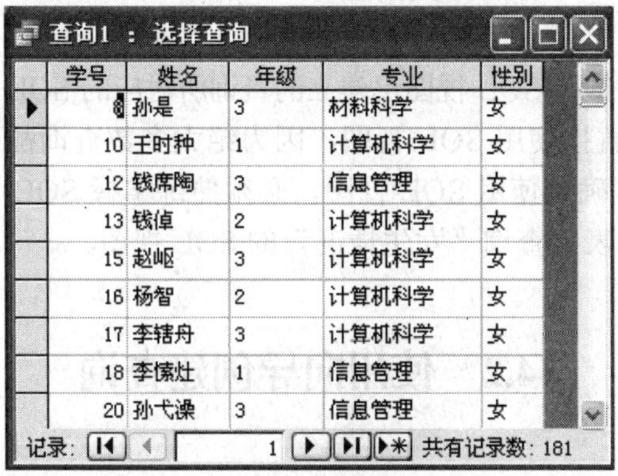
查询1 ：选择查询
学号 姓名 年级 专业 性别
8 孙是 3 材料科学 女
10 王时种 1 计算机科学 女
12 钱席陶 3 信息管理 女
13 钱倬 2 计算机科学 女
15 赵� 3 计算机科学 女
16 杨智 2 计算机科学 女
17 李辖舟 3 计算机科学 女
18 李慷灶 1 信息管理 女
20 孙弋澡 3 信息管理 女
记录: 1 共有记录数: 181

图 4-1　查询的数据表视图

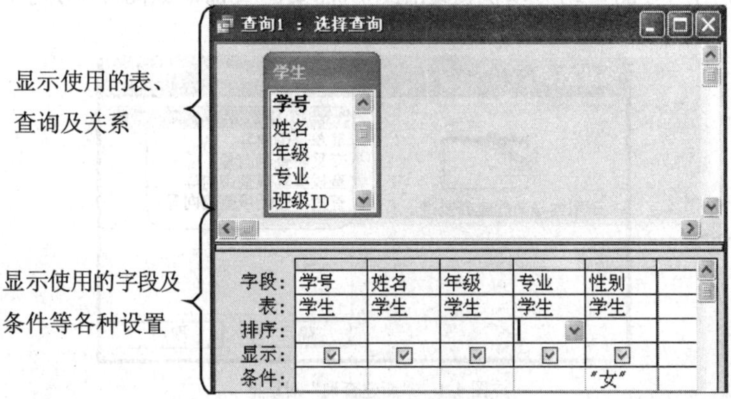
显示使用的表、查询及关系
显示使用的字段及条件等各种设置
查询1 ：选择查询
学生
学号
姓名
年级
专业
班级ID
字段: 学号 姓名 年级 专业 性别
表: 学生 学生 学生 学生 学生
排序:
显示:
条件: "女"

图 4-2　查询设计视图

1．数据表视图

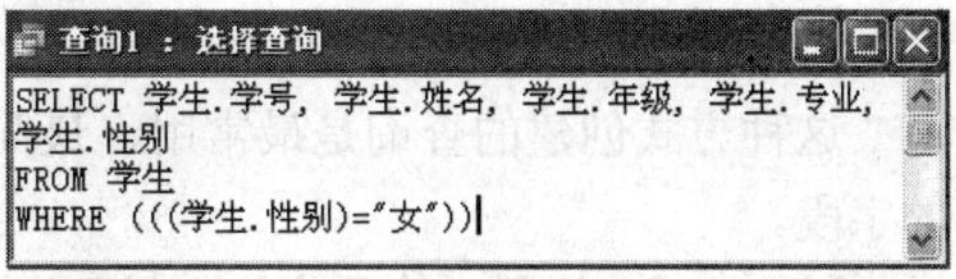
查询1 ：选择查询
SELECT 学生.学号, 学生.姓名, 学生.年级, 学生.专业, 学生.性别
FROM 学生
WHERE (((学生.性别)="女"))

图 4-3　SQL 视图

查询的数据表视图是以行和列的格式显示查询中数据的窗口。在该视图中，可以进行编辑数据、添加和删除数据、查找数据等操作，而且也可以对查询进行排序、筛选以及检查记录等，还可以改变视图的显示风格（包括调整行高、列宽和单元格的显示风格等）。

说明：在数据表视图中，可以通过单击工具栏上的“剪切”按钮、“复制”按钮和“粘贴”按钮，来编辑已选定的文本、字段、整个记录或整个数据表。单击“新记录”按钮，可以添加记录；单击“删除”按钮，可以删除记录。如果要在记录间快速移动，可以利用“定位”按钮。

2．设计视图

查询的设计视图是用来设计查询的窗口，它是查询设计器的图形化表示。利用该视图可以创建多种结构复杂、功能完善的查询。

查询的设计视图是由上、下两部分组成，如图 4-2 所示。上半部分显示的是当前查询所包含的表和查询，也就是查询的数据源。如果数据源是两个表，它们之间带有连线，则表示两个表之间已经建立关系。下半部分是设计网格，可以利用该网格来设置查询的结果字段以及源表或查询、排序顺序、条件和计算类型等。

3．SQL 视图

SQL 视图用于查看、修改 SQL 视图已建立的查询所对应的 SQL 语句，或者直接创建 SQL 语句。在 Access 中很少直接使用 SQL 视图，因为绝大多数查询都可以通过向导或查询的设计视图来完成。并且要正确地使用 SQL 视图，必须熟练掌握 SQL 语句命令的语法及使用方法。图 4-3 是从“学生”表中查询“女生情况”的 SQL 视图。

4.2 使用向导创建查询

Access 提供了 2 种创建查询的方法，一是使用查询向导创建查询，二是使用设计视图创建查询。选择使用向导的帮助可以快捷地创建所需要的查询，如图 4-4 所示。

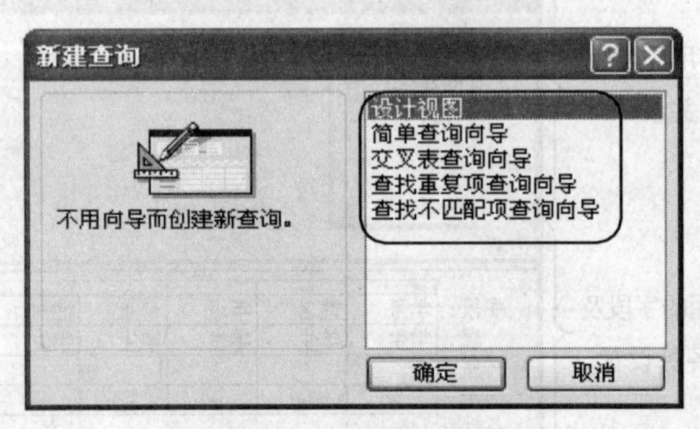

图 4-4 “新建查询”对话框

4.2.1 使用简单查询向导创建查询

这种方式创建的查询是最常用、最简单的查询，读者可以在向导的指示下选择表和表中的字段。

【例 4-1】 使用“简单查询向导”，在“教学信息管理”数据库中查找并显示“教师”表中的“姓名”、“性别”、“职称”和“专业”4个字段。

步骤1：打开“D:\Access\教学信息管理.mdb”数据库。（以下例题都使用此数据库）

步骤2：在图4-5所示的数据库窗口中选择“查询”对象，然后双击“使用向导创建查询”选项，打开“简单查询向导”对话框，如图4-6所示。

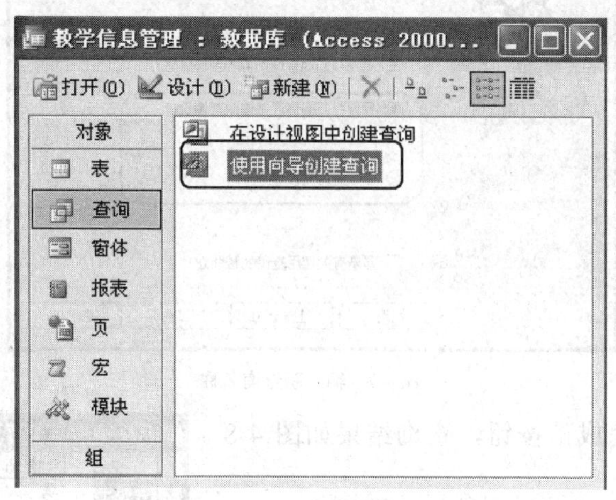

图4-5　创建简单查询

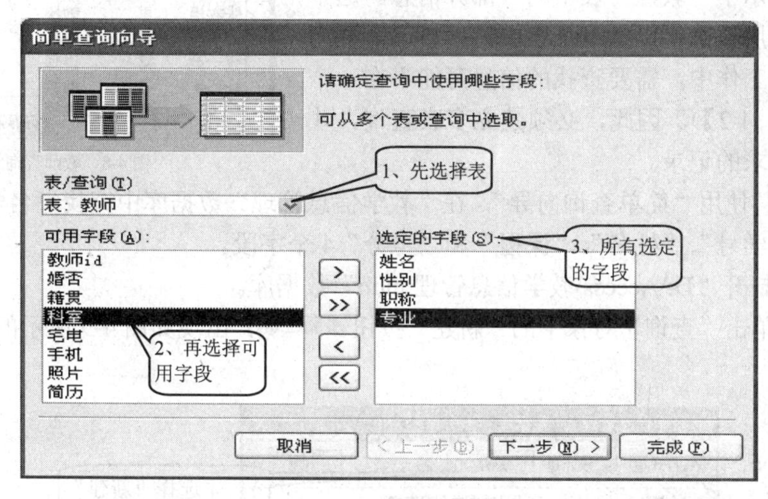

图4-6　字段选定结果图

步骤3：在“表/查询”的下拉列表框中选择“教师”表，这时在“可用字段”框中显示“教师”表中包含的所有字段，双击其中的“姓名”字段，该字段被添加到“选定的字段”框中。用同样的方法将“性别”、“职称”和“专业”字段添加到“选定的字段”框中，结果如图4-6所示。

在选择字段时，也可以使用“ > ”按钮和“ >> ”按钮。使用“ > ”按钮可一次选择一个字段，使用“ >> ”按钮可一次选择全部字段。若要取消已选择的字段，可以使用“ < ”按钮和“ << ”按钮。

步骤4：单击“下一步”按钮，显示如图4-7所示的“简单查询向导”对话框。

步骤5：在“请为查询指定标题”文本框中输入查询名称，也可以使用默认标题“教师查询”，这里使用默认标题。如果要打开查询查看结果，则单击“打开查询查看信息”单选按钮；如果要修改查询设计，则单击“修改查询设计”单选按钮。此例中，单击“打开查询查看信息”单选按钮。

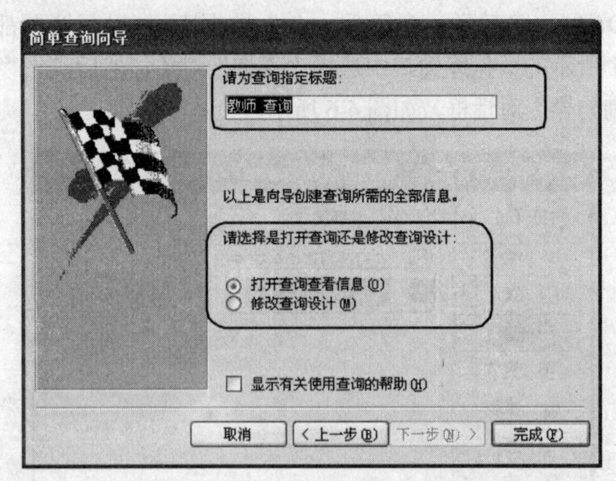

图 4-7 输入新查询名称

步骤 6：单击“完成”按钮，查询结果如图 4-8 所示。

图 4-8 显示了“教师”表中的一部分信息。这个例子说明了使用查询可以从一个表中检索自己需要的数据。但实际工作中，需要查找的信息可能不在一个表中（如【例 4-2】）。因此，必须建立多表查询，才能找出满足要求的记录。

教师 查询 : 选择查询

姓名	性别	职称	专业
李质平	男	副教授	文科基础
赵侃茹	女	讲师	文科基础
张衣沿	男	教授	文科基础
刘也	男	讲师	文科基础
张一弛	男	讲师	理科基础
杨齐光	男	助教	理科基础

记录: 1 共有记录数: 37

图 4-8 教师查询结果

【例 4-2】 使用“简单查询向导”，在“教学信息管理”数据库中查找每名学生的选课成绩，并显示“学号”、“姓名”、“课程”和“考分”4 个字段。

步骤 1：打开“D:\Access\教学信息管理.mdb”数据库。

步骤 2：单击“查询”对象下的“新建”按钮 新建(N)，出现如图 4-9 所示的“新建查询”对话框。

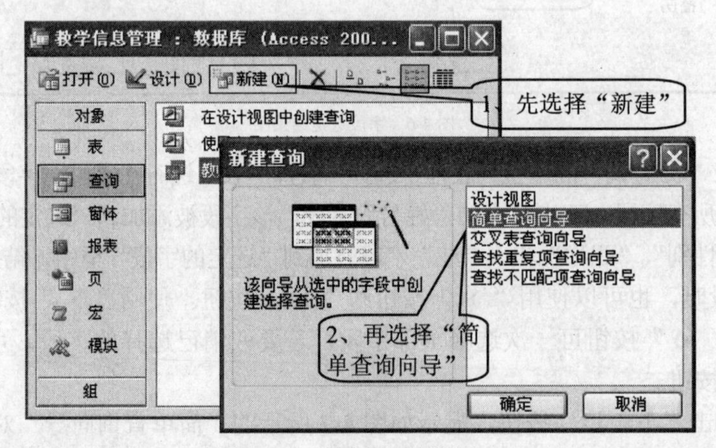

图 4-9 “新建查询”对话框

步骤 3：在该对话框中，先选择“简单查询向导”，再单击“确定”按钮，出现如图 4-10 所示的“简单查询向导”对话框。

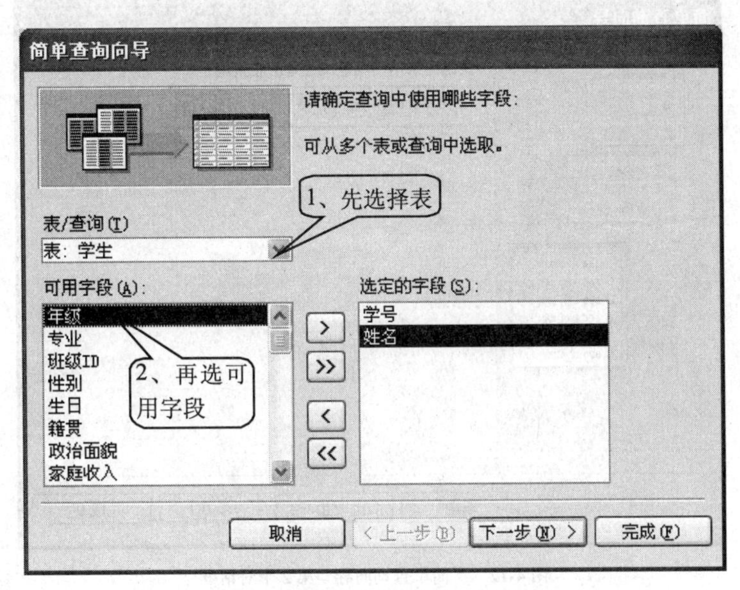

图4-10 “简单查询向导”第一个对话框

步骤4：在“表/查询”的下拉列表框中选择“学生”表，然后分别双击“可用字段”框中的“学号”、“姓名”字段，将它们添加到“选定的字段”框中。

步骤5：再次在“表/查询”的下拉列表框中选择“课程名称”表，然后分别双击“可用字段”框中的“课程”字段，将该字段添加到“选定的字段”框中。

步骤6：重复步骤3，将“成绩”表中的“考分”字段添加到“选定的字段”框中，选择后结果如图4-11所示。

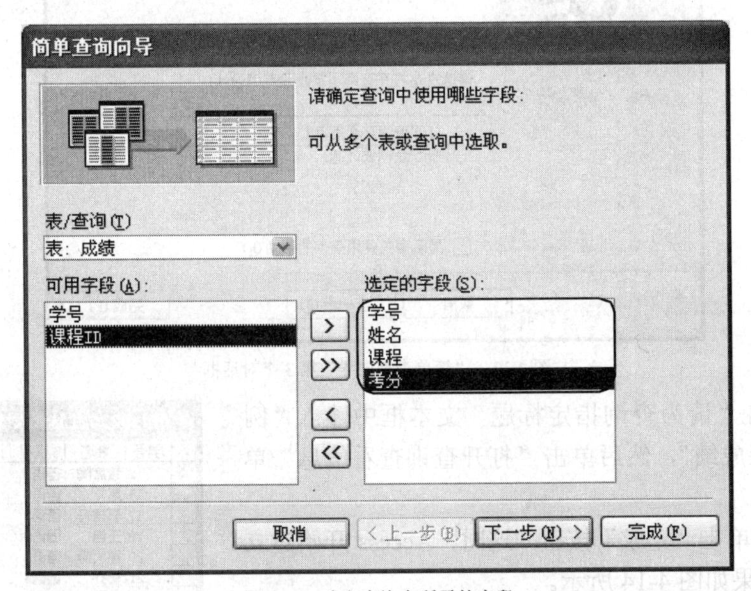

图4-11 确定查询中所需的字段

步骤7：确定了所需的字段后，单击“下一步”按钮，显示如图4-12所示对话框。

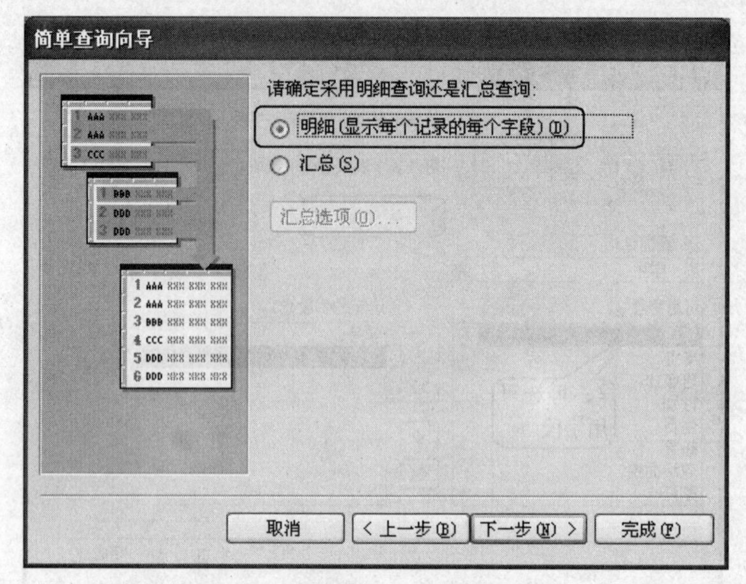

图 4-12 “简单查询向导”第 2 个对话框

步骤 8：确定是采用“明细”查询，还是“汇总”查询。选择“明细”选项，则查看详细信息；选择“汇总”选项，则对一组或全部记录进行各种统计。单击“明细”选项后，再单击“下一步”按钮，显示如图 4-13 所示的对话框。

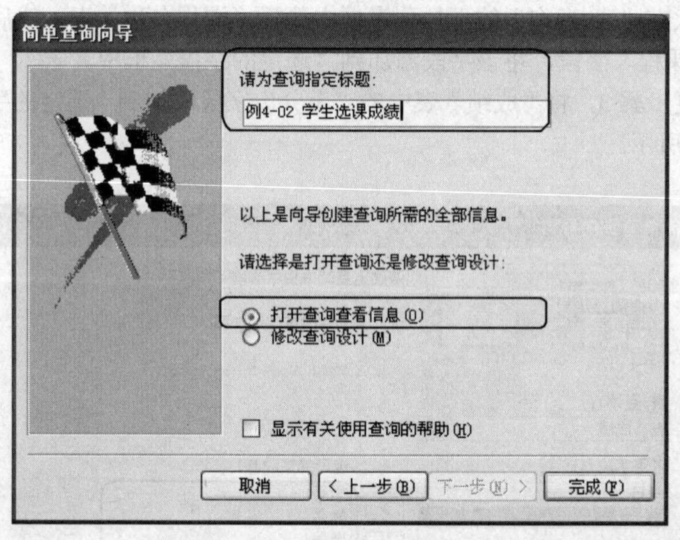

图 4-13 “简单查询向导”第 3 个对话框

步骤 9：在“请为查询指定标题”文本框中输入“例 4-02 学生选课成绩”，然后单击“打开查询查看信息”单选按钮。

步骤 10：单击“完成”按钮。这时，Access 开始建立查询，查询结果如图 4-14 所示。

例4-02 学生选课成绩 :...

学号	姓名	课程	考分
12	钱席陶	德语3	88
15	赵岖	德语3	80
17	李辖舟	德语3	79
19	王岂	德语3	57
20	孙弋谍	德语3	83
21	杨乔	德语3	90
22	王园	德语3	86
24	孙卢腩	德语3	92

记录: 1 共有

图 4-14 “学生选课成绩”查询结果

该查询不仅显示了“学号”、“姓名”和“课程”，而且还显示了“考分”，涉及了“教学信息管理”数据库的 3

个表。由此可以说明，Access 的查询功能非常强大，它可以将多个表中的信息联系起来，并且可以从中找出满足条件的记录。

在数据表视图显示查询结果时，字段的排列顺序与在“简单查询向导”对话框中选定字段的次序相同。因此，在选择字段时，应该考虑按字段的显示顺序选取。当然，也可以在数据表视图中改变字段的顺序。

4.2.2 使用交叉表查询向导创建查询

交叉表查询以水平和垂直方式对记录进行分组，并计算和重构数据，使查询后生成的数据显示得更清晰，结构更紧凑、合理。交叉表查询还可以对数据进行汇总、计数及求平均值等操作。

图 4-15 是一个用“选择查询”得到的查询结果，图 4-16 是用“交叉表查询”得到的查询结果。比较两图，查询得到的结果是一样的，哪一个看起来更清晰呢？显然图 4-16 给出的数据更加清晰，结构也非常紧凑。

“交叉表查询”是将来源于某个表中的字段进行分组，一组列在数据表的左侧，一组列在数据表的上部，然后在数据表行与列的交叉处显示表中某个字段的各种计算值。图 4-16 所示的就是一个交叉表查询。

每班学生性别人数 : 选择查询

班级ID	性别	人数
11	男	9
11	女	12
12	男	10
12	女	18
13	男	16
13	女	21
14	男	4
14	女	11
21	男	10
21	女	9

记录: 1 共有记录数: 24

图 4-15 “选择查询”得到的查询结果

【例 4-3】 使用“交叉表查询向导”，在“教学信息管理”数据库中创建统计每班男女生人数的交叉表查询，查询结果如图 4-16 所示。

步骤 1：打开“D:\Access\教学信息管理.mdb”数据库。

步骤 2：单击“查询”下的“新建”按钮 新建(N)，出现如图 4-17 所示的“新建查询”对话框。

例4-03 每班男女...

班级ID	男	女
11	9	12
12	10	18
13	16	21
14	4	11
21	10	9
22	12	21
23	13	20

记录: 1

图 4-16 “交叉表查询”得到的查询结果

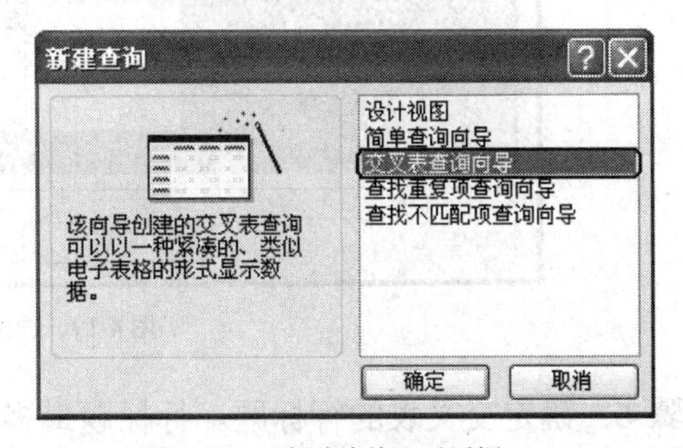

图 4-17 “新建查询”对话框

步骤 3：双击“交叉表查询向导”，显示如图 4-18 所示的对话框。

步骤 4：交叉表查询的数据源可以是表，也可以是查询。此例所需的数据源是“学生”表，因此单击“视图”选项组中的“表”单选按钮，这时上面的列表框中显示出“教学信息管理”数据库中存储的所有的表的名称，选择“学生”表。

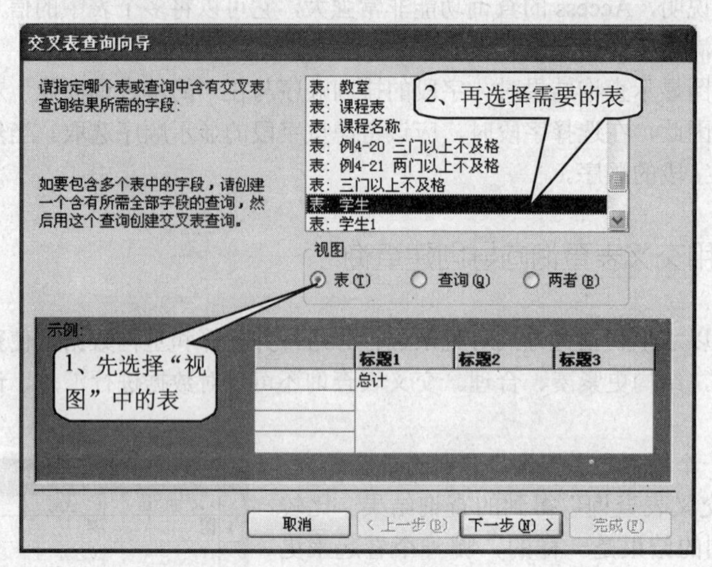

图 4-18 选择数据源

步骤 5：单击“下一步”按钮，显示如图 4-19 所示对话框。

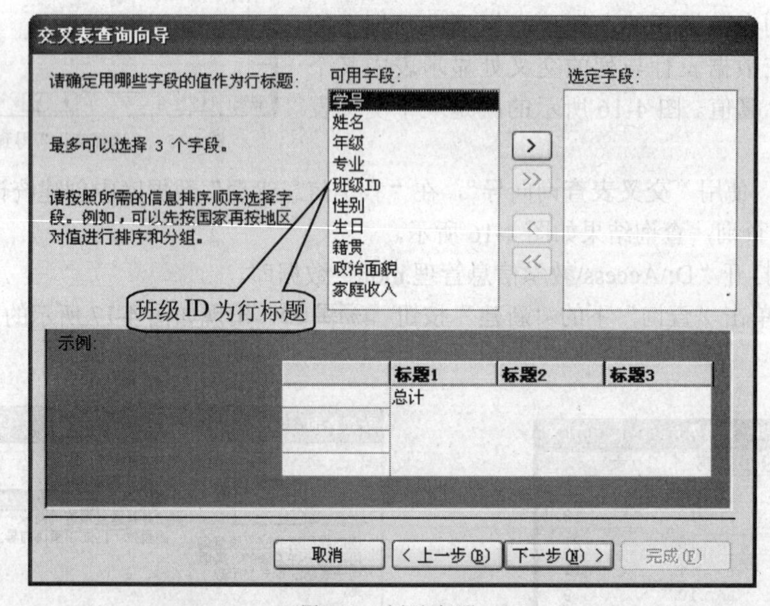

图 4-19 选择行标题

步骤 6：确定交叉表的行标题。行标题最多可以选择 3 个字段，为了在交叉表的每一行的前面显示班级，应双击“可用字段”框中的“班级 ID”字段（这里只需要选择一个行标题），然后单击“下一步”按钮，弹出如图 4-20 所示对话框。

步骤 7：确定交叉表的列标题，列标题只能选择一个字段。为了在交叉表的每一列上面显示性别，应先单击“性别”字段，然后单击“下一步”按钮，显示如图 4-21 所示对话框。

步骤 8：确定每个行和列的交叉点计算出是什么数据。为了让交叉表查询显示每班男女生

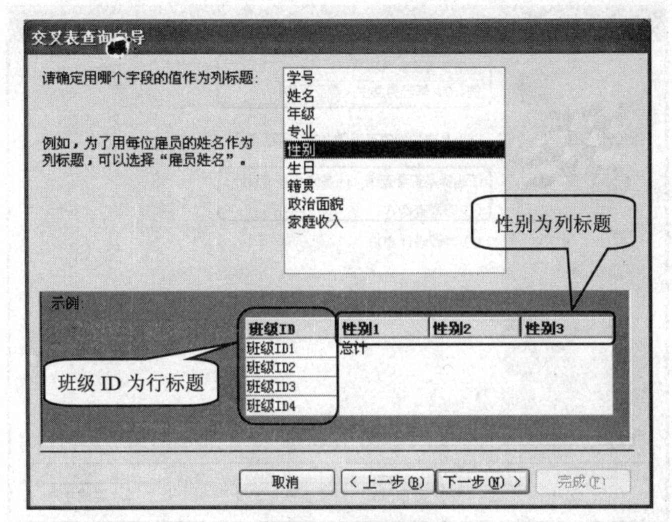

图 4-20 选择列标题

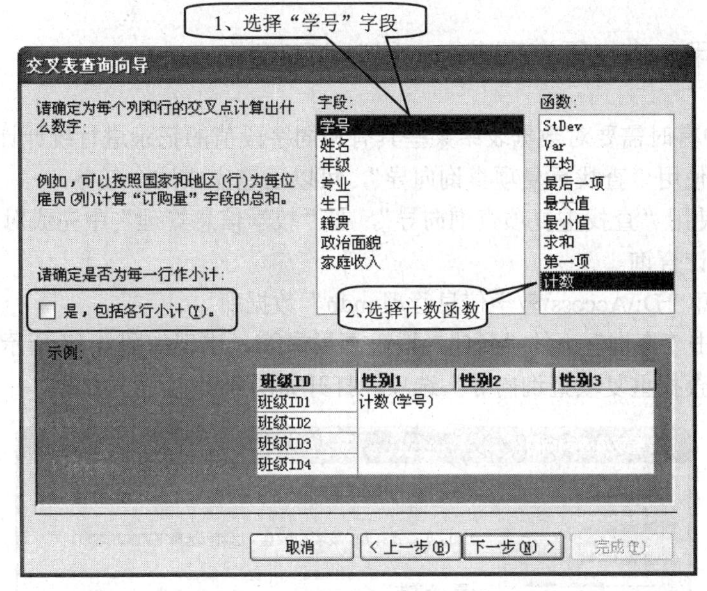

图 4-21 选择行和列交叉点的值

的人数，应该单击字段框中的"学号"字段，然后在"函数"框中选择"计数"。若不在交叉表的每行前面显示总计数，应取消"是，包括各行小计"复选框，然后单击"下一步"按钮，显示如图 4-22 所示对话框。

步骤 9：在"请指定查询的名称"文本框中输入"例 4-03 每班男女生人数交叉表"，然后单击"查看查询"单选按钮。

步骤 10：单击"完成"按钮。

此时，"交叉表查询向导"开始建立交叉表查询，最后以数据表视图方式显示，如图 4-16 所示。

说明：使用"交叉表查询向导"创建的查询，数据源必须是来源于一个表或查询。如果数据源来自多个表，可以先建立一个查询，然后再以此查询作为数据源。当然，如果用查询的设计视图来做交叉表查询，数据源可以是多个表或多个查询。

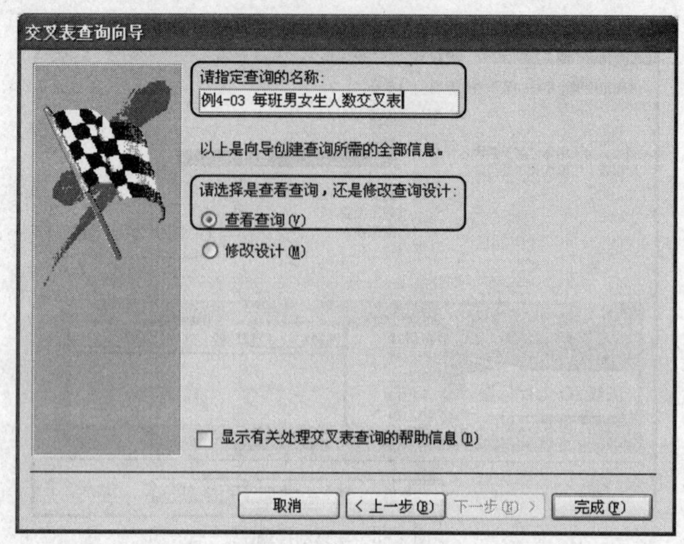

图 4-22 指定查询的名称

4.2.3 使用“查找重复项查询向导”创建查询

在 Access 中有时需要对数据表中某些具有相同字段值的记录进行统计计数，如统计学历相同的人数等。使用“查找重复项查询向导”，可以迅速完成这个任务。

【例 4-4】 使用“查找重复项查询向导”，在“教学信息管理”中完成对“教师”表中各种职称人数的统计查询。

步骤 1：打开“D:\Access\教学信息管理.mdb”数据库。

步骤 2：单击“查询”下的“新建”按钮 新建(N)，出现如图 4-17 所示的“新建查询”对话框。双击“查找重复项查询向导”选项，打开如图 4-23 所示对话框。

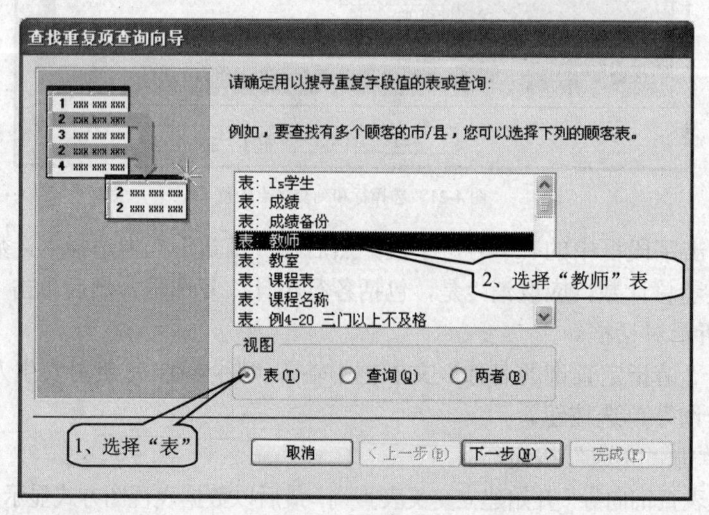

图 4-23 选择数据源

步骤 3：选取具有重复值的字段“职称”所在的表“教师”表，单击“下一步”按钮，打开如图 4-24 所示的对话框，提示选择可能包含重复项的字段。在“可用字段”列表框中选择所需的字段“职称”，可以是一个或多个字段。然后，单击“完成”按钮。

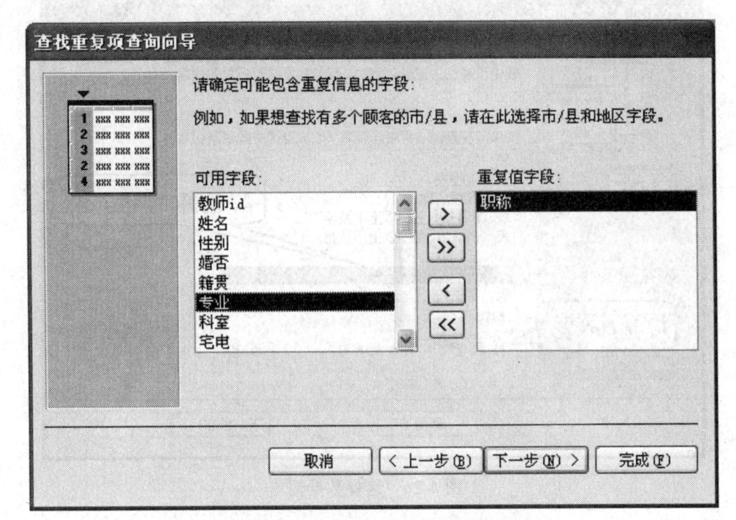

图 4-24　选择包含重复信息的字段

步骤 4：图 4-25 所示的查询结果中查询名称和查询字段名称均为系统自动命名，字段名“NumberOfDups”是系统为统计计数字段的命名。可以根据需要为其重新命名，具体方法在后续章节中介绍。

此查询结果表示“教师”表中职称为“副教授”、“讲师”、“教授”和“助教”的教师人数分别为 10 人、17 人、8 人和 2 人。

查找 教师 的重复项 ： 选择查询

职称 字段	NumberOfDups
副教授	10
讲师	17
教授	8
助教	2

记录： 1 共有记录数：4

图 4-25　查找重复项的查询结果

4.2.4　使用“查找不匹配项查询向导”创建查询

使用“查找不匹配项查询向导”可以在一个表中查找与另一个表中没有相关记录的记录。

【例 4-5】 使用“查找不匹配项查询向导”，在“教学信息管理”数据库中查找哪些在“成绩”表中没有他们的选课成绩的学生记录（即没有选课的学生）。

步骤 1：打开“D:\Access\教学信息管理.mdb”数据库。

步骤 2：单击“查询”对象下的“新建”按钮 新建(N)，出现如图 4-17 所示的“新建查询”对话框。双击“查找不匹配项查询向导”选项，打开如图 4-26 所示对话框。

步骤 3：选择“学生”表后单击“下一步”按钮，出现如图 4-27 所示的对话框。

步骤 4：选择含有相关记录的表，即“成绩”表，单击“下一步”按钮，出现如图 4-28 所示对话框。

步骤 5：确定在两张表中都有的信息，即匹配字段。在字段列表框中选择两个表都有的字段，如“学号”，然后单击“下一步”按钮，出现如图 4-29 所示的对话框。

步骤 6：选择查询结果中需要显示的字段。在列表中选择“学号”、“姓名”和“性别”字段，单击“下一步”按钮。

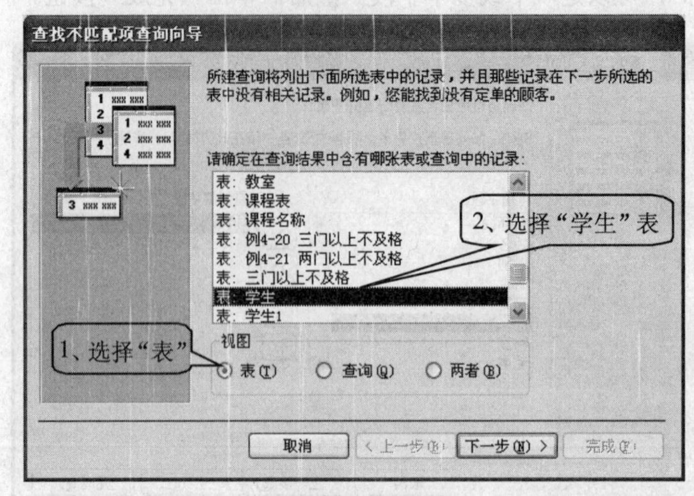

图 4-26　选择数据源

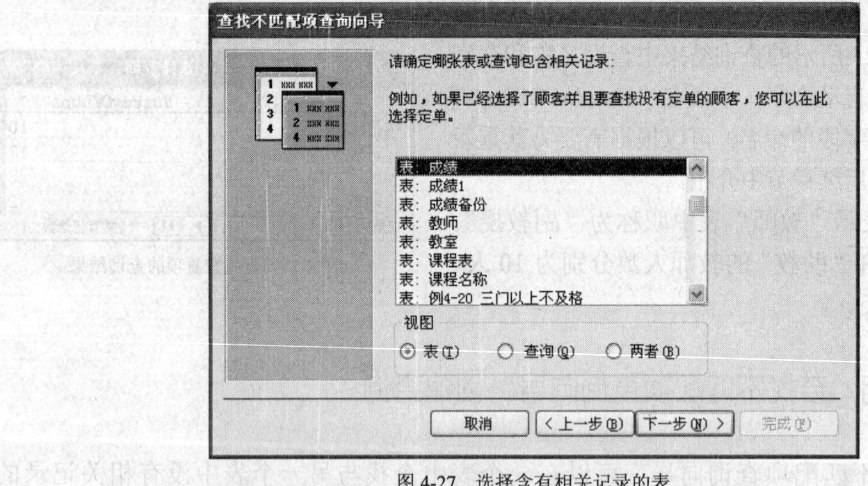

图 4-27　选择含有相关记录的表

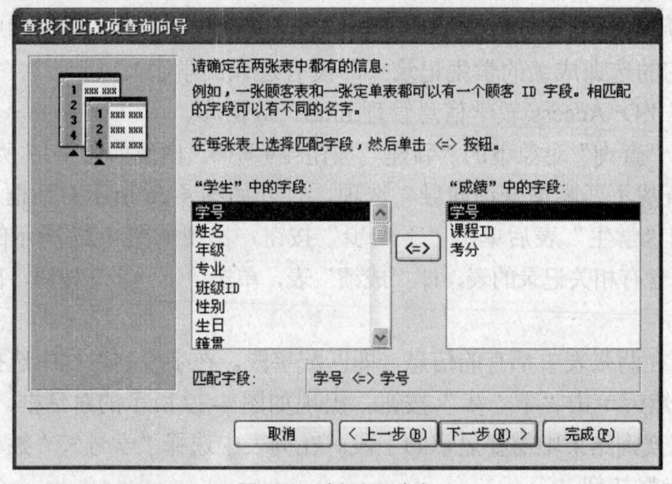

图 4-28　选择匹配字段

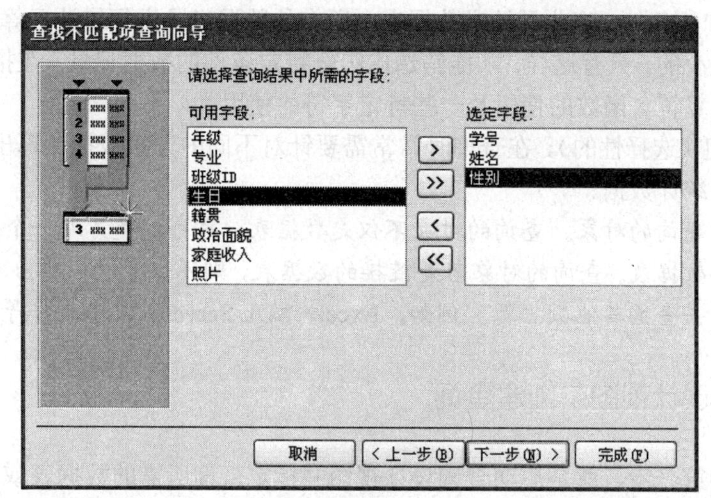

图 4-29 选择查询的字段

步骤 7：在“请指定查询的名称”文本框中输入查询的名称，然后单击“完成”按钮，显示查询结果如图 4-30 所示。

此查询结果表示学号为 8、9 和 10 的 3 位同学在“成绩”表中没有选课成绩。

例4-05 没有选课的学生 : 选择...

	学号	姓名	性别
▶	8	孙是	女
	9	钱疾	男
	10	王时种	女
*	(自动编号)		

记录: 1 共有记录数: 3

图 4-30 查找不匹配项的查询结果

4.3 使用“设计视图”创建查询

使用“查询向导”只能创建一些简单的查询，而且实际的功能也很有限。有时，需要设计更加复杂的查询，以满足实际功能上的需要。此时，可以使用 Access 提供的“新建查询”对话框中的“设计视图”选项，如图 4-4 所示。它比“查询向导”的功能强，使用“设计视图”不仅可以创建新的查询，而且还可以对已有的查询进行编辑和修改。

4.3.1 用“设计视图”创建查询的步骤

在查询的“设计视图”中依次完成下列操作，即可得到所需的查询结果。

- 打开查询“设计视图”。
- 添加查询所需的表与查询。
- 决定查询的类型，最常使用的是选择查询。事实上当进入查询设计视图的时候，默认的查询类型就是选择查询。
- 选择要显示在查询结果中的字段或设置输出表达式。如果查询字段是一个表达式，应该谨慎设置查询的字段名称。
- 视需要设置查询字段的属性。
- 排序查询结果（选择性的）。可以根据一个或多个字段来排序查询结果，以便让查询结果根据特定的条件来排列，提高数据的可读性。

● 指定查询的条件。除非是针对数据表中所有的数据记录进行统计运算，否则指定查询的条件是不可缺少的，只有这样，才能筛选出符合特定条件的数据记录。在指定查询条件时，一定会涉及到运算符、函数的使用及一些特定字符的使用。

● 查询分组（选择性的）。在查询时常常需要针对不同的分组数据计算出各项统计信息，以便得到需要的统计数据。

说明：注意查询的对象。查询的对象不仅是数据表，也可以是另外一个查询；查询的对象也可以是链接数据表。查询的对象若是链接的数据表，则不仅可以构建出跨 Access 数据库的查询，还可以去查询其他数据源。例如，Excel、SQL Server、文本文件等。

4.3.2 在设计视图中创建查询

建立查询的第一步，就是启动查询设计视图并指定查询所需的数据表或查询，然后再进一步确定出现在查询结果中的字段。

【例 4-6】 在“教学信息管理”数据库中查询学生的学号、姓名、课程及考分。查询的结果保存在“例 4-06 学生选课成绩”列表中。

步骤 1：打开“D:\Access\教学信息管理.mdb”数据库。

步骤 2：选择“查询”对象后，双击“在设计视图中创建查询”选项，打开查询设计窗口，并且打开“显示表”对话框，如图 4-31 所示。

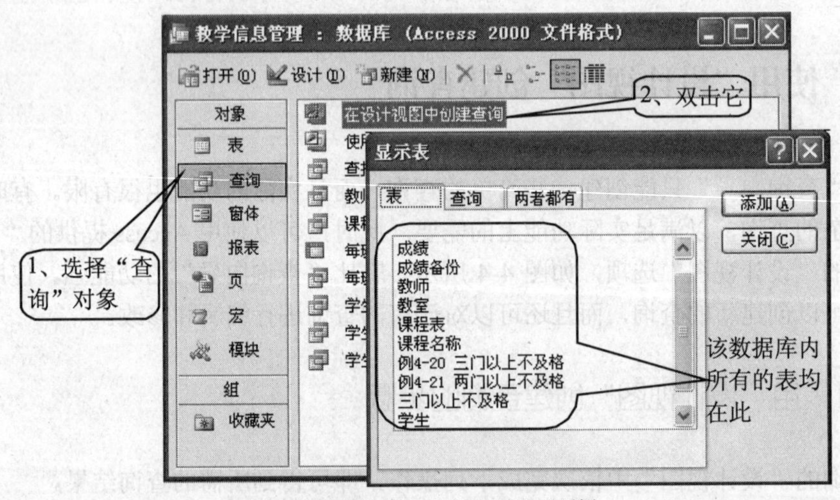

图 4-31 数据库窗口及“显示表”对话框

步骤 3：从“显示表”对话框中选择“表”选项卡。依次双击“学生”、“课程名称”和“成绩”3 张表，单击“关闭”按钮，结果如图 4-32 所示。

在图 4-32 查询设计视图的下半部分的设计网格区中，每一列都对应着查询结果集的一个字段，单元格的行标题表明了该字段的属性及要求，例如：

● “字段”：设置查询结果中用到的字段的名称。可以通过从上部的字段列表中拖动字段。或者通过单击该行，从显示的下拉列表框中选择字段名，以添加字段。也可以通过表达式的使用生成计算字段，并根据一个或多个字段的计算提供计算字段的值。

● “表”：该字段来自的数据对象（表或查询）。

● “排序”：确定是否按该字段排序以及按何种方式排序。

● “显示”：确定该字段是否在查询结果集中可见。

● “条件”：用来指定该字段的查询条件。

● “或”：用来指定“或”关系的查询条件。

步骤4：用鼠标在下方字段内单击左键，出现按钮后，再单击左键，在下拉列表中选择“学生.学号”、“学生.姓名”、“课程名称.课程”和“成绩.考分”字段，如图4-33所示。

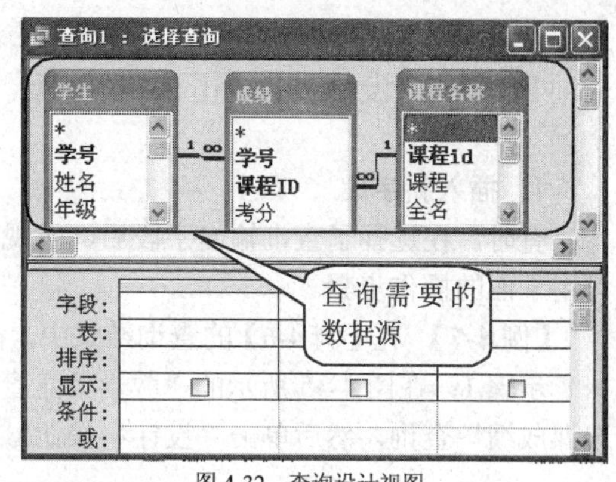

图4-32 查询设计视图

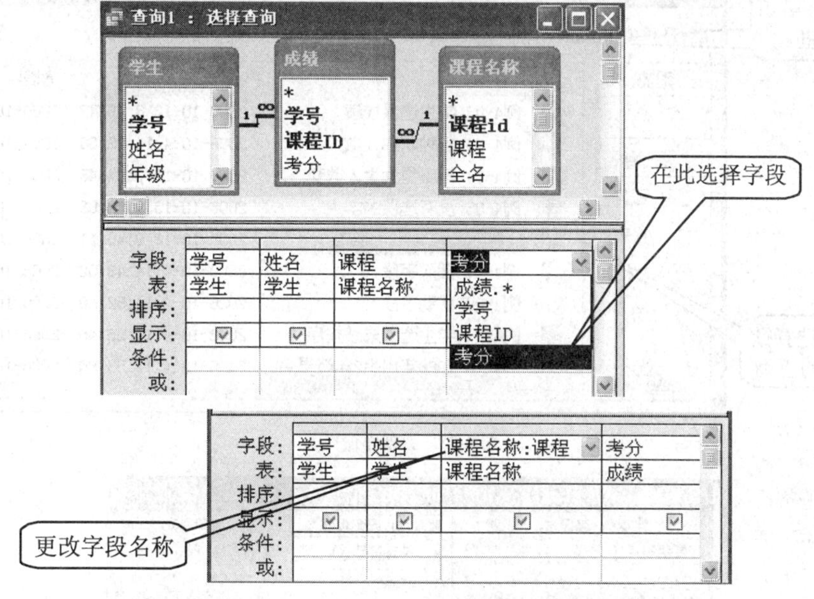

图4-33 为查询选择字段及更改字段标题

步骤5：为了使查询结果集更易于阅读，将“课程”字段重命名为“课程名称”，其方法是在“课程”字段前加上“课程名称”，二者之间用一个冒号（:）分隔开（冒号必须是英文半角符号），如图4-33所示。

步骤6：单击工具栏上的“运行”按钮，显示如图4-34所示的查询结果。关闭查询设计视图或单击工具栏上的“保存”按钮，将打开“另存为”对话框。在“查询名称”文本框中输入“例4-06 学生选课成绩”名称后，系统将按指定的查询名称存放在查询对象列表中。

例4-06 学生选课成绩 ：选择查询

学号	姓名	课程名称	考分
12	钱席陶	德语3	88
15	赵岖	德语3	80
17	李辖舟	德语3	79
20	孙弋澡	德语3	85
21	杨乔	德语3	90
22	王园	德语3	86
24	孙卢脯	德语3	92
25	周苇	德语3	78

记录：1 共有记录数：1483

更改后的字段名（原叫课程）

图4-34 查询结果

说明：查询至少使用一个表或查询。若使用多个表，则表与表之间必须有关系。表中字段的引用方法：表名.字段名。如：学生.姓名。

4.3.3 在设计视图窗口中的操作

1. 插入新字段

有时，在选择了查询输出字段后，发现有些字段被漏掉了。要想在查询中插入新字段，可用下面的操作步骤。

【例 4-7】 在【例 4-6】的查询结果中，在“课程”与“考分”字段间插入新字段“学分”。

步骤 1：在图 4-35 所示的“教学信息管理”数据库窗口的“查询”对象中，选择“学生选课成绩”查询，然后单击“设计”按钮，弹出如图 4-36 所示的窗口。

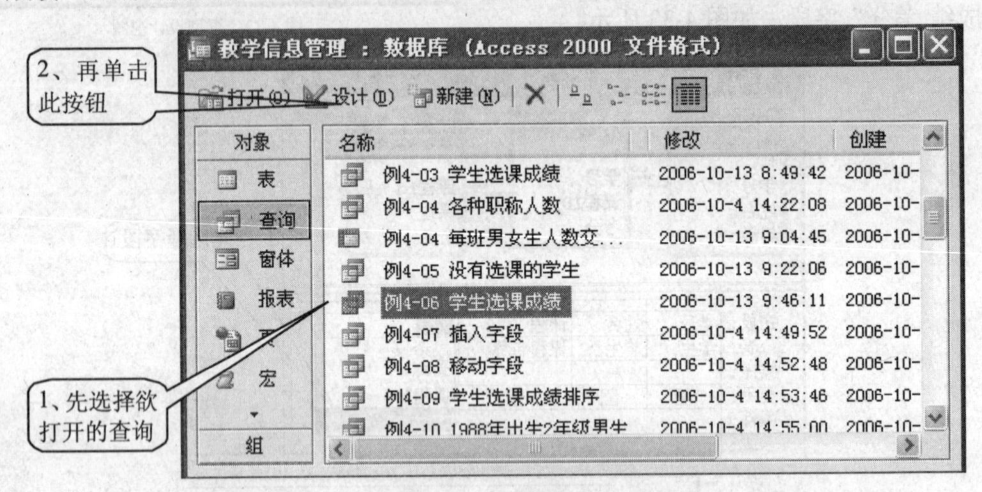

图 4-35 数据库窗口

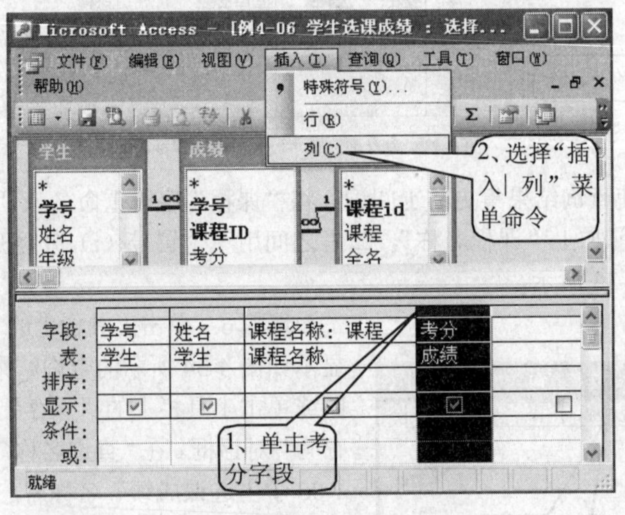

图 4-36 插入新字段

步骤 2：在图 4-36 中，单击“考分”字段，再选择“插入 | 列”菜单命令。空出新字段后，在新字段内单击按钮，选取“课程名称.学分”字段即可。

2. 移出字段

选择了查询输出字段后，若发现不需要查看有些字段信息，想把它从查询结果中移出，只须把鼠标放置在该字段所在列的顶端，当鼠标指针变为↓后按 Del 键，即可将它从查询结果中移出，如图 4-37 所示。

说明：*在图 4-37 的状态下，按 Del 键，即可移出该字段，但只是在查询结果中不显示该字段，该字段仍存在于数据表内。*

3．在查询中移动字段

在设计查询时，字段的排列顺序非常重要，它影响数据的排序和分组。Access 在排序查询结果时，首先按照设计网络中最左面的字段排序，然后再按下一个字段排序。可以根据排序和分组的需要，移动字段来改变字段的顺序。

【例 4-8】 将【例 4-7】的查询结果的“姓名”和“课程”字段移到“学号”字段前。

步骤 1：在图 4-35 所示的“教学信息管理”数据库窗口的“查询”对象中，单击“学生选课成绩”查询，然后单击“设计”按钮设计(D)，弹出如图 4-37 所示的窗口。

步骤 2：将鼠标移至“姓名”字段上方，鼠标指针变为↓后，按住鼠标左键向右拖曳，选取“姓名”和“课程”两个字段后放开左键，如图 4-38 所示。

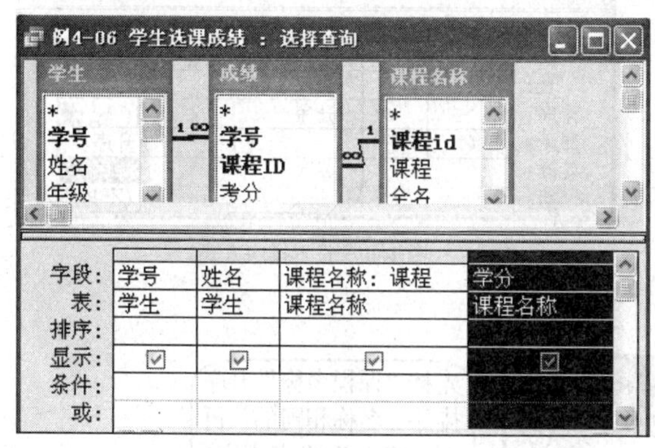

图 4-37　移出“学分”字段

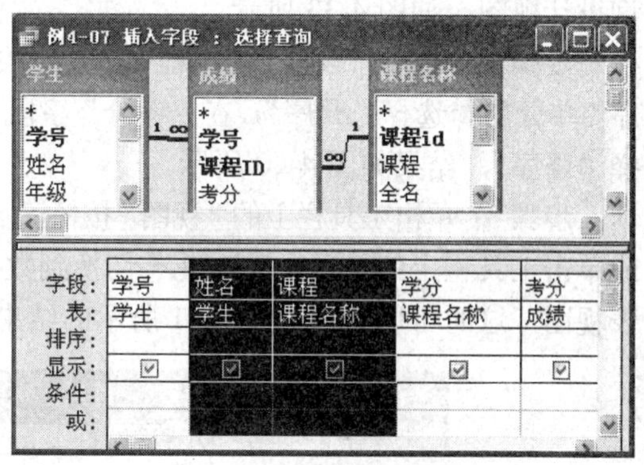

图 4-38　选取多个字段

步骤 3：将鼠标移至选取的黑色区域内，当鼠标指针变为形状后，再按住鼠标左键向左拖曳到“学号”字段的左方，松开鼠标左键，“姓名”和“课程”字段就移到了“学号”字段前，结果如图 4-39 所示。

4．添加表或查询

在已创建查询的设计视图窗口的上半部分，每个表或查询的“字段列表”中，列出了可以添加到“设计网格”上的所有字段。如果在列出的所有字段中，没有所要的字段，就需要将该字段所属的表或查询添加到设计视图中。

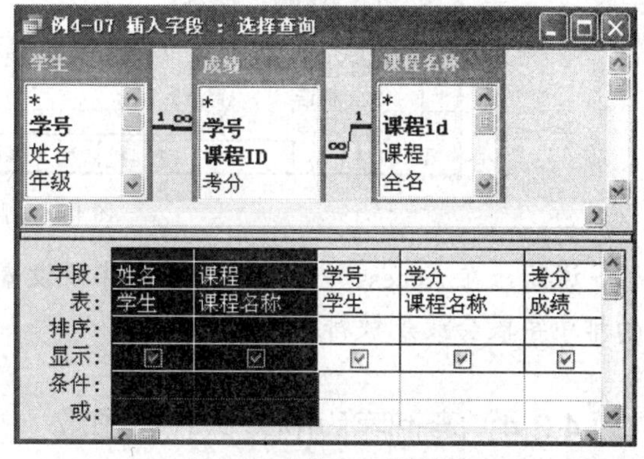

图 4-39　字段移动后的结果

在设计视图中，添加表或查询的操作步骤如下。

步骤 1：在数据库窗口的“查询”对象中，单击要修改的查询，然后单击“设计”按钮设计(D)，屏幕会显示查询设计视图。

步骤 2：单击工具栏上的“显示表”按钮，打开“显示表”对话框。在“显示表”对话框中，如果要添加表，则单击“表”选项卡，然后双击要添加的表；如果要添加查询，则单击“查询”选项卡，然后双击要添加的查询。

5．删除表或查询

删除表或查询的操作与添加表或查询的操作相似，首先打开要修改查询的设计视图。在设计视图中，单击要删除的表或查询，然后选择“编辑 | 删除”菜单命令或按 Del 键即可。删除表或查询后，它们的字段列表也将从查询中的“设计网格”的字段中删除。

6．排序查询的结果

在“设计网格”中，如果没有对数据进行排序，查询后得到的数据无规律，影响了查看。

【例 4-9】 对【例 4-6】的查询结果先按“课程名称”升序排序，再按“考分”降序排序。

步骤 1：在“教学信息管理”数据库窗口的“查询”对象中，单击“学生选课成绩”查询，然后单击“设计”按钮 设计(D)，屏幕显示查询设计视图，如图 4-33 所示。

步骤 2：单击“课程名称:课程”字段的“排序”单元格，选择“升序”，在“考分”字段选择“降序”，结果如图 4-40 所示。

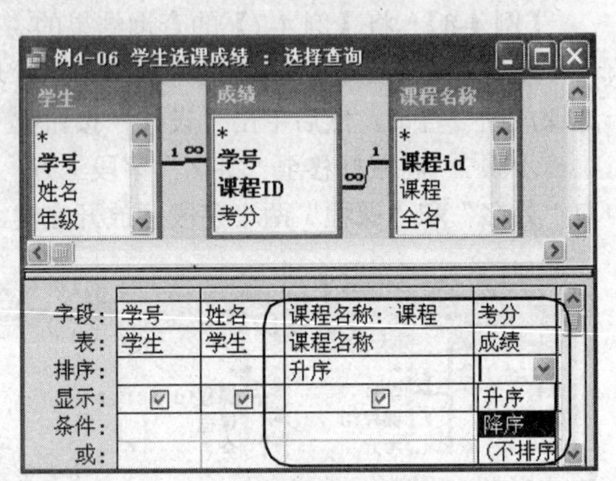

图 4-40 设置排序方式

步骤 3：单击工具栏上的“视图”按钮，或单击工具栏上的“运行”按钮切换到数据表视图，这时可以看到如图 4-41 所示的结果。

例4-06 学生选课成绩 : 选择查询

学号	姓名	课程名称	考分
162	孙训	材料	68
263	王舜	材料	65
62	赵伪	材料	62
31	赵莱	材料	61
141	赵獬嘀	德语3	100
253	赵蒋	德语3	99
184	上官飘张	德语3	98
222	杨诰	德语3	98
189	周净	德语3	98

记录: 1 共有记录数: 1483

先按“课程名称”升序排序，名称相同的，再按“考分”降序排序

图 4-41 排序后的结果

说明：*在 Access 中，可以为多个字段设置排序。此时的排序顺序是由左至右，故最左方的排序字段会最先被排序，依此类推。*

4.3.4 查询字段的表达式与函数

有时候，可以将 Access 的查询当作一个数据表来使用。最常用的情况就是以查询作为报表的记录来源，以便通过报表的专业版面将查询中的数据打印出来。Access 的查询之所以功能强，是因为它不仅仅只是查询出字段的内容，还能针对字段的内容进行统计与运算，而统计与运算后的结果可以成为查询字段的内容。下面在讲述查询的统计与运算功能之前，先介

绍表达式和函数的意义。

1．表达式

表达式是一个或一个以上的字段、函数、运算符、内存变量或常量的组合。例如，想要将“工资”字段中的值乘以 12，以便计算出“年薪”，可以通过下面的表达式得到。

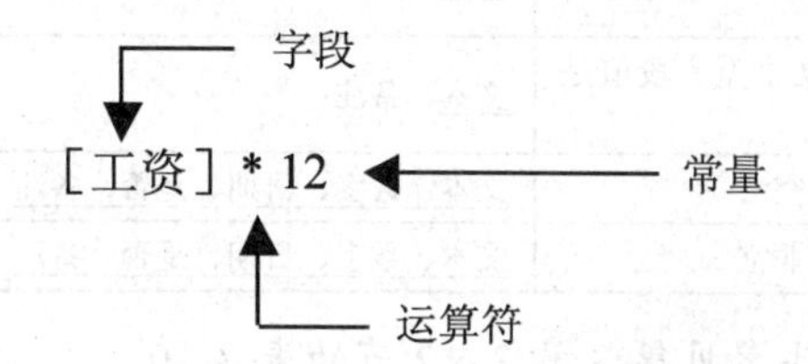

实际上，表达式与数学式子非常相似，在建立表达式的时候，须注意以下事项。

● 将字段名包含在一对中括号（[ ]）中。例如：

[单价] * [数量]

● 将常量字符串包含在一对单引号或双引号中（引号必须是英文半角符号）。例如：

[姓名] +"先生/小姐"

● 将日期时间包含在一对井字号（#）中。例如：

#2006/09/02 AM 10:10:10#+20

● 使用运算符“&”或“+”来连接“文本”类型字段或字符串。例如：

"收件人地址："& [邮政编码] & [家庭地址]

或

"收件人地址："+ [邮政编码] + [家庭地址]

2．查询条件表达式的设置

设计查询时，如果需要查找满足一定条件的记录，需要在查询设计视图中的“条件”行输入查询的条件表达式。除了直接输入常量外，还可以使用关系运算符、逻辑运算符、特殊运算符、数学运算符和 Access 的内部函数等来构成表达式，部分运算符如表 4-1、表 4-2 及表 4-3 所示。

表 4-1　　关系运算符及含义

关系运算符	代 表 功 能	可用类型/常用类型	范　例
=	等于	文本、数字、日期、是否、备注	=90
<>	不等于	同上	<>"教授"
<	小于	同上	<#1985-12-12#
<=	小于等于	同上	<=60
>	大于	同上	>60
>=	大于等于	同上	>=60

表 4-2　　逻辑运算符及含义

逻辑运算符	代 表 功 能	范　例
Not	逻辑非	Not "教授" 表示查询的条件是职称除了教授以外的所有教师
And	逻辑与	<=85 And >=70 表示查询的条件是考分在 70～85 之间
Or	逻辑或	"北京" Or "天津" 表示查询的条件是籍贯在北京或天津

表 4-3 特殊运算符及含义

特殊运算符	代表功能	可用类型/常用类型	范例
Between…And …	指定值的范围在…到…之间	文本、数字、日期、是否、备注	Between 70 And 85
In	指定值属于列表中对列出的值	文本、数字、日期、是否、备注	In("教授","副教授") "职称" 为教授或副教授的
Like	用通配符查找文本型字段值是否与其匹配	文本、备注	Like "张*" 姓名是张开始的
Is Null	指定一个字段为空	文本、数字、日期、是否、备注	Is Null 查看空白数据
Is Not Null	指定一个字段为非空	文本、数字、日期、是否、备注	Is Not Null 查看非空白数据

说明：有关通配符的用法参见第 3 章 3.6.2 节的表 3-10。

3．函数

在 Access 中，函数被用来完成一些特殊的运算，以便支持 Access 的标准命令。Access 包含许多种不同用途的函数（Functions）。

每个函数语句包含一个名称，名称之后包含一对小括号，如 Day（）。大部分函数的小括号中需要填入一个或一个以上的参数。函数的参数也可以是一个表达式，例如，可以使用某一个函数的返回值作为另外一个函数的参数，如 Year（Date（））。

除了可以直接使用函数的返回值外，还可以将函数的返回值用于后续计算或作为条件的比较对象，表 4-4 是一些经常使用且不可不知的函数。

表 4-4 常用函数

函数	代表功能
Cont（字符表达式）	返回字符表达式中值的个数(即数据计数)，通常以星号(*)作为 Count()的参数。字符表达式可以是一个字段名，也可以是含有字段名的表达式，但所含的字段必须是数据类型的字段
Min（字符表达式）	返回字符表达式值中的最小值
Max（字符表达式）	返回字符表达式值中的最大值
Avg（字符表达式）	返回字符表达式中值的平均值
Sum（字符表达式）	返回字符表达式中值的总和
Day（日期）	返回值介于 1～31，代表所指定日期中的日子
Month（日期）	返回值介于 1～12，代表所指定日期中的月份
Year（日期）	返回值介于 100～9999，代表所指定日期中的年份
Weekday（日期）	返回值介于 1～7(1 代表星期天，7 代表星期六)，代表所指定日期是星期几
Hour（日期/时间）	返回值介于 1～23，代表所指定日期时间中的小时部分
Date()	返回当前的系统日期
Time()	返回当前的系统时间
Now()	返回当前的系统日期时间
DateAdd()	以某一日期为准，向前或向后加减
DateDiff()	计算出两日期时间的间距
Len（字符表达式）	返回字符表达式的字符个数
IIf（判断式,为真的值，为假的值）	以判断式为准，在其值结果为真或假时，返回不同的值

表 4-4 仅仅列出一些最基本且常用的函数，Access 2003 的在线帮助已按字母顺序详细列出了它所提供的所有函数与说明，如图 4-42 所示。

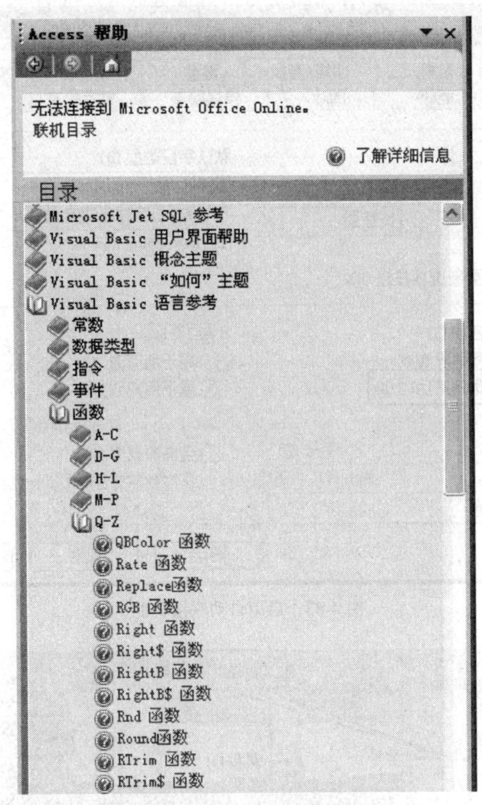

图 4-42 Access 2003 在线帮助

4.3.5 查询中的关系

1. 建立查询中关系的方法

如果查询的数据源是两个或两个以上的表或查询，在查询设计视图中可以看到这些表或查询之间的关系连线，这说明在数据库中的表或查询之间已经通过相应的字段联接起来了。一般来说，表之间的关系，可以通过下面两种方法来创建。

● 在数据库关系图中建立关系 在设计数据库的表时，在数据库关系图中建立关系。该关系会自动显示在查询中。

● 启用自动联接功能 查询使用多个数据表时，如果其中的两个数据表具有同名字段，且其中的一个表有主键时，Access 就会自动联接这两张表。该功能的设置方法是选择“工具 | 选项”菜单命令，在“选项”对话框的“表/查询”选项卡中，设置此项功能默认是否有效，如图 4-43 所示。

采用自动联接的结果不一定正确，如“ID”经常是作为一个表主键的字段名，而不同数据表的 ID，可能没有任何关系。故在启动自动联接时，仍需在查询设计窗口检查自动联接之后的关系是否正确。若不正确，必须先删除，然后重新建立关系。

2. 联接类型对查询结果的影响

若在创建查询时，需要重新编辑表或查询之间的关系，只须双击关系连线，显示“联接属性”对话框，在该对话框中可以指定关系的联接类型，如图 4-44 所示。

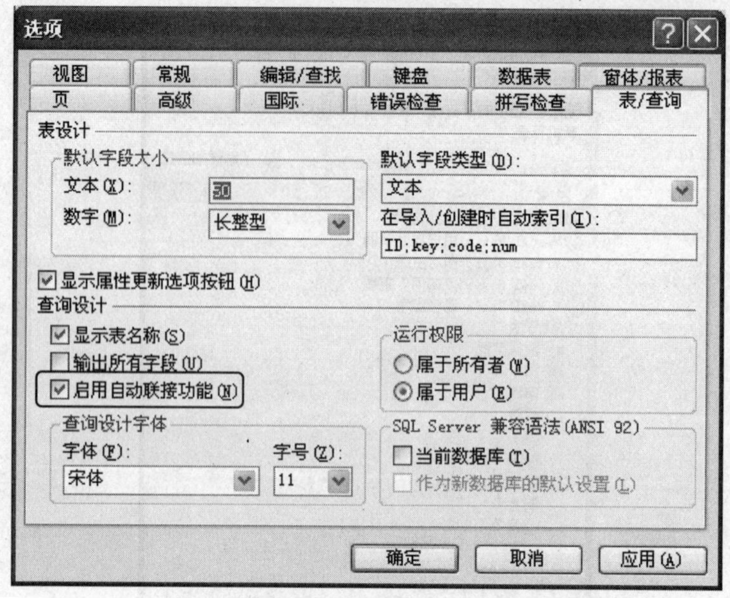

图 4-43 启用自动联接功能

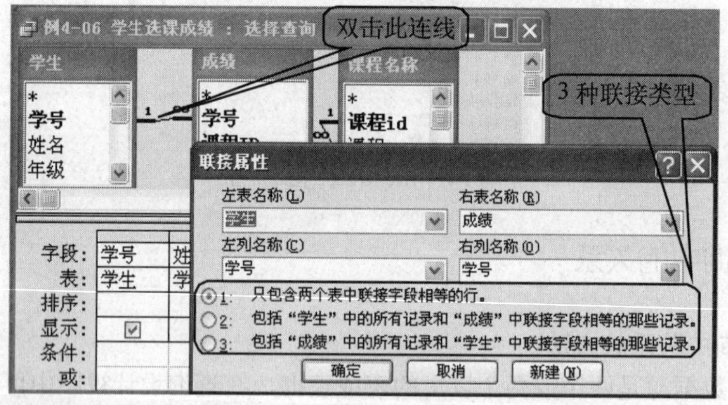

图 4-44 查询的联接类型

查询联接类型可分为下面 3 种。

● 内部联接（或称为等值联接）

内部联接是系统默认的联接类型。具体的联接方式是联接关系连线两端的表，两个表各取一条记录，在联接字段上进行字段值的联接匹配，若字段值相等，查询将合并这两个匹配的记录，从中选取需要的字段组成一条记录，显示在查询结果中。若字段值不匹配，则查询得不到结果。两个表的每条记录之间都要进行匹配，即一个表有 m 条记录，另一个表有 n 条记录，则两个表的联接匹配次数为 $m \times n$ 次。查询结果的记录条数等于字段值匹配相等记录数。

● 左联接

图 4-44 所示的第 2 种联接类型为左联接，联接查询的结果是“左表名称”文本框中的表/查询的所有记录与“右表名称”文本框中的表/查询中联接字段相等的记录。

● 右联接

图 4-44 所示的第 3 种联接类型为右联接，联接查询的结果是“右表名称”文本框中的表/查询的所有记录与“左表名称”文本框中的表/查询中联接字段相等的记录。

在 Access 中，查询所需的联接类型大多数是内部联接，只有极少数使用左联接和右联接，如查找不匹配项查询就是使用的左联接。左联接和右联接与 2 个表的先后次序有关，可以互相转化。

3．如何判断查询结果是否正确

如图 4-45 所示，不难发现由于“课程名称”表没有建立与“成绩”表的联接关系，导致最后的查询结果的明显不同，结果如图 4-46 所示。在图 4-46 中，正确的查询结果共有记录数 1483 条，而错误的查询结果共有记录 45973 条。

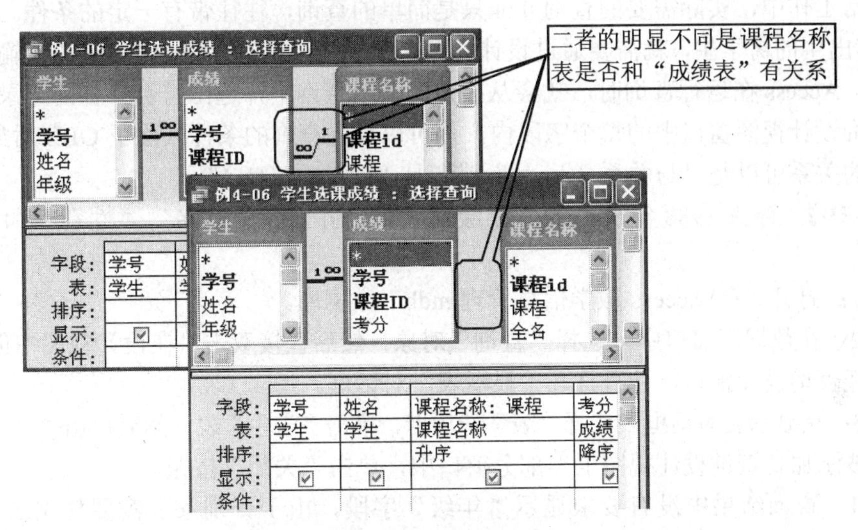

图 4-45 正确与错误的查询设计

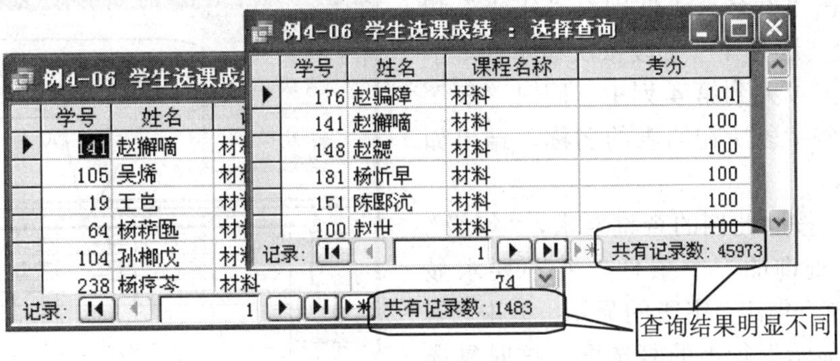

图 4-46 正确与错误的查询结果

在学生选课成绩查询中，用到了 3 个表，其中记录数最多的是“成绩表”，共有记录数 1483 条，故此数据库的查询无论如何设计，其查询结果不应超过 1483 条。

一般来说，查询使用的数据表越多，查询结果的记录数可能越少，因为交集会越来越小。反之，若查询结果的记录数比原始数据表的记录数还多，说明查询设计错误。

4.4 查询实例

本节通过选择查询、参数查询和交叉表查询的例子说明正确地设置条件和使用函数是建立查询的关键。

4.4.1 选择查询

在 Access 查询中，默认的查询类型为选择查询。

1．创建带条件的查询

在日常工作中，实际需要的查询并非只是简单的查询，往往带有一定的条件。例如，查找 1988 年出生的男学生，就需要通过设计视图来建立，在设计视图的“条件”行输入查询条件。这样，Access 在运行查询时，就会从指定的表或查询中筛选出符合条件的记录。

在查询设计视图窗口中的每个字段内，都可以设置查询的条件（除了 OLE 对象），条件与条件间的关系可以是“与关系（And）”或者是“或关系（Or）”。

【例 4-10】 查找 1988 年出生的 2 年级男学生，并显示“姓名”、“性别”和“生日”字段。

步骤 1：打开“D:\Access\教学信息管理.mdb”数据库。

步骤 2：在数据库窗口中，选择“查询”对象，然后直接双击“在设计视图中创建查询”选项，打开查询设计窗口，并且打开“显示表”对话框。

步骤 3：从显示表对话框中选择“表”选项卡，单击“学生”表，然后单击“添加”按钮，此时该表被添加到查询设计视图上半部分窗口中，单击“关闭”按钮。

步骤 4：查询结果中没有要求显示“年级”字段，由于查询条件需要使用这个字段，因此在确定查询所需的字段时必须选择该字段。分别双击“姓名”、“性别”、“年级”和“生日”字段，这时 4 个字段依次显示在“字段”行上的第 1 列到第 4 列中，同时“表”行显示出这些字段所在的表的名称，结果如图 4-47 所示。

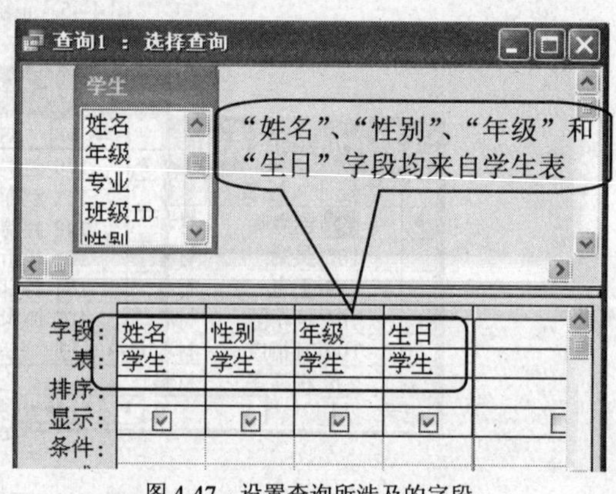

图 4-47 设置查询所涉及的字段

步骤 5：按照此例的查询要求，“年级”字段只作为查询的一个条件，并不要求显示，因此取消“年级”字段的显示。单击“年级”字段“显示”行上的复选框，这时复选框内变为空白。

步骤 6：在“性别”字段列的“条件”单元格中输入条件“男”，在“年级”字段列的“条件”单元格中输入条件“2”，在“生日”字段列的“条件”单元格中输入条件“Between #1988-1-1# and #1988-12-31#”，设置结果如图 4-48 所示。

也可以在“生日”字段列的“条件”单元格中输入条件：

“year（[生日]）” =1988

上面的 3 个条件是在“条件”行中的同一行输入的，表示这 3 个条件的关系是“与”的关系。若 3 个条件是“或”关系，需要写在不同的行。

步骤 7：单击工具栏上的“保存”按钮，出现“另存为”对话框，在“查询名称”文本框中输入“例 4-10 1988 年出生的 2 年级男生”，然后单击“确定”按钮。

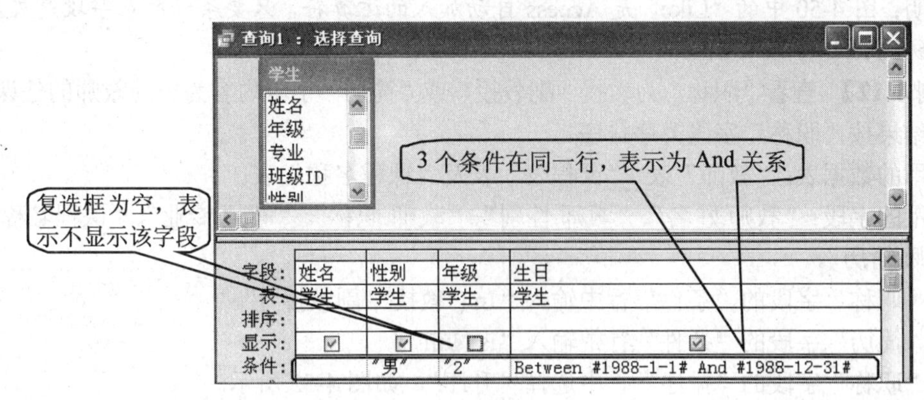

图 4-48 设置条件

步骤 8：单击工具栏上的“视图”按钮，或单击工具栏上的“运行”按钮，切换到数据表视图，这时可以看到“例 4-10 1988 年出生的 2 年级男生”查询执行的结果，如图 4-49 所示。

例4-10 1988年出生2年级男生 : ...

姓名	性别	生日
赵文榛	男	1988-5-31
周穆	男	1988-5-23
杨苫	男	1988-8-26
王遗	男	1988-5-27
李芪	男	1988-10-6
吴謦	男	1988-1-25

记录: 1 共有记录数: 10

图 4-49 1988 年出生的 2 年级男生查询结果

说明：若要一次选择多个字段，可以在可用字段框中单击第一个字段名，然后按住 Shift 键，并单击所要选择的最后一个字段名。若为不连续的字段则按住 Ctrl 键依次选择相应字段名，最后将鼠标指针指向选中的区域，将其拖曳到查询设计区的字段空格处即可。

若要选择表或查询的所有字段，可以选择多字段的引用标记（星号*）。

以下有关查询的一些例子，将不再详细列出步骤，仅说明使用了哪些数据表及字段。

【例 4-11】 查找姓张或姓刘的教师的任课情况。

使用的数据表：“教师”表、“课程表”表及“课程名称”表。

使用的字段：“教师.姓名”、“教师.性别”、“教师.职称”、“教师.专业”、“课程名称.课程”。

在“姓名”字段的“条件”行中输入“Like "［张刘］*"”，如图 4-50 所示。

在图 4-50 中，条件行内容为“"［张刘］*"”，表示“姓名”字段中，第一个字是“张”或“刘”的所有教师，有关通配符的用法，请参见第 3 章 3.6.2 节的表 3-10。查询结果如图 4-51 所示。

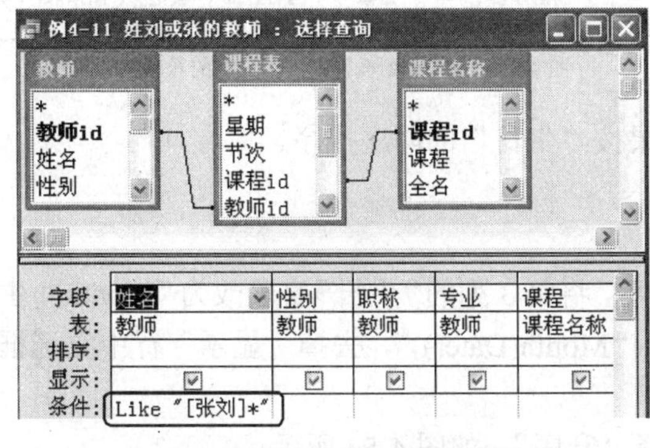

图 4-50 查看特定姓名的教师的查询条件

教师007 查询 : 选择查询

姓名	性别	职称	专业	课程
张衣沿	男	教授	文科基础	诗词
张衣沿	男	教授	文科基础	老庄
刘也	男	讲师	文科基础	食文化
张一弛	男	讲师	理科基础	高数
张一弛	男	讲师	理科基础	高数
张一弛	男	讲师	理科基础	高数
张一弛	男	讲师	理科基础	高数
张庄庄	女	讲师	理科基础	生物
张庄庄	女	讲师	理科基础	生物

记录: 1 共有记录数: 17

图 4-51 查看特定姓名的教师任课情况查询结果

说明：图 4-50 中的“Like”是 Access 自动加入的运算符，只要条件所在字段是文本类型的，系统均会自动加入 Like。

【例 4-12】 查看“职称”为教授、副教授，或“简历”字段内容为空的教师的任课情况，查询的结果按“职称”字段升序排序。

使用的数据表：“教师”表、“课程表”表及“课程名称”表。

使用的字段：“教师.姓名”、“教师.性别”、“教师.职称”、“教师.专业”、“课程名称.课程”及“教师.简历”。

在“职称”字段的“条件”行中输入“In ("教授","副教授")”。

在“简历”字段的“条件”行中输入“is Null”。

在“职称”字段的“排序”行中选择“升序”，如图 4-52 所示。

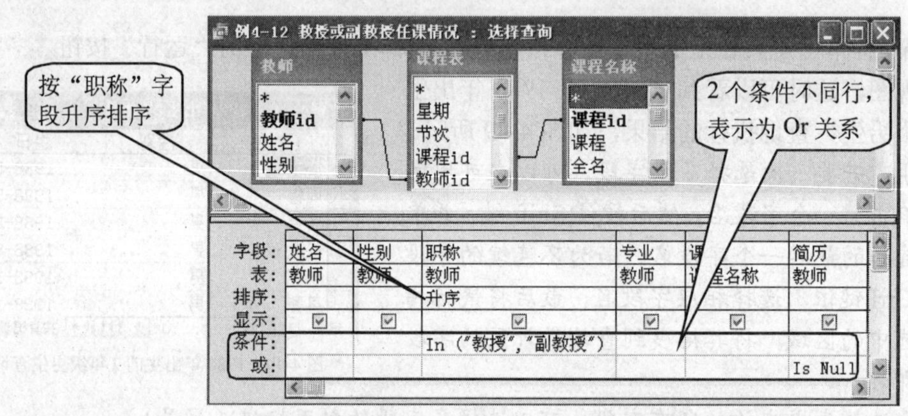

图 4-52 查看正副教授或简历为空的教师的查询条件

在图 4-52 中，“职称”字段的“条件”行中的内容为“In ("教授","副教授")”，表示查找职称为教授或副教授的教师。“简历”字段的“条件”行中的内容为“is Null”，表示查找该字段的内容为空的记录。由于这两个条件的关系是 Or（并集），所以应将两个条件写在不同行。查询结果如图 4-53 所示。

例4-12 教授或副教授任课情况 : 选择...

姓名	性别	职称	专业	课程	简历
李如男	女	讲师	外语基础	英语2	
柳坡	男	讲师	理科基础	线代	
周怡	女	讲师	理科基础	化学	
柳坡	男	讲师	理科基础	线代	
杨智永	男	教授	文科基础	音乐	简历42
章张	男	教授	外语基础	英语1	简历37
章匀	男	教授	原子物理	量子	简历10
郑尚锦	女	教授	理科基础	概率	简历45

记录: 1 共有记录数: 61

图 4-53 查看正副教授或简历为空的教师的查询结果

2. 查询中函数的使用

在上面的几个例子中，条件表达式都是比较固定的，不具有灵活性，只能获得一种查询结果。如果能结合函数，可使查询更为灵活。

【例 4-13】 查看本月生日的学生，查询结果按“生日”的降序排序。

使用的数据表：“学生”表。

使用的字段：“姓名”及“生日”。

加入所需的字段“姓名”、“生日”及“生日”后，将第 3 列的“生日”字段改为“Month([生日])”，再在“生日”字段的“条件”行中输入“Month(Date())”，去掉“显示”行中复选框的对勾。

在第 2 列“生日”字段的“排序”行中选择“升序”，如图 4-54 所示。

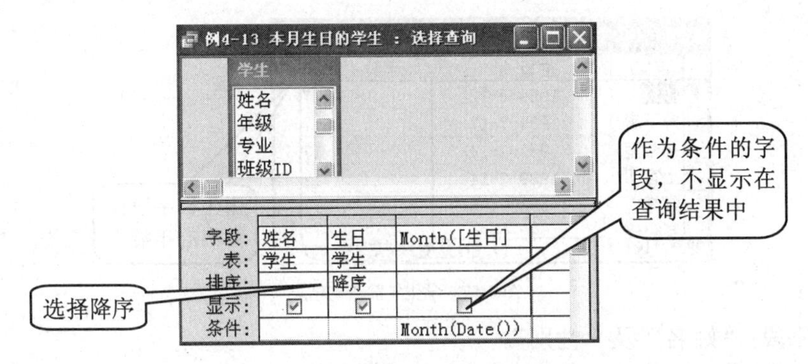

图 4-54　使用 Month 函数设置查询

Month 函数的功能是返回月份，Month（Date（））的功能是返回机器系统日期的月份，而“Month(［生日］)”则表示取“生日”字段数据的月份。由于要统计的每个学生出生日期月份的数据在“学生”表中没有相应的字段，所以在“设计网格”的第 3 列添加了一个计算字段，该字段的名称是系统自动产生的，叫“表达式 1”，当然可以自己重新改名，它的值引自“Month(［生日］)”，用“Month(［生日］)”的值与“条件”行中的“Month（Date（））”值作比较。若二者相同，即表示符合条件，查询结果如图 4-55 所示。

例4-13 本月生日的学生 ：选择查询

姓名	生日
钱酒献	1989-10-10
郑跃889	1989-10-4
孙偃素	1988-10-29
陈押闻	1988-10-22
赵纸锇	1988-10-20
周...	1988-10-19

记录：1 共有记录数：30

图 4-55　本月生日的学生查询结果

说明：【例 4-13】的查询结果会因机器系统日期的不同而得到不同的结果，本例运行的结果是在 10 月份产生的，因此本月指的是 10 月份。如果 11 月份运行这个查询，得到的就是 11 月份出生的学生。

【例 4-14】 查看“学生”表中每个学生的年龄，结果按“年龄”的升序排序。

使用的数据表：“学生”表。

使用的字段：“姓名”及“生日”。

加入所需的字段“姓名”、“生日”后，在第 3 列“字段”单元格中输入“年龄: Year(Now())-Year(［生日］)”。

在第 3 列字段的“排序”行中选择“升序”，如图 4-56 所示。

在图 4-56 中，在第 3 列“字段”单元格中输入了：“年龄: Year(Now())-Year(［生日］)”，表示第 3 列的字段名为“年龄”（当然也可以取其他的名字，如岁数），该字段的数据来源是通过“Year(Now())-Year(［生日］)”计算得到的，也就是用目前年份“Year (Now())”减去生日字段的年份（Year(［生日］)得到“年龄”字段的数据，查询结果如图 4-57 所示。

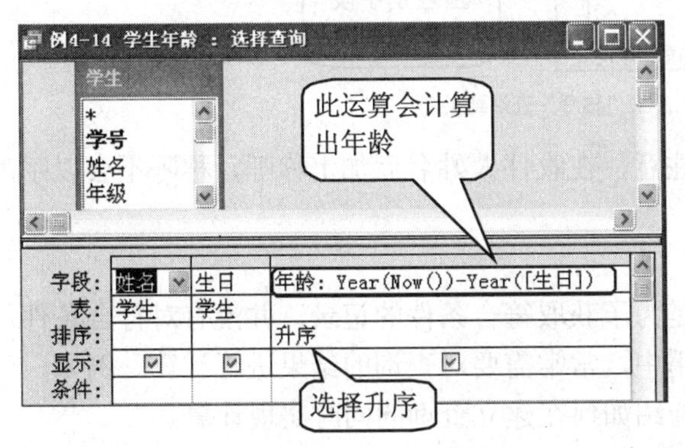

图 4-56　使用 Year 及 Now 函数设置查询

【例 4-15】 在“教师”表中，由“性别”字段的内容得到“称呼”字段。

使用的数据表：“教师”表。

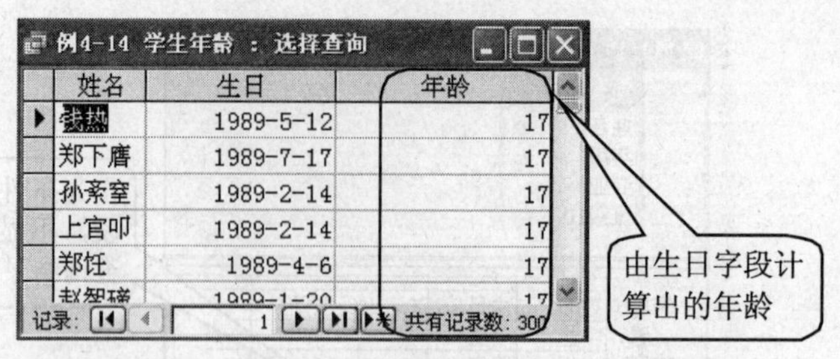

图 4-57 学生年龄查询结果

使用的字段："姓名"及"性别"。

加入所需的字段"姓名"、"性别"后，在第 3 列"字段"单元格中输入"称呼: IIf([性别] ="男","先生","小姐")"，如图 4-58 所示。

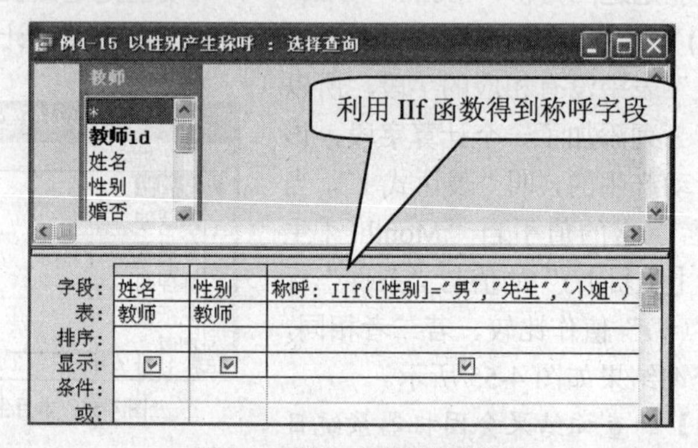

图 4-58 使用 IIf 函数设置查询

在图 4-58 中，在第 3 列"字段"单元格中输入了"称呼: IIf([性别] ="男","先生","小姐")"，表示第 3 列的字段名为"称呼"，该字段的数据来源是通过"IIf([性别] ="男","先生","小姐")"计算得到的。IIf 函数有 3 个参数，分别是条件判断式、判断式为真时的返回值和判断式为假时的返回值，如果"性别"字段的内容为"男"，则"称呼"字段显示为"先生"，否则显示为"小姐"。查询结果如图 4-59 所示。

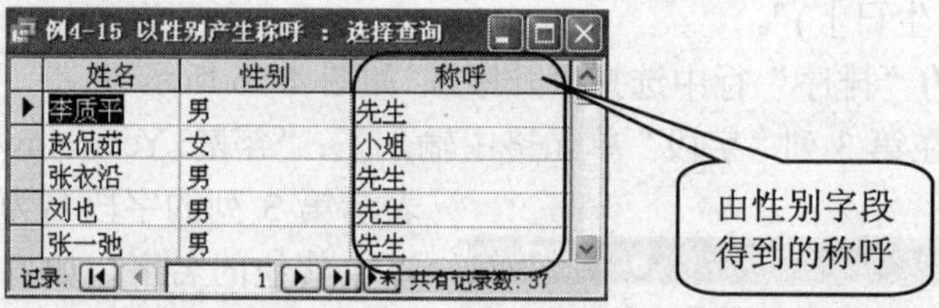

图 4-59 由"性别"产生"称呼"查询结果

本例经常应用于报表，或是邮寄标签。注意，在收件人姓名后加上称呼，称呼不会以字段保存在数据表中，而是由性别字段产生。

3. 在查询中进行计算

前面建立了一些查询，但这些查询仅仅是为了获取符合条件的记录，并没有对符合条件的记录进行更深入的分析和利用。在实际应用中，常常需要对查询的结果进行计算。例如，求和、计数、求最大值、求平均值等。下面介绍如何在建立查询的同时实现计算。

【例 4-16】 统计各类职称的教师人数。

步骤1：打开“D:\Access\教学信息管理.mdb”数据库。

步骤2：在数据库窗口中，选择“查询”对象，直接双击“在设计视图中创建查询”选项，打开查询设计窗口，打开“显示表”对话框，如图4-31所示。

步骤3：从“显示表”对话框中选择“表”选项卡，然后双击“教师”表，此时该表被添加到查询设计视图上半部分窗口中，单击“关闭”按钮。

步骤4：两次双击“教师”字段列表中的“职称”，将该字段连续添加到字段行的第1列和第2列。

步骤5：选择“视图｜总计”菜单命令，或单击工具栏上的“总计”按钮（Σ），此时Access在“设计网格”中插入一个“总计”行，并自动将“职称”字段的“总计”单元格设置成“分组”。

步骤6：由于要统计各类职称的教师人数，因此在第2列“职称”字段的“总计”单元格中选择“计数”。该列用于统计各类职称的教师人数，设计结果如图4-60所示。

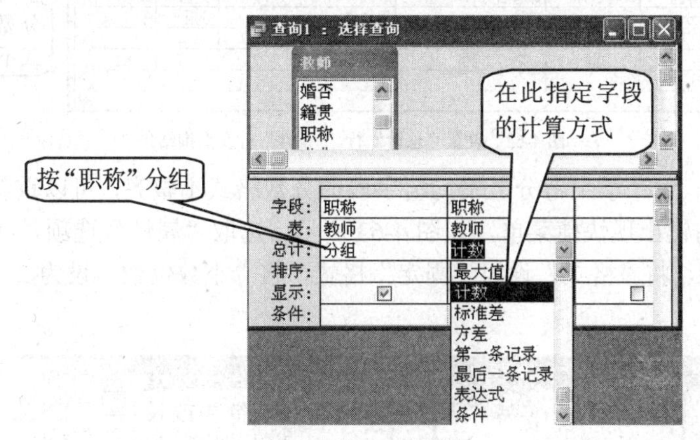

图4-60　设置分组计数

步骤7：单击工具栏上的“保存”按钮（），出现“另存为”对话框，在“查询名称”文本框中输入“例 4-16 各类职称的教师人数”，然后单击“确定”按钮。

步骤8：单击工具栏上的“视图”按钮（），或单击工具栏上的“运行”按钮，切换到数据表视图，这时可以看到“各类职称的教师人数”查询执行的结果，如图4-61所示。

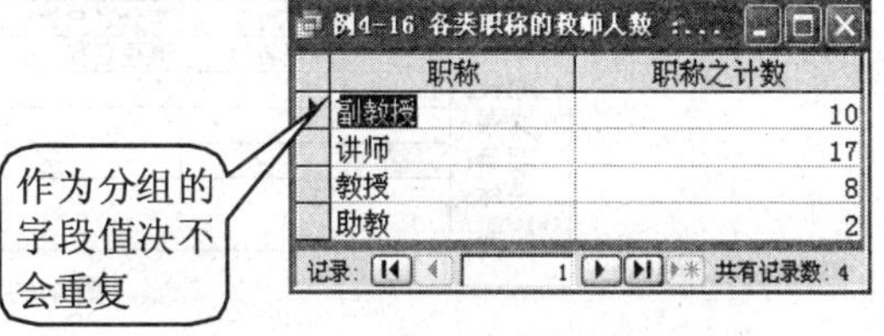

职称	职称之计数
副教授	10
讲师	17
教授	8
助教	2

图4-61　各类职称的教师人数查询结果

【例4-17】 统计3年级学生已修课程的总学分（只有课程的考分大于等于60分，才能取得该门课程的学分）。

使用的数据表：“学生”、“成绩”及“课程名称”表。

使用的字段：“学生.学号”、“学生.姓名”、“课程名称.年级对象”、“课程名称.学分”及“成绩.考分”、“成绩”、“考分”。

单击工具栏上的“总计”按钮Σ，此时Access在“设计网格”中插入一个“总计”行，并自动将上述6个字段的“总计”单元格设置成了“分组”。

在第3列“年级对象”的“条件”行中输入“3”，表示只统计3年级的学生，在第6列

“考分”的“条件”行中输入“>=60”，表示只统计考分大于等于 60 分的课程学分。如果考分小于 60 分，视为没有取得学分。

将第 4 列“学分”字段的“总计”单元格改为“总计”，表示计算满足条件的每组学生取得学分的总计（即学分的总和），第 5 列“考分”字段的“总计”单元格改为“平均值”，表示计算每组学生所取得学分课程的平均分，将第 6 列“考分”字段的“总计”单元格从“分组”改为“条件”，表示不会对每一个考分进行分组，而是把它作为一个条件，如图 4-62 所示。

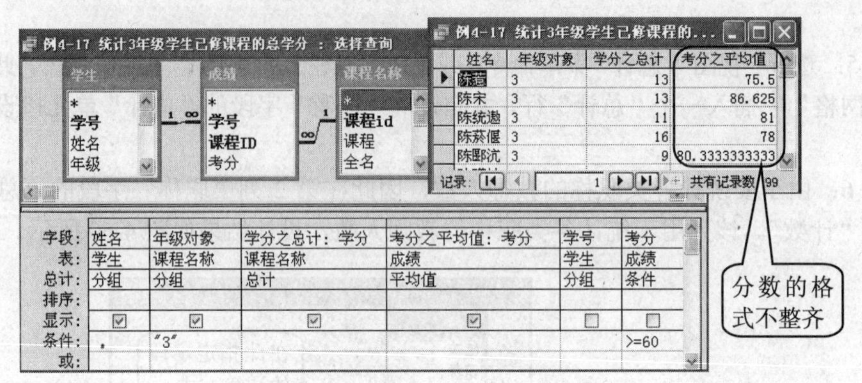

图 4-62 设置“总计”行、“条件”行及查询结果

在图 4-62 中，每个学生考分之平均值字段的分数格式不整齐，可以重新设置格式。在第 5 列上单击鼠标右键出现快捷菜单，如图 4-63 所示。选取“属性”选项，在“字段属性”窗口中（见图 4-64），将“格式”设为“固定”格式，将“小数位数”设为 2，设置后的查询结果如图 4-65 所示。

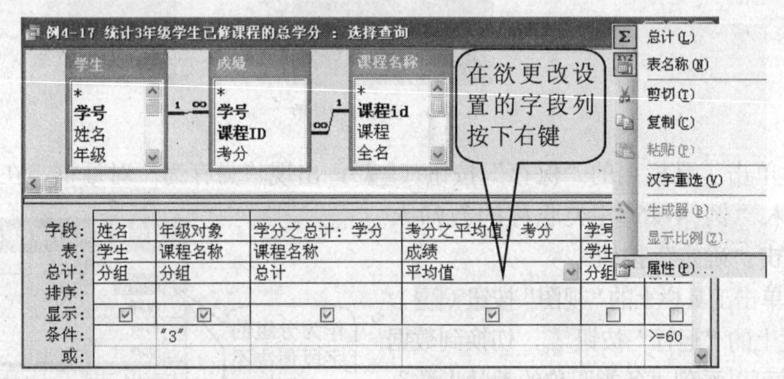

图 4-63 更改字段属性

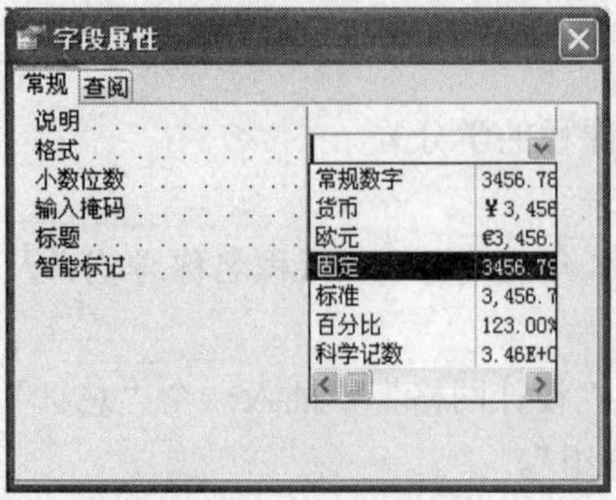

字段属性

常规	查阅
说明	
格式	
小数位数	常规数字 3456.78
输入掩码	货币 ￥3,456
标题	欧元 €3,456.
智能标记	固定 3456.79
	标准 3,456.7
	百分比 123.00%
	科学记数 3.46E+0

图 4-64 更改格式属性

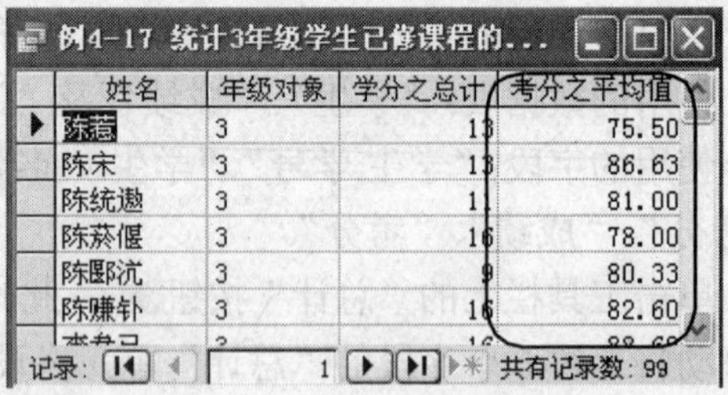

例4-17 统计3年级学生已修课程的...

姓名	年级对象	学分之总计	考分之平均值
陈蕊	3	13	75.50
陈宋	3	13	86.63
陈统遨	3	11	81.00
陈蕉偃	3	16	78.00
陈郾沆	3	9	80.33
陈赚钋	3	16	82.60

记录：1 共有记录数：99

图 4-65 更改格式后的查询结果

4.4.2 参数查询

使用参数查询可以在同一查询中根据输入的参数不同而得到不同的查询结果。参数查询的独特之处在于运行参数查询时它们会提示您输入所需的数据，如要查找人的姓名。使用参数查询不是输入实际值数据，而是提示查询用户输入的条件值。

参数设置的方法很简单，就是在查询网格中输入提示文本，并用方括号“[ ]”将其括起来。运行查询时，该提示文本将显示出来。

【例 4-18】 根据输入的优秀标准，统计多门优秀的学生记录。

步骤 1：打开“D:\Access\教学信息管理.mdb”数据库。

步骤 2：在数据库窗口中，选择“查询”对象，直接双击“在设计视图中创建查询”选项，打开查询设计窗口，并且打开“显示表”对话框，如图 4-31 所示。

步骤 3：从“显示表”对话框中选择“表”选项卡，然后双击“学生”和 “成绩”表，然后单击“关闭”按钮。

步骤 4：将查询所需的字段“学号”、“姓名”和“考分”添加到查询设计网格中的“字段”单元格中。

步骤 5：在第 4 列“考分”的“条件”单元格上单击右键，在弹出的快捷菜单中选择“生成器”，在生成器窗口中确定条件表达式“[成绩]！[考分] >= [优秀标准:]”，结果如图 4-66 所示。

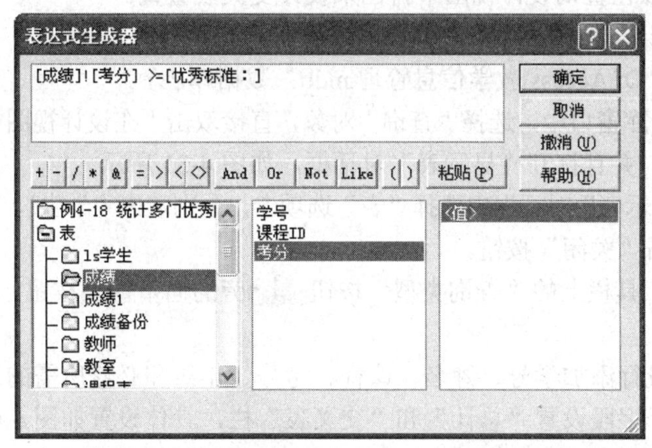

图 4-66 用“表达式生成器”设置“考分”的条件行

步骤 6：单击工具栏上的“总计”按钮 Σ，此时 Access 在“设计网格”中插入一个“总计”行，并自动将各字段 “总计”单元格设置成“分组”。

步骤 7：将第 3 列“考分”字段的“总计”单元格改为“计数”，表示要统计考分达到优秀标准的课程门数，然后设置按该字段降序排序。

步骤 8：将第 4 列“考分”字段的“总计”单元格改为“条件”。

步骤 9：单击工具栏上的“保存”按钮，出现“另存为”对话框，在“查询名称”文本框中输入“例 4-18 统计多门优秀的学生”，然后单击“确定”按钮。

步骤 10：单击工具栏上的“运行”按钮，在弹出的“输入参数值”对话框中输入“90”，如图 4-67 所示。单击“确定”按钮，这时可以看到“统计多门优秀的学生”查询执行的结果，如图 4-68 所示。

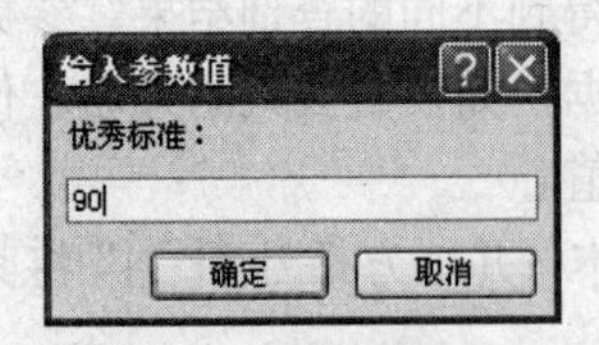

图 4-67 输入参数值

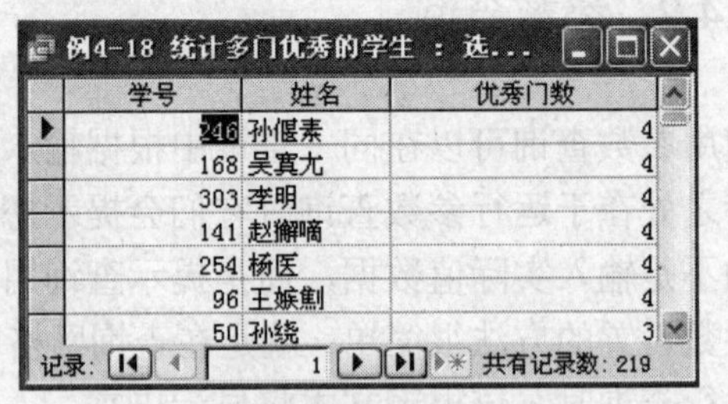

学号	姓名	优秀门数
246	孙偃素	4
168	吴寘尢	4
303	李明	4
141	赵獬嘀	4
254	杨医	4
96	王娭劁	4
50	孙绕	3

图 4-68 参数查询的结果

说明：中括号在查询中的意义：以前在多个例子中使用过中括号，表示中括号里的字符为字段名，而本例中括号里的字符代表的是参数。Access 在查询中遇到中括号时，首先在各数据表中寻找中括号中的内容是否为字段名称。若不是，则认为是参数，显示对话框，要求输入参数。所以，中括号是参数表示法。如果中括号中的内容是字段名，Access 会自动使用字段数据进行查询；若不是字段名，则要求输入参数值。

4.4.3 交叉表查询

前面介绍了使用向导创建对一个表或查询的交叉表的查询，如果要从多个表或查询中创建交叉表查询，可以在查询设计视图中自己来设计交叉表查询。

【例 4-19】 统计某个年级学生必修课的成绩。

步骤 1：打开"D:\Access\教学信息管理.mdb"数据库。

步骤 2：在数据库窗口中，选择"查询"对象，直接双击"在设计视图中创建查询"选项，打开查询设计窗口，并且打开"显示表"对话框，如图 4-31 所示。

步骤 3：从"显示表"对话框中选择"表"选项卡，分别双击"学生"、"课程名称"及"成绩"3 张表后，单击"关闭"按钮。

步骤 4：单击工具栏上的"查询类型"按钮旁的向下箭头按钮，在下拉列表中选择"交叉表查询"。

步骤 5：在字段行添加学号、姓名、课程、考分、年级和必修所需的字段。

步骤 6：为每个字段设置"总计"和"交叉表"栏，具体设置如图 4-69 所示。

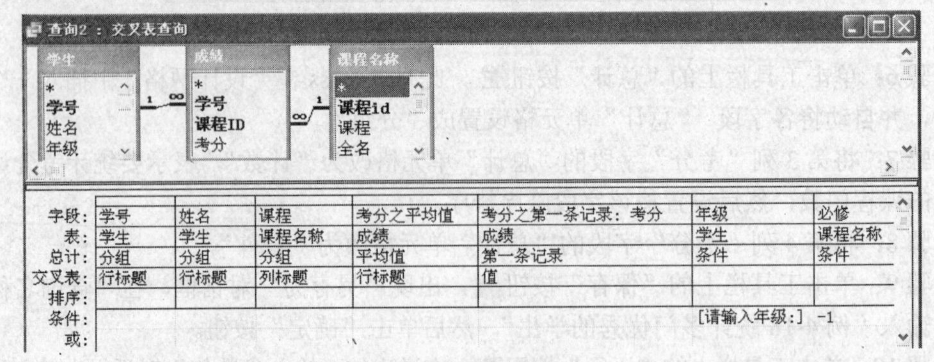

字段:	学号	姓名	课程	考分之平均值	考分之第一条记录: 考分	年级	必修
表:	学生	学生	课程名称	成绩	成绩	学生	课程名称
总计:	分组	分组	分组	平均值	第一条记录	条件	条件
交叉表:	行标题	行标题	列标题	行标题	值		
排序:							
条件:						[请输入年级:]	-1
或:							

图 4-69 交叉表查询设置

步骤 7：为"年级"和"必修"字段设置条件行。在"年级"的条件单元格中输入"[请输入年级:]”，在“必修”字段的条件单元格中输入“-1”（“-1”代表必修，“0”代表选修）。

步骤 8：选择“查询 | 参数”菜单命令，屏幕显示如图 4-70 所示的“查询参数”设置对话框。在“参数”行中输入 [请输入年级:]，再指定“文本”为数据类型，完成后单击“确定”按钮。

步骤 9：单击工具栏上的“运行”按钮，在弹出的“输入参数值”对话框中输入“1”，单击“确定”按钮，这时可以看到“统计某个年级学生必修课的成绩”查询结果，如图 4-71 所示。

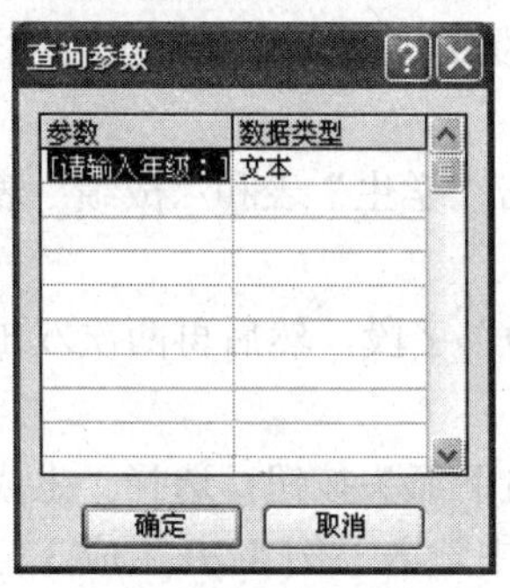

图 4-70　设置参数及类型

查询2 ：交叉表查询

学号	姓名	考分之平均值	高数	化学	生物	物理	英语1
9	钱疾	66	53.5	63	59	79	75.5
10	王时种	78	98	62	93	70	67
18	李慷灶	72	61	70	54	98	77
23	钱酒献	71.6	60	61	95	55	87
27	王亩萼	87.6	78	86	90	90	94
29	钱集	69	76	76	56	77	60
33	杨藜日	62.3	66	60	77	52	56.5
34	周崭陶	72.8	54	95	63	84	68
35	周铜溇	79.4	85	86	86	67	73
36	赵攀	74.2	51	89	83	64	84

记录: 1 共有记录数: 101

图 4-71　查询结果

说明：以下是交叉表查询的设计重点。

- 用向导创建交叉表查询只可使用一个表或一个查询。如需使用的字段在多个表中，需要先将所需字段组合在一个查询内，再以此查询为数据源建立交叉表查询。
- 一个列标题：只能是一个字段作为列标题。
- 多个行标题：可以指定多个字段作为行标题，但最多为 3 个行标题。
- 一个值：设置为“值”的字段是交叉表中行标题和列标题相交单元格内显示的内容，“值”的字段也只能有一个，且其类型通常为“数字”。
- 在交叉表查询中使用参数查询，参数必须定义，如图 4-70 所示。

4.5　操作查询

前面介绍的几种方法，都是根据特定的查询条件，从数据源中产生符合条件的动态数据集，但是并没有改变表中原有的数据。

而使用操作查询可以通过查询的运行对数据做出变动，这样可以大批量地更改和移动数据。操作查询是建立在选择查询的基础上，对原有的数据进行批量的更新、追加和删除，或者创建新的数据表。但操作查询的结果，不像选择查询那样运行只显示查询结果，操作查询运行后改变了数据源的数据，所以需要再打开目的表（即被更新、追加、删除或生成的表），才能了解操作查询的结果。

由于操作查询将改变数据表的内容，而且某些错误的操作查询可能会造成数据表中数据的丢失，因此用户在进行操作查询之前，应该先对数据库或表进行备份。

4.5.1　生成表查询

在 Access 中，从表中访问数据要比从查询中访问数据快得多，如果经常要从几个表中提取数据，最好的方法是使用“生成表查询”。

生成表查询就是利用一个或多个表中的全部或部分数据创建新表，这样可以对一些特定的数据进行备份。

【例 4-20】 将 3 门以上（含 3 门）不及格的学生记录生成一个新表，新表的名称为“例 4-20 生成 3 门以上不及格学生”。

步骤 1：在数据库窗口中，选择“查询”对象，然后直接双击“在设计视图中创建查询”选项，打开查询设计窗口，并且打开“显示表”对话框。

步骤 2：从“显示表”对话框中选择“表”选项卡，再双击“学生”表和“成绩”表，然后单击“关闭”按钮。

步骤 3：双击“学生”表的“学号”、“姓名”和“班级 ID”字段，然后再两次双击“成绩”表的“考分”字段。

步骤 4：单击工具栏上的“查询类型”按钮右侧的向下箭头按钮，选择“生成表查询”选项，屏幕显示“生成表”对话框，在“表名称”对话框中输入“例 4-20 生成 3 门以上不及格学生”，然后单击“当前数据库”选项，将新表放到当前的“教学信息管理”数据库中，最后单击“确定”按钮。如图 4-72 所示。

图 4-72 “生成表”对话框

步骤 5：单击工具栏上的“总计”按钮 Σ，然后为每个字段设置“总计”、“排序”和“条件”栏，具体设置如图 4-73 所示。

查询2 : 生成表查询

字段:	学号	姓名	班级ID	不及格门数: 考分	考分
表:	学生	学生	学生	成绩	成绩
总计:	分组	分组	分组	计数	条件
排序:					
显示:	☑	☑	☑	☑	☐
条件:				>=3	<[及格标准:]
或:					

图 4-73 生成表设置

步骤 6：单击工具栏上的“运行”按钮，在弹出的“输入参数值”对话框中输入“60”，单击“确定”按钮，屏幕显示一个提示框，如图 4-74 所示。

步骤 7：单击“是”按钮，Access 将开始建立“例 4-20 生成 3 门以上不及格学生”表。

步骤 8：返回数据库窗口，单击“表”对象，打开“例 4-20 生成 3 门以上不及格学生”数据表，该表的内容如图 4-75 所示。

图 4-74 生成表提示框

例4-20 生成3门以上不及格学生 : ...

学号	姓名	班级ID	不及格门数
11	杨元有	22	3
43	杨吉	21	3
53	李月菊	32	3
80	赵纳圹	13	3
83	李丞	32	3
84	吴战橘	21	4
92	郑勇	13	3

记录: 1 共有记录数: 33

图 4-75 生成的新表

使用生成表查询，可以将查询得到的记录生成一个新的数据表，数据表的名称如果跟现有的数据表同名，则会先删除原数据表。所以，生成数据表查询只能建立新数据表，无法在现有数据表中增加记录。

图 4-73 查询共使用了 5 个字段，其中的第 5 列“考分”字段是作为条件判断的字段，查询结果中不显示该字段，故查询生成的数据表是 4 个字段，表中字段的数据来源于查询的结果。

4.5.2 追加查询

维护数据库时，常常需要将某个表中符合一定条件的记录添加到另一个表中，追加查询可以向一个表的尾部添加记录。

【例 4-21】 创建一个追加查询，将两门不及格的学生信息添加到“例 4-20 生成 3 门以上不及格学生”表中。

步骤 1：在设计视图下新建一个查询，查询的设计窗口如图 4-76 所示。

查询2 : 选择查询

学生：*、学号、姓名、年级 —— 1 ∞ —— 成绩：*、学号、课程ID、考分

字段:	学号	姓名	班级ID	不及格门数: 考分	考分
表:	学生	学生	学生	成绩	成绩
总计:	分组	分组	分组	计数	条件
排序:					
显示:	☑	☑	☑	☑	☐
条件:				2	<[及格标准:]
或:					

图 4-76 查询的设计窗口

步骤 2：单击工具栏上的“查询类型”按钮右侧的向下箭头按钮，选择“追加查询”选项，屏幕显示“追加”对话框，如图 4-77 所示。如果追加记录的表在同一数据库内，选择“当前数据库”按钮，否则选择“另一数据库”按钮。

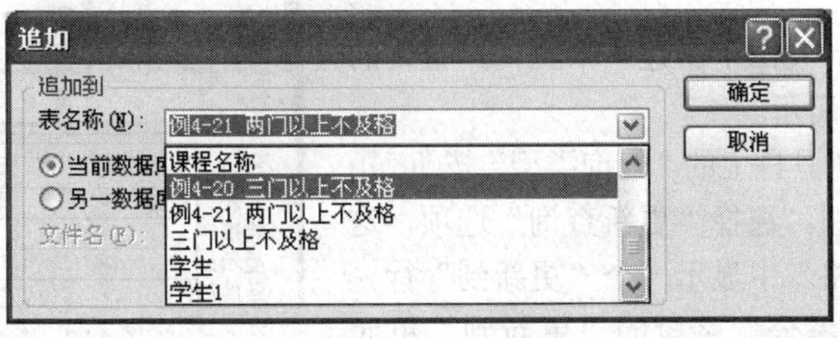

图 4-77 “追加”对话框

步骤 3：单击“表名称”文本框右端的向下箭头，从下拉列表中选择“例 4-20 3 门以上不及格学生”表，然后单击“确定”按钮。

步骤 4：在追加查询的设计窗口，Access 会自动显示各列的“追加到”，但只有同名的字段会自动显示，不同名字段需要自己在列表中选取，如图 4-78 所示。

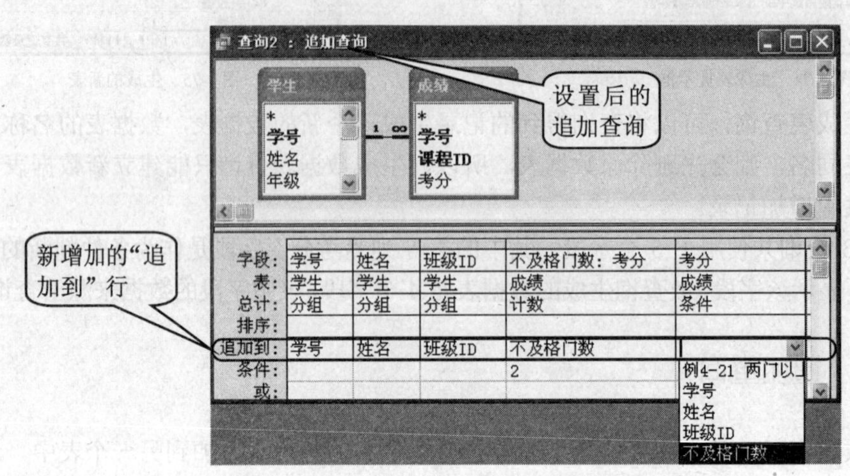

图 4-78 追加查询的设计窗口

步骤 5：单击工具栏上的“视图”按钮，预览将要添加的记录。单击工具栏上的“运行”按钮，屏幕显示一个提示框，如图 4-79 所示。

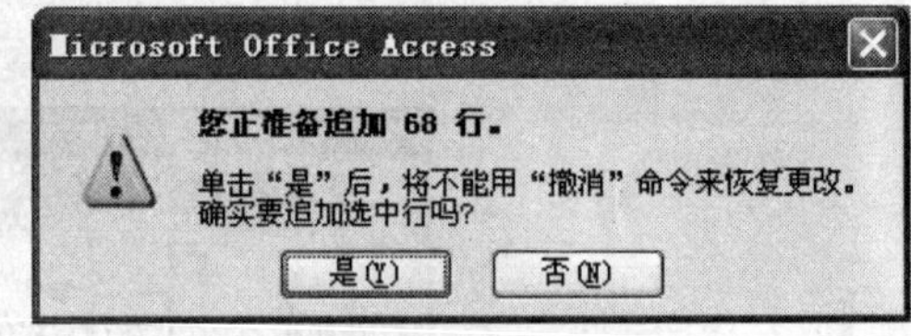

图 4-79 追加查询提示框

步骤 6：单击“是”按钮，Access 将符合条件的一组记录追加到指定的表中，使用追加查询追加的记录，不能用“撤销”命令恢复所做的修改。单击“否”按钮，记录不追加到指定的表中。这里单击“是”按钮。

步骤 7：按 F11 键切换到数据库窗口，然后单击“表”对象，双击“例 4-20 生成 3 门以上不及格学生”表，可以看到增加了 2 门不及格学生的情况。

4.5.3 更新查询

更新查询可以对一个或多个表中符合查询条件的数据做批量的更改。

【例 4-22】 将西藏学生的所有课程的考分加上 2 分。

步骤 1：在设计视图下新建一个查询，查询的设计窗口如图 4-80 所示。

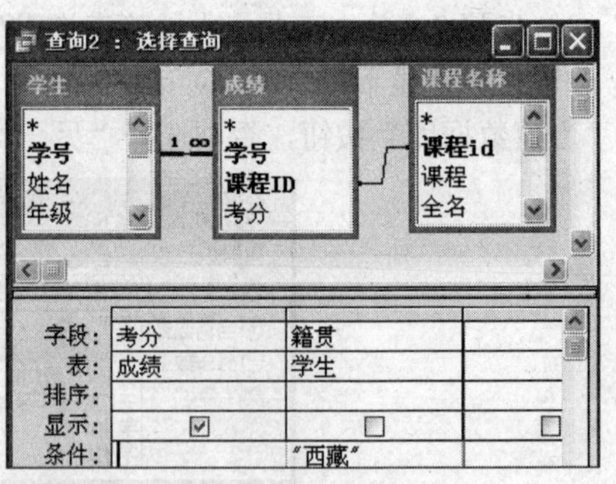

图 4-80 查询的设计窗口

步骤 2：单击工具栏上的“查询类型”按钮右侧的向下箭头按钮，选择“更新查询”选项，这时在查询“设计网格”中显示一个“更新到”行。

步骤 3：在“考分”字段的“更新到”单元

格中输入“[考分] +2”，结果如图 4-81 所示。

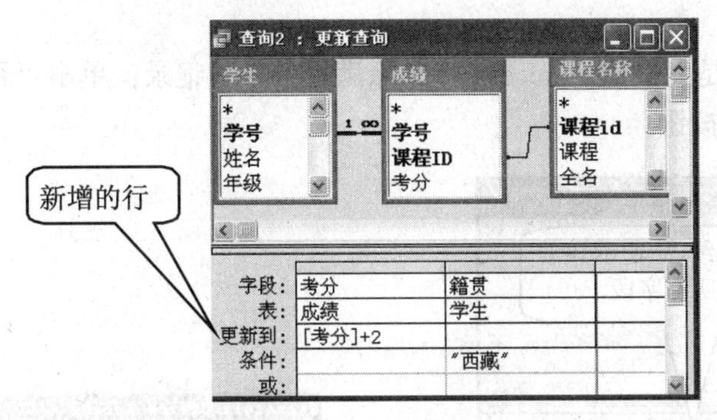

图 4-81　更新查询的设计窗口

步骤 4：单击工具栏上的“视图”按钮，可以预览将要更新的记录。如果预览到的记录不是要更新的，可以再次单击工具栏上的“设计”按钮，返回到设计视图，对查询进行修改，直到满意为止。

步骤 5：在设计视图中，单击工具栏上的“运行”按钮，屏幕显示一个提示框，如图 4-82 所示。

图 4-82　更新查询提示框

步骤 6：单击“是”按钮，Access 将更新满足条件的记录字段。

执行了上面的更新查询后，“籍贯”为西藏的学生每个人的考分加了 2 分。

4.5.4　删除查询

【例 4-23】 将“成绩备份”表中考分低于 60 分的记录删除。

步骤 1：将“成绩”表复制一份，名叫“成绩备份”。

步骤 2：在设计视图下新建一个查询，添加将要被删除记录的“成绩备份”表。

步骤 3：单击工具栏上的“查询类型”按钮右侧的向下箭头按钮，选择“删除查询”选项，这时查询“设计网格”中“显示”行变为“删除”。

步骤 4：双击“成绩备份”字段列表中的“*”号，这时设计网格“字段”行的第一列上显示“成绩.*”，表示已将该表的所有字段放在了设计网格中，同时在字段“删除”单元格中显示“From”，它表示从何处删除记录。

步骤 5：双击字段列表中的“考分”字段，这时“成绩”表中的“考分”字段被放到了设计网格“字段”行的第 2 列，同时在该字段的“删除”单元格中显示“Where”，它表示要删除记录的条件。

步骤 6：在“考分”字段的“条件”单元格中输入条件“<60”，设置结果如图 4-83 所示（如果“条件”行为空，表示将删除所有记录）。

步骤 7：单击工具栏上的“视图”按钮，可以预览将要删除的记录。如果预览到的记录不是要删除的，可以再次单击工具栏上的“视图”按钮，返回到设计视图，对查询进行修改，直到满意为止。

步骤 8：在设计视图中，单击工具栏上的“运行”按钮，屏幕显示一个提示框，如图 4-84 所示。

步骤 9：单击“是”按钮，Access 将删除满足条件的记录；单击“否”按钮，不删除记录。这里单击“是”按钮。

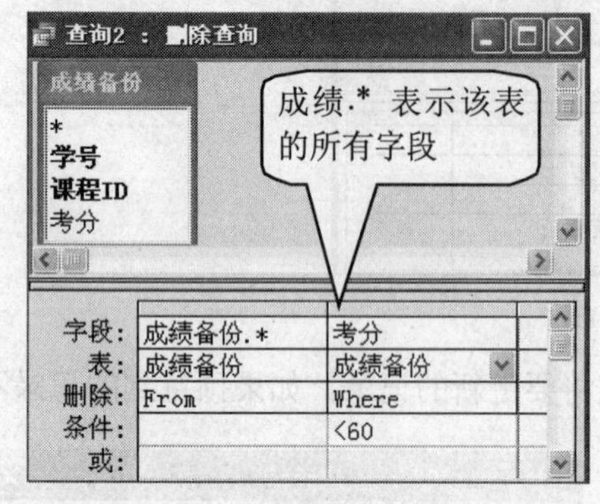

图 4-83 删除查询的设计窗口

图 4-84 删除查询提示框

步骤 10：按 F11 键切换到数据库窗口，然后单击“表”对象，双击“成绩备份”表，可以看到考分低于 60 分的记录已被删除。

说明：删除查询将永久删除指定表中的记录，并且删除的记录不能用“撤销”命令恢复。因此，在执行删除查询的操作时要十分谨慎，最好对要删除记录的表进行备份，以防由于误操作而引起数据丢失。删除查询每次删除整个记录，而不是记录中的某些字段，如果只删除指定字段中的数据，可以使用更新查询将该值改为空值。

以上 4 个例子就是 4 种操作查询。此类查询的特点都可以对数据表的多条记录进行更新、删除、追加等操作。在图 4-85 中可以看到 4 种操作查询的图标。

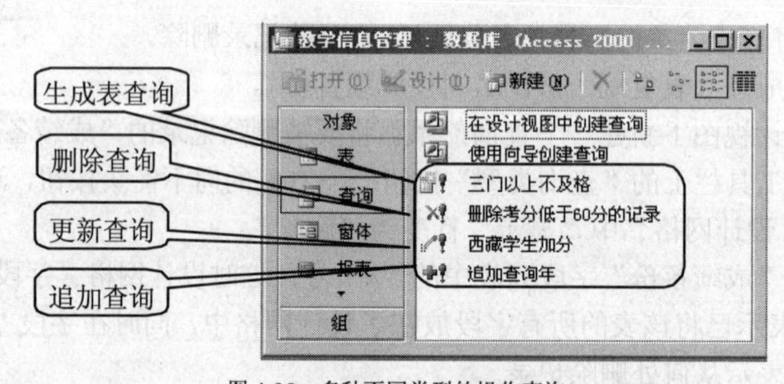

图 4-85 多种不同类型的操作查询

4.6 SQL 查询

SQL 查询是使用 SQL（Standard Query Language）创建的一种查询，它是在 20 世纪 70 年代，随着关系数据库系统一并发展起来的。SQL 在 20 世纪 80 年代成型，并成为关系型数据库的标准查询语言。现在几乎所有市面上可见的数据库，其内部都是以 SQL 语法执行查询，Access 亦不例外。

SQL 提供标准语法，各个数据库管理系统又在其上予以扩大发展，加上自己的新功能。Access 使用的 SQL 可以对数据库实施数据定义、数据操作等功能。了解和掌握 SQL 语句对使用好数据库是至关重要的。

就结构而言，SQL 语法可以分为如表 4-5 所示的两类。

表 4-5 SQL 语法的两个分类

语言种类	操作符	说明
数据定义语言（DDL）	Create、Alter、Drop	管理数据库对象（数据表及字段）的语法
数据操作语言（DML）	Select、Insert、update、Delete	针对记录的选取、追加、删除、更新等语法

4.6.1 显示 SQL 语法

在 Access 中，所有的查询都可以认为是一个 SQL 查询。在查询设计视图创建查询时，Access 便会自动撰写出相应的 SQL 代码。除了可以查看 SQL 代码，还可以编辑它。

在前几节中，使用了查询设计视图或各种查询向导创建查询，实际上也可以在“SQL”视图中直接输入 SQL 语句来完成查询。但是仅靠查询设计视图而不撰写 SQL 代码还是有局限性的。例如，像“联合查询”、“传递查询”、“数据定义查询”和“子查询”，只有撰写 SQL 代码才能实现。

查看或编辑 SQL 代码，可以在进入查询的设计视图后，选择“视图 | SQL 视图”菜单命令或单击工具栏上的“视图”按钮 右边的向下箭头按钮，选择“SQL 视图”，如图 4-86 所示，SQL 视图就是切换到 SQL 语法，结果如图 4-87 所示。

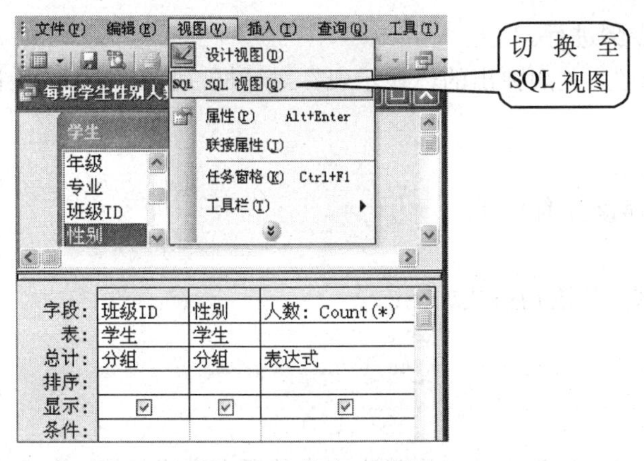

图 4-86 切换至 SQL 视图

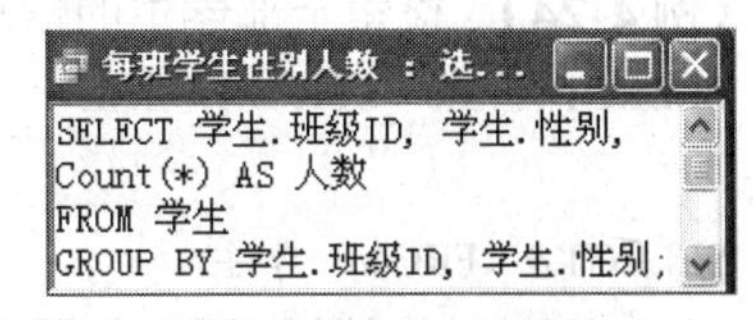

图 4-87 查询的 SQL 视图

图 4-87 是查询的 SQL 视图，Access 在执行查询时，每一个查询都使用 SQL 语法转换引擎，将查询设计视图的内容转换成 SQL 语法，然后由 Access 的系统核心来完成。

4.6.2 SELECT 查询命令

数据库查询是数据库的核心操作，SQL 语言提供了 SELECT 语句进行数据查询，该语句功能很强，变化形式较多，本章将重点介绍这条命令。

SELECT 查询语句格式如下：

```
SELECT  [DISTINCT] <列名>[，<列名>，...]  //查询结果的目标列
FROM  <表名>[，<表名>，...]      //查询操作的关系表或查询名
[WHERE  <条件表达式>]            //查询结果应满足选择或联接条件
[GROUP  BY  <列名>[，<列名>，...]  [HAVING  <条件>]    //对查询结果分组及分组的条件
[ORDER  BY  <列名>  [ASC|DESC]];                        //对查询结果排序
```

其中“[ ]”中指的是可有可无的结构。

SELECT 语句的意义是：根据 FROM 子句中提供的表，按照 WHERE 子句中的条件（表间的联接条件和选择条件）表达式，从表中找出满足条件的记录。

按照 SELECT 子句中给出的目标列，选出记录中的字段值，形成查询结果的数据表。目标列上可以是字段名，字段表达式，也可以是使用汇总函数对字段值进行统计计算的值。

在 SELECT 语句中若有 GROUP BY 子句则将结果按给定的列名分组。分组的附加条件用 HAVING 短语给出。

在 SELECT 语句中，若有 ORDER BY 子句，则将结果按给定的列名按升序或降序排序。

SELECT 语句的功能很强。可以完成对各种数据的查询，可以通过 WHERE 子句的变化，以不同的语句形式，完成相同的查询任务。

SELECT 还可以以子查询形式嵌入到 SELECT 语句、INSERT（插入记录）语句、DELETE（删除记录）语句和 UPDATE（修改记录）语句中，作为这些语句操作的条件，构成嵌套查询或带有查询的更新（增、删、改）语句。

以下 SQL 语句将以“教学信息管理”数据库为例，同时尽量列出每一查询语法对应的查询设计视图。

创建 SQL 查询，可按以下操作步骤进行。

- 通过“在设计视图中创建查询”，关闭弹出的“显示表”对话框，打开查询设计视图窗口。
- 单击工具栏上的“视图”按钮。
- 输入相应的 SQL 语句后，保存该查询即可。

1. 简单查询

【例 4-24】 检索全部学生的信息，其语句格式如下：

```
SELECT 学生.*  FROM  学生
```

或

```
SELECT *  FROM  学生
```

以上两种语法功能相同，都是由“学生”表检索出学生表中的所有字段记录，“*”在此不是条件，而是代表所有字段。两个语法的区别：是否在字段名前加上字段所属的表名。前者语法较为正规。如果使用多个数据表为数据源，且有同名字段时，就必须明确指定字段所属的数据表的名称。第一种语法对应的查询设计视图如图 4-88 所示。

【例 4-25】 检索出学生的学号、姓名和性别，其语句格式如下：

```
SELECT 学号, 姓名, 性别  FROM  学生
```

或

```
SELECT 学生.学号，学生.姓名，学生.性别  FROM  学生
```

表示从学生表中检索出学生的“学号”、“姓名”和“性别”3 个字段，对应的查询设计视图如图 4-89 所示。

图 4-88　检索出所有字段

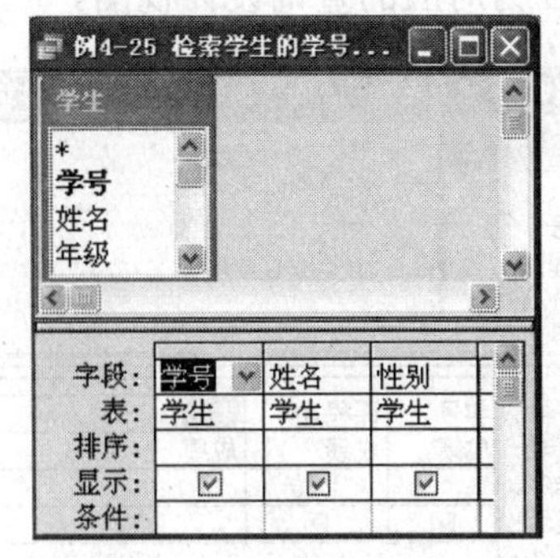

图 4-89　检索出部分字段

【例 4-26】 检索出所有课程的“课程 id”和“课程”名，并将“课程”字段更名为“课程名”，其语句格式如下：

SELECT 课程 id, 课程 AS 课程名 FROM 课程名称

上述语句执行后，“课程”字段显示为“课程名”，图 4-90 所示为对应的查询设计视图。在该图中第 2 列的字段名使用了冒号（:），冒号左边为别名，即更改后的字段名，冒号右边为字段名或表达式。

【例 4-27】 检索学生选修的课程号，其语句格式如下：

SELECT　DISTINCT　课程 ID　FROM　成绩

在成绩表中，同一门课程可以被多个学生选修。如果有多人选修同一课程号，只显示一次即可，即没有必要多次显示同一课程号，所以需要加上唯一值的设置（DISTINCT）。

如果在查询的设计视图中设置此项，需使用“视图 | 属性”菜单命令，在“查询属性”对话框中更改“唯一值”属性为“是”，如图 4-91 所示。唯一值改为“是”以后，Access 就会自动在 SQL 视图中加入 DISTINCT。

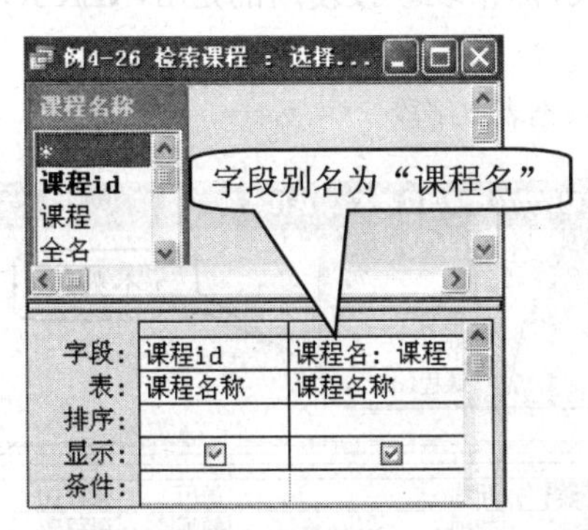

图 4-90　使用别名

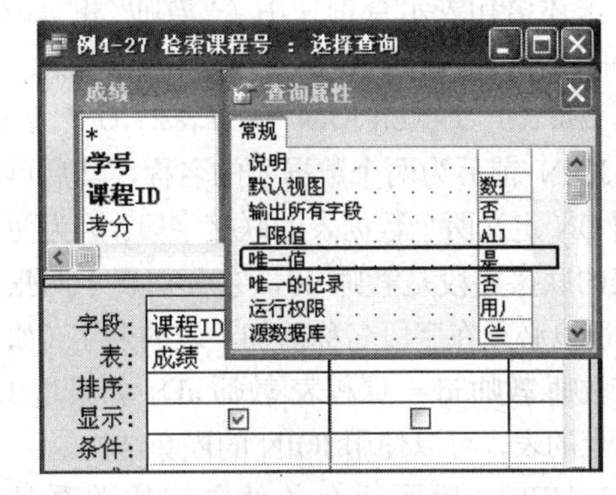

图 4-91　更改唯一值属性

【例 4-28】 查找考分在 70～80 分之间的学生选课情况，其语句格式如下：

SELECT　*　FROM 成绩　WHERE 考分 Between　70　And　80

图 4-92 为对应的查询设计视图。

【例 4-29】 查找出所有姓李的学生的情况，其语句格式如下

SELECT 学号, 姓名 FROM 学生 WHERE 姓名 Like "李* "

图 4-93 为对应的查询设计视图。

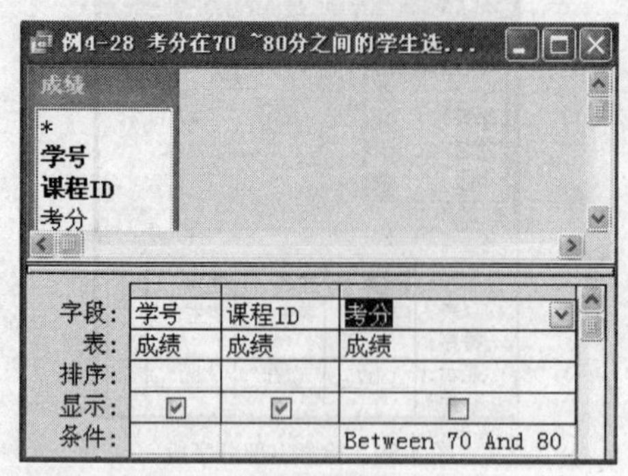

图 4-92 在数字字段使用条件

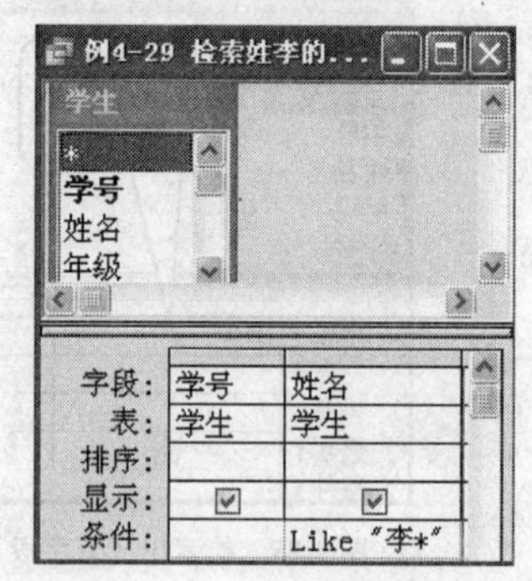

图 4-93 在文本类型字段使用条件

在 SQL 标准语言中采用的是 ANSI-92 标准，以“%”代表任意一串字符，“_”代表任意一个字符。在 Access 中默认通配符以“*”代表任意多个字符，“？”代表任意一个字符。将 Like 谓词前加上字母 A（即 Alike）后，即可以支持使用“%”和“_”通配符。语句格式如下：

SELECT 学号,姓名 FROM 学生 WHERE 姓名 aLike "李%"

2．联接查询

一个查询同时涉及两个以上的表时，称其为联接查询。在联接查询时需使用 JOIN，JOIN 的联接方式有 INNER JOIN（内部联接）、LEFT JOIN（左联接）和 RIGHT JOIN（右联接）。INNER JOIN 是最基本的联接方式，也是经常使用的一种联接方式。

【例 4-30】 查找“职称”为教授或副教授，或“简历”字段内容为空的教师的任课情况，其语句格式如下：

```
SELECT 姓名,职称,简历,课程 id
FROM 教师 INNER JOIN 课程表 ON 教师.教师 id = 课程表.教师 id
WHERE 职称 In ("教授","副教授") or 教师.简历 Is Null
```

上述语句表示查询使用了“教师”和“课程表”两个表，两个表联接使用的是 INNER JOIN，JOIN 的语句格式如下：

数据表 1 INNER JOIN 数据表 2 ON 数据表 1.字段=数据表 2.字段

JOIN 前后为两个数据表的名称，其后再使用 ON 定义两个数据表的联接字段。因为两张表的联接字段是教师 id，它分别属于两张表，所以必须在字段名称前加上表的名字（如 ON 教师.教师 id = 课程表.教师 id)，如果是 3 张以上的表，可以使用 JOIN 的嵌套结构。

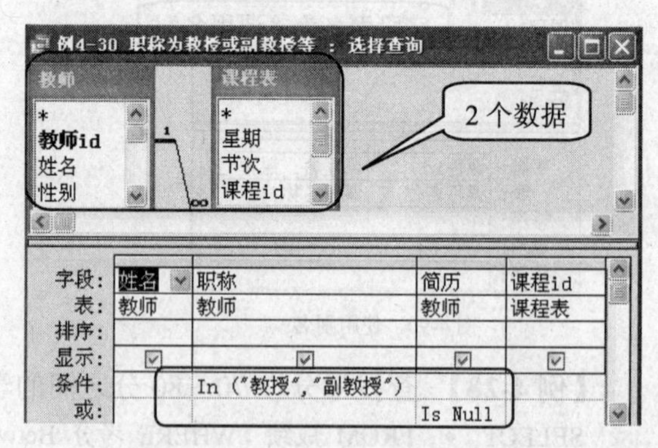

图 4-94 带有条件的两个数据表的查询

WHERE 后面两个条件之间的关系是 OR。图 4-94 为对应的查询设计视图。

【例 4-31】 查找物理课的任课教师信息，其语句格式如下：

SELECT　DISTINCT 姓名, 课程

FROM 课程名称 INNER JOIN (教师 INNER JOIN 课程表 ON 教师.教师 id = 课程表.教师 id) ON 课程名称.课程 id = 课程表.课程 id

WHERE 课程名称.课程 Like "*物理*"

在上述语句中，由于使用了 3 张表，所以需要有两个 INNER JOIN，在使用多个 JOIN 时，必定会先有一个 JOIN 在括号内，表示二者先 JOIN 后，再以其结果与最后一个数据表建立联接，对应的设计视图如图 4-95 所示。

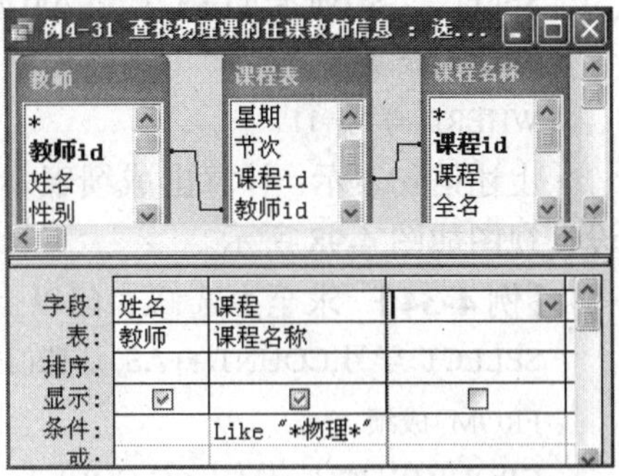

图 4-95　带有条件的 3 个数据表的查询

上述 SQL 语句也可写成如下格式：

SELECT　DISTINCT 姓名, 课程

FROM 教师,课程表,课程名称

WHERE 教师.教师 id = 课程表.教师 id and 课程表.课程 id=课程名称.课程 id and 课程名称.课程 Like "*物理*"

比较上面 2 种格式的 SQL 语句，发现如果联接查询使用了 3 个表，第 2 种格式比较容易理解。

【例 4-32】 查找在“成绩”表中没有选课成绩的学生记录（即没有选课的学生）

本例在 4.2.4 节中已经用“查找不匹配项查询向导”创建过该查询，现在用 SQL 语句来完成，其语句格式如下：

SELECT 学生.学号, 年级, 性别

FROM 学生 LEFT JOIN 成绩 ON 学生.学号 = 成绩.学号

WHERE 成绩.学号 Is Null

上面语句的作用是查看没有选修任何课程的学生信息，以 LEFT JOIN 联接学生和成绩。如图 4-96 和图 4-97 所示。

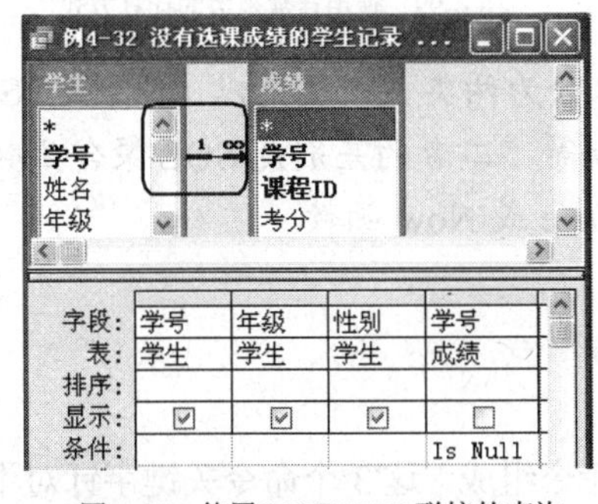

图 4-96　使用 LEFT JOIN 联接的查询

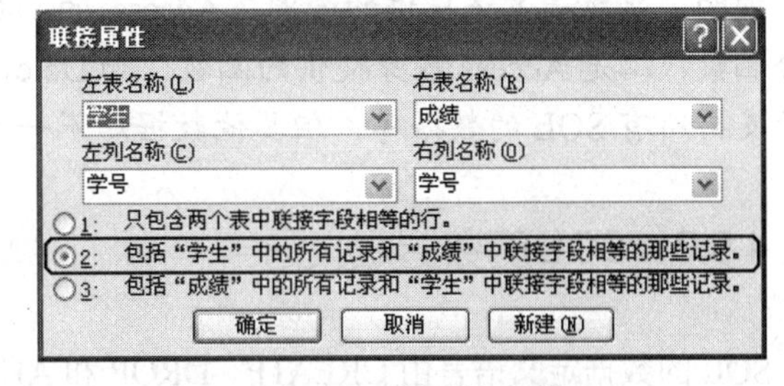

图 4-97　联接属性对话框

3．使用聚集函数的查询

在查询中使用聚集函数，可以对查询的结果进行统计计算。常用以下 5 个聚集函数。

平均值：AVG；

总和：SUM；

最小值：MIN；

最大值：MAX；

计数：COUNT。

【例 4-33】 计算学号为“11”号的学生的总分和平均分，其语句格式如下：

SELECT SUM(考分) AS 总分, AVG(考分) AS 平均分

FROM 成绩

WHERE 学号=11

上述语句表示：计算出成绩表中“学号”是 11 的学生的考分的总分与平均分。其对应的设计视图如图 4-98 所示。

【例 4-34】 求至少选修 3 门以上课程的学生学号及选课门数，其语句格式如下：

SELECT 学号,COUNT(*) AS 选课门数

FROM 成绩

GROUP BY 学号 HAVING COUNT(*)>3

ORDER BY COUNT(*)

上述语句表示在成绩表中，按照学号分组（GROUP BY 学号），统计选课数大于 3 门（HAVING COUNT(*)>3）学生的学号和选课门数，按照选课门数升序排序（ORDER BY COUNT(*)），其对应的设计视图如图 4-99 所示。

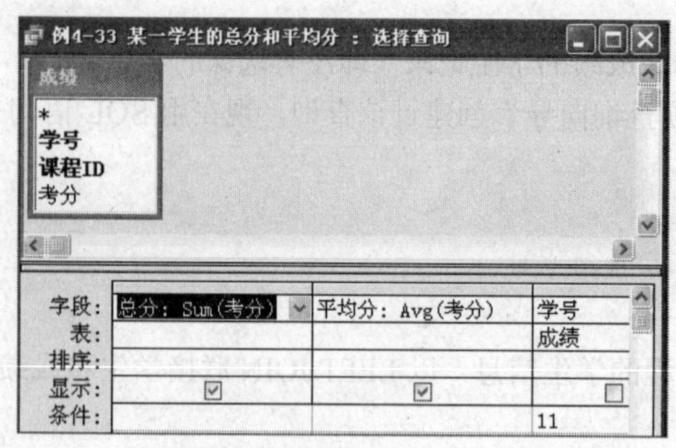

图 4-98 使用总计和平均值的计算方式

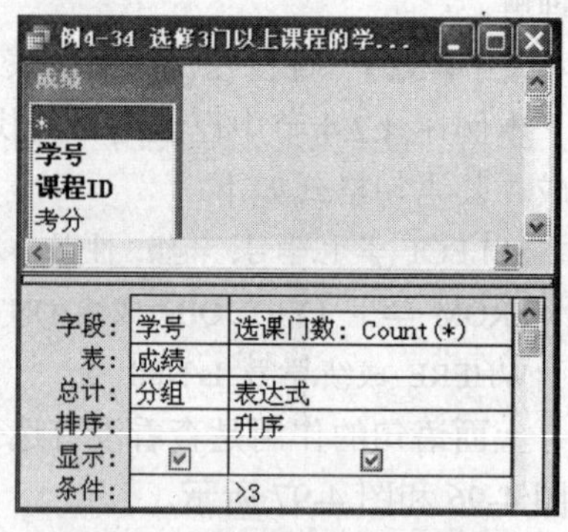

图 4-99 使用计数函数的计算方式

说明：函数是系统提供的资源，Access 的函数可以分为两类，一类是以上说明的 SQL 聚合函数，二是 Access 本身提供的函数，如 Date、Now 等，二者的差别是 SQL 聚合函数适用于支持所有 SQL 的数据库，但其他数据库不一定有 Date 或 Now 函数。

4.6.3 SQL 的数据定义语言

SQL 的数据定义语言由 CREATE、DROP 和 ALTER 命令组成，这 3 个命令关键字针对不同的数据库对象（如数据表、查询等），分别有 3 个命令。下面以数据表为例，介绍这 3 个命令。

由于 SQL 的数据定义查询只能通过使用 SQL 的数据定义语句来创建，因此本节的 SQL 语句没有对应的查询设计视图。

1．创建表结构

语句格式为

Create table 表名 （列名 数据类型 ［default 缺省值］ ［not null］

［，列名 数据类型 ［default 缺省值］ ［not null］］

……

[，primary key (列名 [，列名] ...)]

[，foreign key (列名 [，列名] ...)

References 表名（列名 [，列名] ...)

[，checks （条件)])

【例 4-35】 使用命令建立学生 1 表，其表结构及要求如表 4-6 所示。

表 4-6 学生 1 表的结构及要求

字段名	字段类型	字段长度	小数位数	特殊要求	字段名	字段类型	字段长度	小数位数	特殊要求
学号	C	7		主键	是否党员	L			
姓名	C	8		不能为空值	入学年月	D			
性别	C	2			备注	M			
年龄	N	8	无						

语句格式如下：

CREATE TABLE 学生 1 (学号 TEXT (7) PRIMARY KEY, 姓名 TEXT (8) NOT NULL,性别 TEXT (2), 年龄 Byte, 是否党员 LOGICAL, 入学年月 DATE, 备注 MEMO)

【例 4-36】 使用命令建立成绩 1 表，其表结构及要求如表 4-7 所示。

表 4-7 成绩 1 表的结构及要求

字 段 名	字 段 类 型	字 段 长 度	小 数 位 数	特 殊 要 求
学号	C	7		外关键字，与学生表建立关系
课号	C	5		
期末	N			

语句格式如下：

CREATE TABLE 成绩 1 (学号 TEXT (7) REFERENCES 学生 1, 课号 TEXT (5),期末 INTEGER)

2．修改表结构

语句格式如下：

AlTER TABLE 表名

[ADD 子句] //增加列或完整性约束条件

[DROP 子句] //删除完整性约束条件

[MODIFY 子句] //修改列定义

【例 4-37】 在学生 1 表中增加一个“班级”列，其语句格式如下：

ALTER TABLE 学生 1 ADD 班级 CHAR(6)

【例 4-38】 删除学生 1 表中的“班级”列，其语句格式如下：

ALTER TABLE 学生 1 DROP 班级

3．删除基本表

语句格式如下：

DROP TABLE 表名

【例 4-39】 删除学生 1 表，其语句格式如下：

DROP TABLE 学生 1

4.6.4 SQL 的数据操作语言

数据操作语言是完成数据操作的命令，它由 INSERT（插入），DELETE（删除），UPDATE（更新）和 SELECT（查询）等组成。查询也划归为数据操作范畴，因为它比较特殊，所以又以查询语言单独出现（SELECT 语句在前面的 4.6.2 节已经介绍过）。

1．插入记录

语句格式 1：

INSERT INTO <表名> [(<列名> [,<列名>...])]

VALUES (表达式 [,表达式...])

功能：*在指定的表尾添加一条新记录，其值为 VALUES 后面表达式的值。*

当需要插入表中所有字段的数据时，表名后面的字段名可以缺省，但插入数据的格式必须与表的结构完全吻合；若只需要插入表中某些字段的数据，就须列出插入数据的字段名，当然相应表达式的数据位置应与之对应。

【例 4-40】 向学生 1 表中添加记录。

INSERT INTO 学生 1 VALUES ('9902101' , '李明' , '男' , 23 , -1 , #1981/03/24# , '三好生')

其对应追加查询的设计视图，如图 4-100 所示。

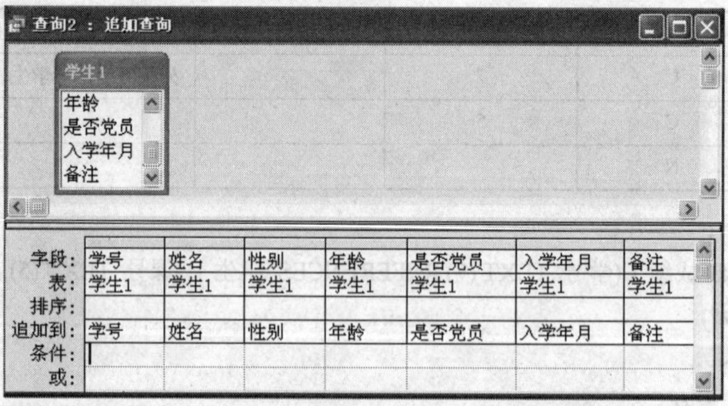

图 4-100 追加查询的设计视图

2．删除记录

语句格式：

DELETE FROM <表名> [WHERE <条件表达式>]

说明：*无 WHERE 子句时，表示删除表中的全部记录。*

【例 4-41】 删除学生 1 表中所有男生的记录。

DELETE FROM 学生 1 WHERE 性别='男'

其对应删除查询的设计视图，如图 4-101 所示。

3．更新记录

更新记录就是对存储在表中的记录进行修改，其语句格式如下：

UPDATE <表名>

SET <列名> = <表达式> | <子查询>

[,<列名> = <表达式> | <子查询>...]

[WHERE <条件表达式>]

功能：用指定的新值更新记录。

【例 4-42】 将所有男生的期末成绩初始化为 0，其语句格式如下：

```
UPDATE  成绩1  SET   期末 = 0
WHERE 学号 IN  (  SELECT 学号 FROM  学生1 WHERE  性别 =  '男'  )
```

其对应更新查询的设计视图，如图 4-102 所示。

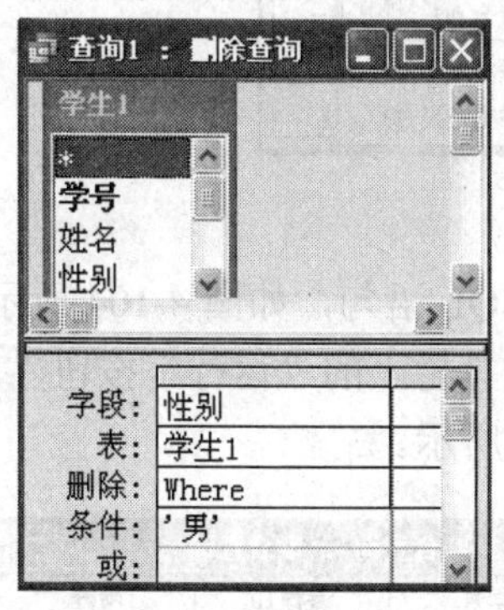

图 4-101 删除查询的设计视图

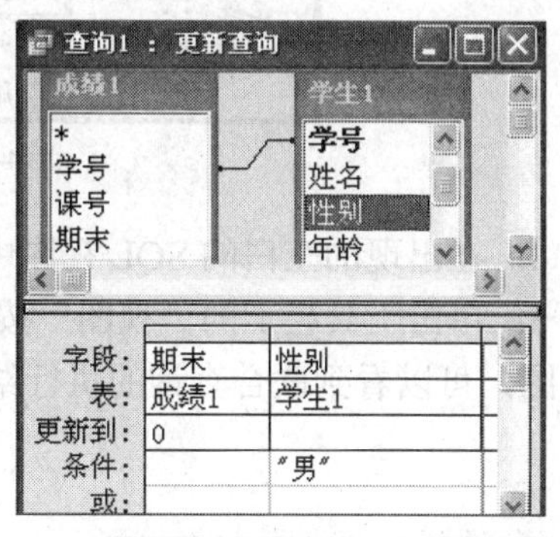

图 4-102 更新查询的设计视图

说明：执行 SQL 的记录更新语句时，要注意表之间关系的完整性约束，因为插入、删除和更新操作只能对一个表进行。例如，在学生表中删除了一条学生记录，但在成绩表中该学生的成绩记录并没有被删除，这就破坏了数据之间的参照完整性。

在 Access 中建立表之间的关系时，可以选择"实施参照完整性"、"级联更新相关字段"和"级联删除相关记录"命令，这样设置后，在进行更新操作时，系统会自动的维护参照完整性或给出相关提示信息。

4.6.5 SQL 特定查询语言

在 Access 中，将通过 SQL 语句才能实现的查询称为 SQL 特定查询，SQL 特定查询分为联合查询、传递查询、数据定义查询和子查询 4 类。

由于数据定义查询已在 4.6.3 节中介绍过，在此不再赘述。

1. 联合查询

联合查询是将两个查询结果集合并在一起，要求查询结果的字段名类型相同，字段排列的顺序一致。

【例 4-43】 查找选修课程 ID 为 1 或其他课程考分大于等于 90 分的学生的学号、课程 ID 和考分。

步骤 1：打开"D:\Access\教学信息管理.mdb"数据库。

步骤 2：在数据库窗口中，选择"查询"对象，直接双击"在设计视图中创建查询"选项，打开查询设计窗口，单击"显示表"对话框的"关闭"按钮。

步骤 3：在查询设计视图中单击鼠标右键，在弹出的快捷菜单中选择"SQL 特定查询 | 联合"命令，如图 4-103 所示。

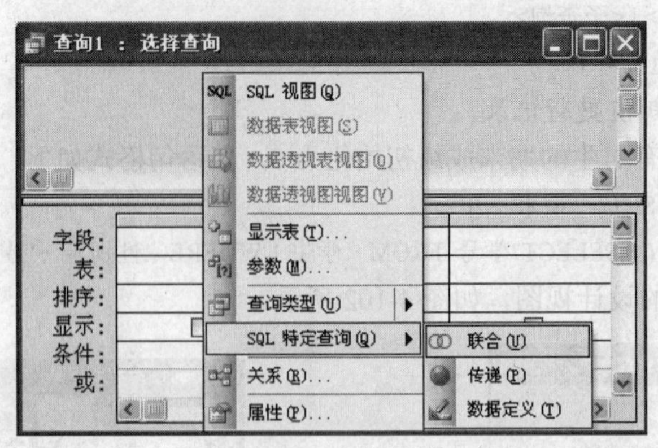

图 4-103　SQL 特定查询

步骤 4：在出现的空白的 SQL 视图中输入该查询的 SQL 语句，如图 4-104 所示。

步骤 5：单击工具栏上的“视图”按钮，或单击工具栏上的“运行”按钮，切换到数据表视图，可以看到联合查询的执行结果，如图 4-105 所示。

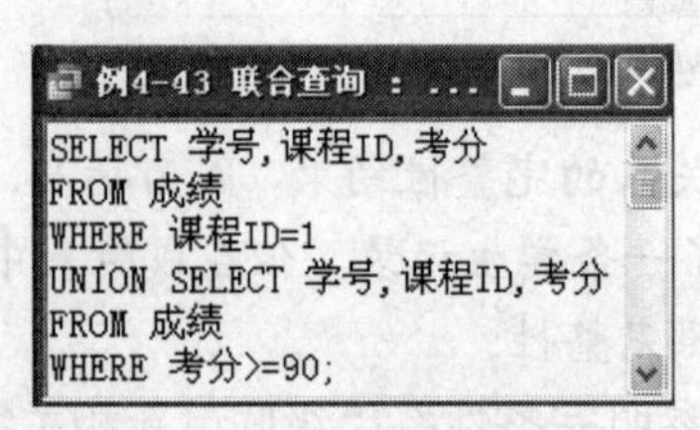

图 4-104　联合查询的 SQL 语句

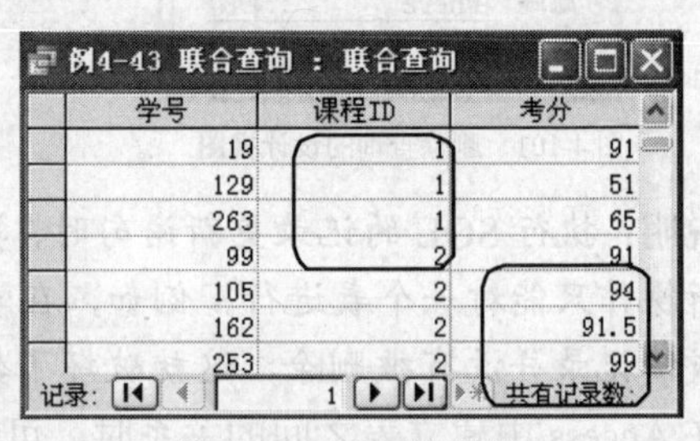

图 4-105　联合查询结果

2. 传递查询

传递查询是将 SQL 命令直接送到 SQL 数据库服务器（如 SQL Server、Oracle 等）。这些数据库服务器通常被称做系统的后端，而 Access 作为前段或客户工具。传递的 SQL 命令要使用特殊的服务器要求的语法，可以参考相关的 SQL 数据库服务器文档，在这里不做介绍。

3. 子查询

在设计查询中，子查询可以在查询的字段行或条件行的单元格中创建一条 SQL SELECT 语句。SELECT 子查询语句放在字段行单元格里创建一个新的字段，SELECT 子查询语句放在条件行单元格作为限制记录的条件。

【例 4-44】 查找考分高于平均分的学生的学号、姓名和课程名称。

步骤 1：新建一个查询，将“学生”表、“课程名称”表和“成绩”表添加到查询中，将字段“学号”、“姓名”、“课程”和“考分”添加到字段行相应的单元格中。

步骤 2：将鼠标指向“考分”字段的“条件”行单元格，单击右键，在弹出的快捷菜单中选择“显示比例”命令。

步骤 3：在“显示比例”的对话框中输入子查询语句：>(SELECT AVG(考分) FROM 成绩)。

子查询的目的是求出考分的平均分以作为比较的值。注意，子查询语句应该用括号括起来，如图 4-106。

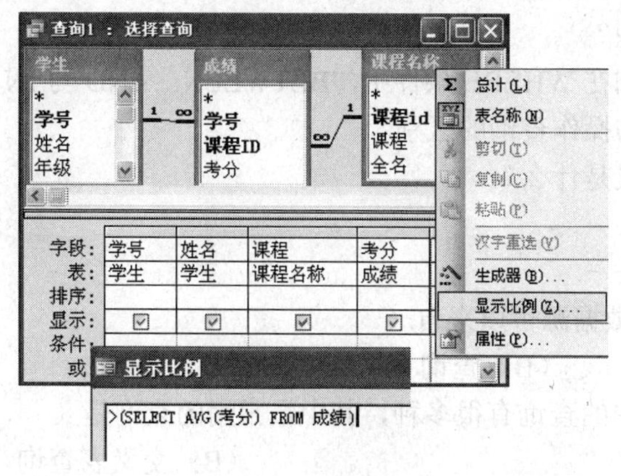

图4-106 子查询设计

本章小结

使用Access的选择查询、参数查询、交叉表查询、操作查询和SQL查询，可以按照不同的方式查看、更改和分析表中的数据，其查询结果可以作为其他数据库对象（如窗体、报表和数据访问页等）的来源。

1．表和查询都可以作为数据库的"数据来源"的对象，可以将数据提供给窗体、报表、数据访问页或另外一个查询使用，因此查询与数据表的名称不能相同。

2．可以使用2种方法创建查询，一是使用查询向导创建查询，二是使用设计视图创建查询。对于初学者，可以借助查询向导，辅助建立查询。

3．查询中数据源的关系非常重要，若关联不足，查询结果因为过多而不正确；若关联过多，查询结果太少也会不正确。

4．在选择查询中，可以设置条件查询、计算字段查询、排序查询结果及汇总查询。

5．参数查询的目的是使查询条件弹性化。在不同时机，输入不同参数，可获得不同的查询结果。

6．选择查询、参数查询及交叉表查询，不能改变数据源的数据，更不能生成新的数据表，而操作查询可以实现更改、删除记录和生成新表等功能。

7．所有的查询设计，在Access中都被转换成了SQL语句。SQL语言是关系数据库标准语言，在其中可以完成数据定义、数据操纵（如插入、修改、删除和查询等）、数据控制和数据查询等核心功能。Access中的SQL查询，可以实现在查询设计视图中无法实现的功能，如联接查询、传递查询、数据定义查询和子查询等。

习 题 4

4.1 思考题

1．查询的作用是什么？

2．查询与数据表的关系是什么？

3．查询有几种类型？

4．试举例说明查询在 WHERE 条件中，BETWEEN…AND 与 IN 的区别。

5．简述选择查询与操作查询的区别。

6．汇总查询的意义是什么？

4.2 选择题

1．Access 查询的数据源可以来自（　　）。

（A）表　（B）查询　（C）窗体　（D）表和查询

2．Access 数据库中的查询有很多种，其中最常用的查询是（　　）。

（A）选择查询　（B）交叉表查询

（C）参数查询　（D）SQL 查询

3．下面关于选择查询的说法正确的是（　　）。

（A）如果基本表的内容变化，则查询的结果会自动更新

（B）如果查询的设计变化，则基本表的内容自动更新

（C）如果基本表的内容变化，查询的内容不能自动更新

（D）建立查询后，查询的内容和基本表的内容都不能更新

4．查询“学生”表中“姓名”不为空值的记录条件是（　　）。

（A）*　（B）Is Not Null　（C）?　（D）""

5．若统计“学生”表中 1988 年出生的学生人数，应在查询设计视图中，将“学号”字段“总计”单元格设置为（　　）。

（A）Sum　（B）Count　（C）Where　（D）Total

6．在查询的设计视图中，通过设置（　　）行，可以让某个字段只用于设定条件，而不必出现在查询结果中。

（A）字段　（B）排序　（C）准则　（D）显示

7．下面在使用“交叉表查询向导”创建交叉表的数据源的描述中，正确的是（　　）。

（A）创建交叉表的数据源可以来自于多个表或查询

（B）创建交叉表的数据源只能来自于一个表和一个查询

（C）创建交叉表的数据源只能来自于一个表或一个查询

（D）创建交叉表的数据源可以来自于多个表

8．对于参数查询，“输入参数值”对话框的提示文本设置在设计视图的“设计网格”的（　　）。

（A）“字段”行　（B）“显示”行

（C）“文本提示”行　（D）“条件”行

9．如果用户希望根据某个或某些字段不同的值来查找记录，则最好使用的查询是（　　）。

（A）选择查询　（B）交叉表查询

（C）参数查询　（D）操作查询

10．如要从“成绩”表中删除“考分”低于 60 分的记录，应该使用的查询是（　　）。

（A）参数查询　（B）操作查询

（C）选择查询　（D）交叉表查询

11．操作查询可以用于（　　）。

（A）更改已有表中的大量数据

（B）对一组记录进行计算并显示结果

（C）从一个以上的表中查找记录

（D）以类似于电子表格的格式汇总大量数据

12．如果想显示电话号码字段中 6 打头的所有记录（电话号码字段的数据类型为文本型），在条件行键入（　）。

（A）Like "6*"　　　　（B）Like "6?"

（C）Like "6#"　　　　（D）Like 6*

13．如果想显示“姓名”字段中包含“李”字的所有记录，在条件行键入（　）。

（A）李　　　　（B）Like 李

（C）Like "李*"　　　　（D）Like "*李*"

14．从数据库中删除表所用的 SQL 语句为（　　）。

（A）DEL TABLE　　　　（B）DELETE TABLE

（C）DROP TABLE　　　　（D）DROP

4.3　填空题

1. Access 2003 中 5 种查询分别是________、________、________、________和________。

2．查询“教师”表中“职称”为教授或副教授的记录的条件为________。

3．使用查询设计视图中的________行，可以对查询中全部记录或记录组计算一个或多个字段的统计值。

4．在对“成绩”表的查询中，若设置显示的排序字段是“学号”和“课程 ID”，则查询结果先按________排序、________相同时再按________排列。

5．在查询中，写在“条件”栏同一行的条件之间是________的逻辑关系，写在“条件”栏不同行的条件之间是________的逻辑关系。

6．________语言是关系型数据库的标准语言。

7．写出下列函数名称：对字段内的值求和________；字段内的值求最小值________；某字段中非空值的个数________。

8．操作查询包括________、________、________、________。

4.4　上机实验

在“教学信息管理”数据库中，设计并实现以下查询：

1．创建选择查询

● 查找所有北京的记录，要求在查询结果中有“学号”、“姓名”、“班级 ID”和“籍贯”的字段。

● 查找北京学生的成绩记录，查询结果中有“学号”、“姓名”、“班级 ID”、“课程”和“考分”的字段。

● 查找学生姓名中有“三”字的学生记录，查询结果中有“学号”、“姓名”的字段。

● 查找家庭收入前 10 名的学生，查询结果中有“学号”、“姓名”、“性别”、“籍贯”和

“家庭收入”的字段。

● 统计各班的平均分，查询结果中有“年级”、“班级 ID”和“平均分”的字段。

● 统计 90 分以上学生考试门数，查询结果中有“学号”、“姓名”和“高分门数”的字段，结果按“高分门数”降序排序。

● 统计各班每门课程的选修人数，查询结果中有“班级 ID”、“必修”、“课程”和“人数”的字段。

● 统计没有学生选修的课程，查询结果中有“课程 id”、“课程”、“学分”和“人数”的字段。

2．创建交叉表查询

● 创建“交叉表个人成绩”查询。要求交叉表的行标题为“班级 ID”、“学号”和“姓名”，列标题是“课程”，行列交叉点（值）为考分。

● 创建“交差表各班男女生平均分”查询，要求交叉表的行标题是“班级 ID”，列标题为“性别”，行列交叉点（值）为考分的平均分。

3．创建参数操作及操作查询

● 将某地学生生成一张新表，表的名字叫“某地学生”，某地需要设置参数输入，设置如图 4-107 所示。

● 将某地学生记录追加到“某地学生”表中，设置如图 4-108 所示。

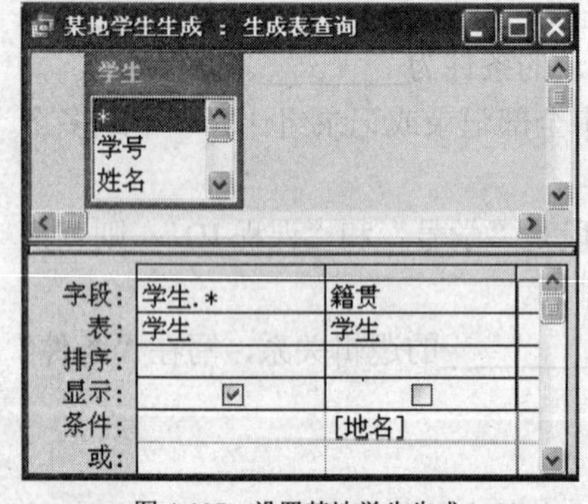

图 4-107 设置某地学生生成

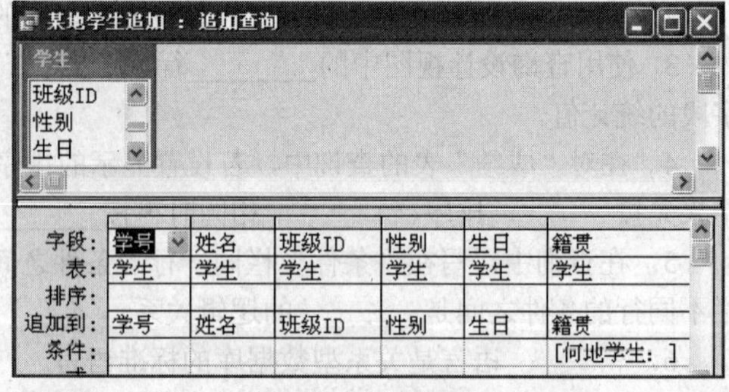

图 4-108 设置追加查询

● 将“某地学生”表中的某地学生记录删除。

4．SQL 查询

● 在 SQL 视图中创建“学生”表结构（该表结构与“学生”表结构完全一样）。

● 在 SQL 视图中给“学生”添加一新字段——“体重”。

● 在 SQL 视图中删除“学生”表的字段——“体重”。

第5章 窗　　体

窗体是 Access 数据库的对象之一，是 Access 数据库的最重要的交互界面。多样化的窗体主要用于浏览和编辑数据表中的数据，显示相关提示信息，还可以根据需求控制应用软件的流程。

窗体是 Access 数据库中最灵活的对象，要设计一个功能完整的窗体，过程会比较复杂。本章将介绍多种窗体的设计和制作，以方便我们对数据的操作。

5.1　窗体的基本类型

窗体多种多样，使用窗体向导时，有纵栏式、表格式、数据表、数据透视表和数据透视图几种主要的工作类型，它们主要是窗体呈现数据的方式不同。

1．纵栏式窗体

纵栏式窗体是最为常见的窗体类型，图 5-1 所示就是纵栏式窗体。其最主要的特点是一次仅显示一条记录，也称单一窗体。可以通过窗体底部的记录浏览按钮，对其他记录进行翻阅。

2．表格式窗体

表格式窗体是一种连续窗体，即一次显示多条记录信息，如图 5-2 课程表窗体就是表格式窗体。显示数据时，通常一条记录占一行，从左到右横向排列，因此创建此种窗体的数据源不宜记录过长，否则操作数据时，常需要左右移动，不太方便。

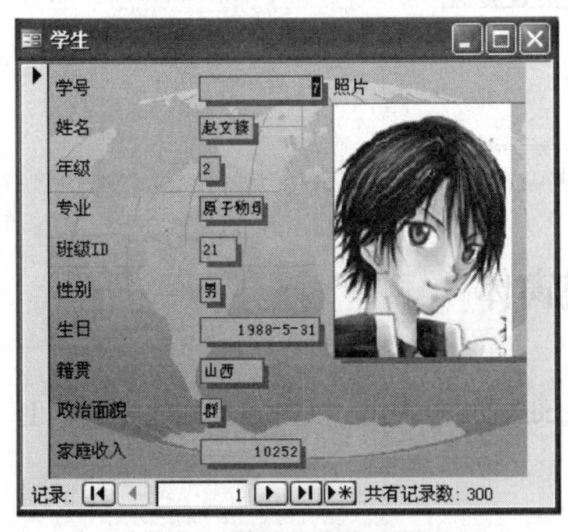

图 5-1　学生（纵栏式）窗体

课程表

星期	节次	课程id	教师id	教室id	班级对象
1	5	1	22	5	/34
3	1	1	22	4	/34
1	1	2	38	1	/33/34
1	3	2	39	1	/31/32
3	5	2	39	1	/31/32
5	3	2	38	1	/33/34
2	1	3	5	5	/11/12

记录: 1 共有记录数: 61

图 5-2　课程表窗体

3．数据表窗体

执行此种类型的窗体后，就如同打开数据表，无法显示窗体页眉及窗体页脚，此类型窗体通常作为子窗体使用，如图 5-3 所示。

4．数据透视表

数据透视表，类似 Excel 的数据透视表，它主要用于进行数据分析。“分析”即对多条记录进行各种角度的“数据透视”，将分析结果显示为易读、易懂的表，一目了然。如图 5-4 所示。

成绩

学号	课程ID	考分
7	9	85
7	19	68
7	23	90
7	24	76
7	28	62
7	29	60.5
11	9	91
11	11	60
11	14	64

记录: 1 共有记录

图 5-3 成绩表窗体

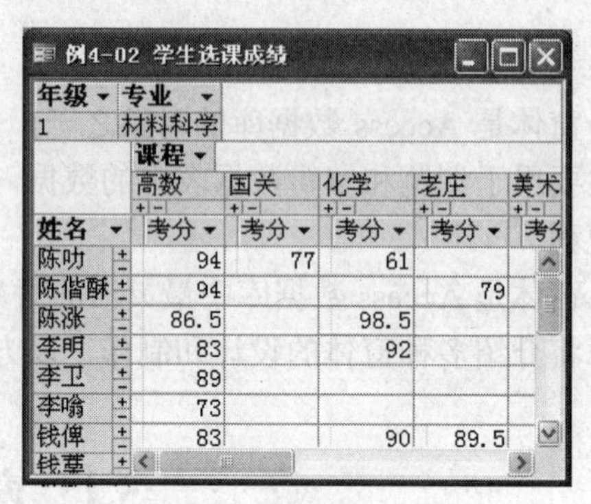
例4-02 学生选课成绩

年级 专业
1 材料科学

课程

姓名	高数 考分	国关 考分	化学 考分	老庄 考分	美术 考分
陈昉	94	77	61		
陈偕酥	94			79	
陈涨	86.5		98.5		
李明	83		92		
李卫	89				
李嗡	73				
钱倬	83		90	89.5	
钱莛					

图 5-4 数据透视表

5．数据透视图

数据透视图，其实就是图表，是可以显示多种不同变化的图表，其目的就是对图表进行分析，如图 5-5 所示。

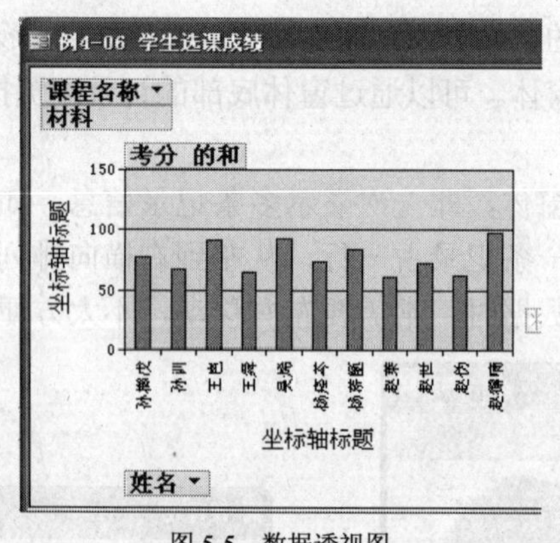

图 5-5 数据透视图

5.2 快速创建窗体

窗体是最常见的操作界面，本节介绍如何在 Access 数据库中，以向导及其他方式，创建窗体。

5.2.1 自动创建窗体

【例 5-1】 使用“自动创建窗体”创建如图 5-6 所示的“学生”（自动创建）窗体。

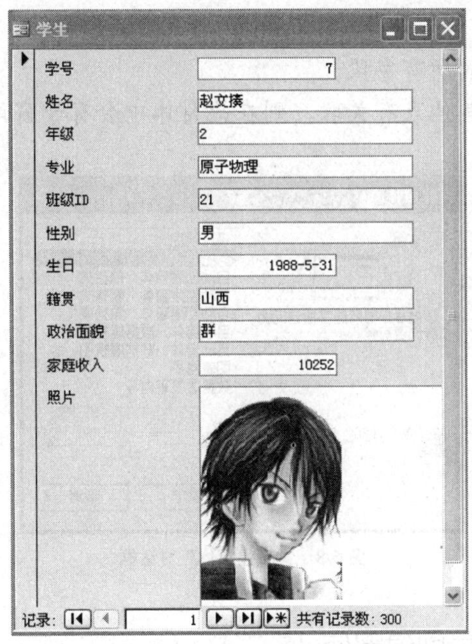

图 5-6　学生（自动创建）窗体

步骤 1：打开“D:\Access\教学信息管理”数据库文件。

步骤 2：单击“表”对象，选取“学生”表。

步骤 3：选择“插入｜自动窗体”菜单命令，产生如图 5-6 所示的窗体。

步骤 4：单击工具栏上的“保存”按钮，这时出现“另存为”对话框。

步骤 5：在“另存为”对话框中直接单击“确定”按钮，将窗体保存。

产生的新窗体名称与数据表名称相同。

5.2.2　通过文件另存创建窗体

可以通过“另存为”的方法，将现有的表或查询保存为窗体形式。

【例 5-2】　通过将文件另存来创建简单窗体，创建结果同【例 5-1】的结果。

步骤 1：打开“D:\Access\教学信息管理”数据库文件。

步骤 2：单击“表”对象，选取“学生”表。

步骤 3：选择“文件｜另存为”菜单命令，打开“另存为”对话框。

步骤 4：在“另存为”对话框中，确定保存类型“窗体”，然后输入新窗体名称为“学生（另存为）”窗体，如图 5-7 所示，最后单击“确定”按钮。

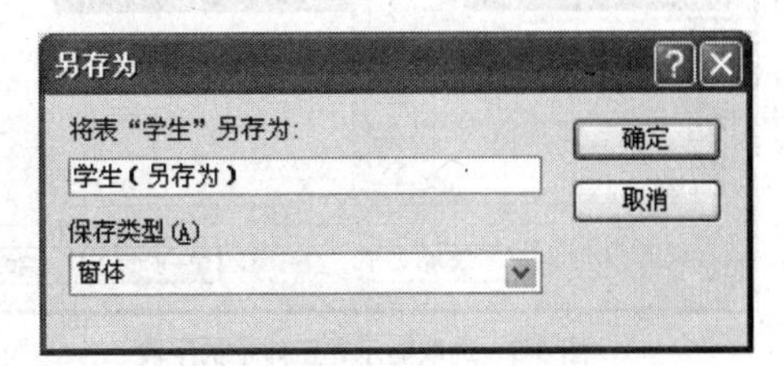

图 5-7　“另存为”对话框

说明：图 5-7 表示将指定的数据表或查询以“另存为”其他对象。此例题创建的窗体与前例相同，但需要指定保存类型和名称。这是最常使用的建立窗体的快速方式，其特点是：

- 此窗体忠实地继承了来自数据表的属性，如输入掩码、格式等，但也可以重新设置属性。
- 此窗体显示数据表的所有字段。
- 如果数据表已经和其他表有关联，则在此窗体中会有子窗体显示。

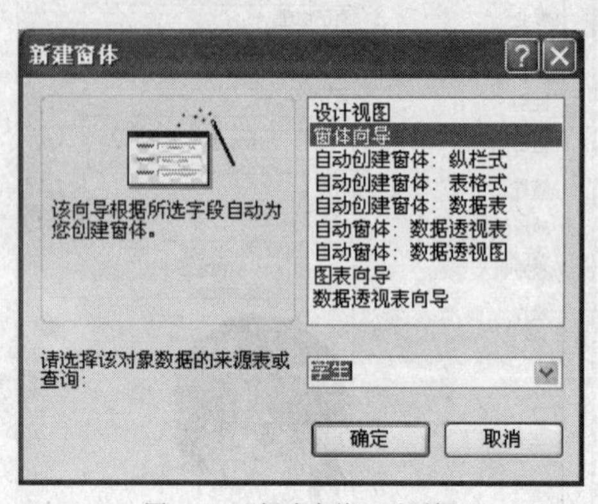

图 5-8 “新建窗体”对话框

5.2.3 使用窗体向导创建窗体

使用“窗体向导”是一种常用和简单的创建窗体的方法。

【例 5-3】 使用“窗体向导”创建如图 5-1 所示的“学生”（纵栏式）窗体。

步骤 1：打开“D:\Access\教学信息管理”数据库文件。

步骤 2：单击“窗体”对象，单击“新建”按钮，打开如图 5-8“新建窗体”对话框。

步骤 3：单击“窗体向导”，从“请选择该对象数据的来源表或查询”列表框中选取“学生”，然后单击“确定”按钮。

步骤 4：在图 5-9 中的“可用字段”列表选取欲使用的字段，或单击»按钮选取全部字段，至少须选取一个字段，然后单击“下一步”按钮，出现图 5-10 所示对话框。

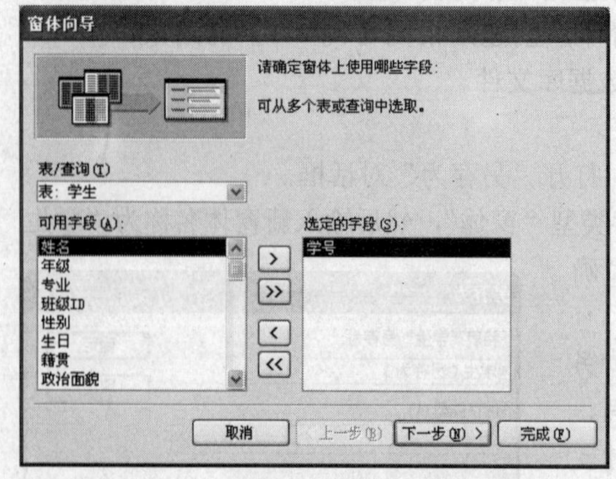

图 5-9 选取显示在窗体中的字段

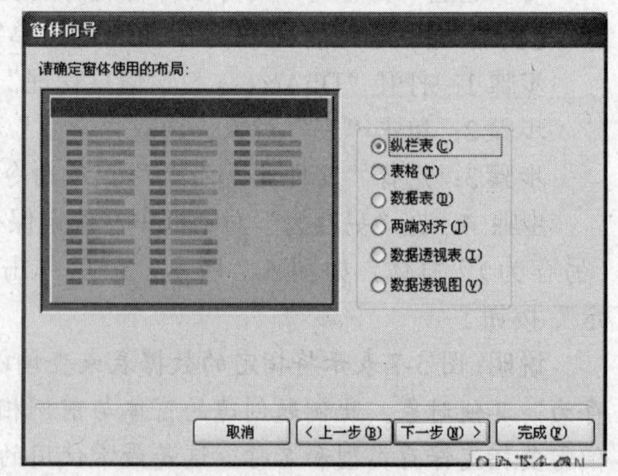

图 5-10 确定窗体布局

步骤5：在图5-10确定所需窗体布局，如“纵栏表”，然后单击“下一步”按钮，出现图5-11所示对话框。

步骤6：在图5-11确定所需窗体样式，如“国际”，然后单击“下一步”按钮。

步骤7：输入新窗体标题“学生”，然后单击“完成”按钮。

以上是窗体向导的操作，完成后的新窗体会立即显示，此时可输入或编辑记录，如图5-1所示。

若要关闭，可单击右上角的关闭按钮。

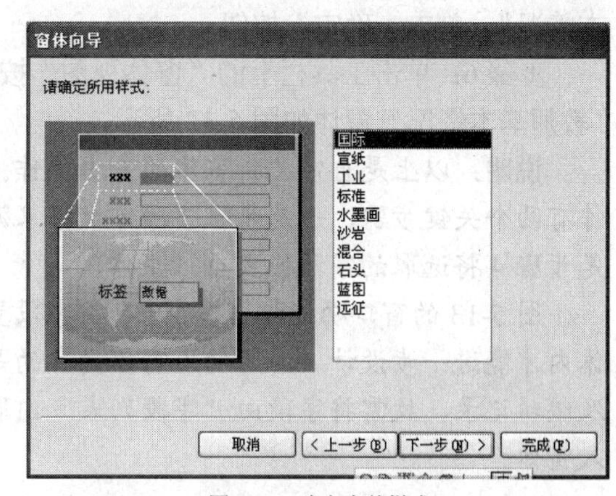

图5-11 确定窗体样式

说明：图5-8所示有多种窗体向导，此图与新建数据表和新建查询有所不同，需指定数据来源，来源可以是数据表或查询。指定来源后，才可以在图5-9中显示可用的字段。

可用字段就是数据来源内的字段，但我们在图5-9中并未使用所有字段，所以就像以数据表建立查询一样，数据表的字段不一定要全部放在窗体上。

5.2.4 快速自定义窗体

【例5-4】 使用“设计视图”创建“教师基本情况”窗体，如图5-12所示。

步骤1：打开 “新建窗体”对话框，如图5-9所示。

步骤2：在“新建窗体”对话框中单击“设计视图”，并在“请选择该对象数据的来源表或查询”列表中，确定“教师”，然后单击“确定”按钮。打开空白窗体设计窗口，如图5-13所示。

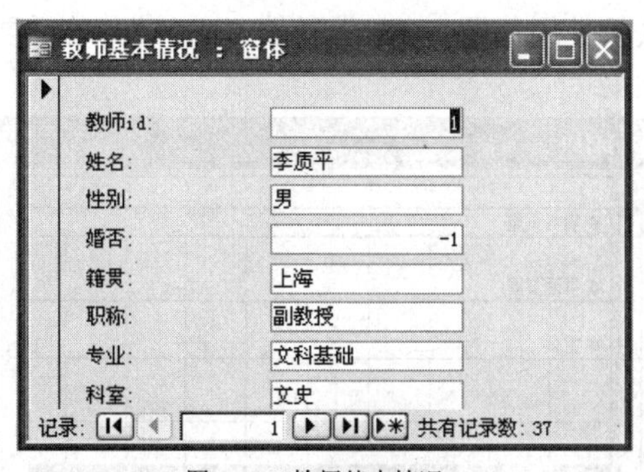

图5-12 教师基本情况

图5-13 空白窗体设计窗口

步骤3：在字段列表中先选取“教师id”到“科室”之间的字段。如果没有看到字段列表，可以选择“视图｜字段列表”菜单命令即可。

步骤4：将选取的字段拖曳至窗体设计窗口的“主体”区域，如图5-14所示。

步骤5：单击工具栏上的“保存”按钮，在“另存为”对话框中输入窗体名称“教师基本情况”，单击“确定”按钮。

步骤 6：单击工具栏上的“窗体视图”按钮，“教师基本情况”窗体如图 5-12 所示。

说明：以上是自定义新窗体的基本操作。其操作有两个关键步骤，一是步骤 3 确定数据来源；二是步骤 4 将选取的字段拖曳至“主体”。

图 5-13 的窗口功能相当多，只有将字段置于窗体内才能进一步设计。因为使用窗体的目的是输入及编辑记录，故需将字段由“字段列表”内取出放入窗体。

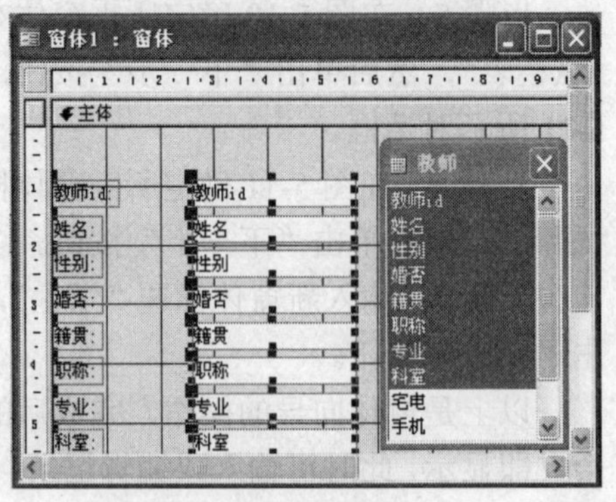

图 5-14　字段拖曳至主体后

5.3　使用设计视图创建窗体

窗体的视图分为设计视图、窗体视图、数据表视图、数据透视表视图和数据透视图视图。在设计视图中可创建和修改一个窗体，在窗体视图下可运行窗体并显示结果。另外 3 种视图，是针对窗体中源于表或查询数据的相应的显示方式。

要想在设计视图中设计窗体，就需了解设计视图中窗体的结构组成。

5.3.1　窗体的组成

1．窗体的节

从设计视图的角度看，窗体中的信息分布在多个节中。所有窗体都有主体节，但窗体还可以包含窗体页眉、页面页眉、页面页脚和窗体页脚节。每个节都有特定的用途，并且在打印时按窗体中预览的顺序打印。

在窗体设计窗口中，至多可使用 5 个节，默认只使用如图 5-13 所示的“主体”。若需要使用其他节，选择“视图｜页面页眉/页脚”及“窗体页眉/页脚”菜单命令，如图 5-15 所示。各节有如下特性。

图 5-15　窗体的各节

● 窗体页眉。在设计窗口的最上方，常用来显示窗体名称、提示信息或放置按钮、下拉列表等控件。在窗体视图中，窗体页眉始终显示相同的内容，不随记录的变化而变化，打印时则只在第一页出现一次。

● 页面页眉。在设计窗口中，页面页眉显示在窗体页眉的下方，打印时出现在每页的顶部。它只出现在设计窗口及打印后，不会显示在窗体视图中，即窗体执行时不显示。

● 主体。显示记录的区域，是每个窗体必备的节，所有相关记录显示的设置都在这一节中。通常，主体中包括与数据源结合的各种控件。

● 页面页脚。只有在设计窗口及打印后才会出现，并打印在每页的底部。通常，页面页脚用来显示日期及页码。

● 窗体页脚。位置在窗体设计视图的最下方，与窗体页眉功能类似，也可放置汇总主体内各控件的数值数据。

每节都可以放置控件，但在窗体中，页面页眉和页面页脚使用较少，它们常被使用在报表中。

2. 窗体的控件

控件是在窗体、报表和数据访问页设计的重要组件，凡是可在窗体、报表上选取的对象都是控件。它用于数据显示、操作执行和对象的装饰方面，如图 5-16 所示。控件种类不同，其功能也就不同。可使用的控件都在工具箱中，如图 5-19 所示。一个窗体可以没有数据来源，但一定要有若干数量的控件，这样才能执行窗体的功能。

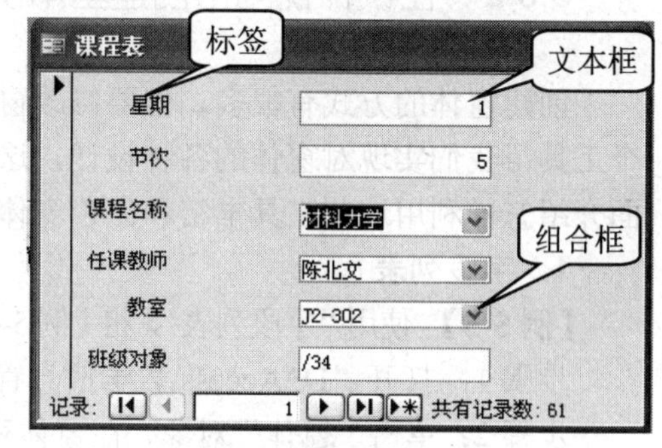

图 5-16 窗体中的各种控件

控件有以下 3 种基本类型。

● 绑定型控件。控件与字段列表中的字段结合在一起，对控件中数据的更新会自动保存到相应的数据表中。大多数允许编辑的控件都是绑定型控件，可以和控件绑定的字段类型包括文本、数字、日期/时间、是/否、图像和备注型字段。

● 未绑定型控件。控件与数据源无关。当给控件输入数据时，窗体可以保留数据，但不会更新数据源。未绑定型控件可以用于文本、线条及图像的显示。

● 计算型控件。计算型控件以表达式为数据源。表达式可以使用窗体和报表中数据源的字段值，也可以使用窗体和报表中其他控件中的数据。此类控件也是未绑定型控件，不会更新数据表的字段值。

表 5-1 列出了常用的控件。窗体和报表还有一些附加控件，包括绑定对象框、未绑定对象框和分页符。另外，还可以向窗体或报表添加子窗体或子报表。数据访问页还包括下拉列表框、超链接、滚动文字、数据透视表列表、电子表格、图表组件等。

表 5-1 窗体中的控件

控件名称	描述
Aa 标签	显示说明性文本。可以单独存在，也可以附加到另一个控件上
ab| 文本框	显示或处理表/查询上的数据。使用键盘键入数据，是适用范围最大的控件
列表框	由多个数据行组成。使用鼠标选取数据，以文本和日期/时间型数据较为常用
组合框	是文本框和列表框的组合。可以有一个或多个数据列，鼠标选取、键盘输入均可
命令按钮	用来启动一项操作或一组操作，控制程序流程
复选框	可以对多组“是/否”数据进行共存选择
单选按钮	排他性的选择按钮，用于选择是/否
切换按钮	用于数据切换，适用于是/否型数据值
选项组	用来显示一组限制性的选项值，适用于数字或是/否型数据
选项卡	可以使用选项卡控件来展示单个集合中的多页信息

说明：文本框是使用率最高的控件，当从字段列表中拖出字段后，若该字段在数据表中未使用查阅向导，就会默认显示为文本框的形式。

在表5-1的多种控件类型中，文本框适用于文本、数字、日期/时间、超级链接、自动编号、货币、备注等字段类型，只可使用键盘输入。列表框、复选框、单选按钮、切换按钮等皆只可使用鼠标来操作。组合框可使用键盘或鼠标来操作。

5.3.2 在设计视图中创建基本窗体

创建窗体的方式有很多，但要修改窗体，只能在设计视图中进行。在设计视图中，有多个工具帮我们实现对窗体的各种设计，这些工具包括字段列表、工具箱、属性对话框等。下面介绍怎样利用这些工具丰富和完善窗体。

1．字段列表

【例5-5】 使用“字段列表”，将【例5-4】“教师基本情况”窗体修改为如图5-17所示的效果。

步骤1：打开“D:\Access\教学信息管理”数据库文件。

步骤2：单击“窗体”对象，在窗体列表中选取“教师基本情况”窗体，单击窗口的“设计”按钮，打开窗体设计窗口。

步骤3：单击“婚否”标签控件，再按住Shift键同时单击“婚否”文本框控件，即同时选取两个控件，如图5-18所示，然后按Delete键，将选取的控件删除。

图5-17 修改后的“教师基本情况”窗体

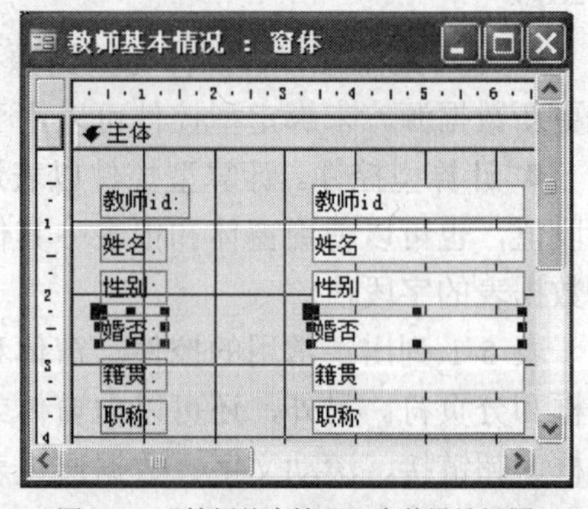

图5-18 “教师基本情况”窗体设计视图

步骤4：在字段列表中选取“宅电”字段，再将此字段拖曳至设计窗口的原来“婚否”文本框控件所在的位置。

步骤5：单击工具栏上的“保存”按钮，将修改的设计进行保存。

步骤6：单击工具栏上的“窗体视图”按钮，“教师基本情况”窗体如图5-17所示。

说明：我们可以从字段列表，直接将选取的字段用鼠标拖曳至主体，为窗体添加新控件。可以逐一添加，也可以同时选取多个字段一次性添加。若该字段在数据表中未使用查阅向导，就会默认显示为文本框的形式；若已经使用查阅向导，则自动添加组合框控件。

若要删除控件，只需要选取控件后，按Delete键。

2．工具箱

工具箱（见图5-19）中包括了所有的控件类型，只要直接拖入窗体的各节，就可添加不同功能的新控件。

【例 5-6】 使用“工具箱”，为【例 5-5】“教师基本情况”窗体添加标题如图 5-20 所示效果。

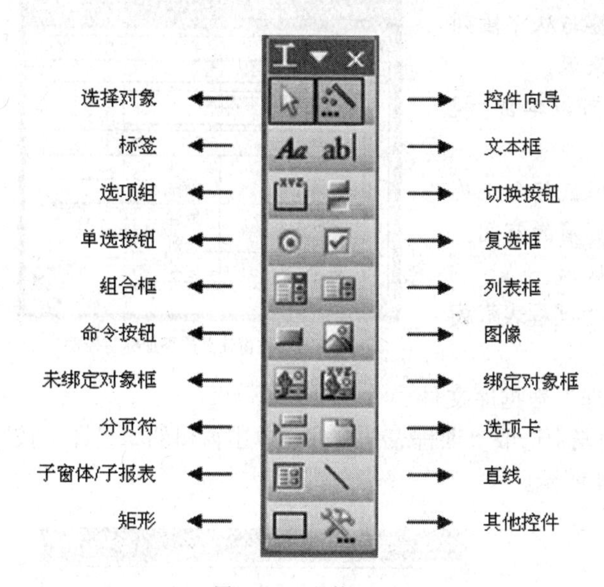

图 5-19 工具箱

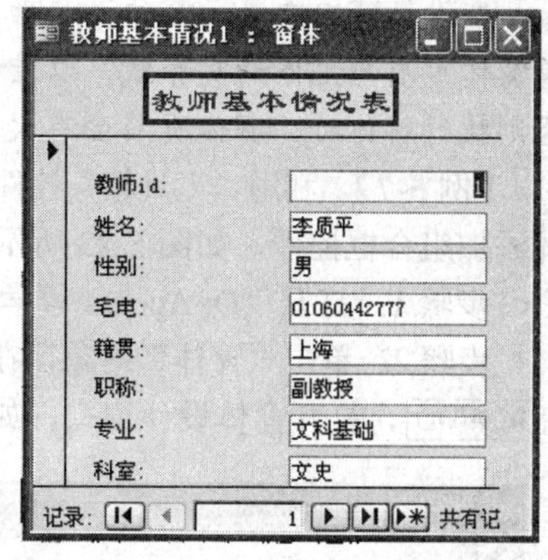

图 5-20 在窗体页眉添加标题的窗体

步骤 1：打开“D:\Access\教学信息管理”数据库文件。

步骤 2：单击“窗体”对象，在窗体列表中选取“教师基本情况”窗体，单击窗口的“设计”按钮，打开窗体设计窗口。

步骤 3：选择“视图 | 窗体页眉/页脚”菜单命令，设计窗口如图 5-21 所示。

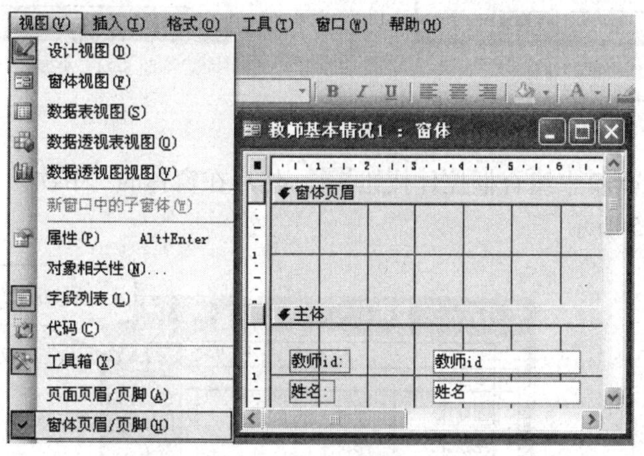

图 5-21 添加窗体页眉

步骤 4：单击“工具箱”的标签控件按钮，此时鼠标指针变为+A。将鼠标移至窗体页眉内，按下左键拖曳，在窗体页眉处形成相应大小的空白标签控件，在光标处输入“教师基本情况表”，设计窗口如图 5-22 所示。

步骤 5：单击窗体页眉新添加的标签控件，使用工具栏中的各种格式按钮，分别设置字体为隶书，字号为 12，字体颜色为深蓝，背景颜色为浅蓝等。

步骤 6：单击工具栏上的“保存”按钮，将修改的设计保存。

步骤 7：单击工具栏上的“窗体视图”按钮，“教师基本情况表”窗体如图 5-20 所示。

说明：使用标签的目的是显示文本，执行窗体时，标签内容不允许编辑。上例中的新添加标签与从字段列表添加的控件不同，不是字段，即无数据来源。

在上述操作中，如果没有显示工具箱，可以单击“视图 | 工具箱”选项。

在设计窗口中显示窗体页眉后，需要用鼠标向上拖曳窗体页眉与主体的交界线，以缩小窗体页眉的空间。否则执行窗体时，窗体页眉会有大量空白区域。

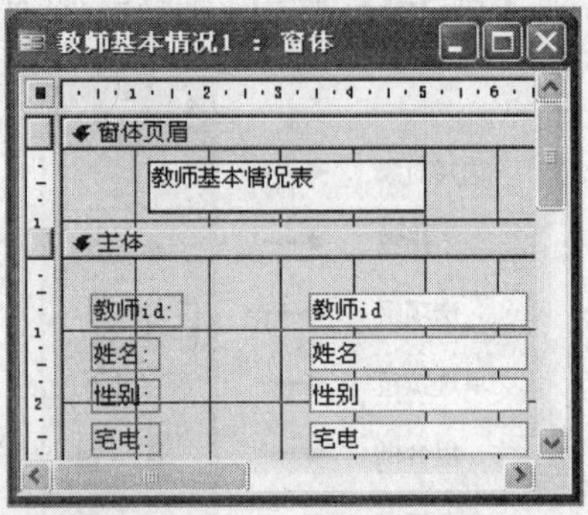

图 5-22　在窗体页眉添加标签控件

【例 5-7】 利用“工具箱”控件向导为“课程表”窗体添加组合框控件，如图 5-23 所示。

步骤 1：打开“D:\Access\教学信息管理”数据库文件。

步骤 2：单击“窗体”对象，在窗体列表中选取“课程表”窗体，单击窗口的“设计”按钮，打开窗体设计窗口，如图 5-24 所示。

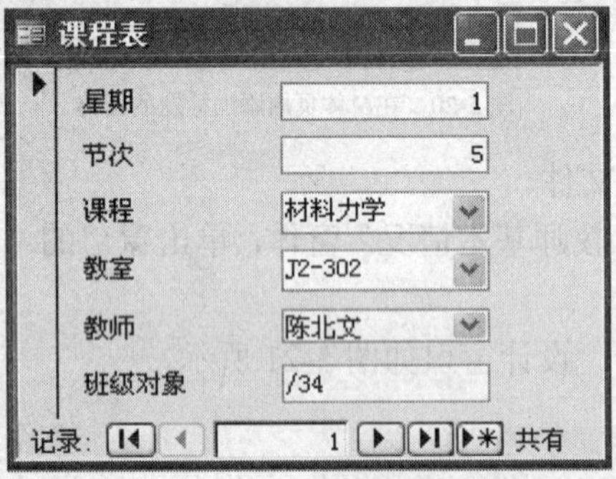

图 5-23　带组合框的窗体

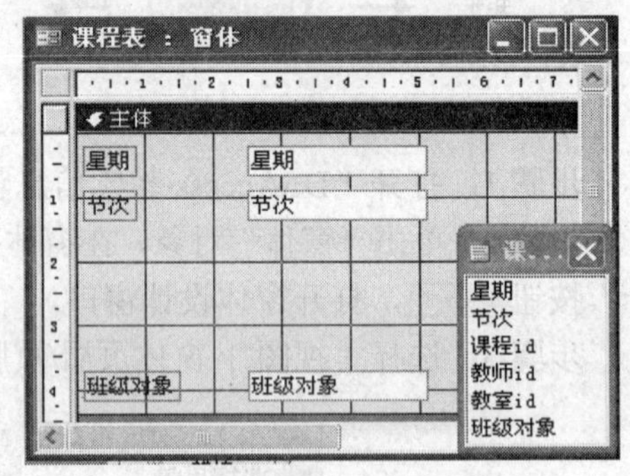

图 5-24　来源是“课程表”数据表

步骤 3：单击工具箱的控件向导按钮。

步骤 4：单击工具箱中组合框控件按钮，然后在窗体的“节次”下方单击左键，添加新组合框，如图 5-25 所示。

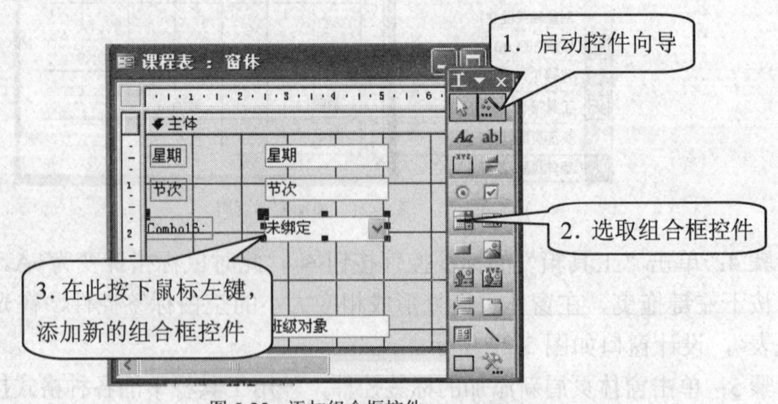

图 5-25　添加组合框控件

步骤 5：在出现的控件向导对话框中，首先选取“使用组合框查阅表或查询中的值”，如图 5-26 所示。

步骤 6：在图 5-27 中选取“表：课程名称”，再单击“下一步”按钮。

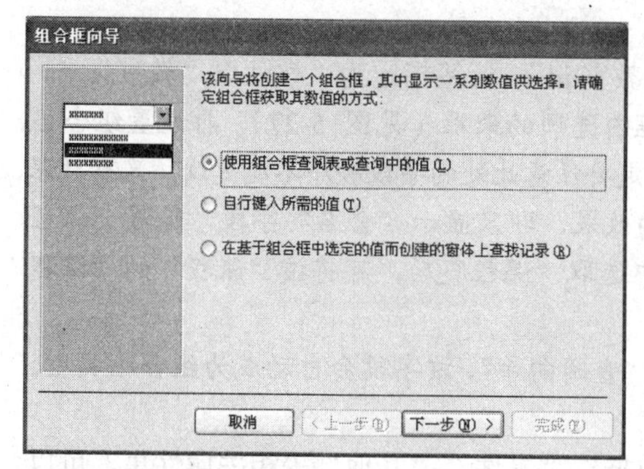

图 5-26　确定数据来源类型

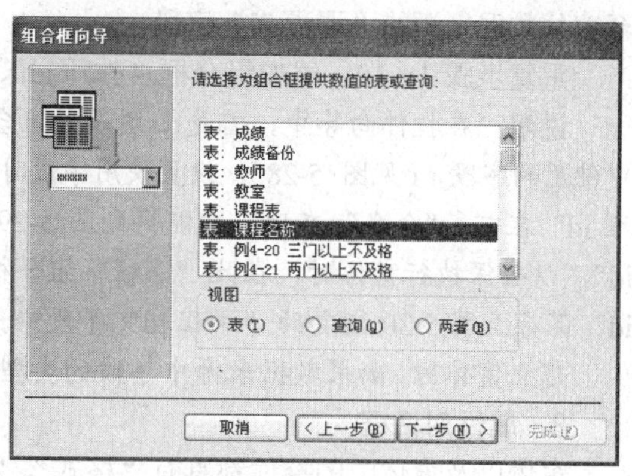

图 5-27　确定数据来源

步骤 7：在图 5-28 中分别双击“课程 id”和“全名”字段，然后单击“下一步”按钮。指定按“全名”字段升序排序后，进入下一步。

步骤 8：在图 5-29 中不做更改，单击“下一步”按钮。

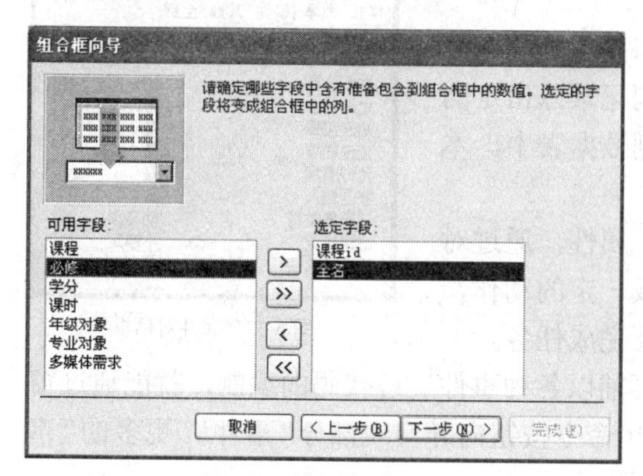

图 5-28　确定使用字段

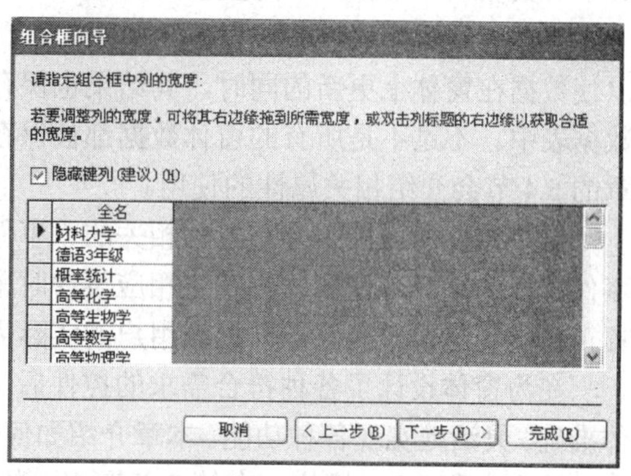

图 5-29　隐藏主索引字段

步骤 9：在图 5-30 选取“将该数值保存在这个字段中”，再打开字段列表，选取“课程 id”，完成后单击“下一步”按钮。

步骤 10：在图 5-31 中，将标签指定为“课程”，最后单击“完成”按钮。

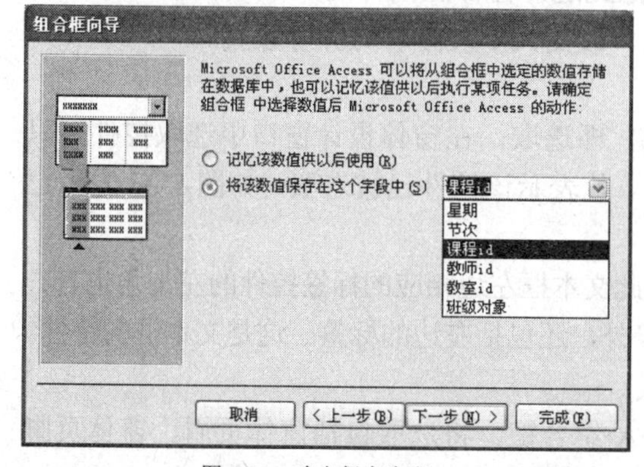

图 5-30　确定保存字段

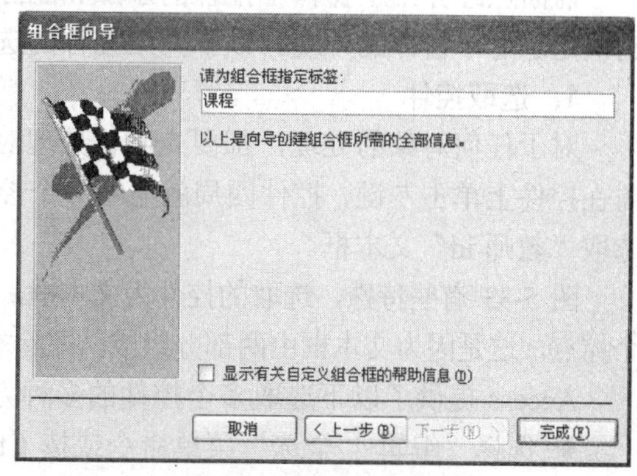

图 5-31　确定组合框标签

完成后的组合框会显示“课程名称”数据表的“全名”字段，同时会将选取的结果保存至窗体数据来源的“课程 id”字段。

重复步骤 3～10，添加组合框“教师 id”、“教室 id”，标签指定为“教师”、“教室”。

说明：在控件向导中，首先必须设置组合框内选项的来源（见图 5-27），再设置组合框中使用的字段，（见图 5-28）。设置使用字段时一定要注意此处的字段顺序不能更改。只有“课程 id”在前，“全名”在后，才能得到图 5-29 的效果，即只显示“全名”字段，隐藏“课程 id”，以确保执行窗体时，在此“课程”组合框中选取“课程”后，可将该“课程”的“课程 id”保存至图 5-30 指定的“课程 id”字段中。

建立窗体时，如果数据来源中字段的类型是“查阅向导”，该字段会自动成为组合框类型。

3．属性对话框

窗体以及窗体中的控件都具有“格式”、“数据”、“事件”、“其他”等相关属性集，可以通过对属性的设置和修改达到对窗体进行设计的目的。单击“视图 | 属性”选项，可打开如图 5-32 所示的属性对话框。

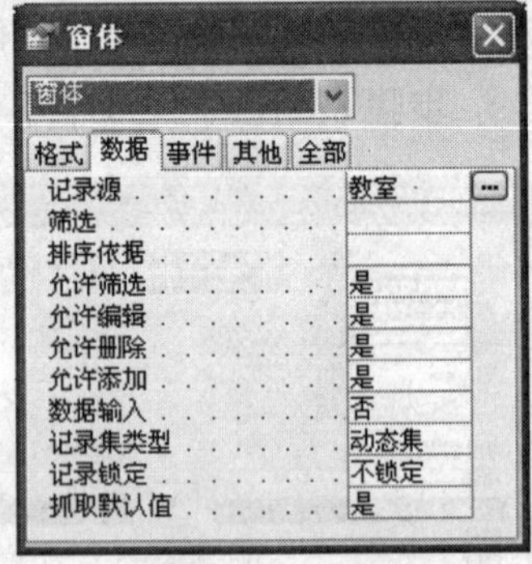

图 5-32　属性对话框

无论窗体、窗体的各节、不同的控件都有其专有的属性集，其中“数据”、“事件”最为重要。

通过“数据”属性集可以确定数据的来源和显示方式。可以使数据在窗体上更新的同时，其结果也保存到记录源指定的数据表中。不过不是所有的窗体数据都被保存到数据表中。本章的 5.4 节会介绍相关属性的使用。

窗体控件的属性中含有各种相关的“事件”属性，通过对事件过程的编写可使窗体在发生相应事件时采取一定的动作，真正地实现与用户交互，并根据用户的实际需要完成任务。

在为窗体设计了各种符合需求的控件后，再辅以各种事件过程代码的编制，就能通过窗体准确、灵活地实现各种功能。本章介绍如何使用命令按钮向导实现部分“事件”。更多的“事件”涉及宏和 VBA 模块，在第 8 章有深入的介绍。

5.3.3　设计视图窗口中控件的基本操作

前面已经介绍了窗体中控件的添加和删除，除此之外窗体上控件的大小、排列也很重要，它决定了一个窗体的外观。以下介绍控件的选取、改变大小及左右对齐等设置。

1．选取控件

对于任何对象的处理，都要先确认处理对象，即选取。在窗体设计窗口中选取控件，只需在控件上单击左键，控件四周就显示 8 个控点，就表示该控件已被选取，如图 5-33 表示已选取“教师 id”文本框。

图 5-33 有些特殊，选取的控件为文本框，但此文本框左边相应的标签控件的左上角也有一个控点，这是因为文本框由两部分组成，即除本身外，还包括左边的标签。这是文本框的特性。

Access 提供了以下选取多个控件的多种方式。

● 选择“编辑 | 全选”菜单命令或按 Ctrl+A 组合键，将选取包括窗体页眉、窗体页脚在内的窗体上的所有控件。

● 使用鼠标在设计窗口内拖曳一个矩形，可选取矩形内所有控件，如图 5-34 所示。

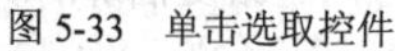
图 5-33　单击选取控件

图 5-34　鼠标拖曳矩形选取控件

● 使用鼠标在标尺上拖动，形成黑色区域，此区域延伸到设计窗口对边，其中经过的所有控件会被选取，如图 5-35 所示。

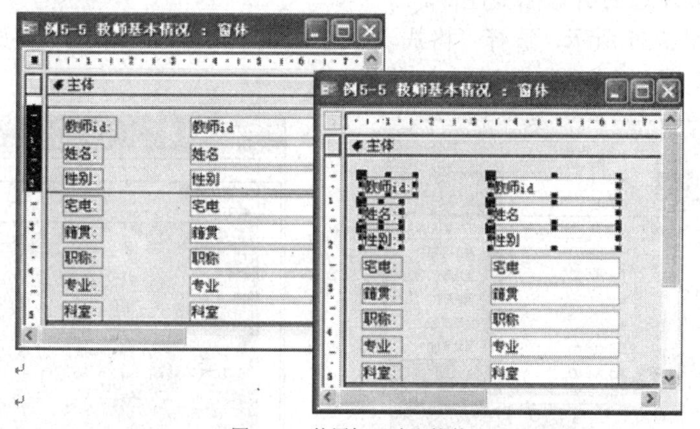

图 5-35　使用标尺选取控件

● 先按住 Shift 键，再分别以鼠标在多个控件上单击，也可选取多个控件。

2．移动控件

移动控件位置可以参照标尺和网格。

● 使用鼠标直接拖动已经选取的控件至目标位置即可。

说明：若选取的控件为多个，则一定要注意鼠标指针的形状。当指针形状为五指张开的手掌，此时拖动可同时移动捆绑的所有控件；若只要移动捆绑控件中的一个，需将鼠标移至该控件的左上角，此时鼠标指针为食指朝上的手掌，详细说明如图 5-36 所示。

● 选取控件后，按 4 个方向的光标键，即可移动控件；先按住 Ctrl 键再按光标键，则可微调控件。

3．调整多个控件的大小

【例 5-8】 使用“格式”菜单，调整控件大小，结果如图 5-38 所示。

步骤 1：打开“D:\Access\教学信息管理”数据库文件。

步骤 2：单击“窗体”对象，在窗体列表中选取“学生”（纵栏式）窗体，单击窗口的“设计”按钮 设计(D) ，打开窗体设计窗口。

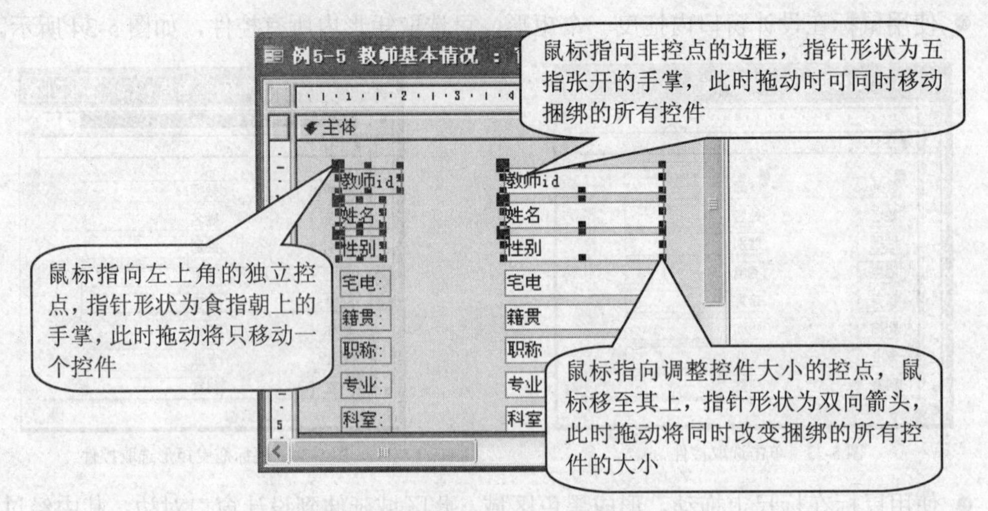

图 5-36　不同的移动情况

步骤 3：选取左边的所有标签控件。

步骤 4：如图 5-37 所示，选择“格式 | 大小”菜单命令，再单击“正好容纳”选项，结果如图 5-38 所示。

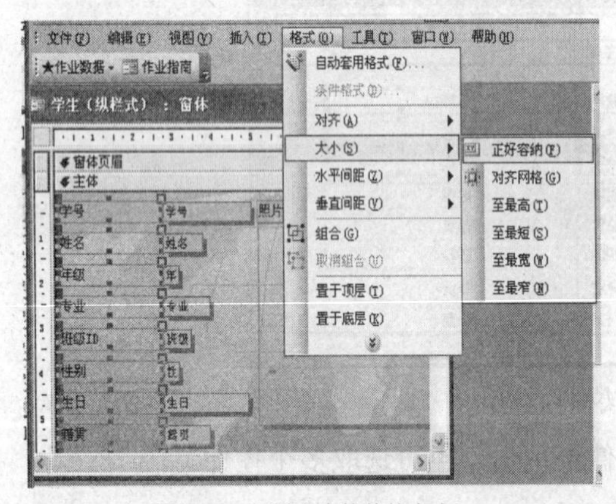

图 5-37　调整多个控件的大小

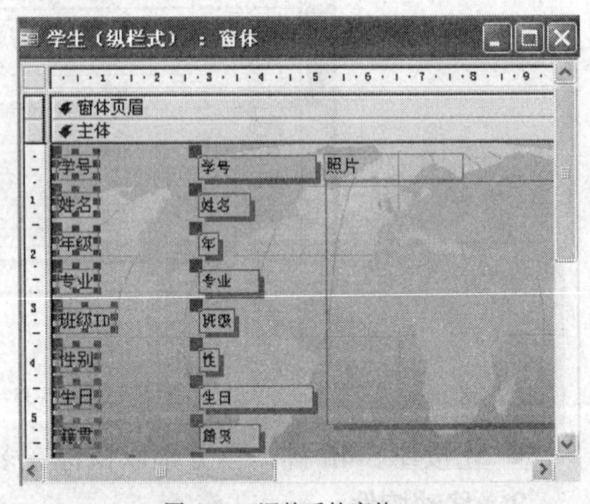

图 5-38　调整后的窗体

本例将“学生”（纵栏式）窗体中的标签根据内容调整至正好容纳。如果在图 5-37 中选取“至最宽”选项，则将选取的所有控件统一放大至最宽。

4．对齐多个控件的边界

【例 5-9】 将【例 5-8】“学生”（纵栏式）的控件右对齐，结果如图 5-40 所示。

步骤 1：打开“D:\Access\教学信息管理”数据库文件。

步骤 2：单击“窗体”对象，在窗体列表中选取“学生”（纵栏式）窗体，单击窗口的“设计”按钮 设计(D)，打开窗体设计窗口。

步骤 3：选取左边的所有标签控件。

步骤 4：鼠标指向选取的多个标签，当指针变为五指分开的手掌时，单击鼠标右键，在打开的快捷菜单中选择“对齐 | 靠右”命令，如图 5-39 所示。

说明：本例将“学生（纵栏式）”窗体中的标签均向右对齐，即同时移动多个控件，以最右方控件的右边界为基准，将其他选取的控件移至此处。

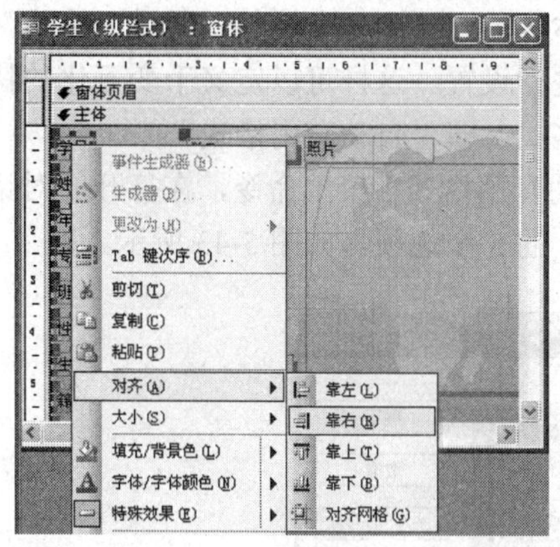

图 5-39 统一多个控件的右边界

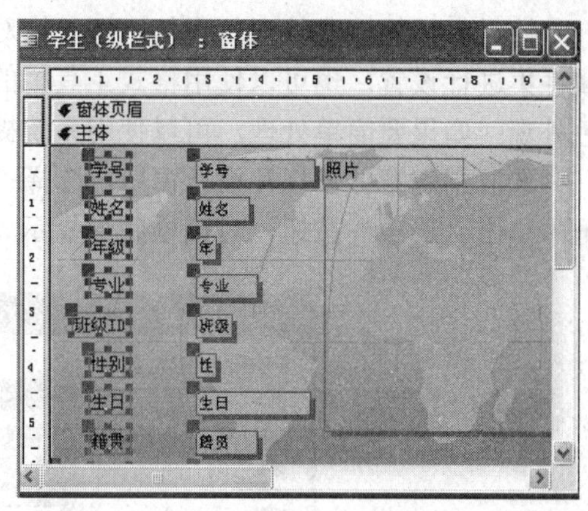

图 5-40 统一边界后的窗体

5. 调整多个控件的垂直间距

【例 5-10】 使用“格式”菜单调整控件垂直间距，结果如图 5-42 所示。

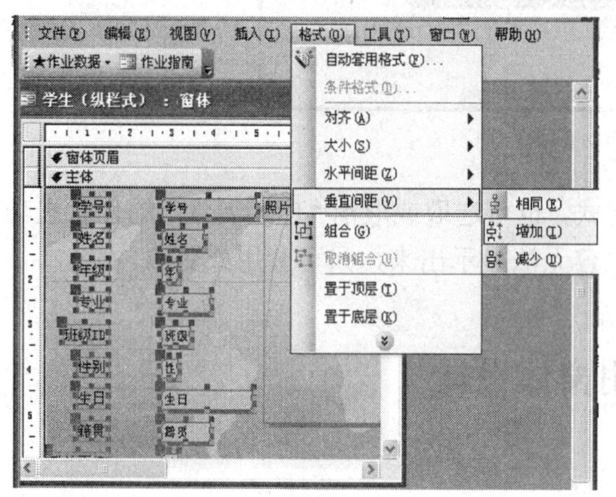

图 5-41 控件间距调整前

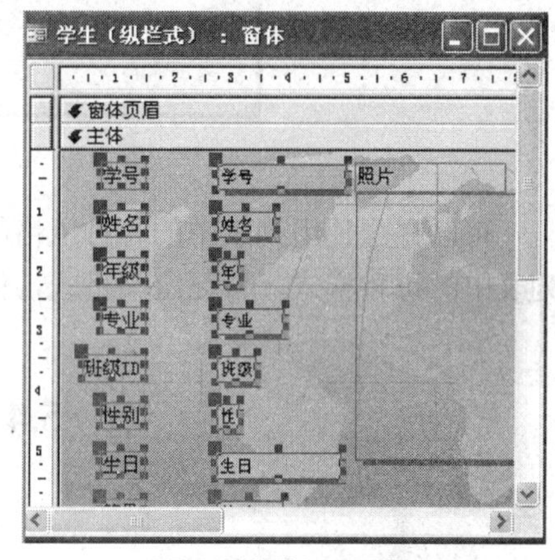

图 5-42 控件间距调整后

步骤 1：打开“D:\Access\教学信息管理”数据库文件。

步骤 2：单击“窗体”对象，在窗体列表中选取“学生”(纵栏式）窗体，单击窗口的“设计”按钮[设计(D)]，打开窗体设计窗口。

步骤 3：选取左边的标签和文本框控件。

步骤 4：选择“格式 | 垂直间距 | 增加”菜单命令，如图 5-41 所示。

“垂直间距”是上下多个控件间的距离，“增加”及“减少”选项功能为增加或减少垂直间距，“相同”是最上及最下方的控件不动，以此二者的距离为准，平均其他多个控件的间距。

说明：以上介绍的是窗体中控件大小的调整，水平和垂直布局还可以通过相应对象的“格式”属性中的若干属性进行设置，如高度、宽度、上下左右边距等。

5.3.4 窗体自动套用格式

使用设计视图创建窗体，首先应明确数据来源，再确定控件功能，然后是格式化窗体。

针对窗体的格式处理，我们可逐一针对窗体、窗体各节、再到各个控件，通过“格式”属性集进行设置，也可以使用格式工具栏的不同按钮进行设置。这样可以定义千变万化的特色外观。如果要简单处理，可以使用系统提供的统一格式，即“自动套用格式”。

选取指定窗体，打开设计窗口，选择“格式 | 自动套用格式”菜单命令，在打开的对话框中单击“选项”按钮，对话框底部显示“应用属性”的 3 个选项，如图 5-43 所示。

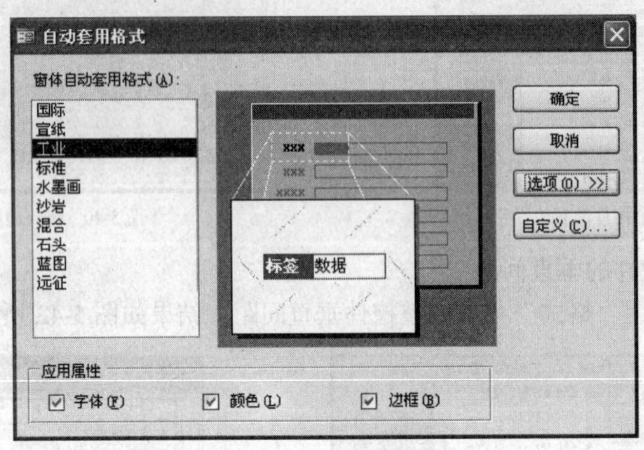

图 5-43 自动套用格式

可以完全使用列表中的各种风格的窗体样式，也可选取或取消“应用属性”的任意选项。列表中的每种样式，皆已定义格式，但格式内容无法显示出来，只可套用或更改。

5.4 实用窗体设计

5.4.1 输入式窗体

输入记录是窗体的主要任务，用来输入记录的窗体必须进行相当精密而细微的设计。因为绝大部分窗体设计都需要使用宏及 VBA，本节仅介绍较简易的输入式窗体的基本设计。

1. 光标的切换

光标所处的位置是输入数据的位置。在数据表中，输入数据的位置是字段；在窗体中，输入数据的位置是文本框或其他控件，且窗体可呈现比数据表更为复杂的外观。光标的切换，会影响输入数据的效率。

【例 5-11】 为“教师基本情况”窗体调整 Tab 键顺序。

步骤 1：打开“D:\Access\教学信息管理”数据库文件。

步骤 2：单击“窗体”对象，在窗体列表中选取“教师基本情况”窗体，单击窗口的“设计”按钮，打开窗体设计窗口。

步骤 3：选择“视图 | Tab 键次序”菜单命令。

步骤 4：在打开“Tab 键次序”对话框中，鼠标在字段左边的灰色的选取区拖曳，选取“籍贯”和“职称”，如图5-44所示。

步骤5：在选取区将选取的字段向上拖曳至“教师id”及“姓名”之间。

在打开“Tab键次序”对话框中，可以如本例自定义Tab键次序，也可以单击对话框右下角的“自动排序”按钮，让Access自动设置，原则是先自左而右，再自上而下。

本例的设置结果会影响“Tab键索引”属性，如图5-45所示。

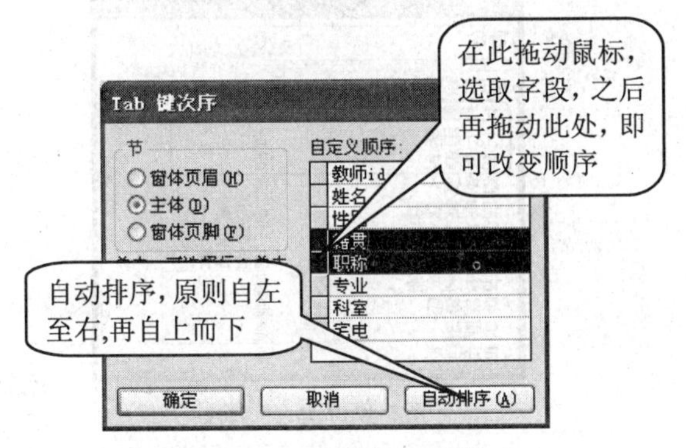

图5-44 “Tab键次序”对话框

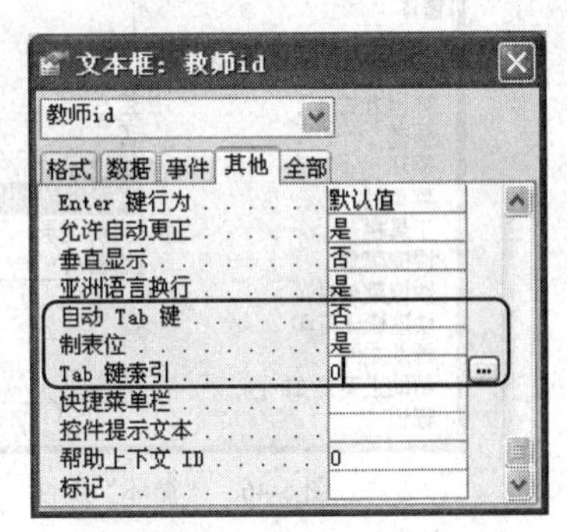

图5-45 “Tab键索引”属性

“Tab键索引”属性的内容是由“0”开始的数字，这些数字的大小表示各控件在窗体内使用Enter键或Tab键获得插入点或焦点的顺序。“制表位”属性的值若为“否”，表示不能使用Tab键或Enter键将插入点或焦点移入该控件，须使用鼠标操作。

说明：在Access中，Tab键用于移动插入点或焦点，Enter键表示执行操作。焦点在某一按钮上时，按Enter键，表示执行此按钮功能；按Tab键，则将焦点移动到下一个控件。在文本框中，二者都是将插入点移至下一个控件。

每个可移入光标的控件都有“自动Tab键”属性，此属性功能是设置Access可否在该控件自动移出光标，默认值为“否”。但需配合“输入掩码”属性，因为“输入掩码”属性可以定义用户最多在该控件输入多少字符。当文本框输入满时，光标会自动移到下一个控件。

“自动Tab键”属性常使用在身份证号、邮政编码、日期等固定长度的字段，此设置可加快用户在窗体的处理速度。

在单一窗体或连续窗体中，我们在最后一个控件按下Tab键或Enter键后，会切换到下一条记录，这是输入式窗体的默认值。也可以更改窗体的“循环”属性，如图5-46所示。“循环”属性共有3项设置，“所有记录”为默认值，“当前记录”表示会在目前记录的各控件间循环切换光标或焦点。“当前页”表示在现有页次的各记录间切换。

2．数据锁定及编辑

在窗体中，可以根据使用权限或需要来锁定记录，可以设置是否允许编辑、删除、添加记录等，也可以只锁定部分控件。

要锁定窗体，可以在窗体属性对话框中进行设置，将“允许编辑”、“允许删除”和“允许添加”属性设置为“否”，如图5-47所示。这样在执行窗体时，就不允许对记录进行编辑、删除和添加（默认值为“是”）。

若想在可以编辑记录的情况下锁定部分控件，须在窗体设计窗口中，先单击控件，打开属性对话框，将数据属性的“可用”设置为“否”，再把“是否锁定”设置为“是”，则此控件即被锁定（显示状态正常）。例如，“教师基本情况”窗体的“教师 id”文本框需要进行锁定，此字段类型是“自动编号”，无需输入。另外，不让光标移入此文本框。这样，可以节省输入数据的时间，提高效率。

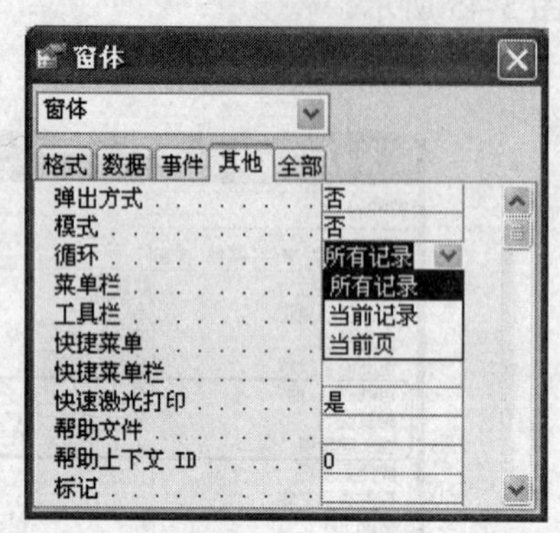

图 5-46 “循环”属性

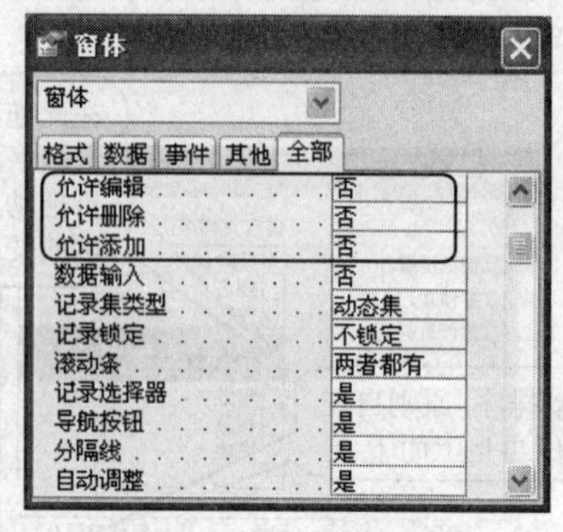

图 5-47 “允许”属性

说明：“可用”属性为“否”，表示不允许移入光标，默认值为“是”。“是否锁定”为“是”，表示不允许更改数据，默认值为“否”。如果两个属性均设置为“否”，此控件显示为灰色，如图 5-48 所示。

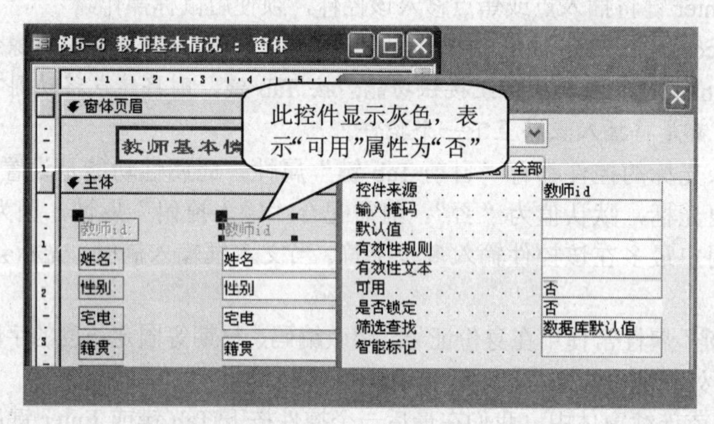

图 5-48 “可用”属性为“否”

3. 自定义工具栏

Access 的菜单和工具栏都可以自定义。

【例 5-12】 为“教师基本情况”窗体定义自己的工具栏。

步骤 1：打开“D:\Access\教学信息管理”数据库文件。

步骤 2：选择“视图 | 工具栏 | 自定义”菜单命令。

步骤 3：在打开的“自定义”对话框的“工具栏”卡片中，单击“新建”按钮，然后输入新工具栏的名称“基本处理”，最后按“确定”按钮，如图 5-49 所示。

步骤 4：切换到“命令”卡片，在“类别”列表中选取“记录”，在右边的命令中，选取“首记录”，将其拖曳到新的工具栏中，如图 5-50 所示。

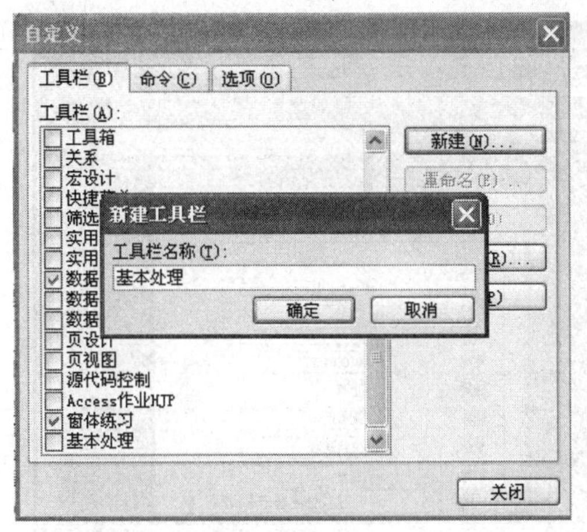

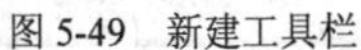
图 5-49 新建工具栏

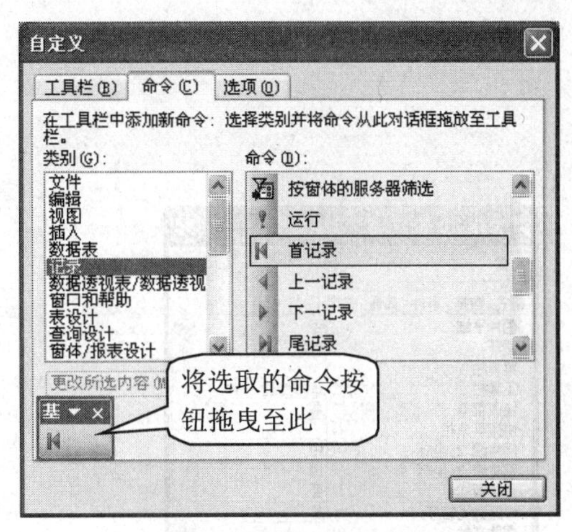

图 5-50 拖曳按钮到新工具栏

步骤 5：在工具栏中选取新加入的按钮，再按下“更改所选内容”按钮，再将“命名”改为“首条记录（&F）”，并选取“图像与文本”，如图 5-51 所示。

步骤 6：重复步骤 4 和步骤 5，将“上一记录”改为“前一记录”、“下一记录”改为“后一记录”、“尾记录”改为“末条记录”、“新记录”改为“添加”、“删除记录”改为“删除”等，全部显示为“图像与文本”。

步骤 7：在“类别”中选择“文件”，将右边命令中的“关闭”拖曳到工具栏中，再将“命名”改为“关闭文件”，并选取“图像与文本”，结果如图 5-52 所示。

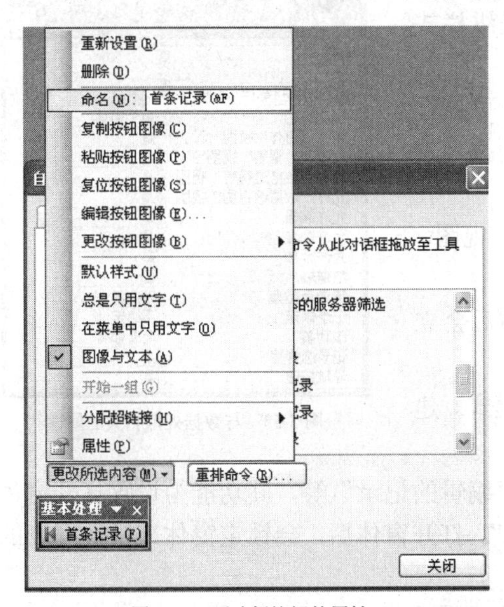

图 5-51 更改新按钮的属性

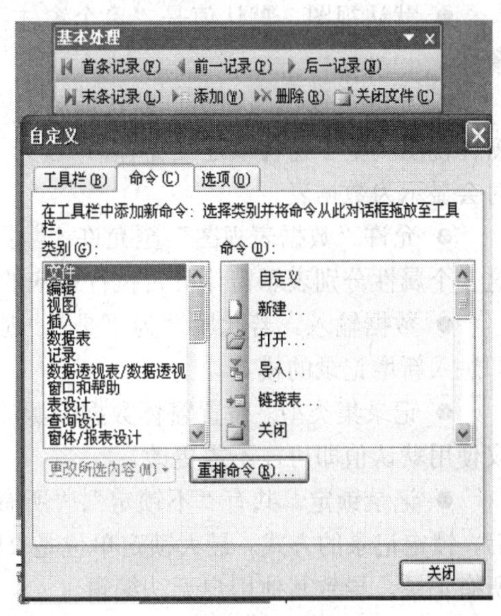

图 5-52 制作完毕的新工具栏

步骤 8：将工具栏拖曳至菜单下方，再切换至“工具栏”卡片，单击“基本处理”工具栏左边复选框的√符号，关闭新建工具栏。

步骤 9：单击“窗体”对象，在窗体列表中选取“教师基本情况”窗体，打开其属性对话框。将“工具栏”属性值设置为“基本处理”，如图 5-53 所示。执行窗体，如图 5-54 所示。

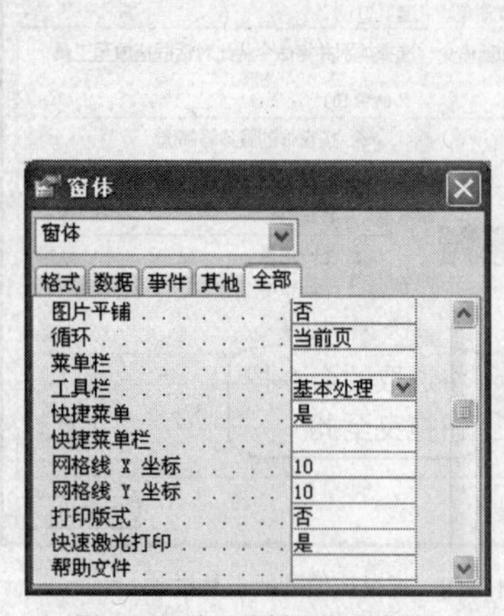

图 5-53 将工具栏指定到窗体

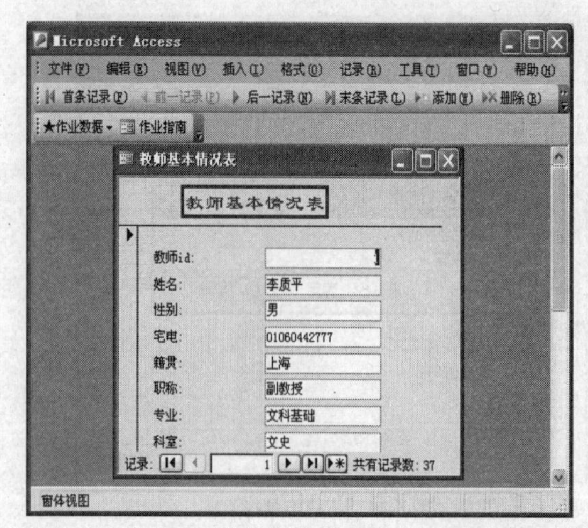

图 5-54 执行窗体时的自定义工具栏

本例先自定义工具栏，再将工具栏指定到窗体，这样执行此窗体时，就会自动显示自定义工具栏，隐藏默认工具栏。我们可以根据需要在数据库中建立多个自定义菜单栏及工具栏。

说明：步骤 8 的目的是将新工具栏移至菜单下方后，再予以关闭。因为工具栏下次打开的位置，就是上次关闭之处。

4. 其他相关属性

下面继续介绍窗体的其他相关属性，如图 5-55 所示。

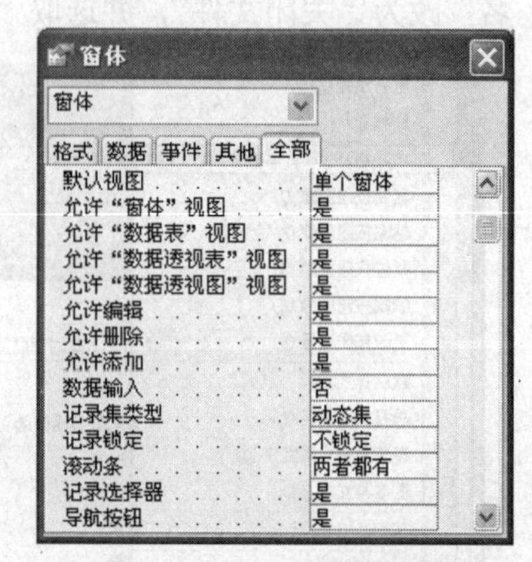

图 5-55 与数据处理相关的属性

● 默认视图。默认值是“单个窗体”，也就是纵栏式窗体。

● 允许“窗体”视图。默认值为“是”，表示可执行窗体视图（单个窗体或连续窗体）；若为“否”，则执行表时会显示为数据表。

● 允许“数据表视图”至允许“数据透视图”视图。这 3 个属性分别表示窗体可否执行相应的视图。

● 数据输入。若此属性为“是”，则打开窗体后会立即进入新增记录的模式。

● 记录集类型。设置窗体数据来源的记录集模式。建议使用默认值即可，不需更改。

● 记录锁定。共有“不锁定”、“所有记录”、“编辑的记录”等，其功能为设置打开窗体后，锁定记录的方式。最大锁定单位是“所有记录”。打开窗体后，会锁定窗体来源数据表的所有记录，导致其他用户无法编辑。

● 滚动条。设置打开窗体后，是否显示水平及垂直滚动条。

● 记录选择器。设置打开窗体后，是否显示记录选择器。

● 导航按钮。设置打开窗体后，是否显示导航按钮。

以上属性中，除了“记录集类型”和“记录锁定”两项属性与操作无关外，其他属性的设置结果均会影响操作。“记录选择器”和“导航按钮”在执行时的位置，如图 5-56 所示。

5. OLE 对象

OLE 对象是一类特殊的字段类型，可在窗体或数据表中增加数据或编辑数据，但在窗体中操作比在数据表中操作容易，这也是窗体作为交互界面的优势。

OLE 对象字段在窗体中会显示为“绑定对象框”控件，此类字段通常用于放置图形，也就是非文字数据。此种类型没有特别设计，只要在“数据类型”中指定“OLE 对象”即可。以下介绍在窗体中的 OLE 对象字段的操作。

【例 5-13】 在“学生”（纵栏式）窗体中为各位同学添加照片。

步骤 1：打开“D:\Access\教学信息管理”数据库文件。

步骤 2：单击“窗体”对象，在窗体列表中双击执行“学生”窗体。

步骤 3：切换至第 5 条记录，在“照片”控件单击右键并选取“插入对象”选项，如图 5-57 所示。

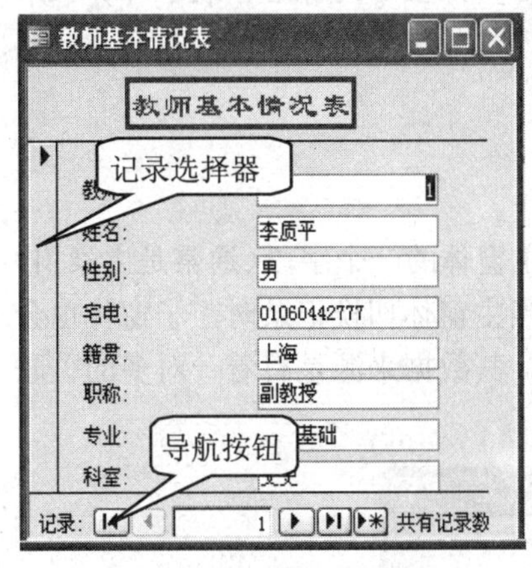

图 5-56 记录选择器和导航按钮

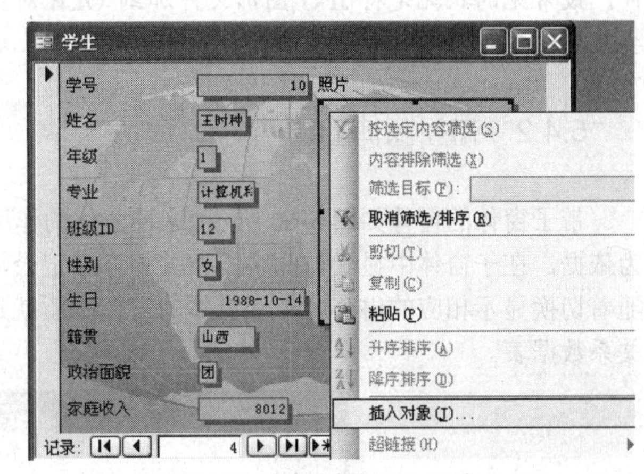

图 5-57 在窗体中输入 OLE 对象

步骤 4：在打开的对话框中选取“由文件创建”，并单击“浏览”按钮，指定 D:\Access\colin.bmp 文件，最后单击“确定”按钮，如图 5-58 所示。

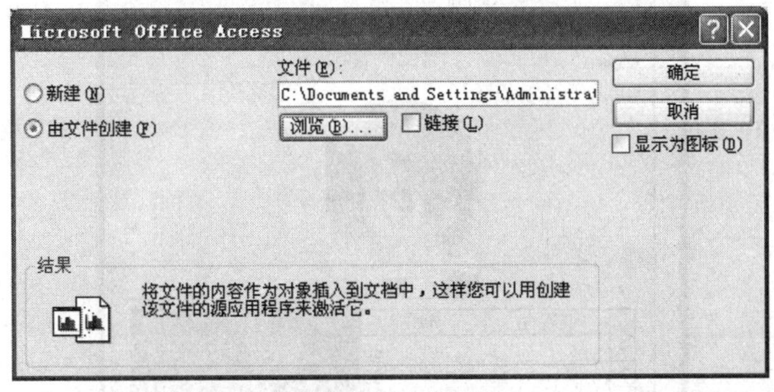

图 5-58 由文件创建

本例是在 OLE 对象字段内输入已存在的图形文件，即将指定文件的全部内容放在 OLE 对象字段内，并且保存在数据库内。所以，通常使用 OLE 对象字段的数据库体积较大。图 5-59 是本例操作后的结果。

若要保持与外部文件的连接，可在图 5-58 选取“链接”，表示更改外部文件后，也可在 Access 数据库显示更改后的结果。在关闭软件后，新制作的图片将置于 OLE 对象字段内。

编辑 OLE 对象字段的操作很简单，只需在含有内容的控件上双击左键，系统会启动相应的处理软件。此时，图形处理软件与 Access 并存。只要在图片内容以外任意处单击左键，就可结束图形编辑并返回 Access。

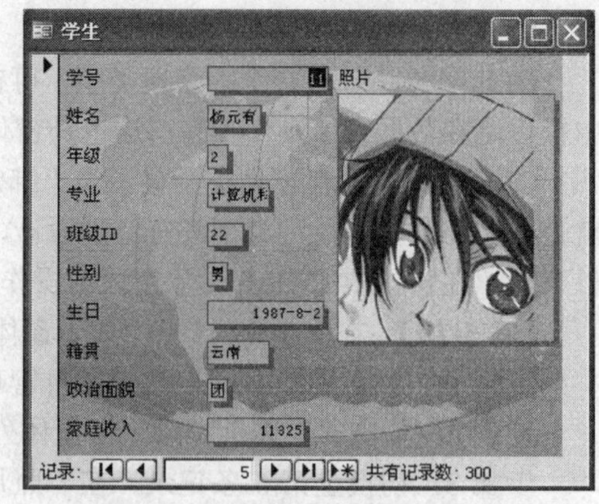

图 5-59 照片插入窗体后的结果

说明：OLE 可将非 Access 的文件内容置于 OLE 对象字段内，但必须是计算机内已安装的软件。最常见的状况是将 JPG 图形文件加到 OLE 对象字段后，只显示文件名，表示计算机未安装可编辑 JPG 图形的软件。

5.4.2 带子窗体的窗体

带子窗体的窗体如图 5-60 所示。这种窗体的作用是以主窗体的一个字段（通常是主索引）为依据，在子窗体中显示与此字段相关的详细记录，而且当主窗体切换记录时，子窗体也会随着切换显示相应的内容。带子窗体的窗体本质就是关联，其数据来源是有着一对多的关联关系数据表。

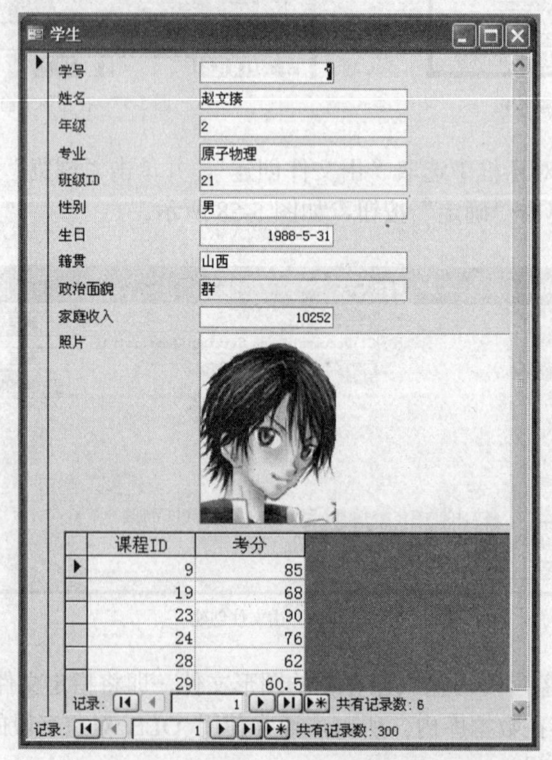

图 5-60 以“自动窗体”创建“学生成绩”的窗体

1．快速创建带子窗体的窗体

【例5-14】 创建“学生成绩”窗体，如图5-60所示效果。

步骤1：打开“D:\Access\教学信息管理”数据库文件。

步骤2：单击“表”对象，在列表中选取“学生”数据表。

步骤3：选择“插入｜自动窗体”菜单命令，弹出如图5-60所示的对话框。

步骤4：单击“保存”按钮，在对话框内输入“学生成绩”，单击“确定”按钮，保存窗体。

说明：以上操作的前提是“学生”数据表本身有子数据表，也就是数据表“学生”和“成绩”之间已经建立了一对多的关联。如果数据表“学生”还没有子数据表，可以先为其插入子数据表。打开“学生”数据表，单击“插入|子数据表”选项，在打开的“插入子数据表”对话框（见图5-61）中选择“成绩”即可。

原理就是使用子数据表，它会在自动产生窗体时形成子窗体。

这种方法是创建带子窗体的窗体的最快最简单的方法，但创建的窗体并不实用。下面介绍创建更加实用的带子窗体的窗体。

2．子窗体的源对象为窗体

【例5-15】 使用已经存在的窗体，创建“学生成绩”窗体。

步骤1：打开“D:\Access\教学信息管理”数据库文件。

步骤2：单击“表”对象，在列表中选取“成绩”数据表。

步骤3：选择“插入｜自动窗体”菜单命令。

步骤4：单击工具栏的“视图”按钮，进入设计窗口。

步骤5：将鼠标指向窗体标题栏，单击鼠标右键选取“属性”选项，打开窗体属性对话框，在其中将窗体格式属性的“默认视图”设为“数据表”，如图5-62所示。

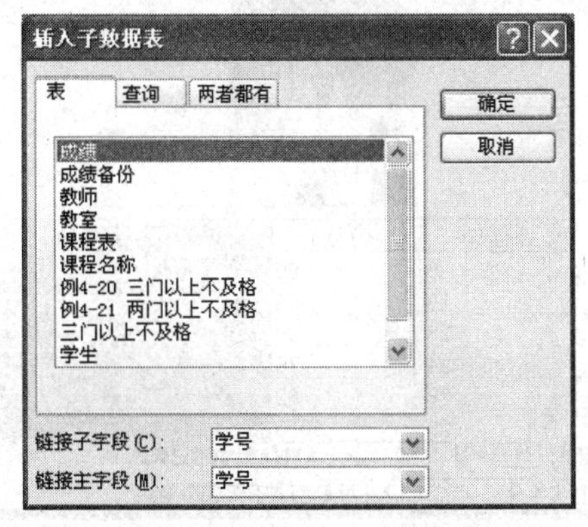

图5-61 插入子数据表

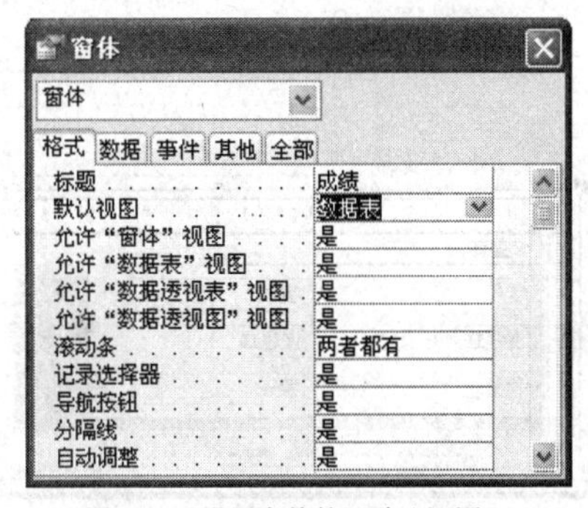

图5-62 设置窗体的“默认视图”

步骤6：单击“保存”按钮，在对话框内输入“成绩子窗体”，单击“确定”按钮。

步骤7：选择“文件｜关闭”菜单命令，关闭新产生的窗体。

以上操作所创建的窗体，将作为“学生成绩”窗体的子窗体。

步骤8：单击“窗体”对象，在列表中选取【例5-14】创建的“学生成绩”窗体。

步骤9：单击工具栏的“视图”按钮，进入设计窗口。

步骤10：选取子窗体控件，单击右键，确定“属性”选项，打开属性对话框。

步骤 11：在对话框中将数据属性的“源对象”改为前步骤 1～步骤 7 所建立的“成绩子窗体”，如图 5-63 所示。

步骤 12：单击“保存”按钮。

本例是先制作子窗体，再将子窗体置于主窗体内，图 5-64 是完成后的设计窗口。

本例与前例的主要区别是子窗体的数据源不同，前例的子窗体数据源为数据表，本例子窗体数据源则是另一窗体，也就是前 7 步建立的窗体。到目前为止，两例中的窗体执行后的显示没有差别（如图 5-60 和图 5-65），但以数据表作为子窗体源对象，无法进行下一步的修改，而本例制作的窗体，可以针对子窗体部分进一步设计，使之更完善，使用更方便。

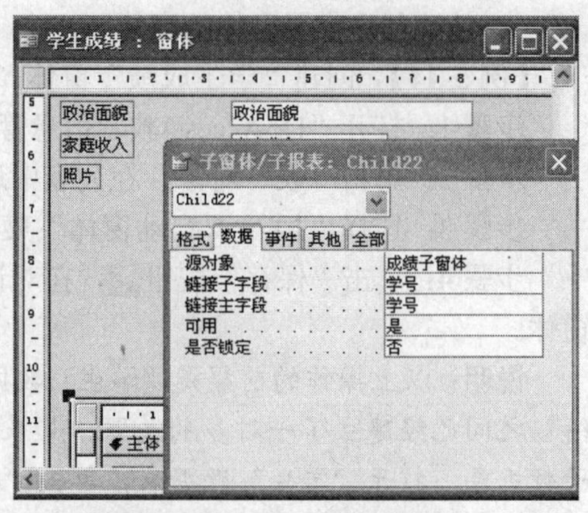

图 5-63 更改子窗体的数据源

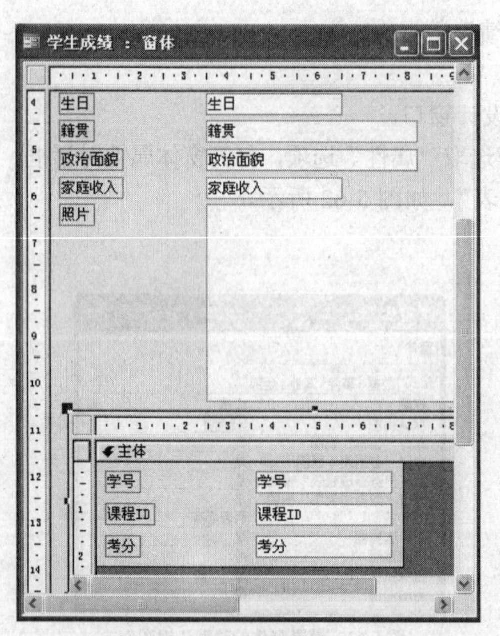

图 5-64 完成后的设计窗口

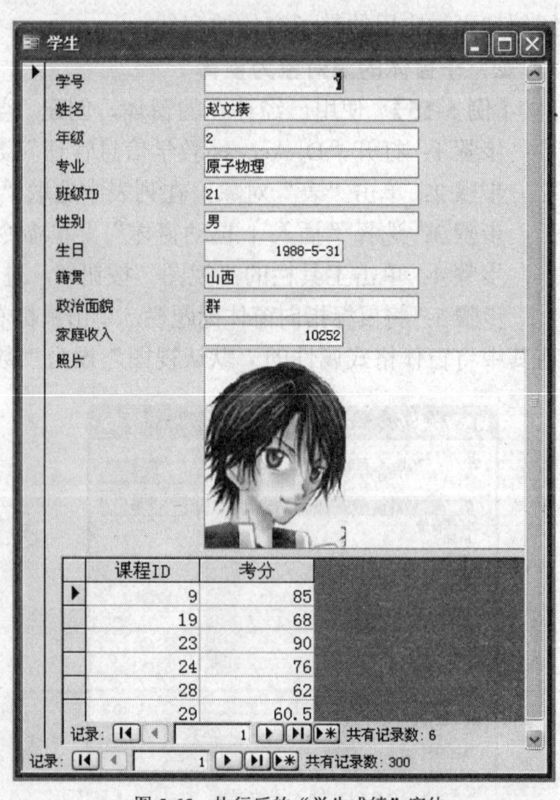

图 5-65 执行后的“学生成绩”窗体

说明：以窗体作为子窗体源对象时，该窗体的“默认视图”要设置为“数据表”；如不修改，则子窗体将如一般窗体的纵栏式显示，一次只显示一笔记录。

3．修改子窗体

【例 5-16】 修改“学生成绩”窗体的子窗体部分。

步骤 1：打开“D:\Access\教学信息管理”数据库文件。

步骤 2：单击“窗体”对象，在列表中选取【例 5-15】的“学生成绩”窗体。

步骤3：单击“设计”按钮设计(D)，进入设计窗口。

步骤4：选取子窗体中的“学号”文本框，按Delete键，删除文本框。

步骤5：在子窗体的“课程id”文本框中单击右键，选取“更改为”选项下的“组合框”，如图5-66所示。

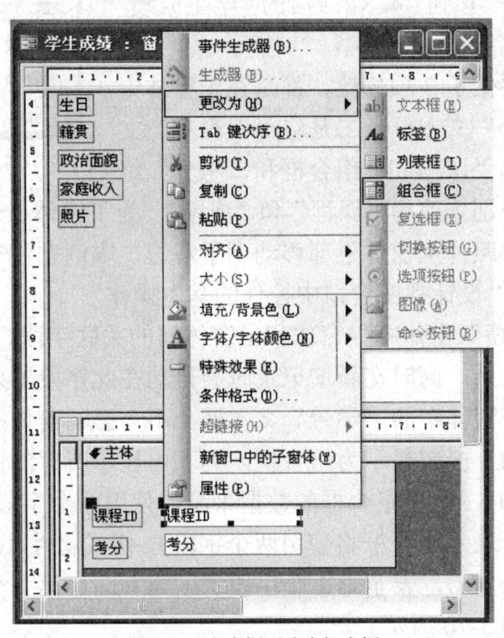

图5-66 文本框更改为组合框

步骤6：在新组合框上单击右键，选择“属性”选项，打开属性对话框。

步骤7：单击在数据属性的“行来源”，再单击右方的生成器按钮...，如图5-67所示。

步骤8：在打开的查询设计窗口“显示表”对话框中，双击“课程名称”数据表，再单击“关闭”按钮。

分别双击“课程id”及“全名”字段，此顺序不可更改，如图5-68所示。

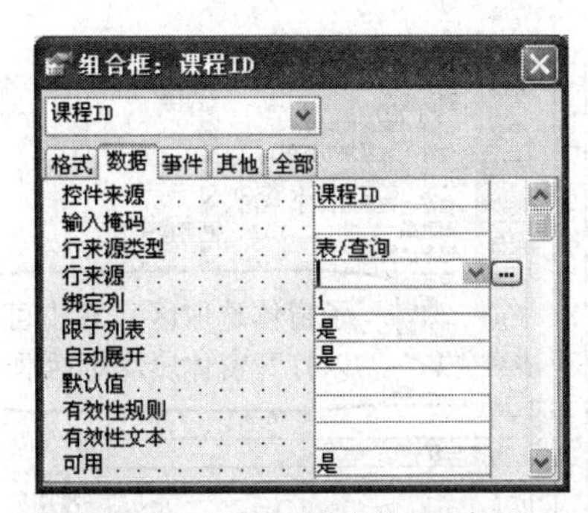

图5-67 通过属性指定数据行来源

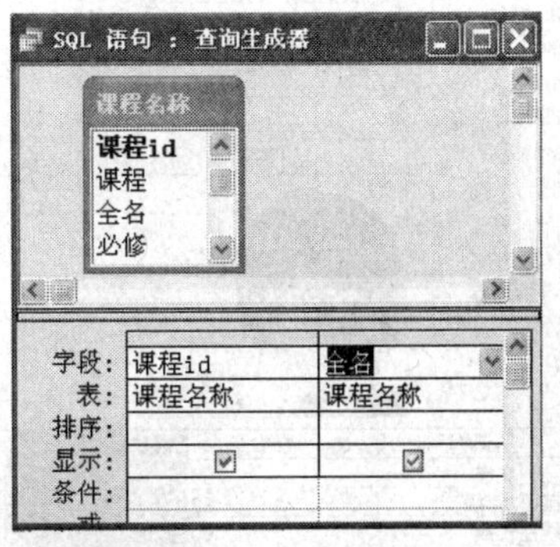

图5-68 查询生成器

步骤9：单击“关闭”按钮，并在询问是否保存的对话框中单击“是”按钮。

步骤10：将格式属性的“列数”改为“2”，“列宽”输入“0;3”，如图5-69所示。

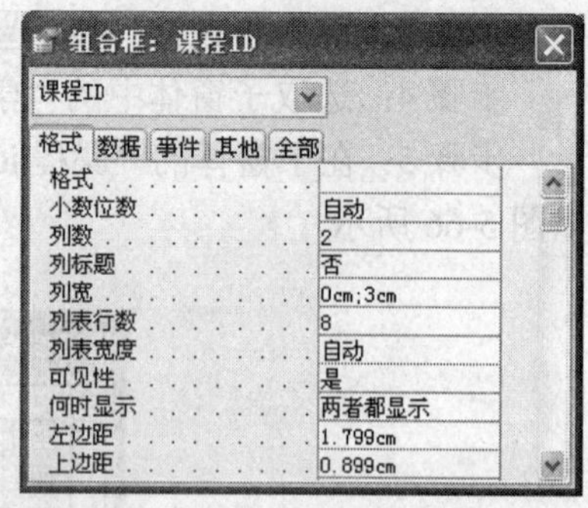

图 5-69 更改后的列数、列宽

步骤 11：关闭属性对话框，返回设计窗口。在子窗体中，选取“课程 id”的附加标签，再单击，出现光标后，将其改为“课程”，单击“确定”按钮。同样“考分”附加标签的显示内容改为“成绩”。

步骤 12：单击“保存”按钮。修改后的“学生成绩”窗体如图 5-70 所示。

本例步骤较多，主要做了 3 项修改，都是在子窗体中进行的。一是删除“学号”文本框，二是将“课程 id”文本框改为组合框，三是将“课程 id”组合框和“考分”组合框的附加标签的标题分别修改为“课程”和“成绩”。为了窗体显示更为紧凑，还修改了主窗体部分的控件布局，将照片从窗体下部移动到了右边，本例题没有对这一操作进行描述，可以直接参照 5.3.3 小节“设计视图窗口中控件的基本操作”。

“学号”是“学生成绩”窗体中主窗体和子窗体间的关联字段，Access 会在子窗体中输入数据时自动辨认这层关系，同时在新增记录时会自动在此字段输入与主窗体“学号”字段相同的值。所以，删除子窗体中的“学号”文本框，不会影响窗体的功能。

子窗体中的“课程 id”一定显示为组合框，列表内显示所有的课程全名，以供选取。选取后一定要传回“课程 id”，所以组合框的数据来源需使用两个字段，如图 5-69 所示，并将格式属性“列数”设为 2（表示组合框将使用两个字段），格式属性“列宽”设为“0;3”，Access 会自动加入单位（默认为 cm），表示第 1 个字段宽度为 0cm，第 2 个字段宽度为 3cm，即隐藏第 1 个字段，结果如图 5-70 所示。

说明：本例的设计均是在子窗体内进行，我们只需在任一控件上双击左键，即可打开其属性对话框。若要打开子窗体的属性对话框，双击子窗体左上角的选取区，如图 5-71 所示。属性对话框打开后，在窗体单击任意对象，属性对话框的内容就会切换为此对象的属性。

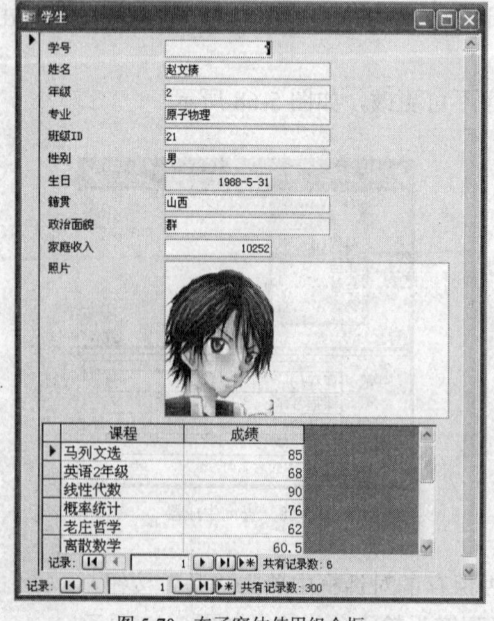

图 5-70 在子窗体使用组合框

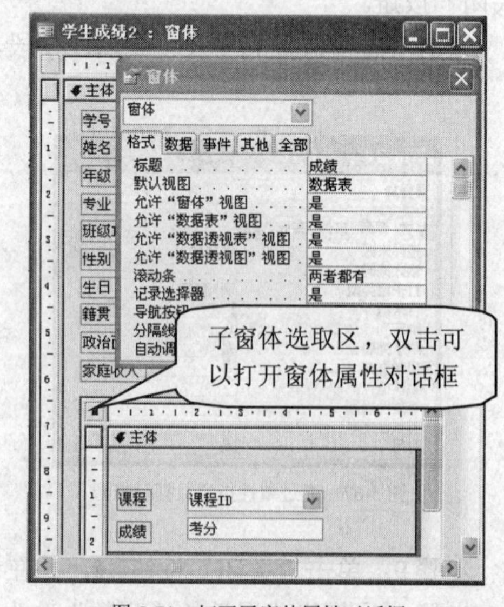

图 5-71 打开子窗体属性对话框

4．在主窗体引用子窗体计算型控件

【例 5-17】 在“学生成绩”窗体的主窗体引用子窗体的计算型控件，如图 5-72 所示。

步骤 1：打开“D:\Access\教学信息管理”数据库文件。

步骤 2：单击“窗体”对象，在列表中选取【例 5-16】的“学生成绩”窗体。

步骤 3：单击“设计”按钮，进入设计窗口。

步骤 4：在子窗体上单击右键，选取“窗体页眉/页脚”选项，如图 5-73 所示。

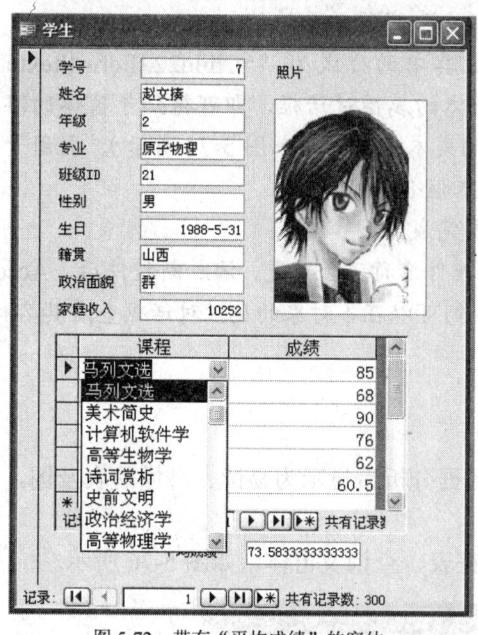

图 5-72　带有“平均成绩”的窗体

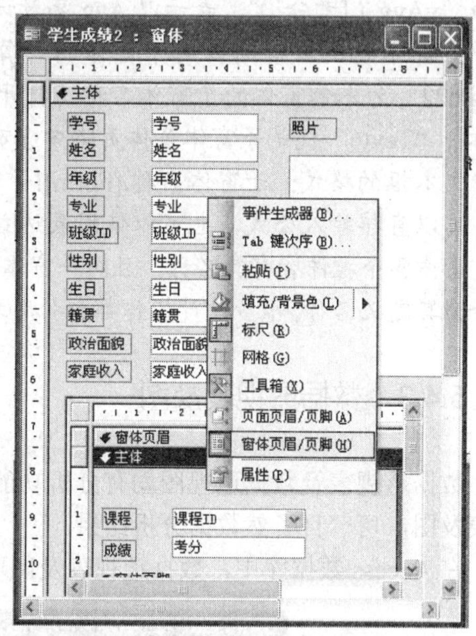

图 5-73　在子窗体加入窗体页眉/页脚

步骤 5：将子窗体的窗体页眉缩至最小，再将垂直滚动条向下至子窗体的窗体页脚。

步骤 6：使用工具箱中的文本框按钮ab|，在子窗体的窗体页脚添加新文本框。

步骤 7：在新文本框上单击右键，选取“属性”选项，打开属性对话框。

步骤 8：在数据属性的“控件来源”中输入公式“=Avg（[考分]）”，并保存。然后，关闭对话框，如图 5-74 所示。

步骤 9：返回主窗体，再在主窗体主体的子窗体控件下方，添加新文本框。

步骤 10：在新文本框的“控件来源”属性中输入“=Child22.［Form］!text6”，如图 5-75 所示，并将其左边的附加标签所含的文字改为“平均成绩”。

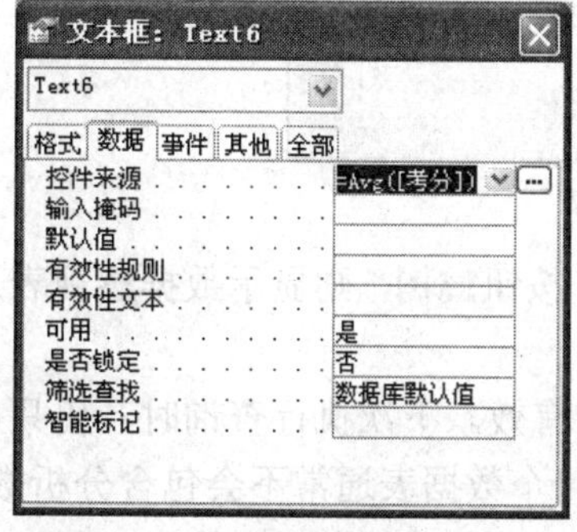

图 5-74　子窗体新加文本框的公式

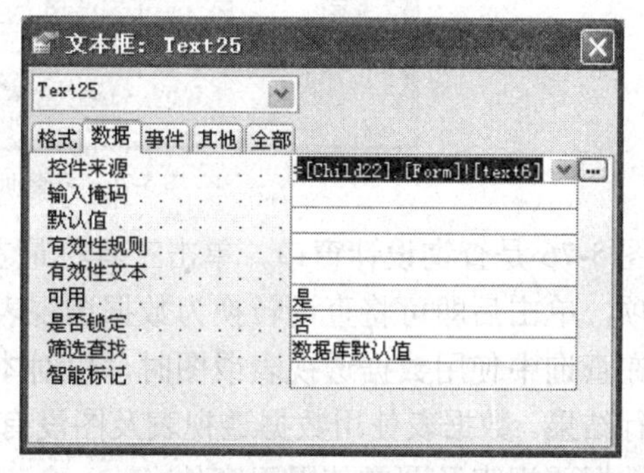

图 5-75　主窗体引用子窗体计算数据

步骤11：保存以上的修改，并执行“学生成绩”窗体，如图5-72所示。

本例的目的是在子窗体中使用公式，并将结果显示在主窗体内。

如图5-72所示，主窗体中“平均成绩”就是子窗体中所有课程考分的平均值。我们可以将此文本框锁定，因为其中的值是计算而来，不允许更改。也可使用“格式”属性，定义显示方式，如设置“小数位数”等。

说明：本例在主窗体和子窗体各使用一个新文本框，且在其中使用公式。子窗体中的公式为“=Avg（[考分]）”，表示以Avg函数计算“考分”字段的平均值。

主窗体的文本框则引用子窗体的计算控件，其中的公式为“=Child22.[Form]!text6”。“Child22”为本例窗体的子窗体名称（打开该子窗体的属性对话框，即可得知子窗体的准确名称）；“Text6”就是子窗体窗体页脚中含有公式的文本框名称（如图5-74所示）。引用子窗体中文本框的格式：子窗体名称.[Form]!子窗体文本框名称。

可以直接输入公式，也可以使用表达式生成器完成。

窗体各个控件皆有其名称，且同一窗体内的各控件名称不会重复，添加新控件后，Access就会为其定义名称。很多设计操作都会引用名称，我们可以在各对象的属性对话框查看其名称。

5.4.3 数据透视表及图

数据透视表及数据透视图均有分析功能，将数据分析后显示为易读、易懂的表及图，通过表及图，可一目了然数据分析结果。

在Access数据库中，数据透视表及图可使用在表、查询及窗体，如图5-76所示。

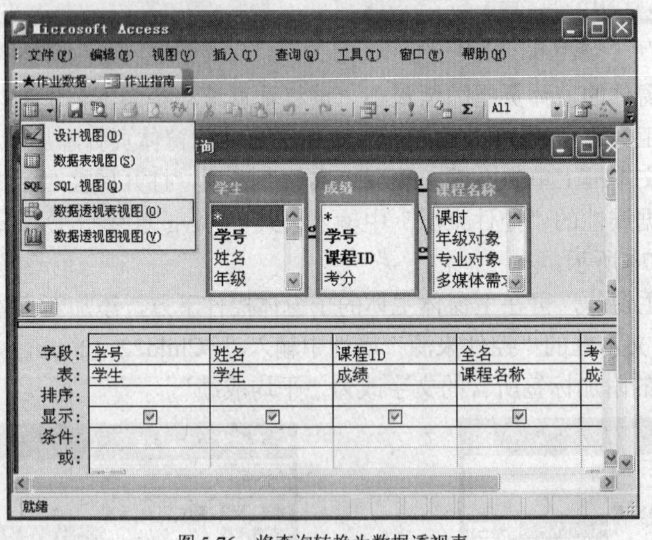

图5-76 将查询转换为数据透视表

图5-76是查询设计窗口，单击工具栏最左方“视图”按钮，则显示数据透视表及图的选项，单击后即可将查询转换为数据透视表或图。

在查询中使用数据透视表或图时，仅对本次执行查询有效。下次执行查询时，仍只会显示执行结果。数据表使用数据透视表及图没有意义，因为一个数据表通常不会包含分析数据，所以数据透视表及图常使用于窗体。

1. 数据透视表

在建立数据透视表之前，必须先准备好待“分析”数据，透视表的数据来源是已经存在的数据表和查询。如果数据来源涉及多个数据表，最好先建立查询，以查询作为数据源。

【例5-18】 创建“学生成绩透视表”。

步骤1：打开“D:\Access\教学信息管理”数据库文件。

步骤2：单击“窗体”对象，再单击“新建”按钮 新建(N)。

步骤3：在图5-77所示的“新建窗体”对话框中选取“数据透视表向导”，并指定“学生成绩查询”作为来源，最后单击“确定”按钮。

步骤4：本步骤会显示数据透视表的说明，请直接单击“下一步”按钮。

步骤5：在图5-78单击 >> 选取的全部字段，然后单击“完成”按钮。

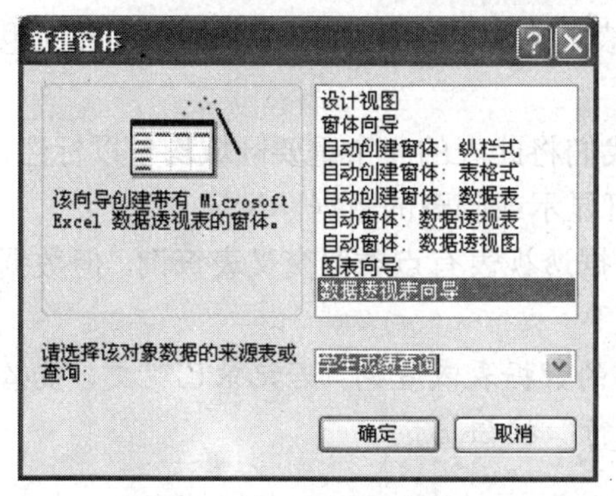

图5-77 “新建窗体”对话框

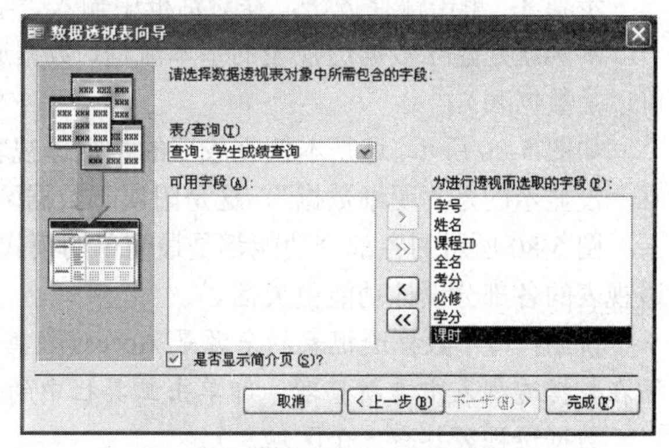

图5-78 确定数据透视表的使用字段

步骤6：进入数据透视表窗口后，在字段列表中选取“姓名”字段，再打开下拉列表，选取“行区域”，最后单击“添加到”按钮，或者直接将“姓名”字段用鼠标拖曳至行区域，如图5-79所示。

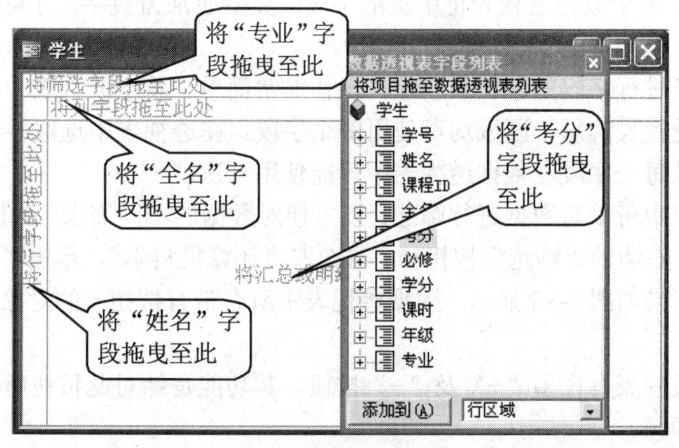

图5-79 数据透视表布局

步骤7：重复步骤6，将“全名”指定至“列区域”，“考分”指定至“数据区域”，“专业”指定至“筛选区域”。完成设计后如图5-80所示。

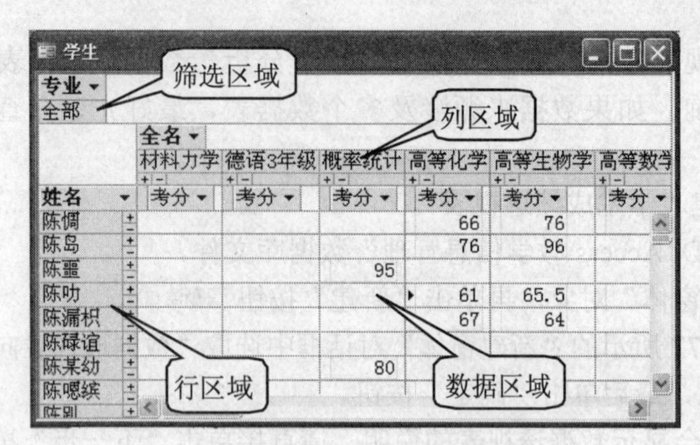

图 5-80　完成后的数据透视表

步骤 8：单击保存按钮，在对话框中输入“学生成绩透视表”，单击“确定”按钮。

本例就是建立数据透视表的基本流程，数据透视表的来源是在图 5-77 中指定的查询（也可以是数据表）。

如图 5-80 所示，这是本例完成后的数据透视表，我们将此表的 4 个重要区域均予以标注，唯一没显示的是“明细数据”，这是附属于数据区域可显示或隐藏的数据。

图 5-80 所示的各部分功能都是最简单的模式。数据透视表有点类似交叉表查询，但数据透视表的各部分设计功能更灵活。

说明：由于数据透视表的来源是 Access 数据库中的数据表或查询，若记录已变更，就必须在数据透视表中重新整理，即单击工具栏中的“运行”按钮 ! 。

数据透视表共有 5 个区域。

- 行区域：每行最左边的分组字段，如图 5-80“姓名”。
- 列区域：列在视图的顶端，由左往右显示，如图 5-80 的“全名”。
- 筛选区域：置于最顶端，作为筛选依据的字段，如图 5-80 的“专业”。
- 明细数据：此区不在数据透视表中，而是字段列表中的一个计算型字段。
- 数据区域：置于数据透视表正中央的字段，类型通常为数字，才可以进行计算。在交叉表查询中称为值。如图 5-80 所示的“考分”。

对数据透视表进行字段的添加或删除，操作非常简单。将字段列表中的字段拖至相应区域即添加，数据透视表的每一区域均可使用多个字段。在透视表中选取字段，按 Delete 键即删除。要注意的是每一字段在数据透视表中只能使用一次。

在数据透视表中可以对数据进行筛选，以方便对数据的不同需求。如图 5-81 所示，单击筛选字段“专业”右边的“筛选”按钮▾，再选取“计算机科学”，单击“确定”按钮，筛选按钮变为蓝色，结果如图 5-82 显示。数据透视表中所有带有按钮▾的对象，都能以相同的操作进行筛选。

此外，数据透视表有许多“+”及“−”按钮，其功能是针对此按钮所在的行或列的详细数据予以显示或隐藏。

2．数据透视图

数据透视图是图表形式的数据，是分析后呈现的图形。

【例 5-19】 创建“学生成绩透视图”。

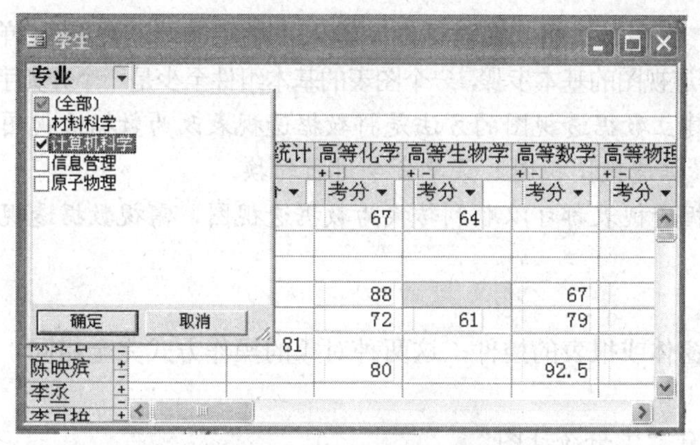

图 5-81 使用筛选字段进行数据筛选

学生

专业：计算机科学

全名

姓名	德语3年级 考分	概率统计 考分	高等化学 考分	高等生物学 考分	高等数学 考分	高等物理 考分
陈漏枳			67	64		
陈慧	97					
陈统遨	85					
陈汛茄			88		67	
陈押闸			72	61	79	
陈要召		81				
陈映殡			80		92.5	
李丞						
李亘拾						

图 5-82 筛选后的数据

步骤 1：打开“D:\Access\教学信息管理”数据库文件。

步骤 2：单击“窗体”对象，再单击“新建”按钮 新建(N)。

步骤 3：在图 5-77 所示的“新建窗体”对话框中选取“自动窗体：数据透视图”，并指定“例 4-06 学生选课成绩”查询作为来源，最后单击“确定”按钮。

步骤 4：显示图表后，由字段列表将“姓名”拖曳至下方的分类字段，如图 5-83 所示。

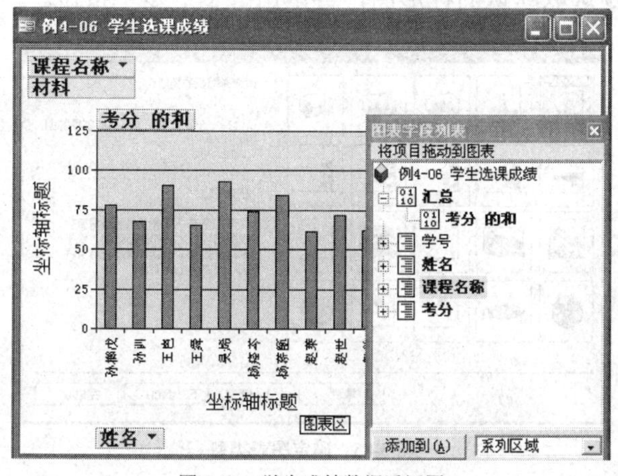

图 5-83 学生成绩数据透视图

步骤 5：再将“考分”拖曳至数据区域，“课程名称”拖曳至筛选区域。

步骤 6：单击“保存”按钮，在对话框中输入“学生成绩透视图”，单击“确定”按钮。

以上是建立数据透视图的基本步骤，一个图表的基本组件至少是一个分类字段和一个数据区域。

说明：另一种建立数据透视图的方法是将数据透视表改为数据透视图，在打开数据透视表后使用“视图 | 数据透视图视图”菜单命令进行转换。

但不是每个数据透视表都可以顺利转换为数据透视图，需视数据透视表的结构是否适合显示为图表。

3．图表

图表是可置于窗体或报表的控件，这两种对象的操作方式完全相同，以下仅介绍如何在窗体中使用图表。

【例 5-20】 创建“学分统计图”。

步骤 1：打开“D:\Access\教学信息管理”数据库文件。

步骤 2：单击“窗体”对象，再单击“新建”按钮 新建(N)。

步骤 3：在图 5-77 所示的“新建窗体”对话框中选取“图表向导”，并指定“信息管理专业已修学分低于 10 学分统计表”查询作为来源，最后单击“确定”按钮。

步骤 4：在图表向导中单击按钮 >>，加入所有字段，再单击“下一步”按钮，如图 5-84 所示。

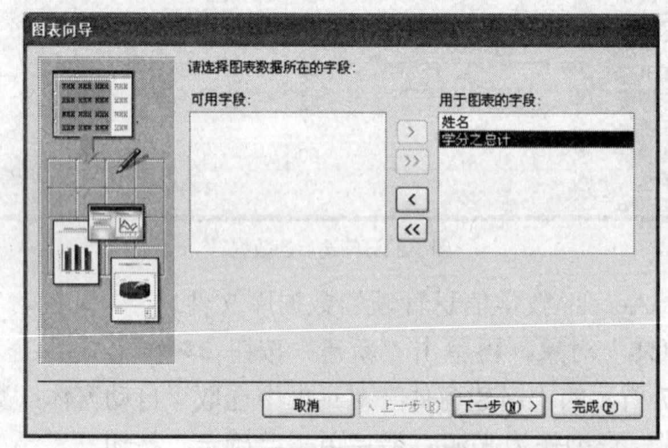

图 5-84 确定图表字段

步骤 5：在图 5-85 选取默认的柱形图，再单击“下一步”按钮。

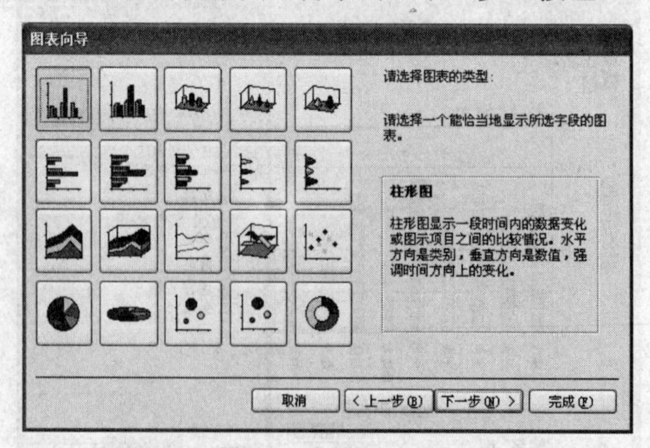

图 5-85 确定图表类型

步骤 6：本步骤必须设置图表组件，向导会自动设置 X 轴及 Y 轴。单击“下一步”按钮，如图 5-86 所示。

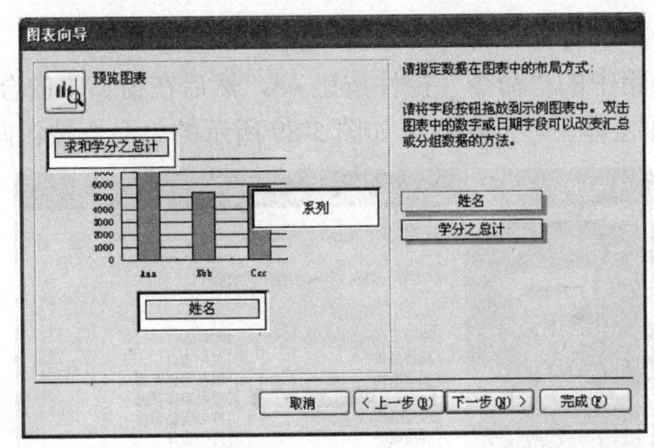

图 5-86　设置图表布局

步骤 7：输入图表标题：学分统计图，单击“完成”按钮，如图 5-87 所示。

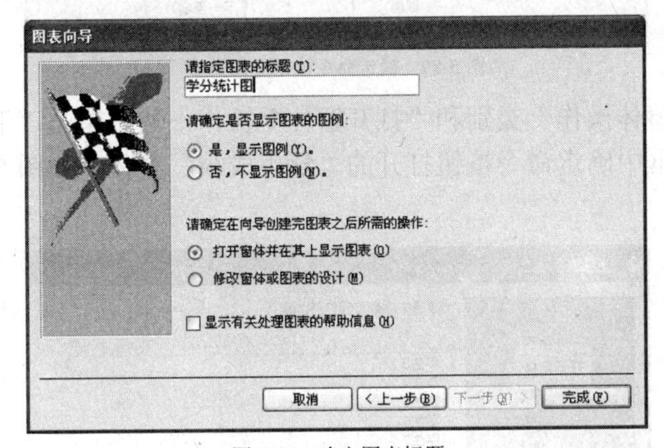

图 5-87　确定图表标题

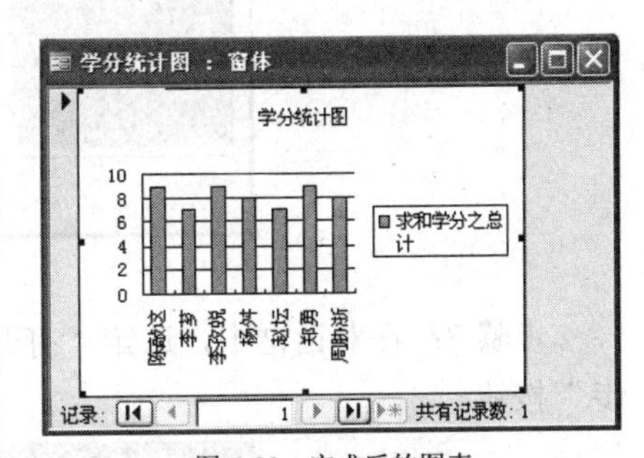

图 5-88　完成后的图表

步骤 8：单击“保存”按钮，在对话框中输入“学分统计图”后再单击“确定”按钮。

以上是图表向导的操作过程。完成后的图表不是很美观，如图 5-88 所示。可以进一步修改图表的格式。例如，“图表类型”、“图表标题”等格式。

图 5-88 就是以图表向导制作的图表，与数据透视图相似，我们必须定义 X 轴、Y 轴及图例（非必要）使用的字段，也就是图 5-86 的操作。

5.4.4　切换面板

为了使创建的窗体更具有实用性，下面设计一个教学管理系统主界面，把前面创建的窗体组合在这个界面中。当打开“教学信息管理”数据库时，系统可自动启动该界面。

【例 5-21】 创建教学管理系统的“系统主界面”窗体。

步骤 1：打开“D:\Access\教学信息管理”数据库文件。

步骤 2：单击“窗体”对象，双击“在设计视图中创建窗体”，系统将打开一个空白窗体的设计视图窗口。

步骤 3：在窗体中添加标签控件，标题为“教学信息管理系统”。

步骤 4：单击工具箱中的“命令”控件按钮▭，然后在窗体中的合适位置单击，系统即将一个初始按钮放置在窗体上，同时打开如图 5-89 所示的“命令按钮向导”对话框。

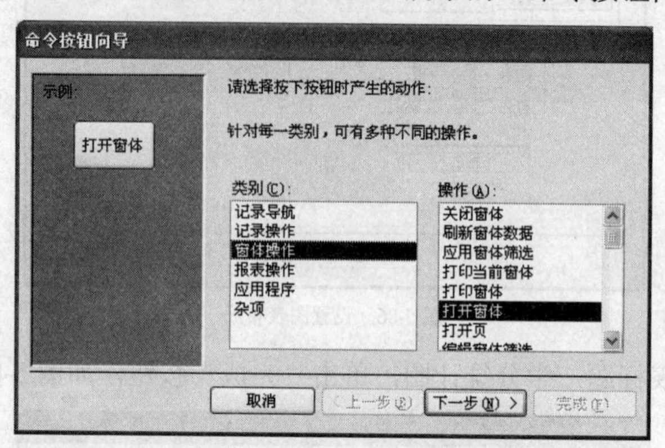

图 5-89　确定命令按钮操作类型

步骤 5：选择“窗体操作”类别和“打开窗体”操作，然后单击“下一步”按钮。

步骤 6：在对话框中确定命令按钮打开的“学生成绩”窗体，如图 5-90 所示，单击“下一步”按钮。

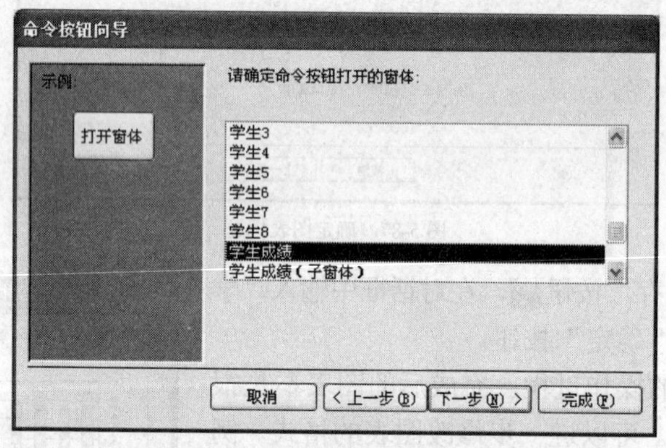

图 5-90　确定打开的窗体

步骤 7：在对话框中，选定“打开窗体并显示所有记录”，如图 5-91 所示，再单击“下一步”按钮。

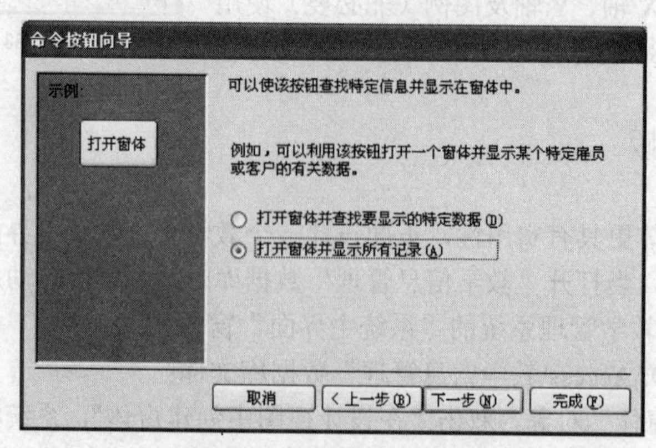

图 5-91　确定窗体打开的方式

步骤8：在系统对话框中，选定“文本”，并在相应的编辑框中输入“学生信息管理”，如图5-92所示，再单击“下一步”按钮。

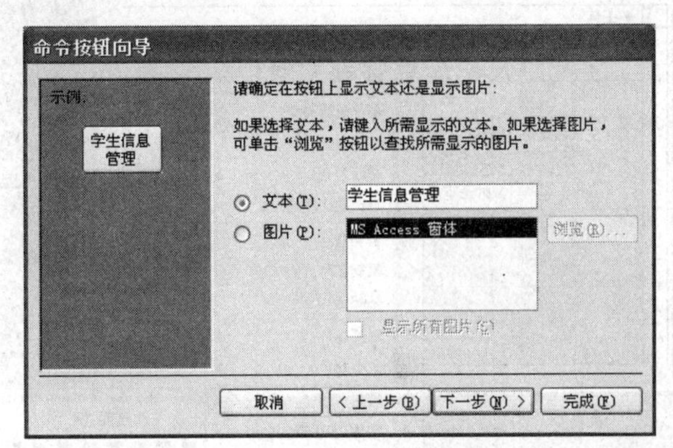

图5-92 确定按钮上显示的文本

步骤9：在对话框中，设置按钮的名称为“学生”，并单击“完成”按钮，该按钮设计完毕，如图5-93所示。

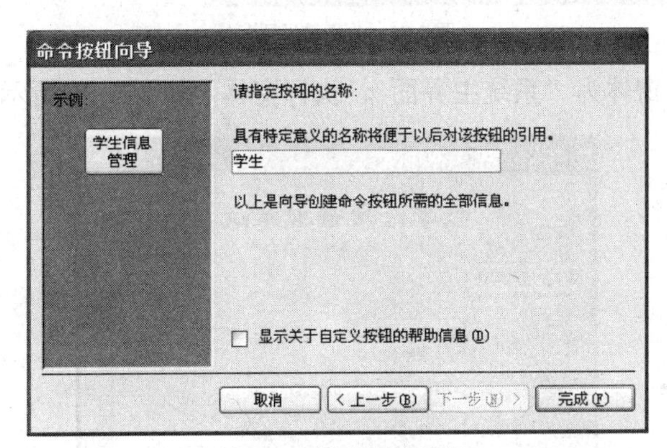

图5-93 确定按钮的名称

步骤10：重复步骤4-9，创建并设置“教师”按钮，为“打开窗体”“教师基本信息”，按钮上显示的文本为“教师信息管理”；

步骤11：重复步骤4-9，创建并设置“教室”按钮，为“打开窗体”“教室课程表”，按钮上显示的文本为“教室课程安排”。

步骤12：重复步骤4-9，创建并设置“结束”按钮，为“应用程序”类别中的“关闭窗体”，按钮上显示的文本为“退出系统”。

步骤13：打开窗体属性对话框，如图5-94所示。将“滚动条”属性设为“两者均无”，“记录选择器”、“导航按钮”属性都设置为“否”。

步骤14：选择“格式 | 自动套用格式”菜单命令，应用“国际”样式。

步骤15：选取标签控件“教学信息管理系统”，设置字体“隶书”、字号“18”，再单击鼠标右键，在图5-95中设置背景颜色。

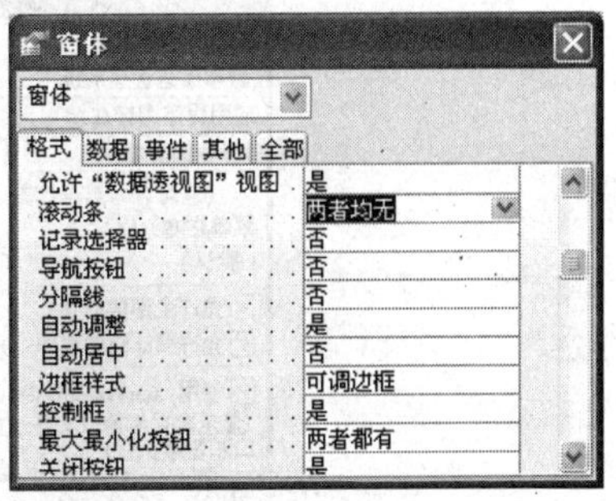

图5-94 取消窗体中记录浏览的控件

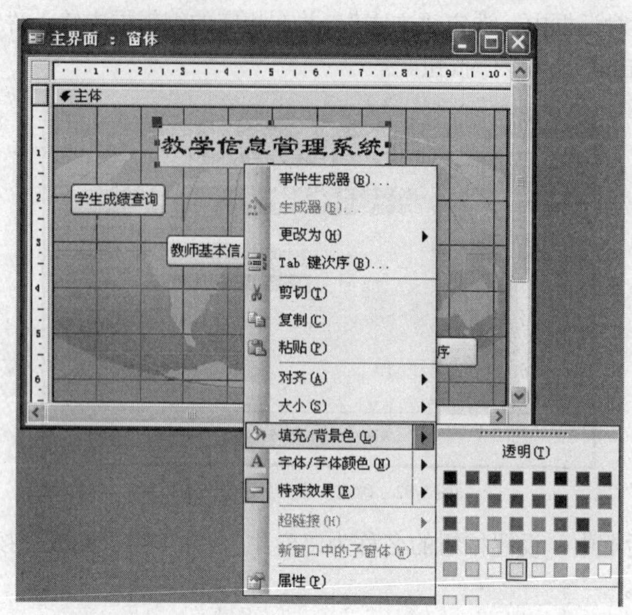

图 5-95　为标签设置背景

步骤 16：保存该窗体为“系统主界面”，执行窗体，如图 5-96 所示。

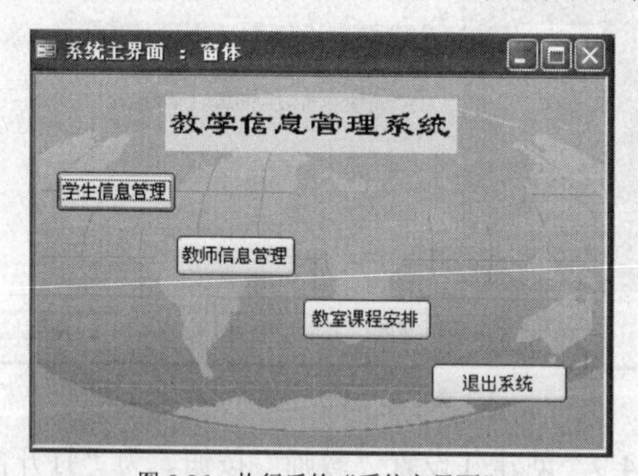

图 5-96　执行后的“系统主界面”

步骤 17：选择“工具 | 启动”菜单命令，弹出如图 5-97 所示的“启动”对话框。在“显示窗体/页”列表框中选择“系统主界面”窗体，并在“应用程序标题”编辑栏中输入“教学信息管理系统”，其余设置保持默认值，单击“确定”按钮，退出该对话框。

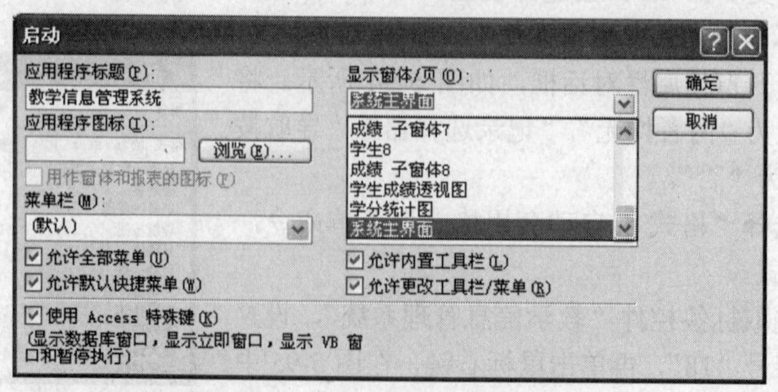

图 5-97　“系统主界面”设为启动界面

关闭并重新启动“教学信息管理”数据库，“系统主界面”窗体会被自动执行。

说明：本例只是一个简单的控制程序流程的主界面，要想设计灵活、完善的控制界面，需要使用大量的宏和 VBA 模块。

本章小结

窗体是 Access 数据库的最重要的交互界面，其设计的优劣直接影响应用程序的友好性和可操作性。本章主要介绍了窗体的基本类型和各类实用窗体的创建。

1．利用向导和自动创建功能建立最简单的窗体。

2．使用设计视图建立更实用的窗体，灵活添加各类控件、并进行编辑和相关属性设置，以满足用户的实际需求。

3．设计和创建用复杂的带子窗体的窗体，其中最重要的是要正确实现主窗体和子窗体之间的数据对应关系。

4．为了使用窗体实现相应数据分析，在窗体中引入了数据透视表，以提供分析的结果。

5．本章最后介绍了创建切换面板以实现整个应用程序的控制。

习 题 5

5.1 思考题

1．窗体主要有哪些功能？

2．创建窗体有哪几种方法？简述其优缺点。

3．什么是窗体中的节？各节主要放置什么数据？

4．如何在窗体中创建和使用控件？

5．如何正确创建带子窗体的窗体？主窗体和子窗体的数据来源有何关系？

6．如何使用数据透视表对数据进行分析？

5.2 选择题

1．只可显示数据，无法编辑数据的控件是（ ）。

（A）文本框 （B）标签 （C）组合框 （D）选项组

2．若字段类型为是/否，在窗体使用控件通常是（ ）。

（A）标签 （B）文本框 （C）选项组 （D）组合框

3．使用（ ）创建的窗体灵活性最小。

（A）设计视图 （B）窗体视图 （C）自动窗体 （D）窗体向导

4．通过修改（ ），可以改变窗体或控件的外观。

（A）属性 （B）设计 （C）窗体 （D）控件

5．（ ）节在窗体每页的顶部显示信息。

（A）主体　　　（B）窗体页眉　　　（C）页面页眉　　　（D）控件页眉

6. 工具箱中的▣按钮，用于创建（　　）控件。

（A）组合框　　（B）文本框　　　（C）列表框　　　（D）复选框

7. 为窗体指定来源后，在窗体设计窗口中，可从（　　）取出来源的字段。

（A）工具箱　　（B）字段列表　　（C）自动格式　　（D）属性表

8. 若要快速调整窗体格式，如字号大小、颜色等，可使用（　　）。

（A）字段列表　　　　（B）工具箱

（C）自动格式设置　　（D）属性表

9. 在窗体页眉加入标题，应使用（　　）控件。

（A）标签　　（B）文本框　　（C）选项组　　（D）图片

10. 若要在文本框内输入身份证号后，光标可立即移至下一文本框，应设置（　　）属性。

（A）自动 Tab 键　　（B）制表位

（C）Tab 键索引　　（D）可以扩大

11. 用数据表制作窗体后，数据表的 OLE 对象字段会显示为（　　）。

（A）绑定对象框　　（B）非绑定的对象框

（C）图像　　　　　（D）以上皆非

12. 在数据透视表中，显示数据的位置称为（　　）。

（A）筛选区域　　（B）列区域

（C）行区域　　　（D）数据区域

5.3　填空题

1. 窗体中的控件依据与数据的关系可以分为 3 种类型，分别是________、________、________。

2. 组合框和列表框都可以从列表中选择值，相比较而言，________占用窗体空间多；________不仅可以选择，还可以输入新的文本。

3. 向窗体中添加控件的方法是先选定窗体控件工具栏中某一控件按钮，然后在________，便可添加一个选定的控件。

4. 利用系统菜单________菜单栏中的菜单项，可以对选定的控件进行居中、对齐等多种操作。

5. 使用“自动创建窗体”向导，可以创建________、________、________的窗体。使用此向导快速、简单，如果想要创建基于多表的窗体，则必须________。

6. 窗体中所有可被选取者皆为________，但不一定就是字段。这些可被选取的项目皆有________，可在此定义其工作状态。

7. 在窗体设计窗口选取对象后，单击 4 个方向键可进行移动，若按住________键，再使用 4 个方向键，可进行微调。

8. 窗体属性对话框中有________、________、________、________、________选项卡。

5.4　上机实验

在“教学信息管理”数据库中，设计并实现以下操作。

1．以“教师”数据表建立“教师”窗体，显示所有字段。

2．为“教师”窗体添加标题，内容请自定义。

3．以“课程表”数据表建立“课程表”窗体，再将此窗体置于“教师”窗体中成为子窗体。

4．在“教师”窗体显示每位教师的任课信息，另存为“教师任课”窗体。

5．在“教师任课”窗体中统计每位教师任课的总课时。

6．建立基本处理工具栏，至少包括首笔、上笔、下笔、末笔、新增、删除、复原及关闭等功能。

7．打开“教师任课”窗体时，显示基本处理工具栏。

8．建立数据透视表，统计每个学生已选修课程的总学分。

第 6 章　报　表

报表是 Access 的对象之一，是打印后的成果，也是数据库应用的最后目的。我们可以控制报表上每个控件的大小和外观，按照所需的方式显示信息便于查看结果。在 Access 报表设计中，还可以实现一些复杂的计算，如对数据进行分组、统计、汇总等，这些都是非常实用的功能。

6.1　报表的基本概念

6.1.1　报表的类型

Access 系统提供了比较丰富、多样的报表样式，主要有纵栏式报表、表格式报表、图表报表和标签报表 4 种类型。

1．纵栏式报表

纵栏式报表也称为窗体报表。其格式是在报表的一页上以垂直方式显示，在报表的“主体”显示数据表的字段名与字段内容。图 6-1 所示为课程名称（纵栏式）报表。

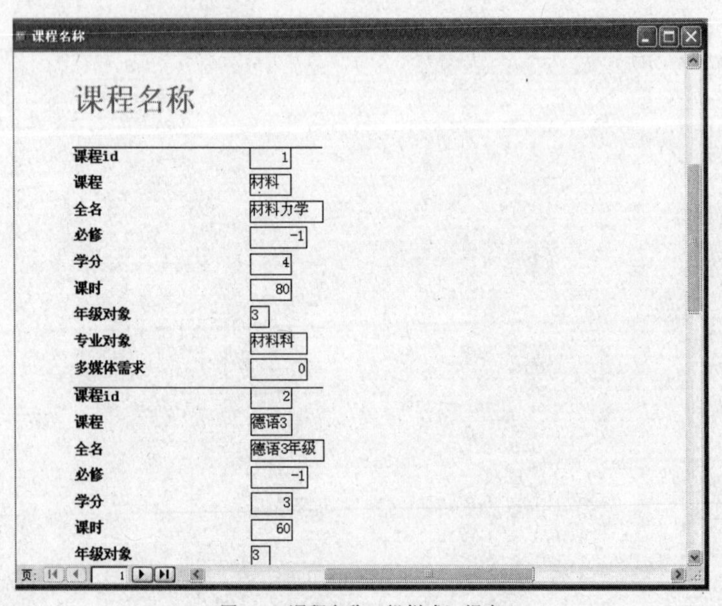

图 6-1　课程名称（纵栏式）报表

2．表格式报表

表格式报表的格式类似于数据表的格式，其以行、列的形式输出数据，因此可以在一页上输出报表的多条记录内容。此类报表格式适宜输出记录较多的数据表，便于保存与阅览。图 6-2 所示为课程名称（表格式）报表。

课程名称

课程id	课程	全名	必修	学分	课时	年级对象	专业对象	多媒体需求
1	材料	材料力学	-1	4	80	3	材料科学	0
2	德语3	德语3年级	-1	3	60	3	外语基础	-1
3	高数	高等数学	-1	4	80	1	理科基础	0
4	各国	各国概况	0	2	40	0	文科基础	0
5	管理	管理科学	-1	4	80	3	信息管理	0
6	国关	国际关系	0	2	60	0	文科基础	0
7	化学	高等化学	-1	3	60	1	理科基础	0
8	量子	量子力学	-1	4	80	3	原子物理	0
9	马列	马列文选	-1	2	20	2	文科基础	0
10	美术	美术简史	0	2	40	0	文科基础	-1
11	软件	计算机软	-1	4	80	2	计算机科	-1

图 6-2 课程名称（表格式）报表

3．图表报表

图表报表是指报表中的数据以图表格式显示，类似“Excel”中的图表，图表可直观地展示数据之间的关系。图 6-3 所示为使用“图表向导”创建的职称统计（图表）报表。

4．标签报表

标签报表是一种特殊的报表格式。其数据的输出类似制作的各个标签。例如，实际的应用中，可制作学生表的标签，用来邮寄学生的通知、信件等。图 6-4 所示为使用“标签向导”创建学生通知（标签）报表。

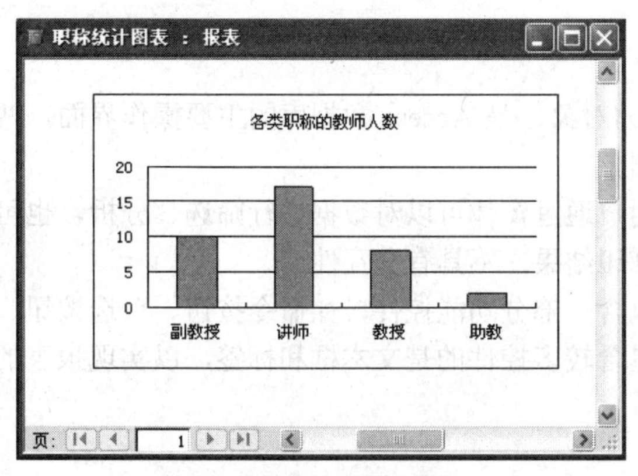

图 6-3 职称统计（图表）报表

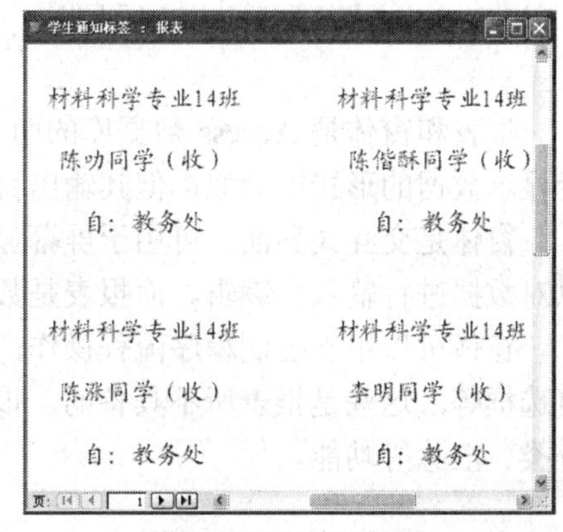

图 6-4 学生通知（标签）

6.1.2 报表的组成

在报表设计窗口中包含了 7 个节，数据可置于任一节。每一节任务不同，适合放置不同的数据，如图 6-5 所示。

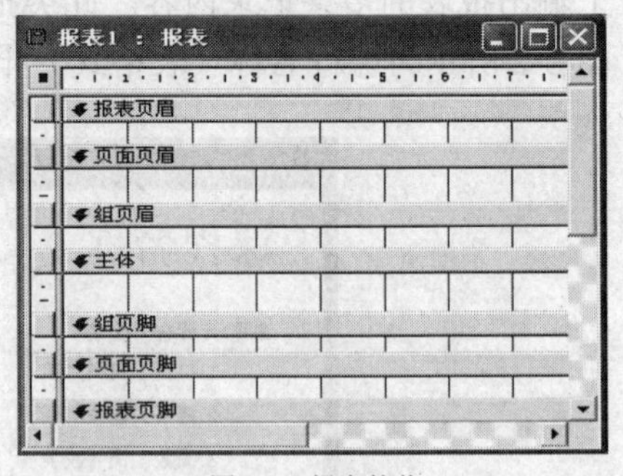

图 6-5　报表的节

1．主体

主体是输出数据的主要区域，一般常用来设计每行输出数据表字段的内容，所以此节在设计窗口中的高度等于打印后的一条记录高度。高度越高，表示打印后各条记录之间的距离越大，反之则越小。

2．页面页眉、页面页脚

顾名思义，页面页眉会在每页上方显示，页脚则在每页下方显示。通常，页面页眉放置字段名称，如公司抬头、报表名称等信息，页面页脚放置页码等信息。

3．报表页眉、报表页脚

报表页眉在报表的顶部，只显示在报表的第一页最上方，适合放置如报表标题等信息。而报表页脚则显示在最后一条记录的下方，适合放置一些统计数据。

4．组页眉、组页脚

组页眉是输出分组的有关信息，一般常用来设计分组的标题或提示信息。组页脚也是输出分组的有关信息，一般常用来放置分组的小计、平均值等。

说明：报表页眉的位置在第一页的页面页眉上边，报表页脚则在最后一页的页面页脚之上。因为页面页眉要打印在每一页的上方，通常会放置必须在每页重复打印的数据，如字段名。报表页眉在整个报表只打印一次，在第一页的最上方，通常放置报表标题，其下面才是第一页的页面页眉。

报表最后一页的最后一条记录可能在页内任意处，而报表页脚是紧接着最后一条记录的，只打印在报表的最后一页。在这一页，报表页脚内容通常会在此页的页面页脚上方，这一点与在设计窗口中显示的情况刚好相反。

6.1.3　报表和窗体的区别

报表和窗体是 Access 数据库的两个不同的对象，是 Access 数据库的主要操作界面，两者显示数据的形式很类似，但其输出目的不同。

窗体是交互式界面，可用于屏幕显示。用户通过窗体可以对数据进行筛选、分析，也可以对数据进行输入和编辑。而报表是数据的打印结果，不具有交互性。

窗体可以用于控制程序流程操作，其中包含一部分功能控件，如命令按钮、单选按钮、复选框等，这些是报表所不具备的。报表中包含较多控件的是文本框和标签，以实现报表的分类、汇总等功能。

6.2　快速创建报表

建立报表和建立窗体很相似，可以首先利用自动报表功能或报表向导快速创建报表，然后再在设计视图中对所创建的报表进行修改。

6.2.1　自动创建报表

使用“自动创建报表”，可以创建纵栏式或表格式两种类型的报表。纵栏式报表每个字段占1行，这类报表将耗费大量的纸张；表格式报表每条记录占1行，是最常用的形式。

1．使用“自动创建报表”创建纵栏式报表

【例6-1】 使用“自动创建报表”创建如图6-1所示的“课程名称”（纵栏式）报表。

步骤1：打开“D:\Access\教学信息管理”数据库文件。

步骤2：单击“报表”对象，单击“新建”按钮 新建(N)。

步骤3：在图6-6所示的“新建报表”对话框中选取“自动创建报表：纵栏式”，并指定“课程名称”作为来源，最后单击“确定”按钮。

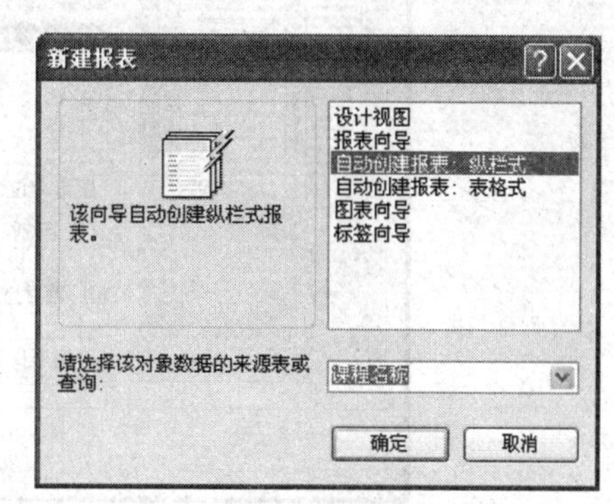

图6-6　“新建报表”对话框

步骤4：单击报表的“关闭”按钮，弹出“保存提示”对话框，单击“是”按钮，如图6-7所示。

步骤5：在“另存为”对话框中输入报表名称：课程名称（纵栏式），单击“确定”按钮，将报表保存，如图6-8所示。

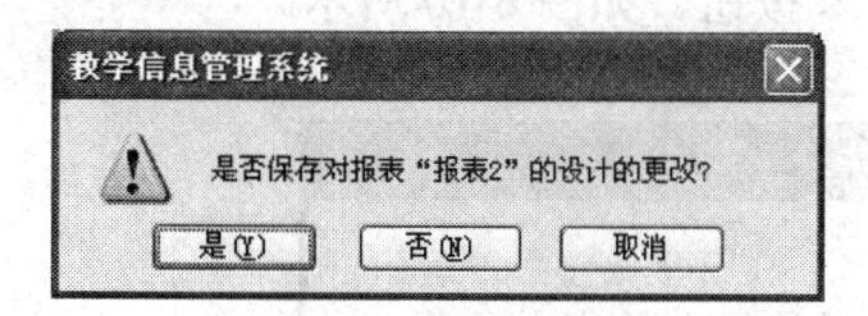

图6-7　确认保存对话框

图6-8　另存为对话框

2．使用“自动创建报表”创建表格式报表

【例6-2】 使用“自动创建报表”创建如图6-2所示的“课程名称”（表格式）报表。

步骤1、步骤2同【例6-1】的步骤1、步骤2。

步骤3：在图6-6所示的“新建报表”对话框中选取“自动创建报表：表格式”，并指定“课程名称”作为来源，最后单击“确定”按钮。

步骤4：保存操作同于【例6-1】，报表名称为：课程名称（表格式）。

说明：使用“自动创建报表”的方法创建的纵栏式报表或表格式报表，其格式均不太理想，如标题的位置、格式等，这要靠使用“报表向导”或使用设计视图创建报表的方法来解决。

6.2.2　使用向导创建报表

本小节将说明通过报表向导建立多种格式报表。

1．建立邮寄标签

【例6-3】 使用“自动创建报表”创建如图6-4所示的“学生通知”（标签）报表。

步骤 1、步骤 2 同【例 6-1】的步骤 1、步骤 2。

步骤 3：在图 6-6 所示的“新建报表”对话框中选取“标签向导”，并指定“学生”作为来源，最后单击“确定”按钮。

步骤 4：选取所需标签样式，单击“下一步”按钮，如图 6-9 所示。

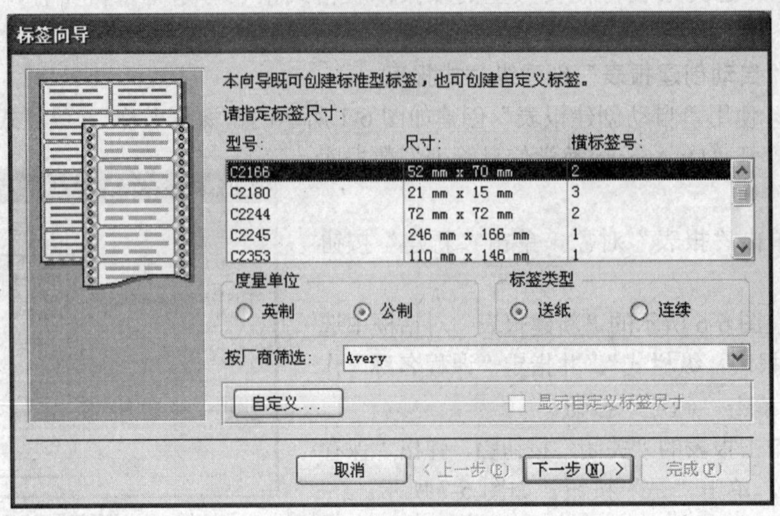

图 6-9 确定标签类型

步骤 5：设置字号、字体、颜色等，单击“下一步”按钮，如图 6-10 所示。

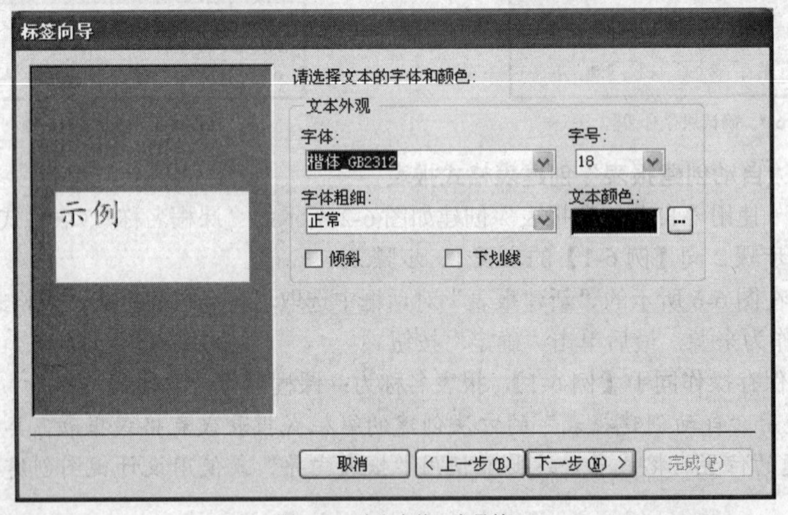

图 6-10 确定字体、字号等

步骤 6：在“原型标签”上放置可用字段和输入相关文字。在“可用字段”双击“专业”字段，在加到“原型标签”的“专业”字段后输入“专业”二字，再双击“班级 ID”字段，在加到“原型标签”的“班级 ID”字段后输入“班级”二字。在图 6-11 所示的“原型标签”中设计标签布局，其中“{专业}”表示字段，“专业”为输入的在标签上固定显示的文字。设置完毕，单击“下一步”按钮。

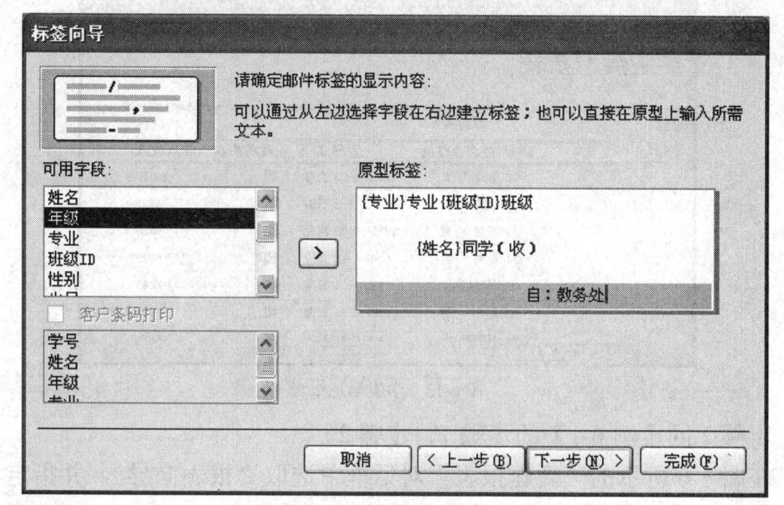

图 6-11 设置标签布局

步骤 7：设置打印报表的排序依据，依次双击“专业”、“班级 ID”和“姓名”字段，单击“下一步”按钮，如图 6-12 所示。

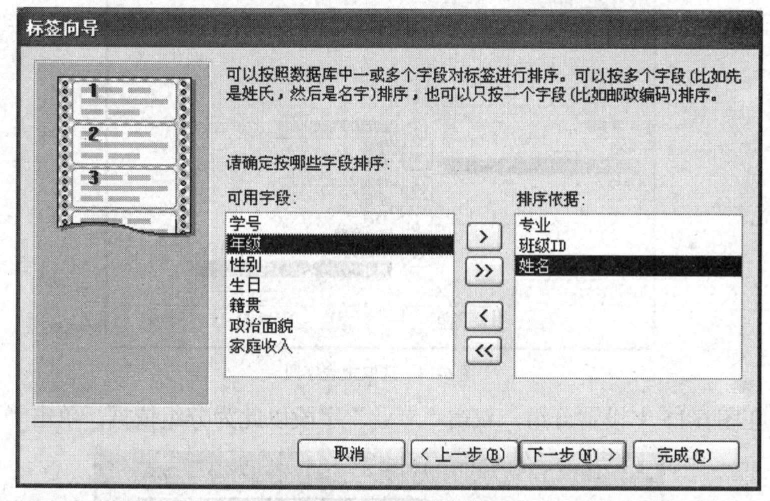

图 6-12 指定标签排序字段

步骤 8：输入“学生通知标签”为新报表名称，再单击“完成”按钮。

说明：标签是数据库的重要应用，本例制作邮寄标签，重点操作是【例 6-3】的步骤 4 和步骤 6。若标签是外购的自粘性标签，需在图 6-9 中选取符合的标签类型，包括行数、列数、宽与高等各项基本数据。若使用的标签在列表中找不到，也可使用“自定义”。

在图 6-11 中设置标签布局的目的是在标签上安排各字段，“原型标签”就是一个标签，其上可放置字段，并输入相应的文字。

2．使用报表向导

【例 6-4】 使用报表向导创建如图 6-13 所示的“学生信息”报表。

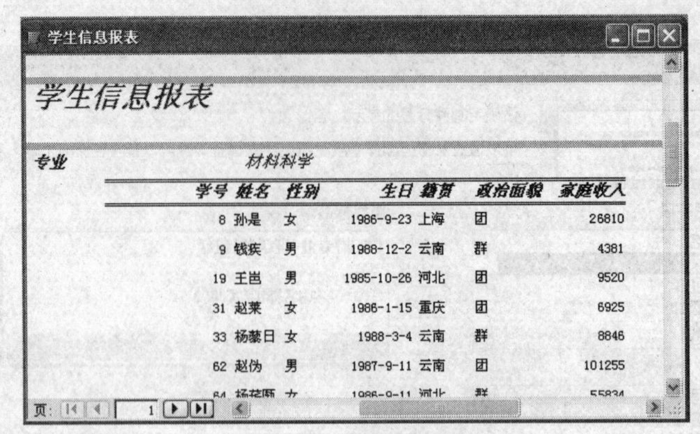

图 6-13 学生信息报表

步骤 1、步骤 2 同【例 6-1】的步骤 1、步骤 2。

步骤 3：在图 6-6 所示的“新建报表”对话框中选取“报表向导”，并指定“学生”作为来源，最后单击“确定”按钮。

步骤 4：在图 6-14 所示的“可用字段”中，逐一双击欲使用的字段，再单击“下一步”按钮。

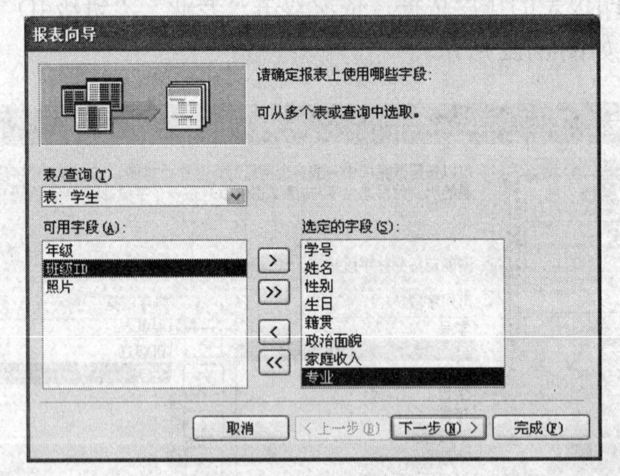

图 6-14 选取报表字段

步骤 5：在图 6-15 中设置分组，双击“专业”字段以此为分组依据，单击“下一步”按钮。

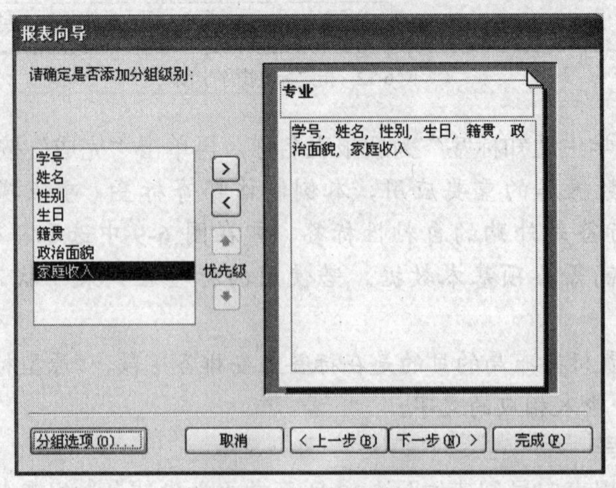

图 6-15 设置分组依据

步骤 6：在图 6-16 中选取“学号”，表示预览及打印时，将以此字段做升序排序，完成后单击“下一步”按钮。

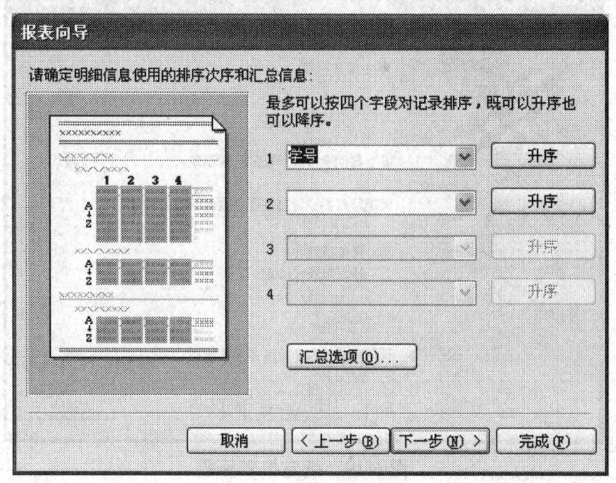

图 6-16　指定排序字段

步骤 7：在图 6-17 中选取“左对齐 1”和“纵向”，完成后单击“下一步”按钮。

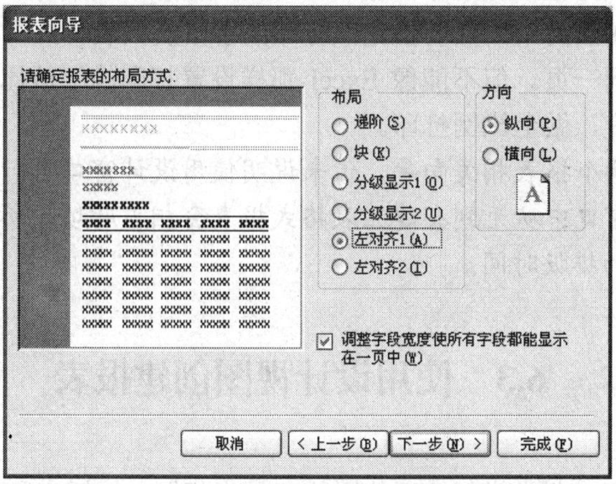

图 6-17　确定报表布局

步骤 8：在图 6-18 中选取“正式”，单击“下一步”按钮。

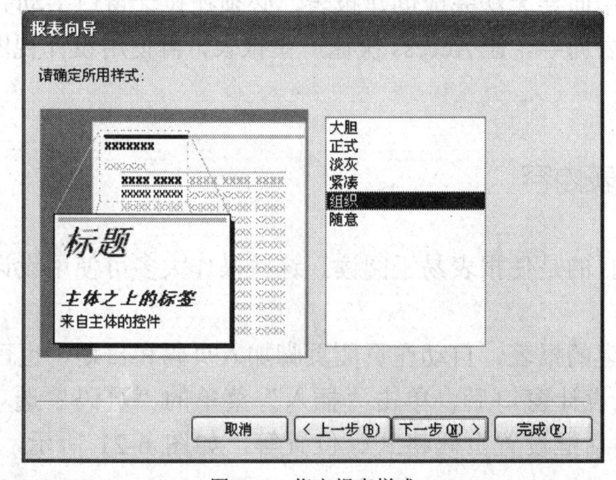

图 6-18　指定报表样式

步骤 9：在图 6-19 中输入新报表名称：学生信息报表，单击“完成”按钮。

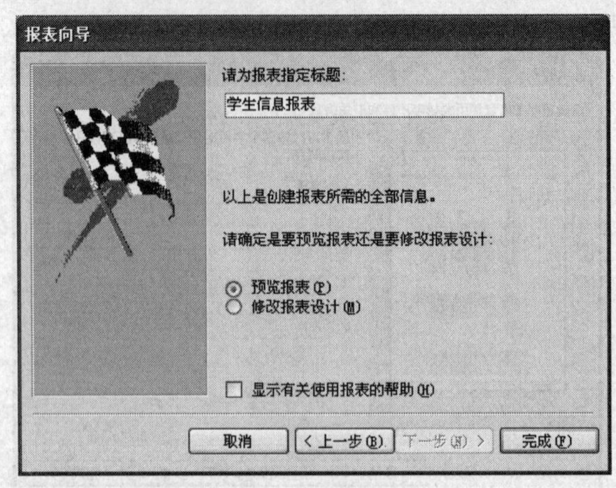

图 6-19　确定报表标题

以上就是使用报表向导的操作过程。图 6-14 中的操作目的是设置所需字段，“选定的字段”的各字段在报表上由左到右显示。

报表向导的操作相当简单，只要指定欲打印的字段及报表样式即可，Access 会尽量将所有选定的字段打印在同一页。但不能像 Excel 那样设置打印的缩放比例，而是依报表设计窗口中各栏的字号及宽度，做全比例打印。

说明：以上说明两个报表相关向导，但未说明使用设计窗口自行建立报表。因为多数报表为表格式，在设计窗口中从无到有建立表格式报表会相当麻烦，所以建议尽量使用报表向导，可节省在报表上的排版时间。

6.3　使用设计视图创建报表

报表和窗体设计窗口非常类似，可使用的工具也相同，包括字段列表、工具箱、标尺等，使用方法完全相同。我们可以在字段列表中，拖曳字段至报表内。

本节要说明的是用向导无法完成创建报表，必须在设计窗口手动完成报表的设计。如果是新报表最好使用报表向导，让 Access 快速产生报表，再使用设计视图，为报表加入符合实际需求的设计。

6.3.1　丰富报表内容

丰富报表内容的目的是使报表易于阅读，这些操作大多可使用设计窗口的“插入”菜单来完成。

使用报表向导创建的报表，自动在页面页脚加入页码和日期，也可以手动加入。

打开报表，进入设计窗口后，单击“插入”菜单的“页码”选项，如图 6-20 所示。在打开的“页码”对话框设置页码格式、位置等，如图 6-21 所示，即可在指定位置插入页码。

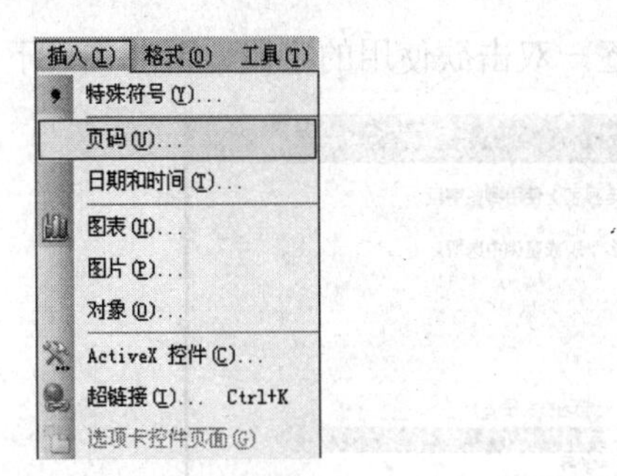

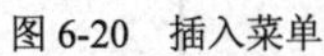
图 6-20　插入菜单

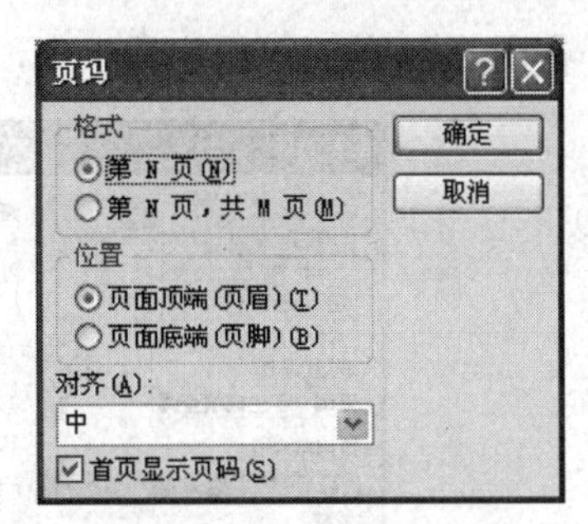

图 6-21　插入页码对话框

同理可以插入日期。

图片也是报表中常用的对象。在设计窗口，选择“插入 | 图片”菜单命令，在打开的“插入图片”对话框中指定要插入的图片文件，单击“确定”按钮即可。可使用的文件格式就是图 6-22 中的“文件类型”，常见的文件格式为 bmp、jpg、gif 等。置于报表中的图文件可以放大或缩小。

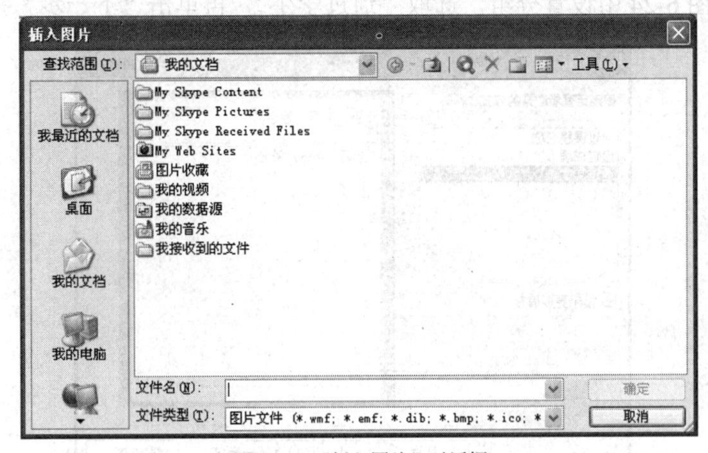

图 6-22　“插入图片”对话框

在“插入”菜单中有图表、对象、ActiveX 控件及超链接等选项，图表已于第 5 章介绍过。对象是使用已安装到计算机的其他软件制作的对象，如 Word 文件或 Excel 电子表格等。ActiveX 控件是组件，超级链接则不适用于报表。

6.3.2　使用设计视图创建排序和分组报表

分组和计算是报表的重要功能。分组的目的是以某指定字段为依据，将与此字段有关的记录打印在一起。计算功能则可使用在任意报表，不一定非与分组功能共同设置。但是，常在分组报表中加入更多计算功能，这样的计算才有分析意义。

1．以学号为分组打印成绩单

【例 6-5】 使用报表向导创建分组的“学生成绩单”报表，如图 6-28 所示。

步骤 1、步骤 2 同【例 6-1】的步骤 1、步骤 2。

步骤 3：在图 6-6 所示的“新建报表”对话框中选取“报表向导”，并指定“学生成绩查询”作为来源，最后单击“确定”按钮。

步骤 4：在图 6-23 的“可用字段”中，逐一双击欲使用的字段，再单击“下一步”按钮。

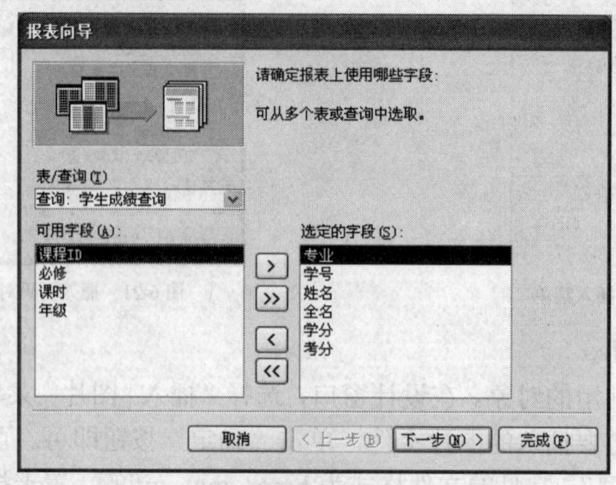

图 6-23 选取报表字段

步骤 5：在图 6-24 中设置分组，选取“通过学生”，再单击“下一步”按钮。

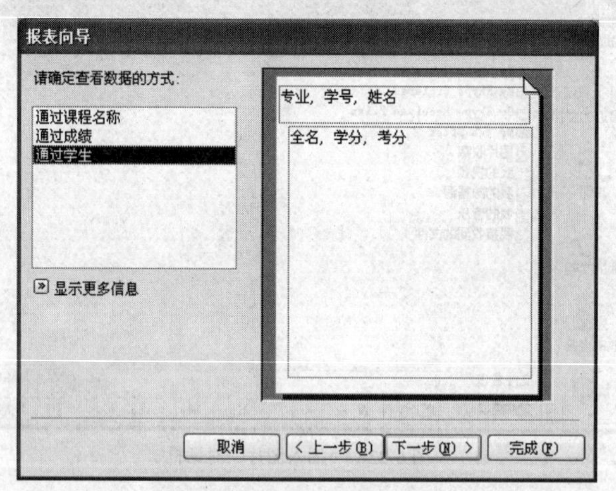

图 6-24 确定查看数据的方式

步骤 6：在图 6-25 中增加分组层次，双击“专业”，再单击“下一步”按钮。

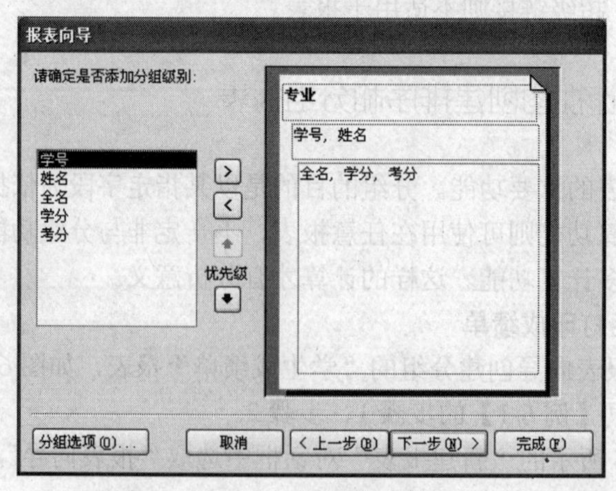

图 6-25 添加分组级别

步骤7：在图6-26中设置按“考分”降序排序，单击“汇总选项”按钮。

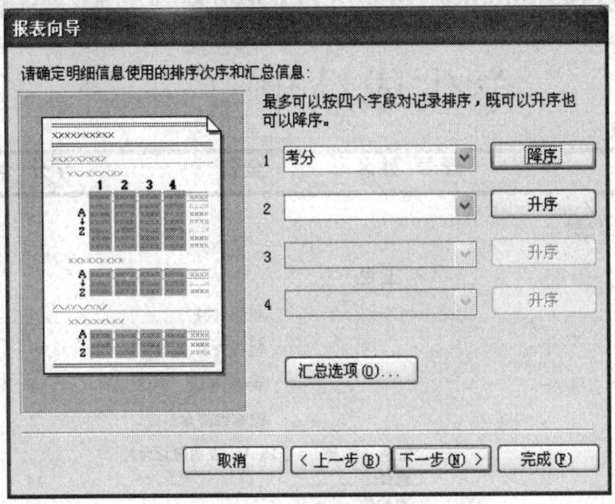

图6-26　设置排序次序

步骤8：在对话框中选取“学分”为汇总，“考分”为平均，单击“确定”按钮，返回设置排序的对话框后，再单击“下一步”按钮，如图6-27所示。

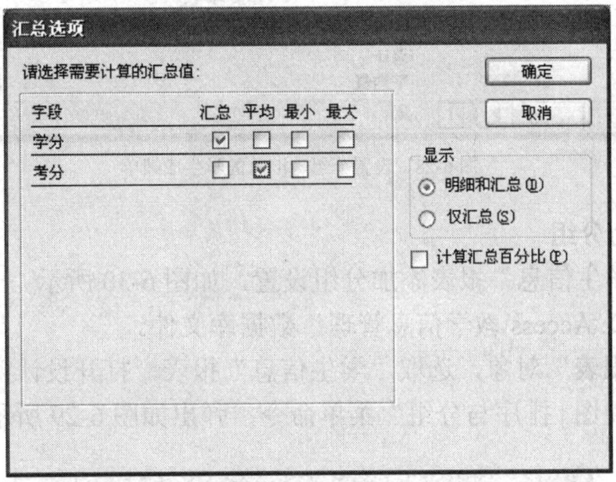

图6-27　汇总选项

步骤9：在“布局”中选取“递阶”，单击“下一步”按钮。

步骤10：使用“正式”为报表样式，单击“完成”按钮。

步骤11：输入“学生成绩单”为标题，再单击“完成”按钮。

以上就是建立含有分组功能的报表向导，完成后的报表如图6-28所示。

本例的目的是使用分组功能。因为每个学生有多门课程的成绩，所以此例的分组依据是“专业”和“学号”。

设置分组依据后，通常会针对主体设置计算方式，如图6-27所示。由于本例使用的字段“学分”、“考分”都是可计算的数字，“学分”设置汇总，统计学生已修课程的总学分；“考分”设置为平均，统计学生所有课程的平均分（因为每个学生的课程数量不同，所以统计总分没有意义）。

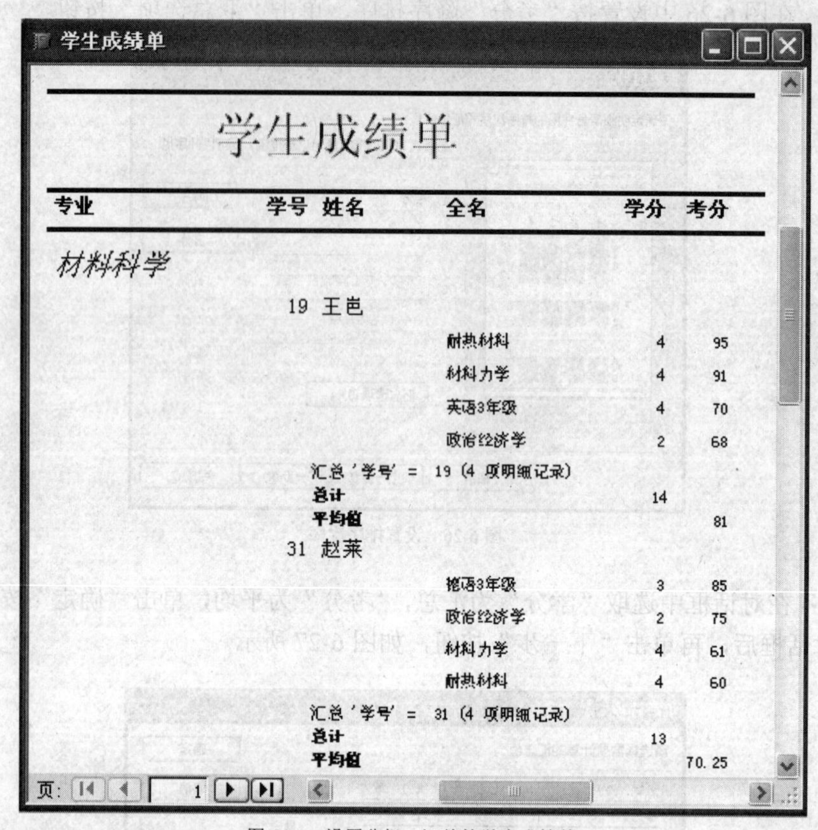

图 6-28 设置分组、汇总的学生成绩单

2. 以日期字段为分组

【例 6-6】 为“学生信息”报表添加分组设置，如图 6-30 所示。

步骤 1：打开“D:\Access\教学信息管理”数据库文件。

步骤 2：单击“报表”对象，选取“学生信息”报表，打开设计窗口。

步骤 3：选择“视图 | 排序与分组”菜单命令，弹出如图 6-29 所示的对话框。

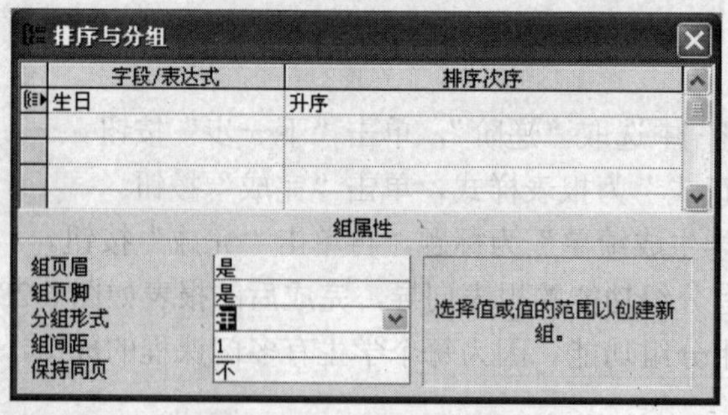

图 6-29 “排序与分组”对话框

步骤 4：在“字段/表达式”列表中选取“生日”字段，将“组页眉”和“组页脚”都设置为“是”，“分组形式”设置为“年”。

步骤 5：关闭对话框，预览报表，如图 6-30 所示。

学生信息

学生信息

学号	姓名	年级	专业	班级ID	性别	生日	籍贯	政治面貌	家庭收入
19	王岂	3	材料	34	男	1985-10-26	河北	团	9520
109	杨赝	2	信息	23	男	1985-10-29	天津	群	27260
205	赵坪	3	计算	32	女	1985-10-31	山西	团	11558
234	郑奥	3	计算	32	男	1985-11-13	河南	团	103815
183	杨栈	3	信息	33	男	1985-11-17	四川	团	74515
258	李�	2	信息	23	男	1985-11-18	山西	党	7845
189	周净	3	原子	31	男	1985-11-19	北京	团	15382
164	李三	3	计算	32	男	1985-12-3	上海	群	52923
40	周岬	3	原子	31	男	1985-12-12	北京	团	86983
17	李辖	3	计算	32	女	1985-12-21	天津	党	35788
158	钱艿	2	信息	23	女	1985-12-21	河北	群	13131
175	郑怒	3	信息	33	男	1986-1-3	上海	团	41297
31	赵莱	3	材料	34	女	1986-1-15	重庆	团	6925
147	王汕	3	材料	34	女	1986-1-28	贵州	群	4770

页: 1

图 6-30　按年分组后的学生信息

本例使用“年”作为分组单位。日期型字段可以以年、季、月、周、日等为单位进行分组。如果字段不是日期类型，“分组对象”就是“每一个值”表示每个不同的值，都视为一个分组。

说明：分组必定与排序同时设置，如图 6-29 所示。“组页眉”、“组页脚”设置为“是”，则表示为分组字段。反过来说，任何字段都可设置排序，但不一定要使用分组，“组页眉”、“组页脚”设置为“否”。

3. 在分组报表使用函数

【例 6-7】 为“学生信息”报表分组页眉添加含有函数的控件，如图 6-31 所示。

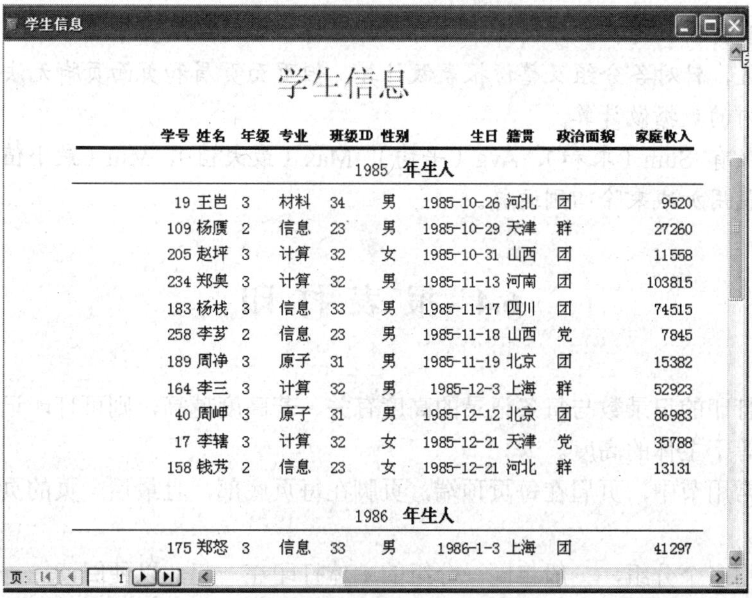

学生信息

学生信息

学号	姓名	年级	专业	班级ID	性别	生日	籍贯	政治面貌	家庭收入
1985 年生人									
19	王岂	3	材料	34	男	1985-10-26	河北	团	9520
109	杨赝	2	信息	23	男	1985-10-29	天津	群	27260
205	赵坪	3	计算	32	女	1985-10-31	山西	团	11558
234	郑奥	3	计算	32	男	1985-11-13	河南	团	103815
183	杨栈	3	信息	33	男	1985-11-17	四川	团	74515
258	李芋	2	信息	23	男	1985-11-18	山西	党	7845
189	周净	3	原子	31	男	1985-11-19	北京	团	15382
164	李三	3	计算	32	男	1985-12-3	上海	群	52923
40	周岬	3	原子	31	男	1985-12-12	北京	团	86983
17	李辖	3	计算	32	女	1985-12-21	天津	党	35788
158	钱艿	2	信息	23	女	1985-12-21	河北	群	13131
1986 年生人									
175	郑怒	3	信息	33	男	1986-1-3	上海	团	41297

页: 1

图 6-31　分组页眉中使用函数

步骤 1：打开“D:\Access\教学信息管理”数据库文件。

步骤 2：单击“报表”对象，选取【例 6-6】的“学生信息”报表，打开设计窗口。

步骤 3：在工具箱中单击文本框控件按钮，再于“生日页眉”居中位置拖曳产生新文本框。

步骤 4：选取新文本框左方的标签，将标签移至文本框右边。

步骤 5：在新文本框内输入“=Year（[生日]）”，将移至右边的标签显示的文字内容更改为“年生人”，如图 6-32 所示。

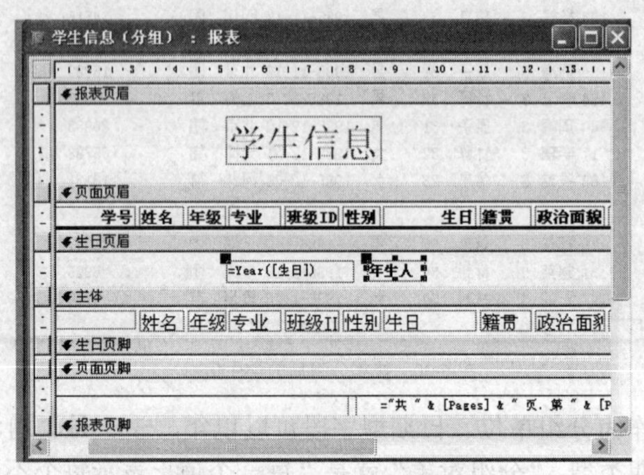

图 6-32　在新建文本框中输入函数

步骤 6：单击工具箱中的直线控件按钮，按住【Shift】键，在生日页眉底部同时按住鼠标左键，由左至右拖曳产生直线。

本例使用的表达式内容是“=Year（[生日]）”，Year 函数的功能是返回指定日期的年份。

说明：使用分组之后，报表可分组使用页眉及页脚，如本例的“生日页眉”和“生日页脚”。在分组使用页眉及页脚是报表的特色，即窗体至多可使用 5 个节，报表则可根据需要，使用无限多个节。

分组页眉和页脚一定在主体的上下，打印时会将分组内数据置于主体中。若使用函数，则视函数的位置，针对各分组及整份报表做计算。但页面页眉和页面页脚无法使用函数，即无法针对一页内的数据做计算。

常用的函数有 Sum（求和）、Avg（平均）、Max（最大值）、Min（最小值）、Count（计数）等，也可使用加减乘除四则运算。

6.4　报 表 打 印

报表每页打印的记录数与每条记录的高度有关，若高度越高，则可打印记录数愈少，每条记录的高度等于主体的高度。

在报表的常用节中，页眉在每页顶端，页脚在每页底部，且最后一页的页面页脚通常在报表页脚下方。

报表可使用多个分组，一般将同一分组的主体打印在一起，以便阅读。

若报表的字段数不多，可使用多列报表，这样会节省纸张。

6.4.1 报表页面设置

版面指的是报表页面在打印时的设置，如纸张大小、打印方向等。由于报表必须通过打印机输出，所以也可以在报表中针对打印机做打印前的更改。

1．更改报表边界

【例6-8】 为“学生信息”报表设置页面。

步骤1：打开“D:\Access\教学信息管理”数据库文件。

步骤2：单击“报表”对象，选取“学生信息”报表，打开报表设计窗口。

步骤3：进入设计窗口后，选择“文件｜页面设置”菜单命令。

步骤4：在图6-33的上、下、左、右都输入以毫米（mm）为单位的数值，都输入“20”，再单击“确定”按钮。

以上操作的目的是设置报表四周与纸边的距离，也就是报表边界。此段距离会在报表四周形成不打印数据的外框，单位为毫米。4个页边距默认值是1英寸（25.41mm）。

2．计算及更改报表宽度

延续前例，在报表设计视图可使用的空间应是纸张宽度减去左右页边距后的空间。以图6-33为例，左右版边各为2cm，且纸张为A4、宽度是21cm，所以我们在设计视图中，使用的宽度不能超过21-（2×2）=17cm。

图6-34所示的报表宽度属性是15.908cm，可以在此设置宽度属性，也可在设计窗口拖曳报表右边界，更改报表宽度。若将报表宽度设置为17cm或大于17cm，都会因为宽度过大（超过了纸张宽度）而发生如图6-35所示的错误。

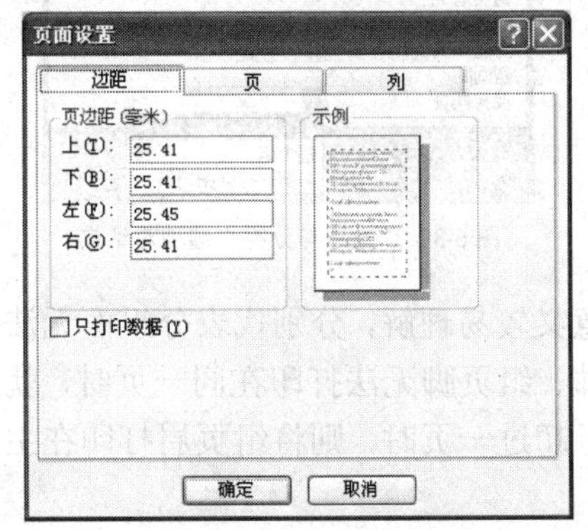

图6-33 报表页面设置对话框

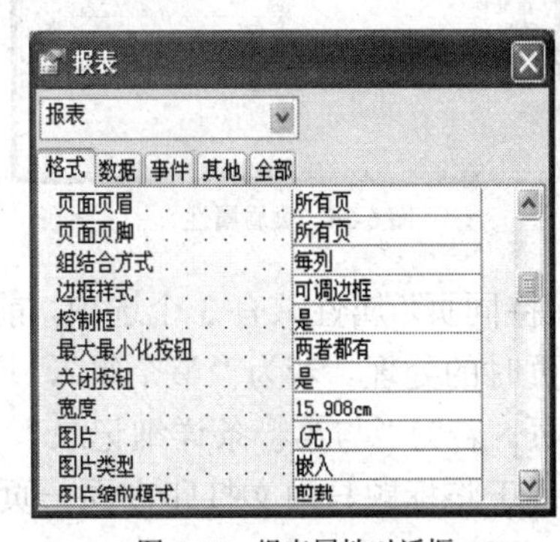

图6-34 报表属性对话框

若在预览或打印时，显示如图6-35所示的对话框，仍可打印，但超出部分将无法打印。此时有两个解决方案，一是在图6-33中缩小左右边界；二是在图6-34中缩小报表本身的宽度。若无法缩小，必定是有控件超出允许宽度。

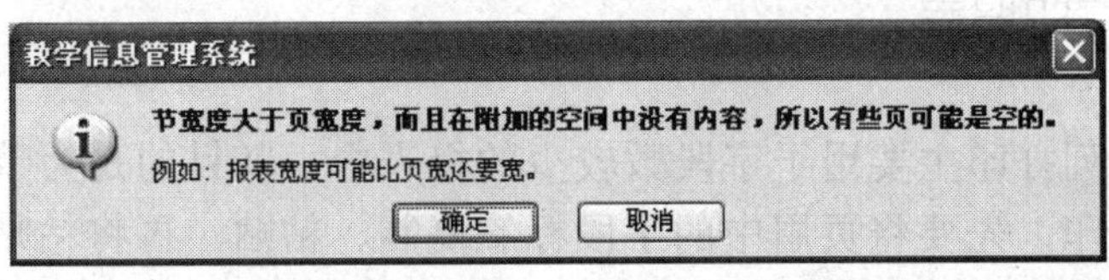

图6-35 报表过宽

3. 更改打印方向

解决报表过宽的另一方法，是将打印纸张设置为“横向”。

选取指定的报表，打开设计窗口，单击“文件”菜单的“页面设置”选项。在对话框中切换到“页”选项卡，单击“横向”即可。打印方向的默认值为“纵向”。可用的纸张大小取决于安装的打印机。

6.4.2 分页打印报表

在默认情况下，报表会依纸张大小及各节高度自动分页，若本页不够打印时，即移至下页。当然，也可为报表指定固定分页的位置或方式。

1. 强制分页

“强制分页”是每一节都有的属性，常使用在页眉，如图 6-36 所示。

在“专业”页眉节使用“强制分页”，将强迫分页属性设为“节前”，其意是每个专业的学生信息都另起新页。

2. 保持同页

在“排序与分组”对话框中，可以保持设置“保持同页”属性，如图 6-37 所示。

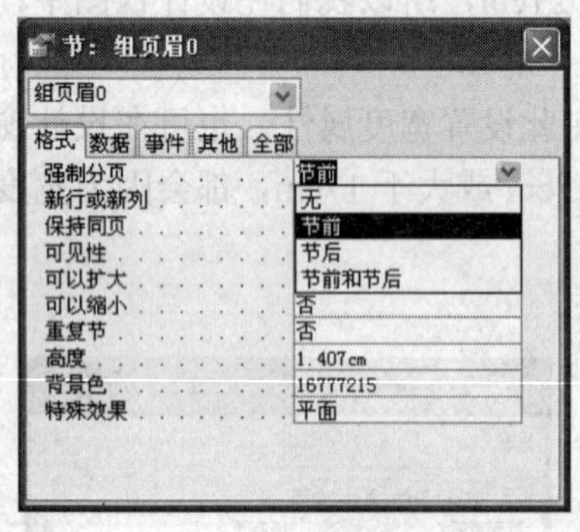

图 6-36 页眉属性

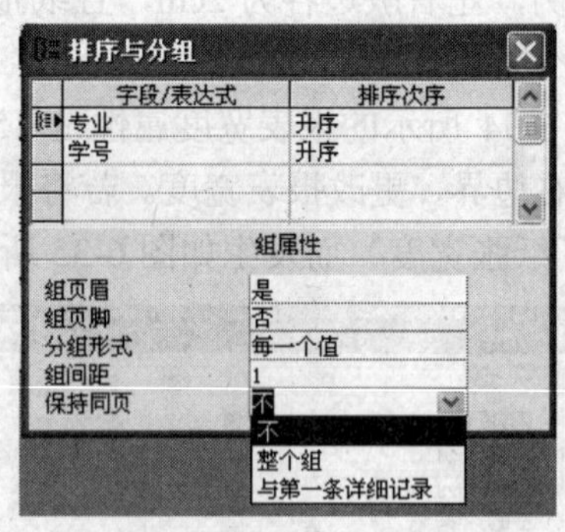

图 6-37 “排序与分组”选项对话框

“保持同页”属性共有 3 个选项，前两个选项的意义较易理解，分别代表分组而无法打印在同一页时的处理。若为“整个组”，且组页眉、主体、组页脚无法打印在同一页时，就全部下移一页。若为“与第一条详细记录”，若数据过多且超过一页时，则将组页眉打印在主体的上方，等于将标题与内文打印在同一页。

3. 分页控件

最后一个分页设置是使用工具箱中的分页控件，将此空间拖至报表的各节均可。分页控件的唯一功能是跳页，不论它在什么位置，打印时只要遇到此控件，就会另起新页。

6.4.3 分列打印报表

在报表中，分列打印主要用于字段数较少的报表中，其目的是为节省纸张，重复打印。如果要多列打印，先要将页眉中的字段标签复制、粘贴，再将粘贴的标签移动到适当的位置（页眉的右半部分），然后调整好布局，如图 6-38 所示，设置相应的列数、列宽，列布局。

说明：对话框中设置的“列布局”，直接影响主体数据的打印方式。若为“先列后行”，主体会打印在组页眉之下；若为“先行后列”，则主体会分别打印在两列中，适用于主体较多时的情况。

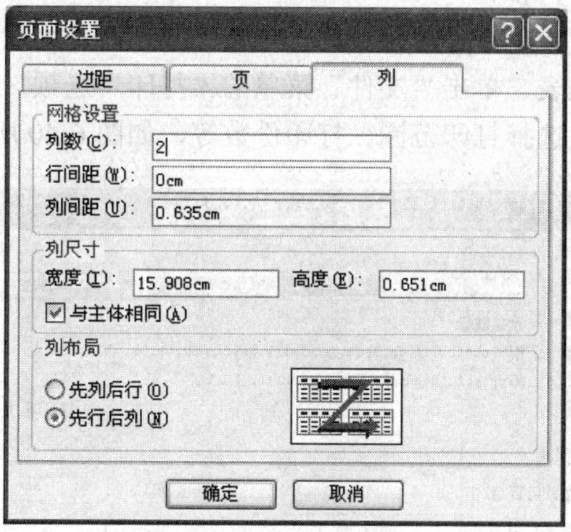

图6-38 打印页面的“列”设置

6.4.4 打印报表

打印报表的操作相当简单，只需要指定打印机并执行打印即可。

1．打印前先预览

打开指定报表，选取视图中的“打印预览”，如图6-39所示。

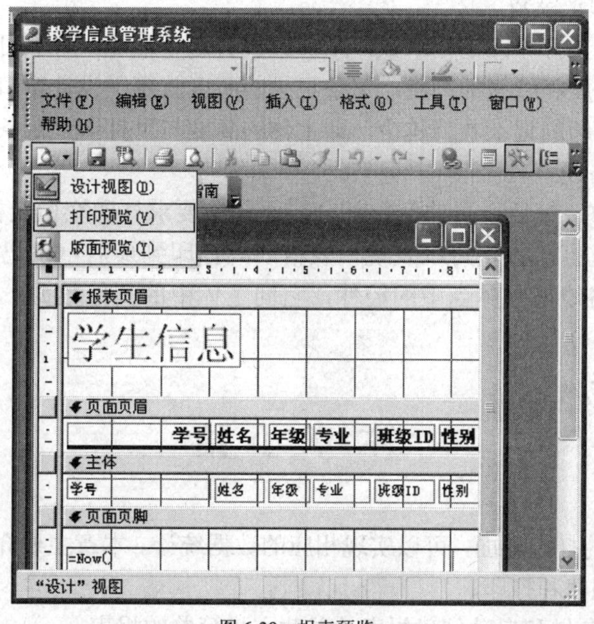

图6-39 报表预览

说明：打印预览视图中，可以通过预览窗口底部的浏览按钮切换到其他页，浏览报表全部数据；“版面预览”则只显示1~2页。若记录过多，且只想查看报表版面，可使用“版面预览”，以节省报表配置的时间。此二者都可以和设计视图进行切换，但两者之间不能直接切换。

2．指定打印机及执行打印

打印报表时，可以直接单击工具栏上的“打印”按钮，使用默认打印机进行打印。如果要在指定打印机上打印报表，单击“文件”菜单的“打印”选项，在打开的“打印”对话框中，指定打印机。还可以选择打印范围、打印份数等，如图6-40所示。

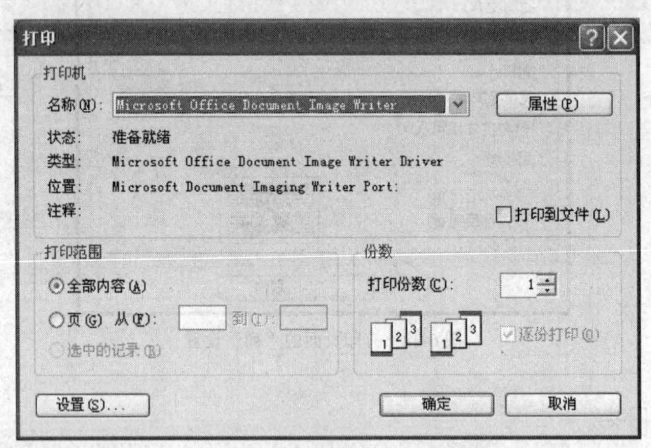

图6-40 “打印”对话框

3．报表打印中的常见问题

打印的报表多是表格式报表，此时报表会将记录忠实地由上而下逐条打印，直到完毕，这是Access打印报表的基本原理。打印中常遇到以下两个问题。

- 没有每页打印记录数

用户无法设置一页打印固定记录数，Access没有这个功能。每页可以打印多少条记录的关键是每条记录的高度和纸张的高度，每条记录的高度就等于设计窗口中主体的高度。此高度越大，每页可以打印的记录数就越少，即主体的高度与可打印记录条数成反比。

- 没有空白表格线

在大部分报表中，最后一页的空白部分，通常会要求打印空白表格线，但Access没有这项功能。我们通过打印预览可以发现，表格线只打印到最后一条记录，此记录以下即为空白，这是因为表格线是主体当中的控件，它同主体中的其他数据一样，打印到最后一条记录为止。

本章小结

报表是Access的打印界面，可以实现相应的数据统计。本章主要介绍了报表的基本类型和各类实用报表的创建和打印。

1．先利用系统向导和自动创建报表功能建立最简单的报表。

2．要在报表中实现对数据的统计，就要使用设计试图创建报表，并在报表中应用排序、分组功能和一些常用的函数，如 Sum、Avg、Max、Min、Count 等，也可以应用加减乘除四则运算。

3．报表是 Access 的打印界面，最终要对统计好的报表进行页面设计，并根据需要分页或分列打印报表。

习　题　6

6.1　思考题

1．报表和窗体有何区别？
2．报表有几部分组成？各部分的含义是什么？
3．报表页眉、页脚和页面页眉、页脚有何关系？
4．报表中如何实现对数据的排序和分组？
5．报表中的计算公式常放在哪里？
6．如何为报表插入页码和打印日期？
7．打印时报表过宽，如何解决？

6.2　选择题

1．在报表中，对各门课程的成绩按班级分别计算合计、均值、最大值和最小值，则需要设置（　　）。

（A）分组级别　　（B）汇总选项
（C）分组间隔　　（D）排序字段

2．设置报表的属性，需在（　　）下操作。

（A）报表视图　　（B）页面视图
（C）报表设计视图　　（D）打印视图

3．设置报表的属性，在设计视图下，鼠标指向（　　）对象，单击右键，调出报表属性对话框。

（A）报表左上角的小黑块　　（B）报表的标题栏处
（C）报表页眉处　　（D）报表的“主体”节

4．报表的功能是（　　）。

（A）只能输入数据　　（B）只能输出数据
（C）可以输入输出数据　　（D）不能输入输出数据

5．要实现报表的分组统计，其操作区域是（　　）。

（A）报表页眉或报表页脚区域　　（B）页面页眉或页面页脚区域
（C）主体节区域　　（D）组页眉或组页脚区域

6．在报表的每一页的底部都输出信息，需要设置的区域是（　　）。

（A）报表页眉　　（B）报表页脚

（C）页面页眉　　（D）页面页脚

7．以下对报表的理解正确的是（　　）。

（A）报表与查询功能一样　　（B）报表与数据表功能一样

（C）报表只能输入输出数据　　（D）报表能输出数据和实现一些计算

8．报表的数据源是（　　）。

（A）可以是任意对象　　（B）只能是表对象

（C）只能是查询对象　　（D）只能是表对象或查询对象

9．要实现报表的总计，其操作区域是（　　）。

（A）报表页眉　　（B）报表页脚

（C）页面页眉　　（D）页面页脚

10．要在报表中主体节区显示一条或多条记录，而且以垂直方式显示，应选择（　　）。

（A）纵栏式报表　　（B）表格式报表

（C）图表报表　　（D）标签报表

11．要显示格式为“页码/总页数”的页码，应当设置文本框的控件来源属性是（　　）。

（A）[Page] / [Pages]　　（B）= [Page] / [Pages]

（C）[Page] & "/"& [Pages]　　（D）= [Page] & "/"& [Pages]

12．要计算报表中所有学生的“数学”课程的平均成绩，在报表页脚节内对应“数学”字段列的位置添加一个文本框计算控件，应该设置其控件来源属性为（　　）。

（A）=Avg（[数学]）　　（B）Avg（[数学]）

（C）=Sum（[数学]）　　（D）Sum（[数学]）

6.3 填空题

1．报表中的有________类型的视图，分别是________、________、________。

2．报表要实现排序与分组。通过在________对话框中设置________来实现。

3．报表页眉的内容只能在报表的________输出。

4．报表数据的输出不可缺少的内容是________。

5．报表数据源可以是________和________。

6．一个完整的报表设计通常由报表页眉、报表页脚及________、________、________、________、________7个部分组成。

6.4 上机实验

在“教学信息管理”数据库中，设计并实现以下操作。

1．以“学生”数据表为来源建立“籍贯学生”报表，按地区输出学生基本信息，并输出各地区学生数量。

2．为“教师”打印“职代会入场证”，会议地点：校礼堂，会议时间：本周五下午 2∶30（入场证包括姓名、性别、职称、单位和照片）。

3．打印各门课程的学生成绩单。

4．建立每个学生选修课程的报表，并统计已修学分。

5．建立“教师任课”报表，汇总每位教师任课的总课时。

第 7 章　数据访问页

前面的章节介绍了通过 Access 中的数据表、窗体等方式来进行数据的查询、修改及统计等，这些功能主要是在本地计算机中进行的。而在网络应用越来越普遍的今天，通过网络来进行数据的存取显得越来越重要。本章将介绍如何通过数据访问页来实现对 Access 数据库的网络存取。

利用 Access，可以生成静态的网页，也可以生成动态的网页（即数据访问页），前者是根据数据库中的数据生成网页文件，后者则可以实现对数据库中的数据记录的显示、修改、删除、分组、统计等操作。静态网页和数据访问页都可以发布到网络上。

7.1 Access 的 Web 功能

在具体介绍数据访问页之前，有必要对网络的一些基本概念进行介绍。

7.1.1 计算机网络基本概念

1．计算机网络及因特网

计算机网络以共享资源为目的，通过数据通信线路将多台计算机互连而组成的系统。共享的资源包括计算机网络中的硬件设备、软件或者数据。

因特网（Internet）是全球最大的、由众多网络相互连接而成的、开放的计算机网络，目前大专院校、政府部门、图书馆、企业以及个人都已经连接到因特网。它允许网络使用者在任何时间、任何地点查阅任何在网络上的信息，它正在改变着整个人类社会的生活方式。

2．WWW 和 URL

因特网主要有以下 4 种应用：电子邮件（E-mail）、新闻组（News）、远程登录（Telnet）、文件传输（Ftp）。直到 20 世纪 80 年代初期，因特网还只是局限于在学院、政府等部门使用。但是万维网（World Wide Web，WWW，通常又称为 Web）的出现改变了这一切。万维网使得一个站点可以建立一些包括文本、图片、声音甚至录像的页面，这些页面用超文本标志语言（Hyper Text Markup Language，HTML）写成，内嵌指向其他页面的链接。万维网为用户查询、检索、浏览在因特网上发布的各种信息提供了极大的方便，为因特网带来了大量的其他用户。因特网的迅猛发展与万维网的应用是密不可分的，以至于今天提到 Internet 常常就是特指万维网服务。

万维网是世界上最大的电子信息仓库。在万维网应用中，Web 文档（主要是网页，也包括本章要介绍的数据访问页）存放于一台或者多台计算机上，称为 Web 服务器（Web Server）。用户可利用浏览器（Browser），包括我们常用的 Internet Explorer（即 IE）来访问 Web 站点。

浏览器又称为客户端。

在网络中客户端要访问服务端，则需要遵循一定的网络协议。万维网系统使用的协议中最重要的是超文本传输协议（HTTP），在用户访问 Web 站点时，浏览器和 Web 服务器之间通过 HTTP 来发送请求和信息。

网络上任一资源的地址都要用 URL（Uniform Resource Locator）来表示，URL 又叫“统一资源地址”。URL 的一般形式如下：

http://主机:端口号/文件路径/文件名

其中，http 代表遵循的网络协议；主机是指服务器的地址（IP 地址或者域名）；端口号是用来区分一个主机上不同服务的号码，HTTP 服务的缺省端口值为 80。下面是一个 URL 的例子：

http://www.pku.edu.cn/news1/index.htm

有了 URL，就可以对网络上的资源（包括网页等）进行定位，从而获取相应的资源。

3．HTML 和 Script

在 WWW 系统中，大量的信息是用网页的方式存在的。Internet 上的 Web 站点一般由多个页面组成，可以通过超链接在页面间切换。网页又称为 HTML 网页、Web 文档、页面等。HTML 又称为超文本标识语言。网页实质就是添加了 HTML 标志的文本文件。

网页中的主要内容是文字及 HTML 标志。在浏览器中，通过“查看｜源文件”菜单命令就可以查看到网页的源文件。HTML 中的命令称为标志（tag）。所有标志用“< >”括起。由标志和带斜杠的同名标志表示该标志指定的范围，如一对<body>及</body>表示文档的主体部分。HTML 命令不区分大小写，表 7-1 列出了基本的 HTML 标志。

表 7-1　　基本 HTML 标志

标　志	说　明
Html	限定整个文档
Head	指定文档初始信息，如标题、脚本
Hn	n 为 1～6 的整数，指定文档标题级别。H1 最大，H6 最小
Title	指定出现在浏览器窗口标题栏中的页面标题
Body	指定文档正文

HTML 提供了许多其他标志，基本 HTML 字符格式标志有<B>（表示粗体）、<I>（表示斜体）等。

标志<P>表示开始新的段落；标志
表示换行；标志<hr>表示水平标尺，其作用是画一条水平线。

标志<Font>与关键字 Face、Size 和 Color 组合，可指定字体、字号和字体颜色。例如：

<Font Face="宋体" Size=5 Color=red>文字</Font>

标志<A>可在 HTML 文档内插入超链接。使其可以链接到另一 HTML 文档（可以是另一计算机上的文档）。定义超链接时，需要用 Href 指定 URL。例如，在文档内输入以下语句：

查看<A Href="http://www.pku.edu.cn">北京大学</A>主页

则浏览器内显示“北京大学”一词作为超链接。当鼠标指向超链接时，鼠标指针变成手指形，当用户单击它时，可进入北京大学主页（由地址 http://www.pku.edu.cn 这个 URL 来指定）。图形可用<Img Src="图形文件的 URL " Width="宽度" Height="高度">格式嵌入。

在网页中除了文字和标志以外，还有脚本（script）。脚本就是嵌入在网页中的短小的程序。它可以控制页面内容并在程序中进行操作。例如，我们在网页中经常看到的漂动的图标，就是由脚本程序来指挥其运动的。脚本也是用一定的语言来编写的，常的语言有 VBScript 和 JavaScript。用<Script>和</Script>标志可以将脚本插入到 HTML 文档中。

7.1.2　由 Access 生成静态网页

利用 Access 的导出功能，可以根据 Access 的数据来生成静态网页。这里所谓“静态”是指网页的内容是在生成时确定的，以后不随数据库中的数据改变而改变。

在 Access 中，可以从表或者查询中将数据导出到网页。下面以数据表为例。

【例 7-1】 使用“导出”功能，创建学生信息网页。

步骤 1：启动 Access 及打开“D:\Access\教学信息管理.mdb”数据库文件。

步骤 2：在数据库窗口中，单击“表”对象，再单击“学生”表。

步骤 3：选择“文件 | 导出”菜单命令，在对话框中，选择保存文件的位置（如 ch07 文件夹下），在保存类型中选择“HTML 文档（*.html;*.htm）”，文件名命名为“例 7-01 学生网页”，如图 7-1 所示。

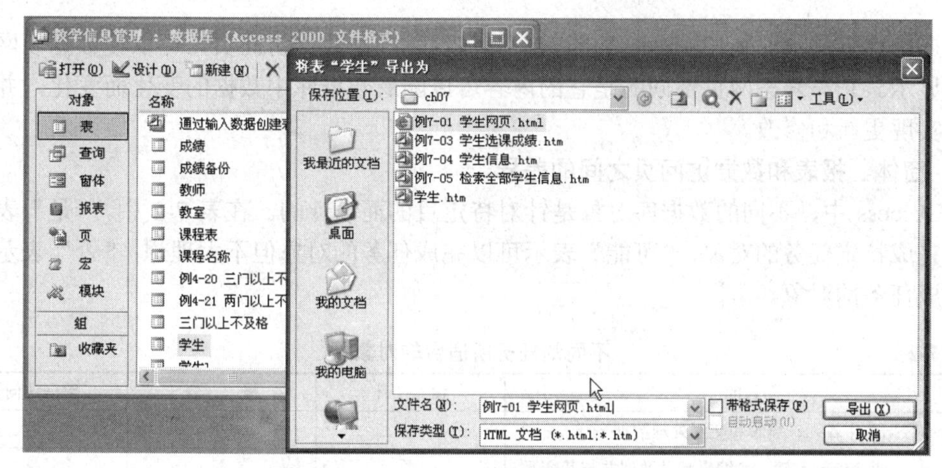

图 7-1　导出为网页

步骤 4：单击“导出”按钮，则可产生一个网页文件。用浏览器 IE（Internet Explorer）打开，可以看到如图 7-2 所示的效果。

例7-01 学生网页

7	赵文接	2	原子物理	21	男	1988-5-31	山西	群	10252
8	孙是	3	材料科学	34	女	1986-9-23	上海	团	26810
9	钱疾	1	材料科学	14	男	1988-12-2	云南	群	4381
10	王时种	1	计算机科学	12	女	1988-10-14	山西	团	8012
11	杨元有	2	计算机科学	22	男	1987-8-2	云南	团	11325
12	钱席陶	3	信息管理	33	女	1986-12-25	上海	群	141346
13	钱倬	2	计算机科学	22	女	1987-12-29	河南	团	10143

图 7-2　导出为网页

步骤 5：在浏览器 IE 中，用“查看 | 源文件”菜单命令，可以看到其中的 HTML 标记，如图 7-3 所示。其中包括<HTML>（网页）、<HEAD>（头部）、<TITLE>（标题）、<BODY>（网页体）、<TABLE>（表格）、<CAPTION>（表格标题）、<TR>（表格行）、<TD>（表格数据）等。

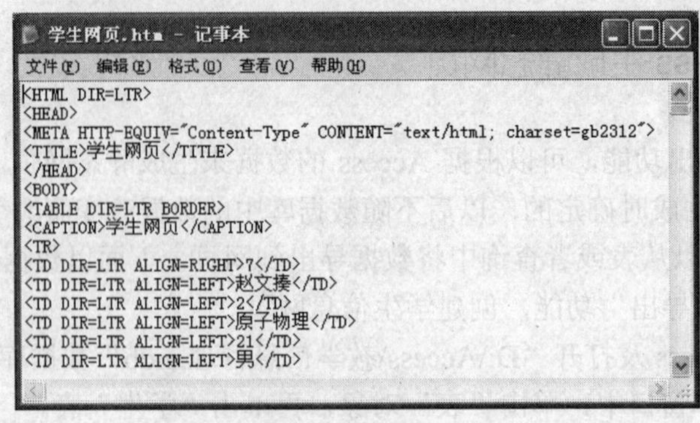

图 7-3 查看源文件

7.1.3 数据访问页对象

数据访问页是 Access 的 Web 功能的最好体现。利用数据访问页，可以使数据以网页的形式来显示。它与静态网页不同的是它的内容可以随着数据库中数据的变化而变化，并且数据可以实现更新和修改。

1．窗体、报表和数据访问页之间的差异

在 Access 中，不同的数据库对象是针对特定目的而设计的。在表 7-2 中，“是”表示是最适合完成特定任务的对象，“可能”表示可以完成任务的对象但不太理想，“否”表示根本不能完成任务的对象。

表 7-2　　不同的任务所适合的对象

任务/目的	窗　体	报　表	数据访问页
在 Access 数据库中输入、编辑和交互处理数据	是	否	否
通过 Internet 或 Intranet 输入、编辑活动数据并与其交互	否	否	是
通过电子邮件分发数据	否	否	是
打印要分发的数据	可能	是	可能

数据访问页与显示报表相比具有以下优点。

- 由于与数据绑定的数据访问页联接到数据库，因此这些数据访问页显示当前数据。
- 数据访问页是交互式的。用户可以只对自己所需要的数据进行筛选、排序和查看。
- 数据访问页可以通过网络发布，并能通过电子邮件以电子方式进行分发。

2．数据访问页的制作方式

有了数据表与查询，就可以制作数据访问页。“数据访问页”有以下 2 种视图方式。

（1）页视图。用户在此视图方式下，可以查看“数据访问页”的设计效果。

（2）设计视图。用户在此视图方式下，可修改、编辑“数据访问页”的设计。

在 Access 中有许多方法创建数据访问页，包括使用“自动创建数据页”；使用向导创建数据页；在设计视图中自行创建数据页；利用已有的网页创建数据页。下面两节将分别介绍这些内容。

7.2　创建数据访问页

本节主要介绍利用向导的方式来创建数据访问页。

7.2.1　使用“自动创建数据页”

使用“自动创建数据页”命令可创建包含基表、查询或视图中所有记录和字段（除存储图片的字段之外）的数据访问页。

【例 7-2】 使用“自动创建数据页”创建学生信息数据访问页。

步骤 1：启动 Access 及打开“D:\Access\教学信息管理.mdb”数据库文件。

步骤 2：在数据库窗口中，单击“页”对象，然后单击名称框中的“新建”工具按钮，打开“新建数据访问页”对话框，如图 7-4 所示。

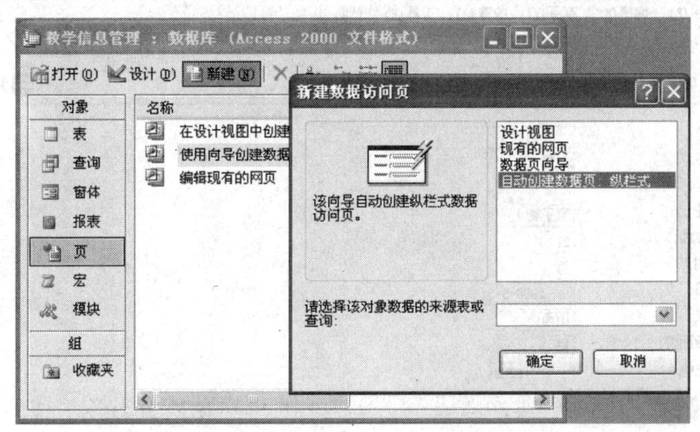

图 7-4　新建数据访问页对话框

步骤 3：选择“自动创建数据页：纵栏式”，在“请选择该对象数据的来源表或查询”栏中选择“学生”，单击“确定”按钮，则可看到学生信息表的数据访问页的效果，如图 7-5 所示。

学生
学号: 7
姓名: 赵文
年级: 2
专业: 原子物
班级ID: 21
性别: 男
生日: 1988-5-31
籍贯: 山西
政治面貌: 群
家庭收入: 10252
学生 300 之 1

图 7-5　学生数据访问页

步骤 4：单击该“数据访问页”的“关闭”按钮，则弹出提示保存对话框；单击“是”按钮，打开“另存为”对话框。输入位置与文件名（如“例 7-02 学生数据访问页.html”），单击“保存”按钮，则在当前数据库中生成了该数据访问页。

在保存数据库访问页时，系统会提示用户“连接字符串”的路径是绝对路径，要求要发布时改成网络路径，如图 7-6 所示。这里所谓的“连接字符串”是指该数据库.mdb 文件所在的文件夹及文件名。所谓绝对路径是指直接带有盘号的路径名（如 d:\Access\教学信息管理.mdb），而网络路径则是指从网络上其他计算机也能识别到的路径。关于网络路径的设置将在 7.4 节中具体介绍。

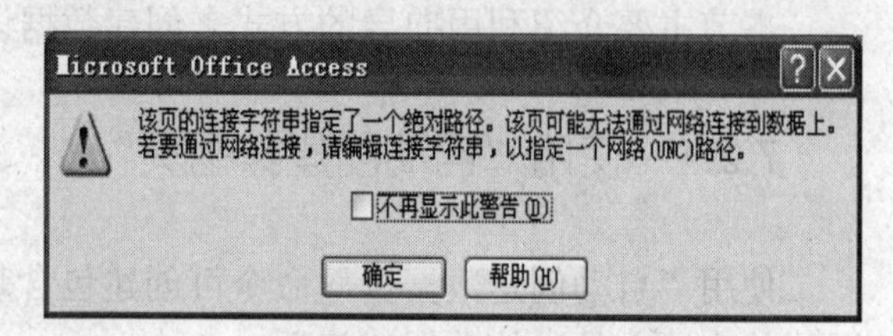

图 7-6　对连接字符串路径的提示

步骤 5：用浏览器 IE 打开刚才保存的数据访问页，如图 7-7 所示。可以看见，它具有显示、新增、修改、排序、查找等功能。

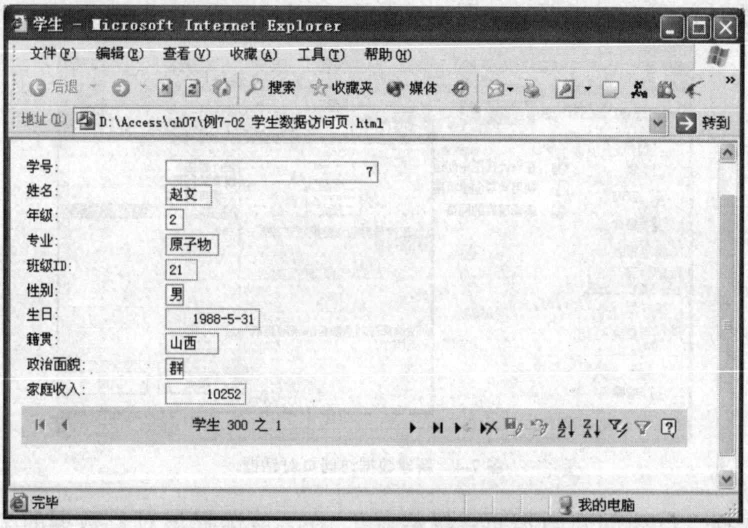

图 7-7　数据访问页的浏览效果

在已完成的数据访问页中，每个字段都以左侧带标签的形式出现在单独的行上。如果生成页与所需页有差异，可在“设计”视图中修改页。关于设计数据访问页将在 7.3 节进行介绍。

7.2.2　使用向导创建数据页

使用向导来创建数据页，与“自动创建数据页”相似，但在创建过程中可以有更多的选项，如可以选择所要的字段、选择分组、选择排序字段等。

【例 7-3】 使用“自动创建数据页”创建学生信息数据访问页。

步骤 1：启动 Access 及打开“D:\Access\教学信息管理.mdb”数据库文件。

步骤 2：在数据库窗口中，单击“页”对象，然后单击“名称”框中的“使用向导创建数据访问页”，如图 7-8 所示。

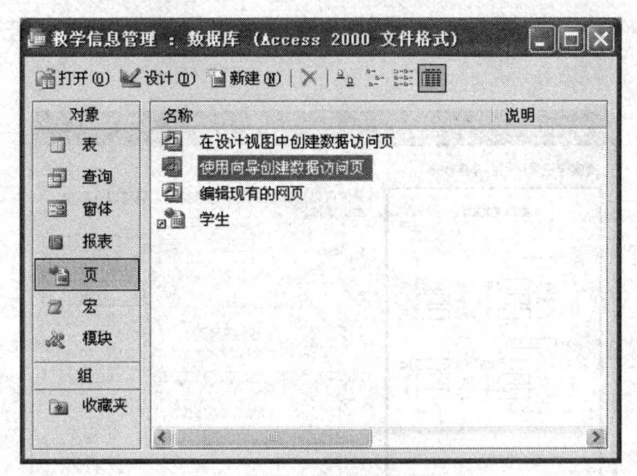

图 7-8 使用向导创建数据访问页

步骤 3：在打开的对话框中选择所要的表或查询，如“例 4-02 学生选课成绩”，然后选择字段，这里选择全部的字段，如图 7-9 所示。

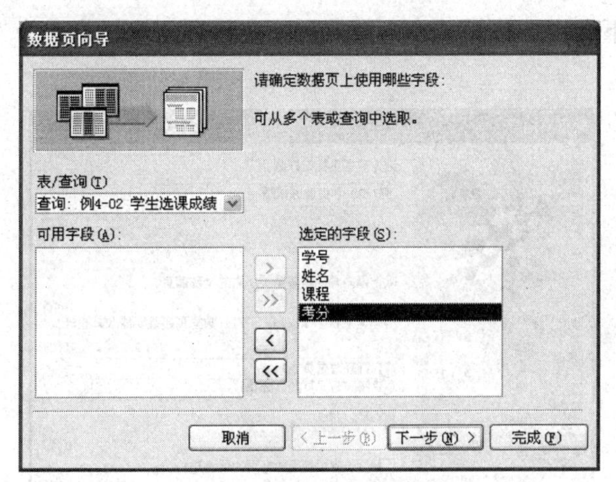

图 7-9 选择查询及字段

步骤 4：单击“下一步”按钮后，选择分组。这里选择“课程”，如图 7-10 所示。

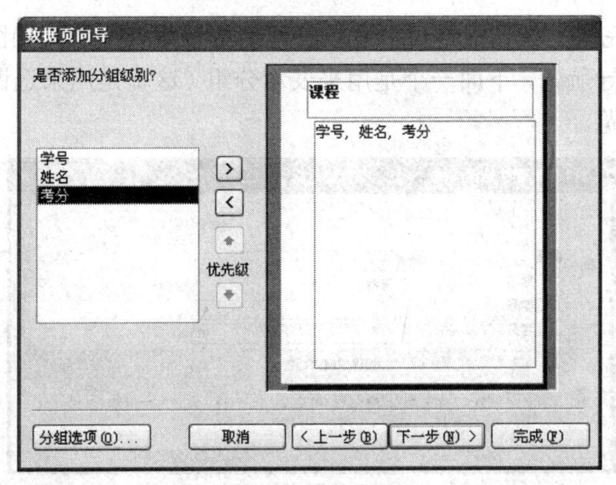

图 7-10 选择分组

步骤 5：单击“下一步”按钮后，选择排序次序。这里选择按姓名进行“升序”进行排列，如图 7-11 所示。

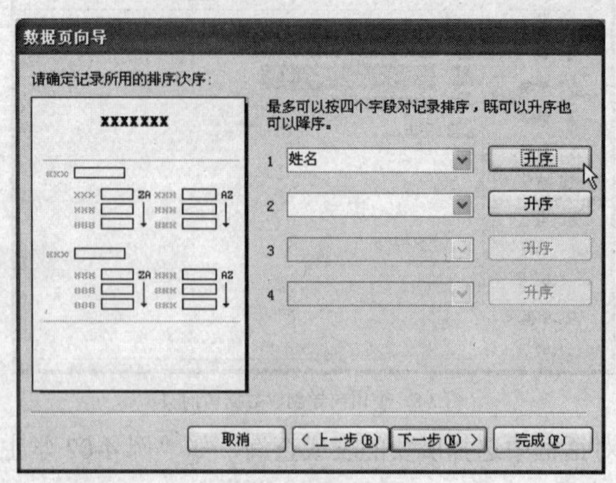

图 7-11　选择排序字段

步骤 6：单击“下一步”按钮后，为数据页指定标题。这里指定为“例 7-03 学生选课成绩”，如图 7-12 所示。

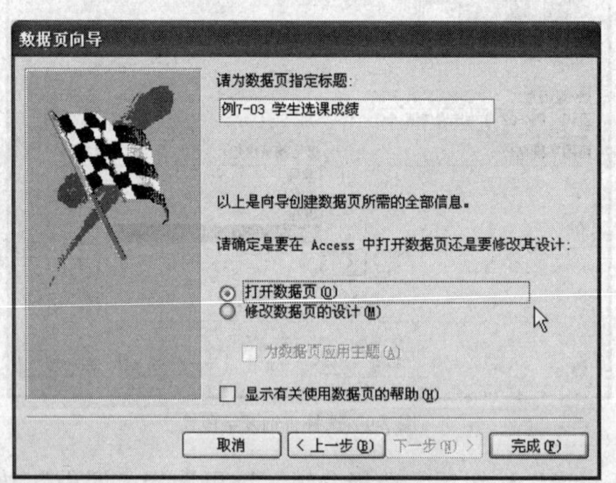

图 7-12　为数据页指定标题

步骤 7：单击“完成”按钮后，可以看见打开后的数据访问页，如图 7-13 所示。其中，可以看见有两个数据导航条，下面一个是用来表示分组（这里是用来选课程），上面一个是用来表示具体成绩的浏览。

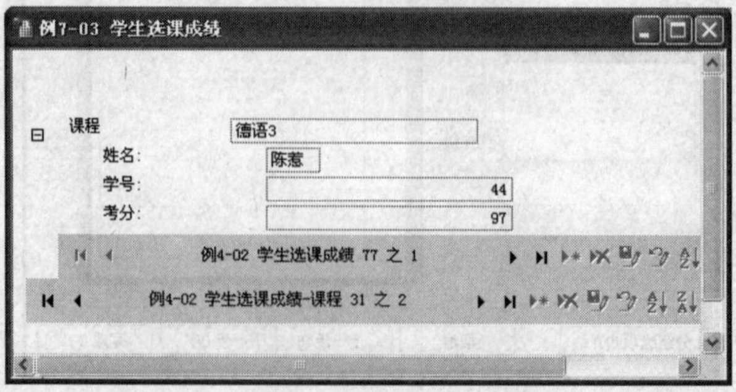

图 7-13　数据访问页

步骤 8：关闭该数据访问页窗口时，Access 会提示用户进行保存。保存后可以用 IE 打开进行查看。

7.3　设计数据访问页

本节介绍在设计视图中创建或修改数据访问页。与使用向导相比，在设计视图中可以更好地对数据访问页进行字段的设计，还可以更详细地设置属性、添加控件、进行修饰等。

7.3.1　用设计视图创建数据访问页

在设计视图中可以创建数据访问页，也可以用来修改已有的数据访问页。

【例 7-4】 使用“在设计视图中自行创建数据页”创建学生信息数据访问页。

步骤 1：启动 Access，打开“D:\Access\教学信息管理.mdb”数据库文件。

步骤 2：在数据库窗口中，单击“页”对象，然后单击名称框中的“在设计视图中创建数据访问页”，如图 7-14 所示。

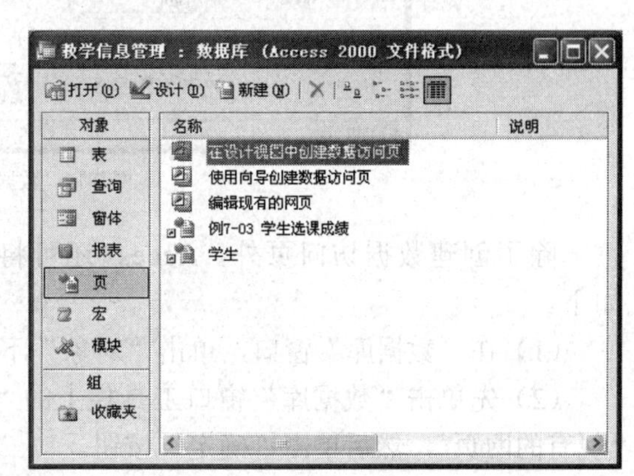

图 7-14　在设计视图中创建数据访问页

步骤 3：在系统自动出现的字段列表框中选择数据表名，例如“学生”，再展开该表（表名左侧的+号），列出表中所有字段名；将字段名列表中的字段拖入页面处，并适当调整位置及字体字号，如图 7-15 所示。在标题区中设上标题，如“学生信息”。

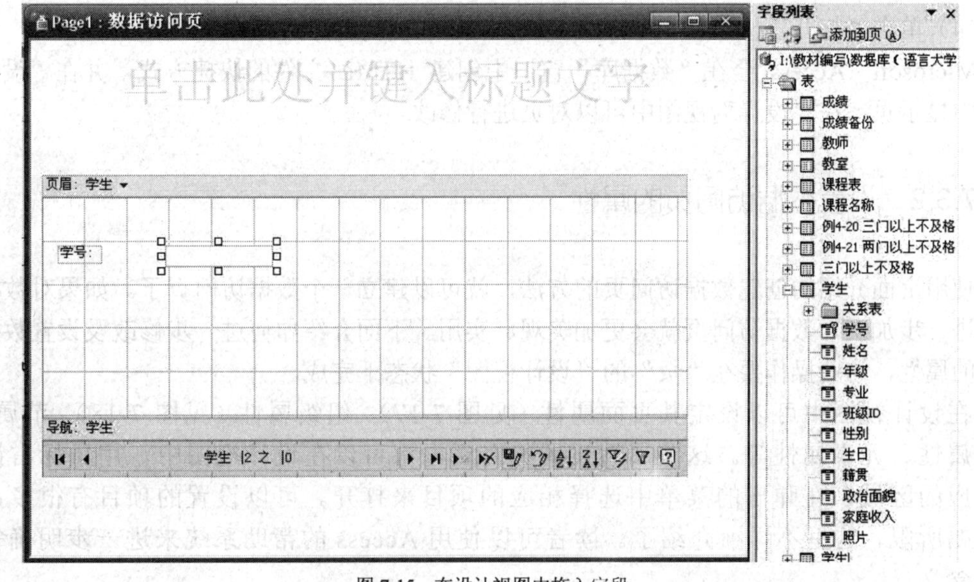

图 7-15　在设计视图中拖入字段

步骤 4：单击工具栏上的“保存”按钮，将文件保存为“例 7-04 学生信息”。在 IE 中打开，如图 7-16 所示。

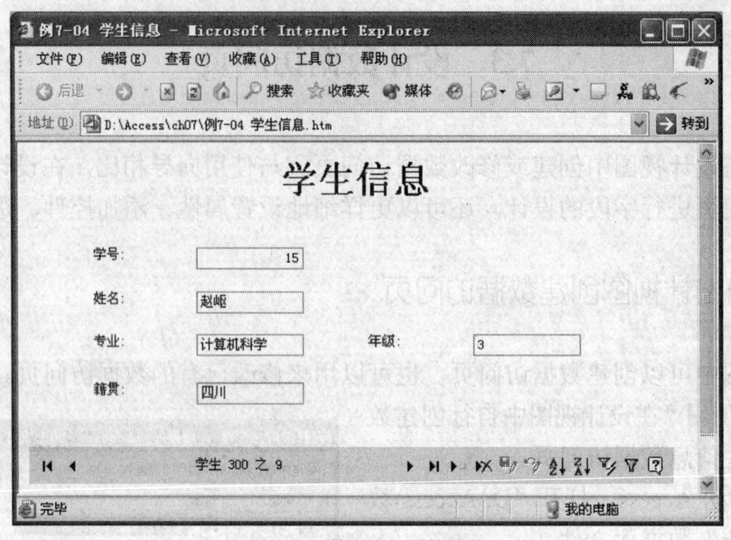

图 7-16 数据访问页的效果

除了创建数据访问页外，Access 还可将现有的网页转换为数据访问页，其操作步骤如下。

（1）在“数据库”窗口，单击“对象”下的“页”。

（2）先单击“数据库”窗口工具栏上的“新建”，在“新建数据访问页”对话框中单击“现有的网页”，然后单击“确定”按钮。

（3）在“定位网页”对话框中查找要打开的网页或 HTML 文件。

也可用“定位网页”对话框中的“搜索 Web”查找网页，用 Microsoft Internet Explorer 中“文件”菜单上的“另存为”命令保存“页”的副本。

（4）单击“打开”按钮。

Microsoft Access 会在“数据库”窗口中创建 HTML 文件的快捷方式，并在“设计”视图中显示页，在“设计”视图中可以对页进行修改。

7.3.2 设置数据访问页的属性

使用上面介绍的创建数据访问页的方法，就可以建立一个数据访问页了。如果对数据访问页进一步加工，数据访问页就会更加美观、实用。下面介绍如何进一步修改及设置数据访问页的属性，这些操作要在“页”的“设计视图”状态下完成。

在设计视图中可以设定其页面属性（见图 7-17）、组级属性（见图 7-18）、节属性、对象属性、元素属性等。这些属性设置的对话框都可以在设计视图中，用鼠标右键单击相应的区域，在弹出的菜单中选择相应的项目来打开。可以设置的项目有很多，由于篇幅所限，这里不详细介绍了。读者可以使用 Access 的帮助系统来进一步明确每一项的含义。

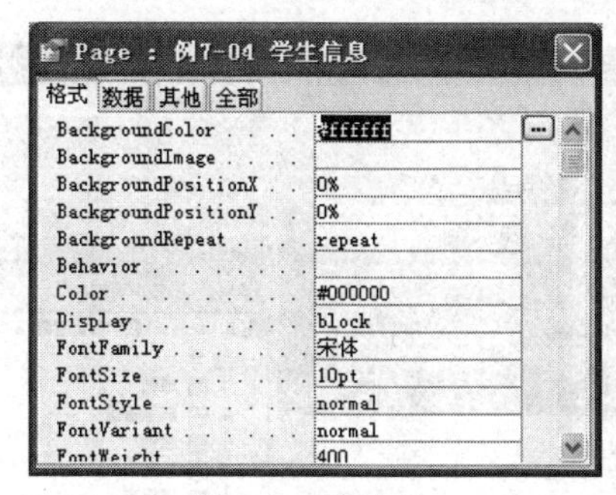

图 7-17　页面属性

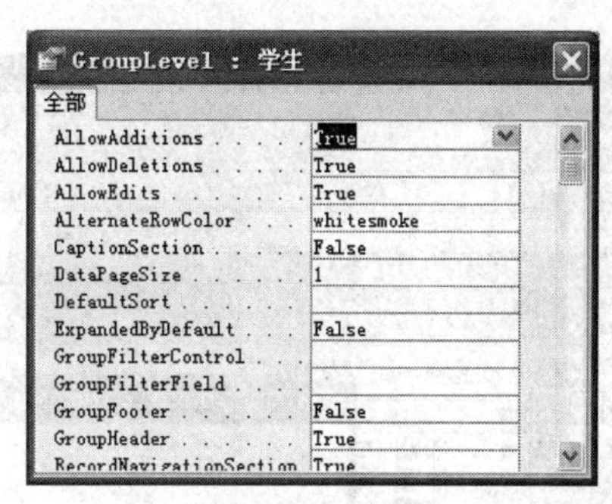

图 7-18　组级属性

7.3.3　添加控件

在数据访问页的设计视图状态下，可以向其中添加控件，以便能进一步增加其功能与表现力。这些控件可借助“工具箱”中的工具，如图 7-19 所示。表 7-3 是工具箱中的工具图示及各工具使用说明。

图 7-19　工具箱中的工具

表 7-3　　工具箱中的工具图示及各工具使用说明

	选择对象		展开
	控件向导		记录浏览
	标签		Office 数据透视表
	文本框		Office 图表
	绑定 HTML		影片
	滚动文字		Office 电子表格
	选项组		绑定超级链接
	选项按钮		超级链接
	选项组		热点图像
	下拉列表		直线
	列表框		矩形
	命令按钮		其他控件

【例 7-5】 对“学生信息页”添加“控件”。

步骤 1：启动 Access 及打开“D:\Access\教学信息管理.mdb”数据库文件。

步骤 2：在数据库窗口中，单击“页”对象，然后用鼠标右键单击名称框中的“例 7-4 学生信息”，在弹出的快捷菜单中选择“设计视图”，打开“学生信息”页的设计视图，如图 7-20 所示。

步骤 3：添加标题。单击系统提示的“单击此处并键入标题文字”，则可直接输入标题。标题文字选定后，可在工具栏中选择字号、字形。还可使用工具箱中 Aa 标签工具向页中添加所需内容。

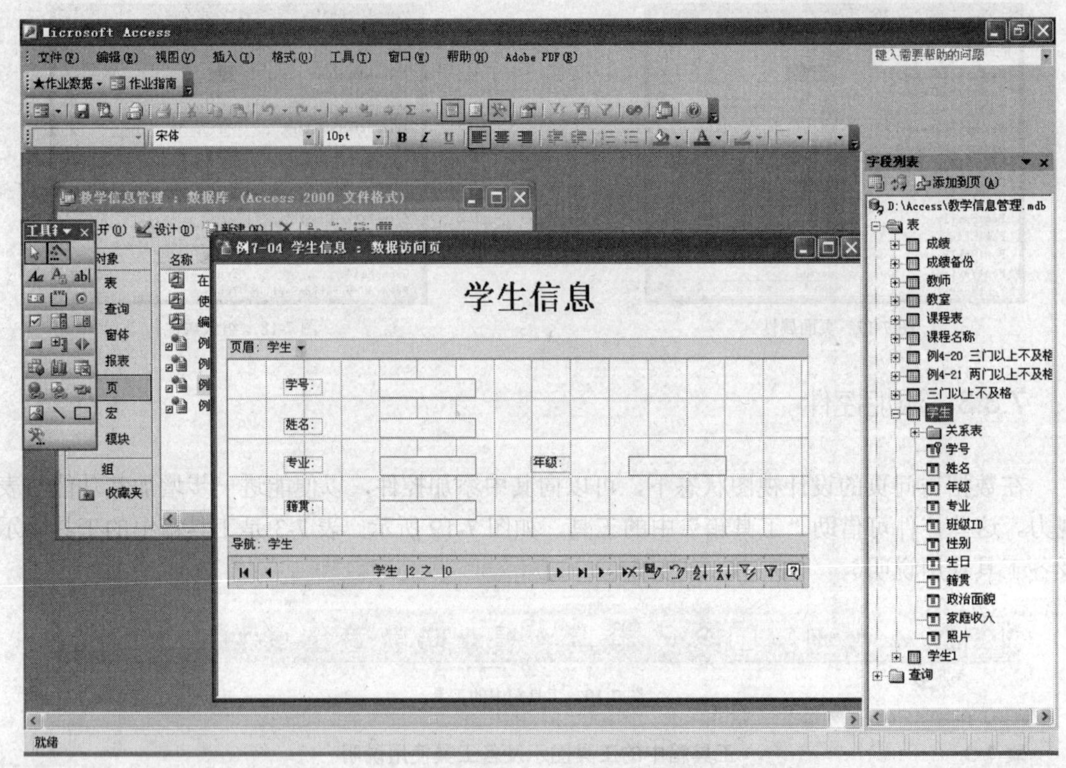

图7-20 设计视图与工具箱、字段列表

步骤4：添加命令按钮。单击工具箱中命令按钮“ ”图标，并在“页”的适当位置单击，则打开命令按钮向导对话框（见图7-21），然后选择“类别”及“操作”，单击“完成”按钮。

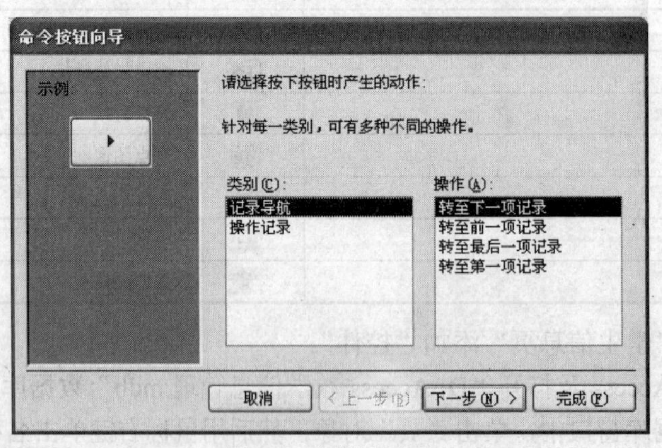

图7-21 命令按钮向导

步骤5：添加滚动文字。单击工具箱中的滚动文字工具按钮“ ”，并在“页”的适当位置单击，输入要滚动显示的文字，如“欢迎使用此页”。也可以将其中的文字与某个字段绑定，方法是用鼠标右键单击该滚动的文字，选择“元素属性”，在对话框中选“数据”选项卡，在其中的ControlSource中选择一个字段（如“专业”），如图7-22所示。

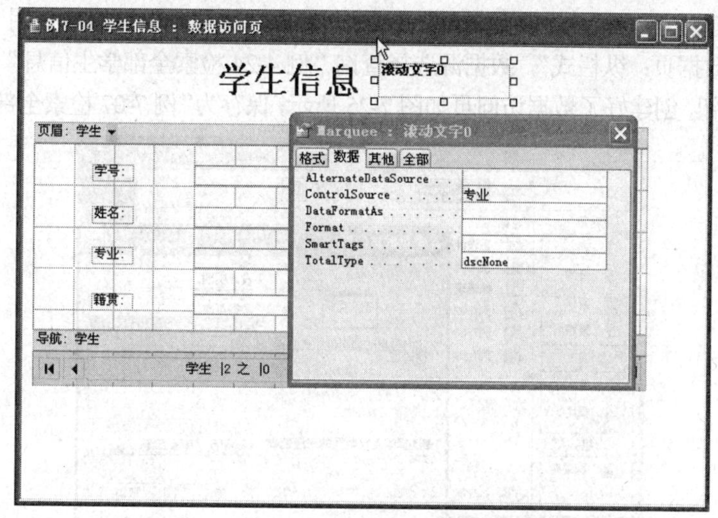

图 7-22　添加滚动文字

7.3.4　进一步修饰数据访问页

可以在设计视图中对数据访问页进行字体、字号、背景颜色、背景图片、设置主题等多种修饰，使得网页更为美观。

【例 7-6】 对“学生信息页”数据页添加背景颜色及背景图片。

步骤 1：启动 Access 及打开“D:\Access\教学信息管理.mdb”数据库文件。

步骤 2：在数据库窗口中，单击“页”对象，然后用鼠标右键单击名称框中的“例 7-4 学生信息”，在弹出的快捷菜单中选择“设计视图”，打开“学生信息”页的设计视图。

步骤 3：添加背景颜色。选择“格式 | 背景”菜单命令，选择一种颜色，如图 7-23 所示。

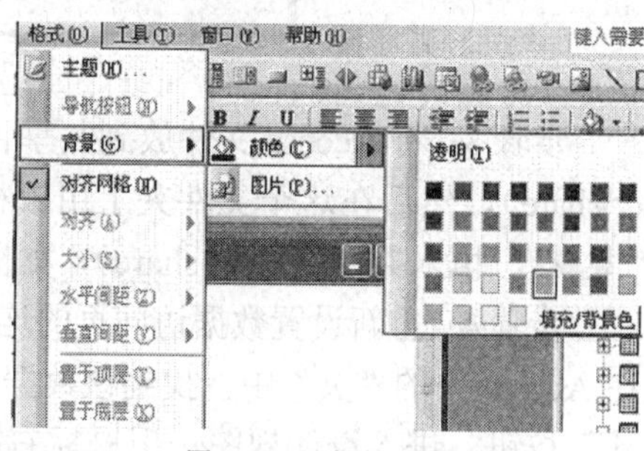

图 7-23　添加背景颜色

步骤 4：添加背景图片。选择“格式 | 图片”菜单命令，选择一种图片文件，然后单击“插入”即可。

步骤 5：设置主题。选择“格式 | 主题”菜单命令，选择一种主题即可。

7.4　发布数据访问页

前面的数据访问页是在 Access 中查看或者在本地计算机中用 IE 进行浏览的，如果要在网络上发布数据访问页，以便网络上的其他用户可以通过浏览器来查看这些数据访问页，就需要进行一些其他方面的设置。首先要将 Access 放到共享目录中，并将数据网页的连接串改为网络路径，然后将数据访问页拷贝到 WWW 服务的目录中。下面用一个例子来具体介绍这个过程。

【例 7-7】 发布数据访问页。

步骤 1：启动 Access，打开“D:\Access\教学信息管理.mdb”数据库文件。

步骤 2：创建数据访问页。在数据库窗口中，单击“页”对象，然后使用“新建”功能，选择“自动创建数据页：纵栏式”，数据源选择查询“例 4-24 检索全部学生信息”（见图 7-24），然后单击“确定”按钮，创建好了数据访问页如图 7-25 所示，保存为“例 7-07 检索全部学生信息.htm”。

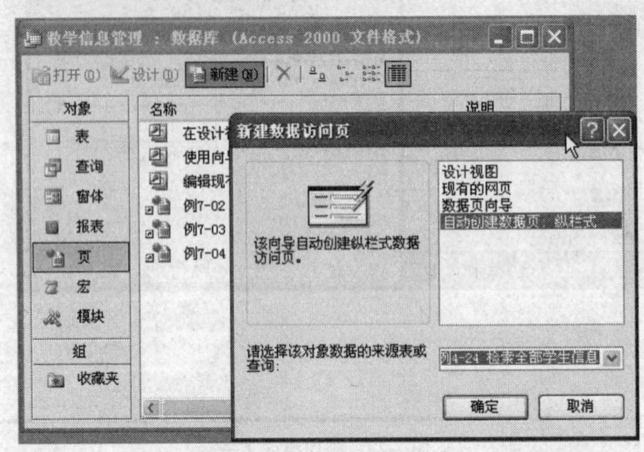

图 7-24　创建数据访问页

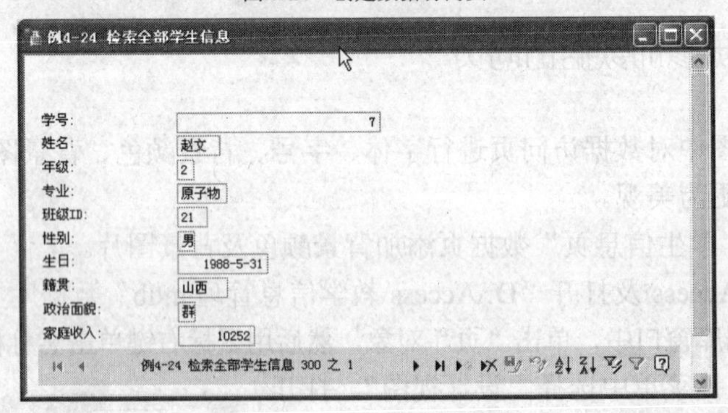

图 7-25　创建好了的数据访问页

步骤 3：将 Access 文件放到共享目录中。将“教学信息管理.mdb”复制到某个文件夹（如 d:\share），然后在这个文件夹上用鼠标右键单击，设其“共享”，填入共享名（如 share），如图 7-26 所示。

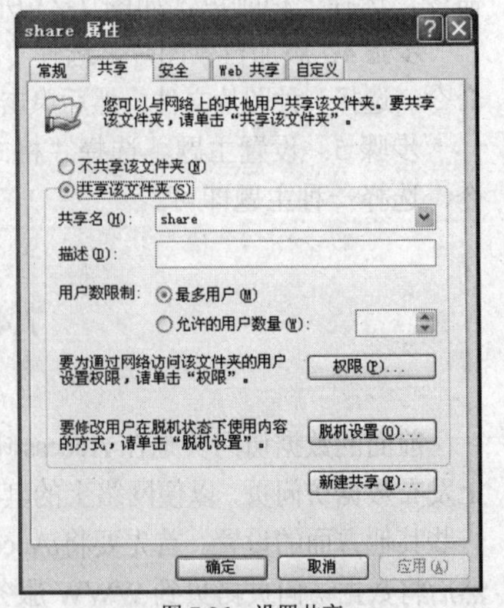

图 7-26　设置共享

步骤 4：重新设置数据访问页的连接串，具体方法是在 Access 中的“页”中，找到该数据访问页，单击“设计”按钮，进入设计视图。用鼠标右键单击页面，在弹出的菜单中选择“页面属性”；在打开的“页面属性”对话框中，选择“数据”选项卡，找到“ConnectionString”，单击文本框旁边的按钮。在“数据链接属性”对话框中填写数据库名，这里要使用网络（UNC）路径（见图 7-27），如\\162.105.187.220\share\教学信息管理.mdb。一般来说，UNC 格式是“\\主机名或 IP 地址\共享名\数据库文件名”。修改完后，进行保存。

UNC 路径，称为“通用命名标准”，格式为\\servername\sharename\directory\filename。其中，servername 是服务器名，sharename 是共享资源的名称，directory\filename 是共享名称下的目录路径和文件。

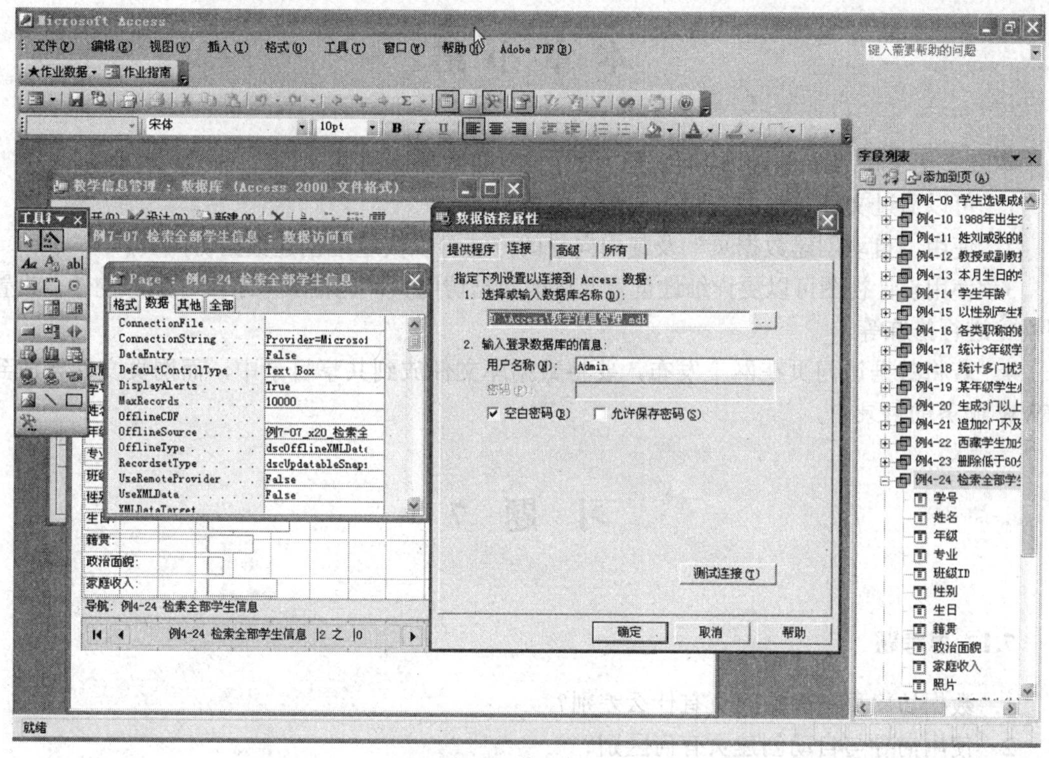

图 7-27　修改连接串

步骤 5：将数据访问页的 htm 文件复制到 WWW 服务器的主目录下（如 c:\Inetpub\wwwroot）。这样，网络上的其他计算机就可以来访问了。例如，在 IE 中输入“http://162.105.187.220/例 7-07 检索全部学生信息.htm”，这时，IE 浏览器要求将站点设为安全站点，如图 7-28 所示。按照 IE 给出的步骤进行设置以后，就可以正常查看网页了。

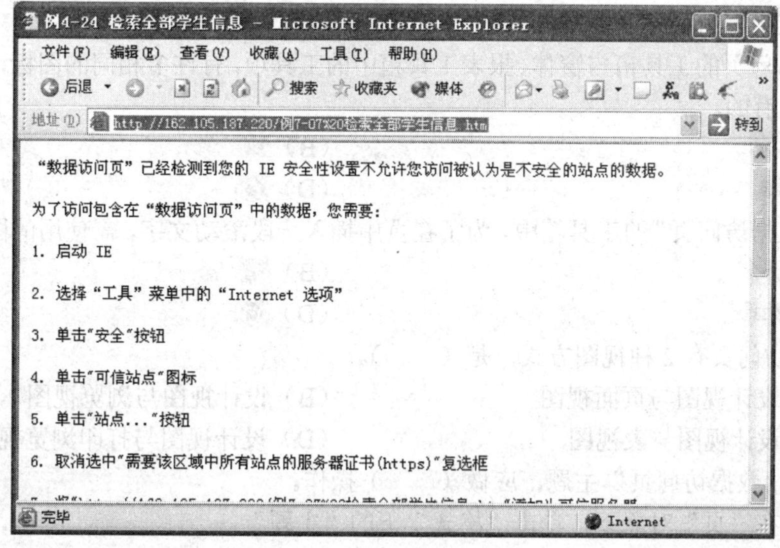

图 7-28　在 IE 中要求安全设置

本 章 小 结

本章介绍了在 Access 中如何创建、设计、发布数据访问页。

1．可以通过文件导出的方式生成静态的网页。

2．使用“自动创建数据页”及使用向导的方法可以快速地创建数据访问页。

3．使用设计视图可以更详细地创建及修改数据访问页，包括放入字段、加入控件、设置属性、进行修饰等。

4．若将数据访问页在网上发布，要将数据库文件放到共享目录中，而网页文件要放到 WWW 服务的目录中。

习 题 7

7.1 思考题

1．数据访问页与静态网页有什么差别？

2．使用向导与自动创建页有何区别？

3．数据访问页工具箱中哪几项在设计页时最有用？

4．将数据访问页在网上发布如何操作？

7.2 选择题

1．将 Access 中的数据在网络上发布可通过（　　）。

（A）报表　　（B）查询

（C）数据访问页　　（D）VBA 模块

2. 数据访问页的工具箱与窗体、报表工具箱中的工具项，有许多相同的图标，下面（　　）工具箱是其独有的。

（A）Aa　　（B）ab|

（C）　　（D）

3. 在“数据访问页”的工具箱中，为了在页中插入一段滚动文字，需使用的图标（　　）。

（A）Aa　　（B）

（C）　　（D）

4．数据访问页有 2 种视图方式，是（　　）。

（A）设计视图与页面视图　　（B）设计视图与浏览视图

（C）设计视图与表视图　　（D）设计视图与打印浏览视图

5．设置“数据访问页”主题，应做（　　）操作。

（A）在“页”对象下，单击“格式”下的“主题”

（B）在“页”设计视图中单击“格式”下的“主题”

（C）在“页视图”中单击“格式”下的“主题”

（D）在数据库窗口中单击“格式”下的“主题”

7.3 上机实验

1．生成一个课程信息的静态网页。

2．利用创建向导创建学生成绩的数据访问页。

3．在设计视图中添加控件、滚动文字并进行修饰。

4．发布该数据访问页。

第 8 章　宏

迄今为止，我们已经学会直观地按步骤进行数据库操作。我们平时的操作可归结为用鼠标或键盘选择特定的数据库对象，从菜单选择该对象的某个操作，根据前一步操作后对象的变化选择下一步操作，一步步达到目标。久而久之，我们会形成一些习惯和套路，把它们记录下来就是宏程序（简称宏）的任务。宏主要是对我们已经掌握的那些鼠标、键盘操作的记录和模仿。

8.1　宏 的 概 念

把那些能自动执行某种操作或操作的集合称为“宏”，其中每个操作执行特定的功能。

宏是由宏操作“命令”组成的。在宏中，可以只包含一个宏命令，也可以包含多个宏命令。

宏的优点在于无须通常意义的编程即可完成对数据库对象的各种操作。在使用宏时，只需给出操作的名称、条件和参数，就可以自动完成特定的操作。

8.1.1　宏指令与宏编程

宏指令系统是指由数十个指令构成的一种简单的编程中介语言。用这种指令系统记录的操作步骤就是宏。编制这样的简单程序叫做宏编程。

宏程序记录了一些操作套路或模式，将它们与对象（各种规范化的控件和数据）相联系。形象地说，如同傻瓜相机把摄影师的经验凝结为相机上几个按钮，一是使内行可以省去重复之烦，二是使外行可以免去学习之苦。宏编程建立在深刻理解各种数据库对象和相关操作的基础之上，标志着高效、灵活使用数据库的新阶段。

与所有指令系统相似，一条宏指令通常由操作代码与操作参数组成。与一般编程语言不同的是，宏程序以对话填表的方式产生，以表格的形式保存，所以容易学习和使用，不容易产生语法错误。但我们一定要了解这些宏指令的功能和填表的详细要求，否则这种本来就简单的语言难以发挥功效。

少数宏可独立运行，但通常宏都由菜单、窗体、报表等控件的鼠标控制事件（进入、单击之类）或某些数据变化事件（改写、删除之类）触发启动，与其他面向对象的高级语言程序大致相同。

宏的操作参数和操作条件总与菜单、窗体、报表等控件或数据的状态变化相联系，这就产生了对它们怎样称呼的问题——“对象引用”。好在 Access 有一个很方便的“表达式生成器”，可通过它解决大多数对象引用问题。

总而言之，宏编程就是把一些宏操作指令序列和特定的数据对象、控制对象联系起来，灵活地让 Access 在特定的时间，特定的地点，对特定的对象，实现特定的操作。

8.1.2 宏与 Visual Basic

宏程序依赖几十条指令，其功能受到局限。微软提供了程序语言 Visual Basic for Application（VBA），具备更强的表现力。在 VBA 中宏指令都有其对应的形式。事实上，宏指令系统是一种中介语言，宏指令都是翻译成 VBA 才得以执行的。与宏不同，Access 的模块是将 VBA 代码的声明、语句和过程作为一个单元进行保存的集合。

宏以表格的形式保存，以解释的方式转换为机器语言，所以安全性不太好，效率不太高。Access 提供了工具，必要时可将宏转换为 VBA 代码，一则源文件可以加密，二则当 mdb 文件编译为 mde 文件时可提高执行效率。

8.2 宏编程入门

8.2.1 了解“宏”设计窗口

图 8-1 所示是一个典型的宏窗口，只有进入这个设计环境才能编辑宏。如同窗体的设计视图一样，宏设计窗口也有其特定的工具栏。表 8-1 列出了宏设计工具栏中的一些常用按钮。

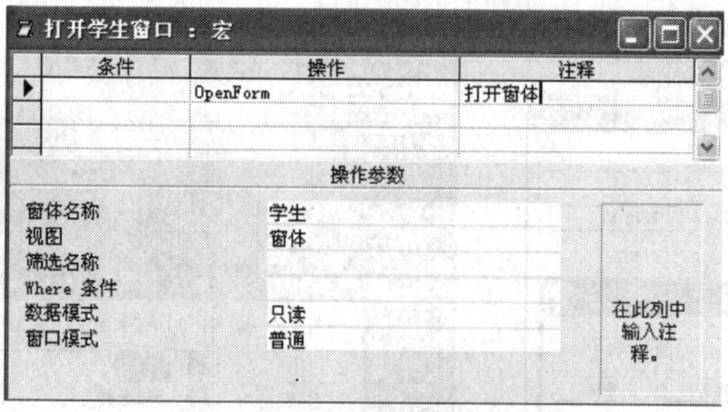

图 8-1 宏的设计窗口

表 8-1 宏设计工具栏中的常用按钮

图　标	名　称	功 能 说 明
	宏名	显示/隐藏宏设计窗口中的“宏名”栏
	条件	显示/隐藏宏设计窗口中的“条件”栏
	插入行	在当前光标位置插入一个新的宏命令
	删除行	删除光标所在位置的宏命令
	运行	运行宏
	单步	一次运行一个宏命令

在宏设计窗口中创建一个宏的过程包括加入命令、设置参数和保存宏。

说明：

- 条件列：可以在其中列出运行宏的条件。在执行宏时，Access 先计算条件表达式。如果结果为真，则执行该行操作列所设置的操作，以及紧接着该操作且在“条件”栏中有“...”的所有操作。“条件”栏为空等价于填入“Yes”，无条件执行。填入“No”，则永不执行。可采用 StopMacro、RunMacro 可中止或重定向宏的运行流程。
- 操作列：可在其中选择宏操作。
- 注释列：可以在其中书写对宏的文字说明。

8.2.2 宏的初步设计

因为宏一般都由控件启动，所以宏设计通常有控件准备、宏编程和触发设置 3 步。

【例 8-1】 设计一个“打开表”窗体，上面有若干个按钮，这些按钮分别代表学生数据库的若干表，再自定义一个工具栏，上面有“打开表”按钮。这样，用户只要单击工具栏上的按钮，就会打开想操作的表。

1．控件准备

步骤 1：设计“打开表”窗体，该窗体上有 3 个命令按钮，如图 8-2 所示。

步骤 2：新建工具栏 test1：选择“工具 | 自定义 | 新建”菜单命令，结果如图 8-3 所示。

步骤 3：拖动窗体对象“打开表”到 test1 工具栏，如图 8-4 所示。

图 8-2 新建“打开表”窗体

图 8-3 新建工具栏 test1

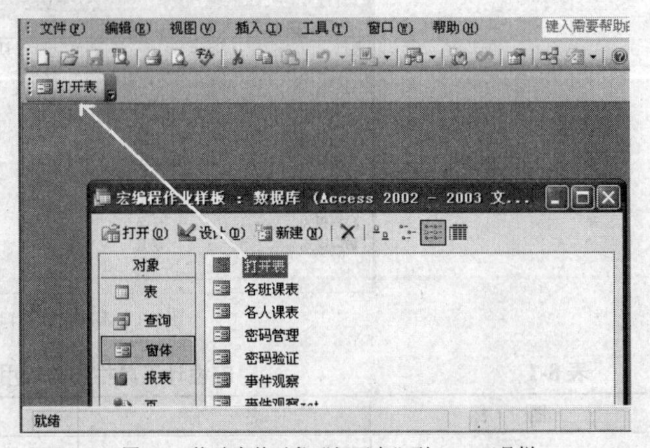

图 8-4 拖动窗体对象“打开表”到 test1 工具栏

2．宏编程

步骤 4：在数据库窗口的对象栏选择“宏”对象，单击“新建”按钮，自动产生“宏 1”的宏设计界面。单击“操作”栏，即可打开宏指令的下拉菜单（如果用键盘输入宏指令的第 1 个字母或前 2 个字母，可更快速地找到所需操作），如图 8-5 所示。

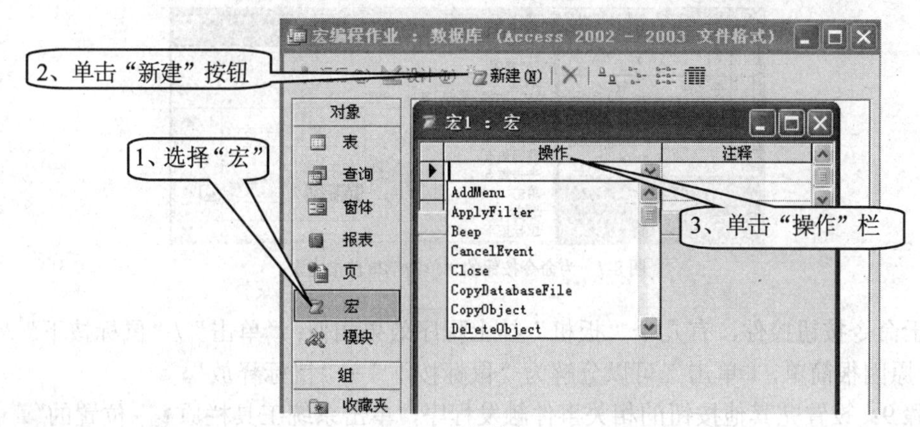

图 8-5 宏设计窗口

步骤 5：因为设计目标是打开表，所以在第 1 行"操作"选择"OpenTable"指令，下面的"操作参数"对话框将自动展开。参数对话的目的是以填表的方式说明操作对象的名称以及操作方式等。右边方框中的蓝色文字简单说明填表要求，更详尽的说明可按 F1 功能键得到。

本例我们只需在"表名称"格选取"学生"表，其他遵从默认选择。填表的方式多是从下拉菜单选取项目，有时需键盘直接输入。现在一个简单的宏程序已经建立，将它保存为"打开学生"宏，如图 8-6 所示。

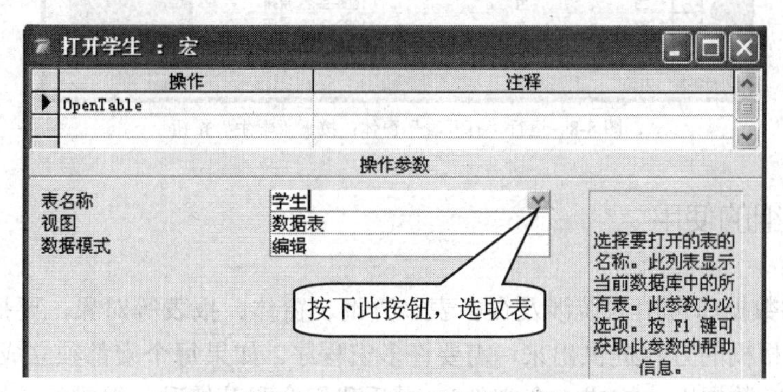

图 8-6 使用 OpenTable 指令建立"打开学生"宏

步骤 6：以相同方式建立宏"打开成绩"、"打开课程"，最后得到 3 个宏程序。

3. 触发设置

步骤 7：单击自定义 test1 工具栏中的"打开表"按钮，任你单击、双击、右击窗体控件，除了按钮形状改变，什么事情也没发生。这是因为当这些对象的鼠标事件发生时，系统检测它们的属性表，没有发现已经定义的操作与之相联系。

步骤 8：按下系统工具栏 图标，进入窗体设计视图。选中"学生"按钮，从快捷菜单选择"属性"（一般来说，所有对象都可以先选中它们，再右击打开属性表）。在属性表"事件"栏会看到有这么多的事件"扳机"可以与程序关联。单击"单击"事件右侧的下拉菜单按钮，选择"打开学生"宏即可，如图 8-7 所示。

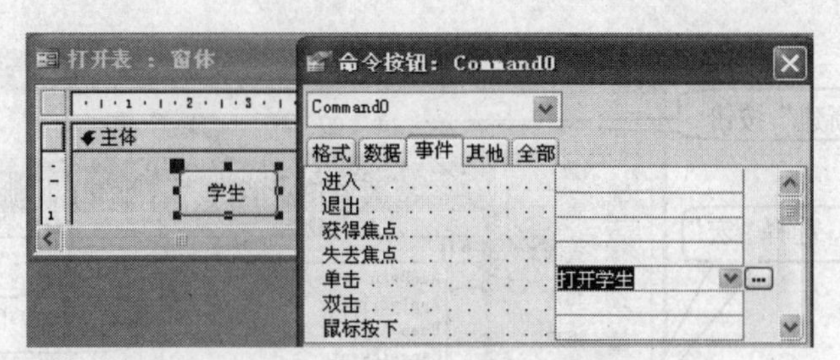

图 8-7 为命令按钮的“单击”事件指定宏

对于命令按钮控件，有几个“扳机”挂上程序效果相似：“单击”/“鼠标按下”/“鼠标释放”。原因很简单，“单击”可以分解为“鼠标按下”+“鼠标释放”。

步骤 9：设置完其他按钮的相关事件触发程序，单击系统工具栏原位置的图标，运行效果如图 8-8 所示。关闭保存窗体“打开表”，设计完成。

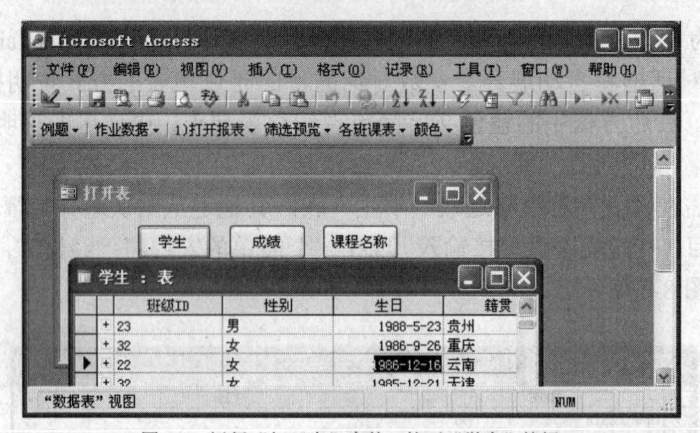

图 8-8 运行“打开表”窗体：按下“学生”按钮

8.2.3 宏组的使用

一个实用的数据库应用系统涉及很多表、查询、窗体、报表等对象，要把用户所需要的功能以“傻瓜”相机的方式提供出来，需要许多宏程序。如果每个宏都独立成一个“准文件”(形式上整个 mdb 数据库才构成 1 个文件)，最后我们会眼花缭乱，很难统一维护管理。所以 Access 提供了宏组这样一种形式，以便把同一应用涉及的一系列相关宏放在一个功能类似文件夹的“准文件”中。对<某宏>的引用改为<宏组名>. <某宏>。

【例 8-2】 改进【例 8-1】“打开表”窗体，上面有更多按钮分别代表学生数据库的若干表，再增加一个关闭窗体的按钮，如图 8-9 所示。要求把该应用所涉及的宏放在宏组“打开表”中。

步骤 1：修改窗体，增加“课程表”、“教师”和“教室”3 个命令按钮（可利用原来 3 个按钮复制粘贴后修改）。

步骤 2：删除原有宏，按“新建”按钮，单击工具栏的“宏名”，新建名为“打开表”的宏组，如图 8-10 所示。注意“打开表”左边多了“宏名”一列，“打开表”宏组由 7 个宏构成。

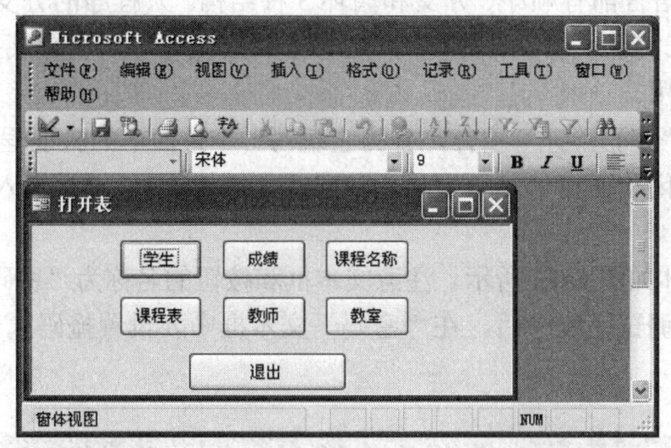

图8-9 增加了4个命令按钮的"打开表"窗体

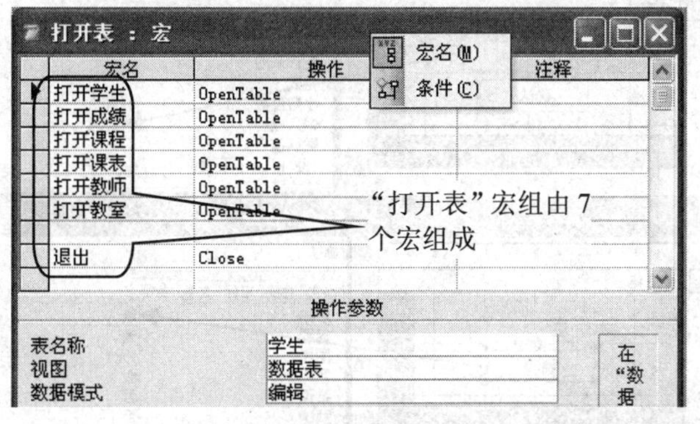

图8-10 创建"打开表"宏组

步骤3：重新设置窗体"打开表"各控件的事件属性。注意原来按钮"学生"单击事件引用的宏名为"打开学生"，现在改为"打开表.打开学生"。意为检测到单击事件时，执行宏组"打开表"中宏名为"打开学生"的宏程序，如图8-11所示。照例可设置其他按钮。

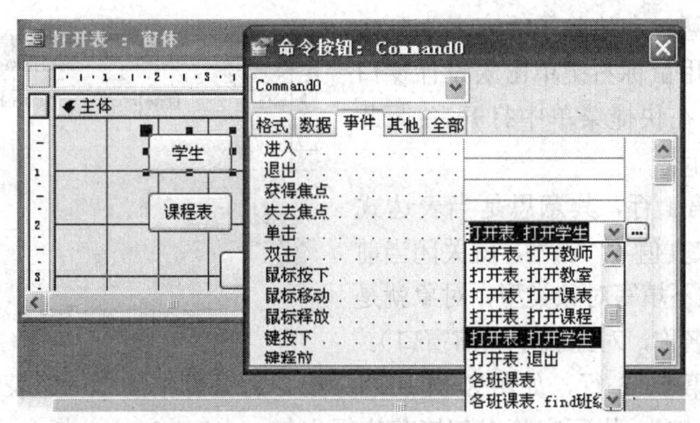

图8-11 为窗体的各命令按钮的"单击"事件指定宏组中的宏

8.2.4 创建带条件的宏

有些指令序列是否执行，要根据某条件表达式当时是否取真值，这样的程序结构通常叫分支结构。一般程序语言都有顺序、分支和循环 3 种结构。宏程序的分支通常由<条件>、<…>、StopMacro 结构来实现。在 Access 中，运行宏或宏组时可以设置某些限定的条件，使得宏或宏组被选择时使用。

【例 8-3】 建立“密码验证”窗体，并为它编写一个最简单的验证程序，程序逻辑是：如果密码输入正确，关闭验证窗体，否则显示信息“密码错误”，继续输入密码。

1．控件准备

步骤 1：设计窗体如图 8-12 所示。注意文本框和按钮的名称为“密码”、“确认”，下面的宏引用要与此一致（调试完程序后，在“密码”文本框中要设置掩码属性为密码型，以防输入时被人窥视）。

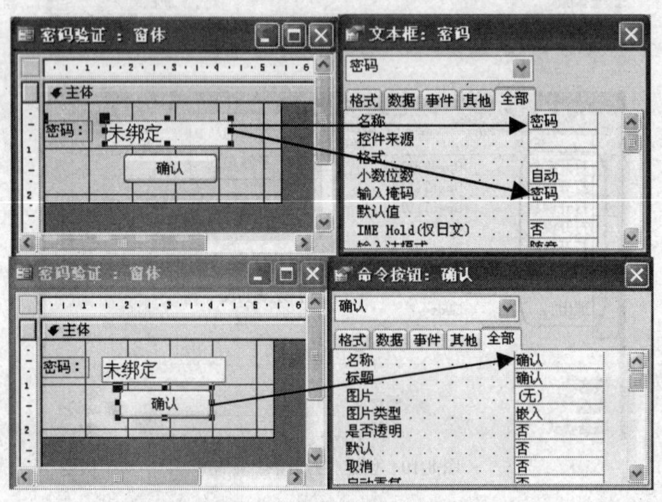

图 8-12 设计“密码验证”窗体

2．宏编程

步骤 2：在数据库窗口的对象栏选择“宏”，单击“新建”按钮，自动产生暂名“宏 1”的宏设计界面（注意：左边除了“宏名”列，还有“条件”列，用鼠标右键单击宏设计窗口深色标题栏，即可在快捷菜单中打开/关闭此列），如图 8-13 所示。

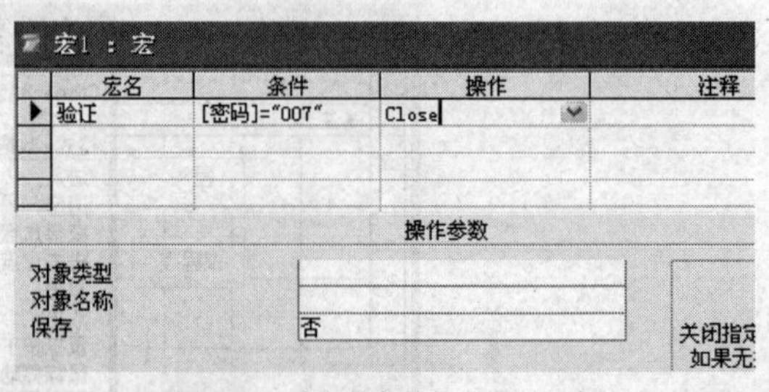

图 8-13 建立带条件的“密码”宏

步骤 3：输入第 1 行，其意思是当表达式“[密码] ="007"”取真值（“Yes”），就关闭当前窗口（Close 指令如不填写对象类型，对象就是窗口；不填写对象名称，对象就是当前窗口）。

步骤 4：输入第 2、3 行，如图 8-14 所示。第 2 行条件中的“…”表示条件同上，意思是当“[密码] ="007"”，执行完第 1 句接着执行本句——StopMacro 指令，表示本分支结束，中断其他指令。

只有前 2 句条件列取值为假（“No”：前两句不执行），第 3 句代表的另一分支才有机会执行。MsBox 指令表示显示信息窗口，“消息”参数填写显示内容“密码错误”，其他参数都是可选项。

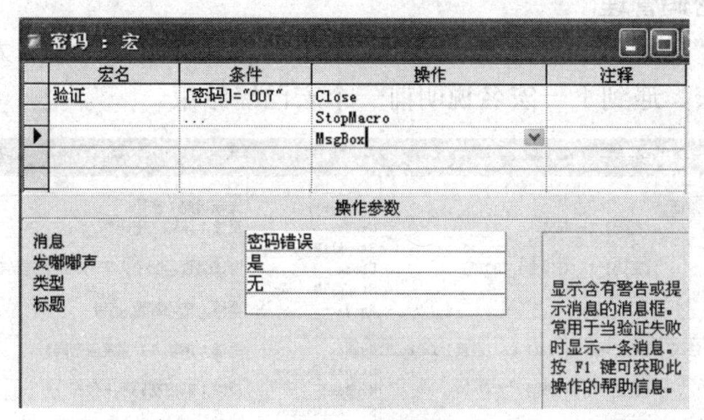

图 8-14　完成的“密码”宏

这样 3 句话构成 2 个分支，要么执行 1、2（密码正确）句，要么执行 3 句（密码错误）。编程完毕后，保存为“密码”宏。

3．触发设置

步骤 5：设置“确认”按钮的“单击”事件，如图 8-15 所示。

步骤 6：试运行效果如图 8-16 所示，密码错误时。

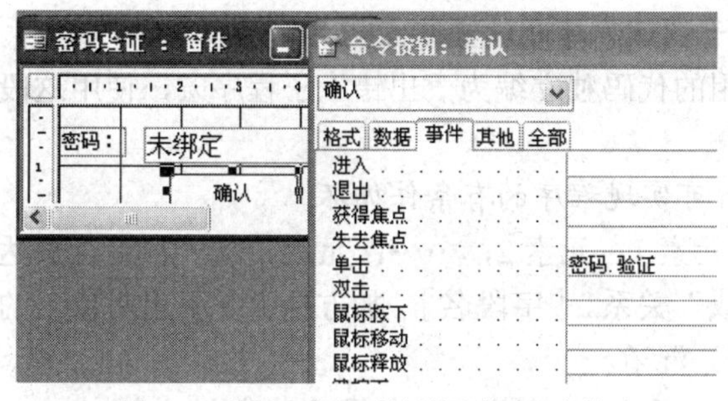

图 8-15　设置“确认”按钮的“单击”事件

图 8-16　“密码”填写错误时的运行结果

【例 8-4】 建立一个完整的密码管理窗体，如图 8-17 所示。该窗体的记录源为个人密码表，结构为密码表（学号，姓名，班级，口令）。可以在“工具 | 启动”窗口设置它为启动后自动打开，以保证某数据库（如个人作业）安全。拥有密码者有权更改密码（此处为“007”）。

1．控件准备

设计“密码管理”窗体如图 8-18 所示。窗体记录源为“密码表”。窗体上有一未绑定文本框：计数器（可见性：否；默认值：1）。其他 3 个文本框为密码、新密码、重复。

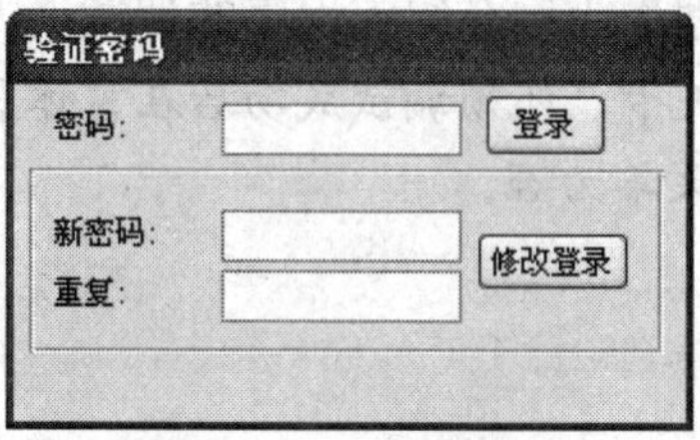

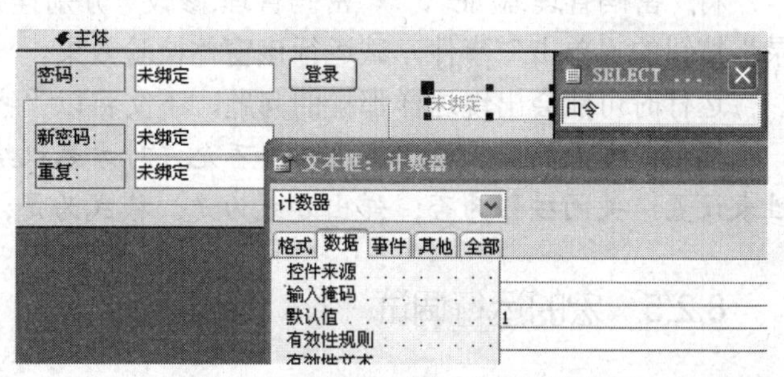

图 8-17　完成后的密码管理窗体

图 8-18　完整的密码管理窗体设计视图

2．宏编程："密码管理"

在图 8-19 中，"验证"、"修改"、"出错" 3 个宏之间的空行完全是为了可读性，系统并不需要空行分隔各宏，遇到下一宏名说明前一个宏已经结束。

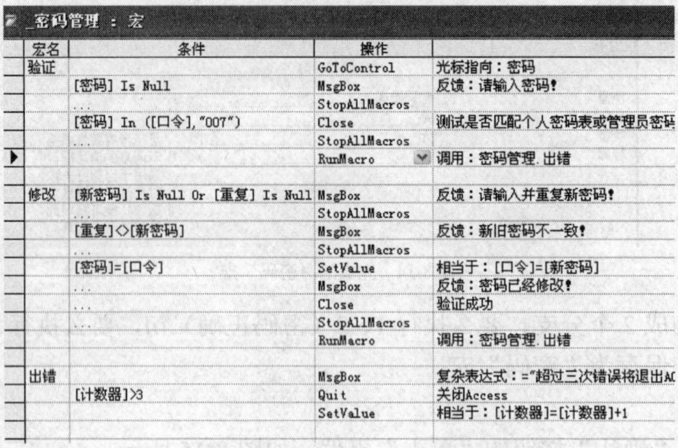

_密码管理 : 宏

宏名	条件	操作	
验证		GoToControl	光标指向：密码
	[密码] Is Null	MsgBox	反馈：请输入密码！
	...	StopAllMacros	
	[密码] In ([口令],"007")	Close	测试是否匹配个人密码表或管理员密码
	...	StopAllMacros	
		RunMacro	调用：密码管理.出错
修改	[新密码] Is Null Or [重复] Is Null	MsgBox	反馈：请输入并重复新密码！
	...	StopAllMacros	
	[重复]<>[新密码]	MsgBox	反馈：新旧密码不一致！
	...	StopAllMacros	
	[密码]=[口令]	SetValue	相当于：[口令]=[新密码]
	...	MsgBox	反馈：密码已经修改！
	...	Close	验证成功
	...	StopAllMacros	
		RunMacro	调用：密码管理.出错
出错		MsgBox	复杂表达式：="超过三次错误将退出AC
	[计数器]>3	Quit	关闭Access
		SetValue	相当于：[计数器]=[计数器]+1

图 8-19 "密码管理"宏组的设计

StopAllMacros 可中断并跳出嵌套宏。在没有嵌套时，其作用等同 StopMacro。

提示： StopMacro/ StopAllMacros 还可用于调试程序时设置断点。

为了不重复，将"验证"、"修改"都使用的代码独立编为"出错"子程序宏，使用这段代码时运用 RunMacro （参数为宏名）指令。

提示： 必要时运用带<条件>的 RunMacro 可实现程序的有条件循环。

［密码］ in (［口令］," 007")——*x* In （元素 1，元素 2，……，元素 *n*)是一种集合表达方式，表示 *x* 属于该集合，集合成员间是"或"关系。［字段名］ 加方括弧是引用对象名的规范，作用是防止与字符串常量（如"口令"）混淆。

提示： *x* Not In (元素 1，元素 2，……，元素 *n*) 则表示 *x* 不属于该集合。

这里出错信息采用了复杂字符串表达式："="超过 3 次错误将退出 ACCESS！" & Chr(10) & Chr(10) & "密码错误——" & ［计数器］"。其中"="为表达式引导符号；"&"用来连接字符串表达式；Chr(10) & Chr(10)代表 2 个空行；"& ［计数器］"强行把数值转换为字符串连接到前面字符串。

提示： 不掌握"=<表达式>"形式，有些参数表达或对象引用很难实现。

3．触发设置及运行调试

将"密码管理.验证"、"密码管理.修改"分别挂到"密码管理"窗体"登录"、"修改登录"按钮的"单击"事件，试运行该窗体检验效果。

运行时可能会出现这样那样的问题，下文将以"密码管理"为例介绍宏程序的调试。

提示： 本设计真正达到实用 —— 不允许对方越权绕过本关卡，还须调试成功后在窗体属性表设置：关闭按钮为否；弹出方式为是；模式为是；快捷菜单为否。

8.2.5 宏的运行调试

复杂程序通常都不会一次运行成功，问题主要有以下两类。

（1）指令是否合法的问题；

（2）逻辑是否合理的问题。

第一类错误主要在初学阶段出现，要学会利用系统信息纠正自己的错误理解和不良习惯，快速越过这一阶段。

图8-20所示是运行“密码管理”宏组出现的第一条信息。

它告诉我们错误范围在宏组“密码管理”中“验证”宏；出错指令为“GotoControl”句：参数“密码”有问题；“条件：真”告诉我们该指令要么没设条件（等价于常量 Yes），要么已设条件取值为 Yes。关闭信息回到宏设计器，找到“GotoControl”句，去除引号或加方括弧后再运行。

下面出现又一错误信息，如图8-21所示。

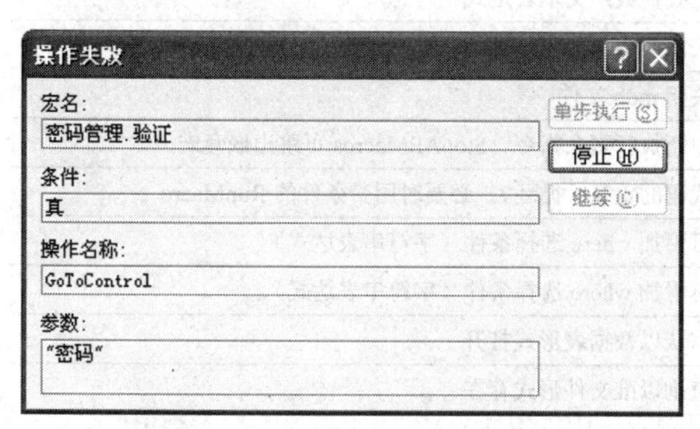

图8-20 “密码管理”宏组运行：出错1

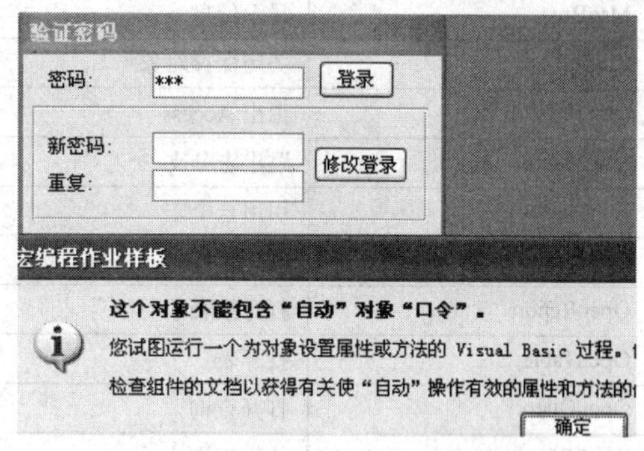

图8-21 “密码管理”宏组运行：出错2

这表示系统先查程序涉及的相关窗体控件，再查窗体记录源，都没发现叫［口令］的对象。其原因有2种可能：要么对象不存在，要么引用不正确。“密码管理”宏组只有一次引用［口令］对象，既然系统已经认出引用的是［口令］对象，可见不是宏编写的问题，应该查第一步：控件准备。结果可能发现忘记填写窗体看不见的对象：记录源——“密码表”。

真正难以调试的是第2类错误。例如，输入正确密码后，窗口关闭，但输入错误密码却总没有反馈。这说明“Close”句之前正确，问题一定在“验证”宏最后2句。经查发现 StopAllMacros 句没设条件，不管口令是否匹配，程序都到此中断。应在条件列输入“…”，表示仅当条件同上（口令匹配）时才中断宏，否则执行最后一句，调用“出错”宏。

消除第2类错误必须把所有运行状态都测试出来。本例［密码］、［新密码］、［重复］3个文本框有正确、错误、空白状态，验证它们的各种组合都符合预设，一个程序才算完全成功。

程序调试中可临时插入 StopAllMacros 中断语句，分段查找问题，确认前面程序正确再将该句后移，直到调试完毕删除此句。

8.3 宏编程提高

宏编程要让 Access 在正确的时间，正确的地点，对正确的对象，进行正确的操作，其要点是选择适当的操作指令和触发事件，正确引用对象的名称。

8.3.1 常用指令集

Access2003 的宏指令有近 60 条，这里给出最常用的 16 条指令和简单说明，如表 8-2 所示。详细解释可在宏设计器中选中该操作代码或其参数，按 F1 键获得。它们多数将在练习中使用。

表 8-2 常用的宏指令

操 作	大 意	说 明
GoToControl	选择焦点	参数通常是字段名。得到焦点是许多操作的前提
SetValue	赋值	相当于：控件属性=表达式
MsgBox	显示信息	主要参数：文本表达式
Close	关闭保存对象	关闭准文件：窗体等
Quit	退出 Access	关闭 mdb 文件
StopMacro	跳出宏分支	中断执行剩余指令。StopAllMacros 可跳出嵌套宏
RunMacro	引用一个宏	代码的重复（循环）。必要时用带条件的 RunMacro
OpenForm	打开窗体	可附加 where 选择条件（字符串表达式）
OpenReport	打开报表	可附加 where 选择条件（字符串表达式）
OpenTable	打开表	默认以数据表形式打开
OpenQuery	打开查询	查询以准文件形式存在
RunSQL	执行查询	查询以 SQL 语句形式存在
Requery	重新查询	当数据变化，窗体/下拉菜单等控件数据源须更新
FindRecord	查找记录	定位首个条件匹配的记录
FindNext	查找下一记录	定位下一个条件匹配的记录
GoToRecord	移动记录指针	按给定的相对/绝对偏移量定位记录

8.3.2 常用事件集

文本框、命令按钮等各种控件大致都涉及十几种事件，有些事件是共有的，有些则是某类对象特有的。窗体事件则多达 50 余种。对于有数据源的窗体（可打开字段列表为特征），窗体事件对应于记录，控件事件则对应于字段。这里给出最常用的 10 余种事件的简单说明，如表 8-3 所示，详细解释可在窗体设计器中选中该事件按下 F1 键获得。这些常用事件的半数将在练习中使用。

表 8-3 常用的事件集

对 象 事 件	说 明
控件名.更改	控件数据每一字符的改变
控件名.更新前	控件数据整体将改变，光标将离开原对象
控件名.更新后	控件数据整体改变，光标已离开原对象
控件名.进入	通过键盘或鼠标使控件成为当前对象
控件名.退出	控件不再是当前对象
控件名.单击	按鼠标、放鼠标

续表

对 象 事 件	说　明
控件名.双击	规定时间内的 2 次单击
控件名.按鼠标	单击的前一半
控件名.放鼠标	单击的后一半
窗体名.成为当前	另一记录成为当前记录
窗体名.插入后	新记录产生
窗体名.更新后	修改记录已经存盘
窗体名.打开	窗体准文件打开
窗体名.关闭	窗体准文件关闭

8.3.3　宏应用实例

掌握使用上述宏操作命令，可以对数据库对象进行快捷、自动、灵活的操作。从下面的应用实例我们可以看到，有些操作没有现成的，非编程不可；而由现成的宏命令组合出一个新的操作，常常只需要寥寥几个命令语句。关键是把握命令、事件、对象之间的关系。

【例 8-5】 应用实例——“各人课表”

“各人课表”是前面练习中一个父子窗体，主窗体数据源为查询“学生”，子窗体直接嵌入查询“各人课表”。通过［学号］的链接，可以由“导航”按钮选择每个学生，并浏览其课表，如图 8-22 所示。

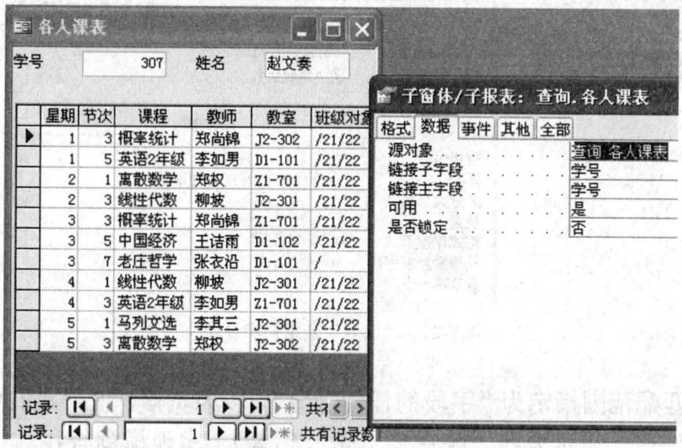

图 8-22　用“导航”按钮顺序访问的“个人课表”窗体

这是一种顺序浏览，如果学生人数众多，要找到某个学生很慢。希望经过改进，既能保留原来的顺序浏览功能，又能以更快捷的办法访问指定的学生课表。

（1）增加 2 个组合框，从中选取（或手工输入）学号、姓名，可提高查找效率。

步骤 1：将学号、姓名文本框连同标签复制到下面一行，在两标签前面各加“输入”2 字。删除原标签，如图 8-23 所示。

步骤 2：将复制的 2 文本框改为组合框［学号 1］、［姓名 1］，删除控件来源，以对话的方式产生下拉菜单的“行来源”，如图 8-24 所示。

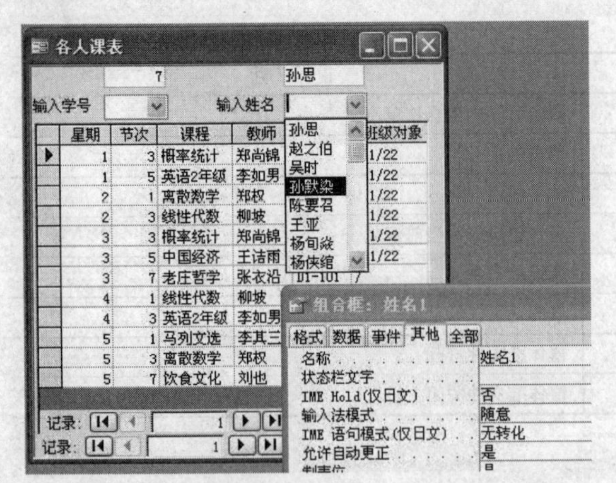

图 8-23 “各人课表”窗体改进 1：通过组合框访问记录

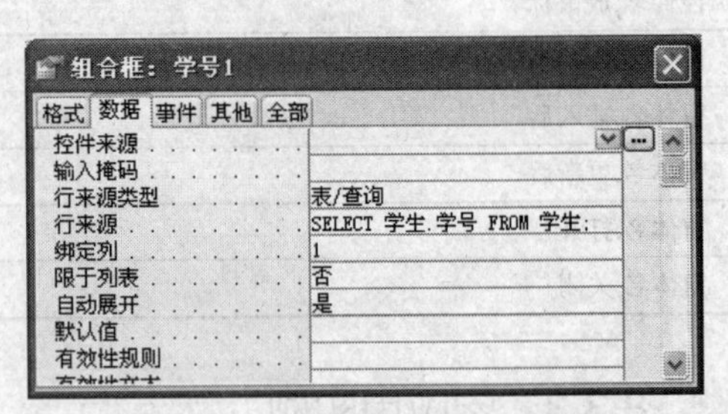

图 8-24 组合框“学号 1”的设置

步骤 3：创建“课表”宏组如图 8-25 所示。Find 学号：GotoControl（参数：学号，不加标点）和 FindRecord（查找内容：=［学号 1］，匹配：整个字段）都是对我们手工操作的模拟。

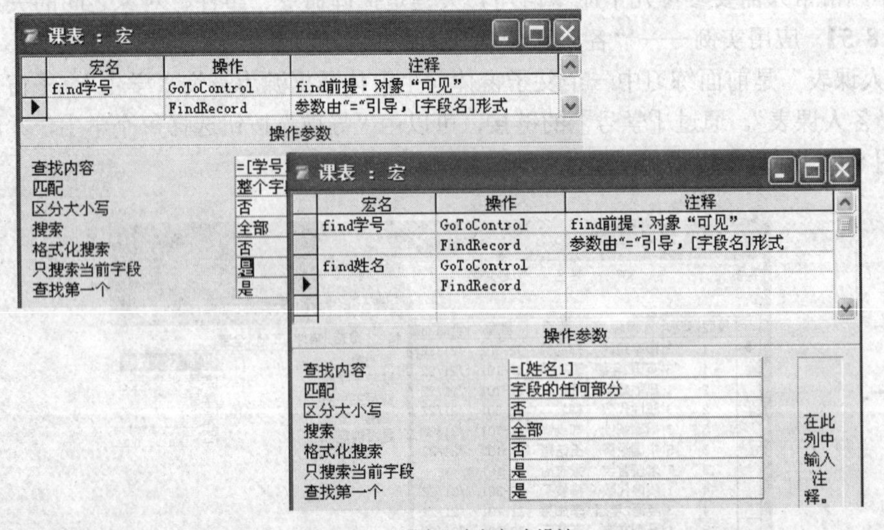

图 8-25 “课表”宏组初步设计

Find 姓名： 匹配范围指定为“字段的任何部分”，较为宽松，使得我们可以输入名字的一部分（例如输入“三”，表示要找“张三”、“李三”等），实现模糊查找。

提示：此处表达式引导符“=”不可省略，否则被误作要查找字符串常量“[学号 1]”、“[姓名 1]”本身。

步骤 4：将“课表.Find 学号”、“课表.Find 姓名”分别挂到 2 个组合框的“更新”事件上，试运行“各人课表”窗体。当组合框内容改变并光标离开对象时，触发的宏程序会把匹配查找条件的记录变成当前记录，原先的顺序浏览功能依旧保留。

（2）隐去原学号、姓名文本框，界面看起来更简洁，如图 8-26 所示。

步骤 5：修改“课表”宏组，如图 8-27 所示。

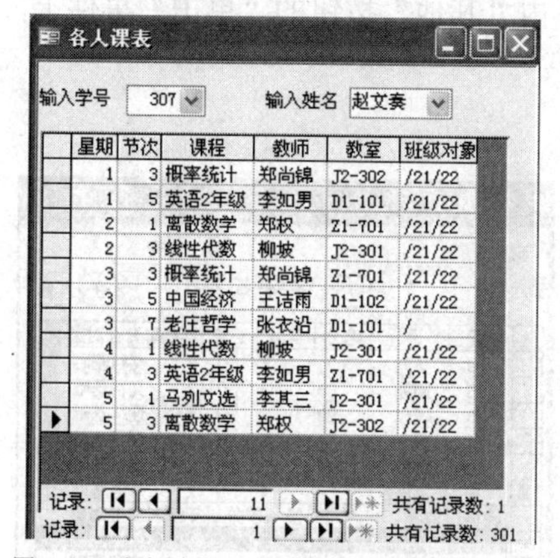

图 8-26 隐去原学号、姓名文本框后的窗体效果

课表 : 宏

宏名	操作	注释
find学号	GoToControl	find前提：对象"可见"
	FindRecord	参数由"="引导，[字段名]形式
find姓名	GoToControl	
	FindRecord	
更新学号姓名	SetValue	意义为[学号1]=[学号]
	SetValue	意义为[姓名1]=[姓名]

操作参数

项目	[学号1]
表达式	[学号]

图 8-27 "课表"宏组修改 1：组合框与文本框（将隐藏）同步

步骤 6：将"课表.更新学号姓名"挂到"各人课表"窗体的"成为当前"事件上，当新记录变成当前记录时，触发宏程序，窗体数据源的［学号］、［姓名］将替换 2 个组合框的当前值。原先的文本框就"多余"了。

步骤 7：［学号］、［姓名］文本框其实不可以省略，否则前面的 2 个查找宏都没有依托。可以把这两个"多余"的文本框缩小成两个看不见的点（高度、宽度可设为 0，但"可见性"必须设为"是"），放在窗体某个角落就可以了。运行"各人课表"窗体，当按动导航按钮，组合框［学号 1］、［姓名 1］在变化，其实是不见身影的［学号］、［姓名］充当了"二传手"的角色。

（3）增加 3 个按钮，如图 8-28 所示。

其中 2 个"查找"按钮是象征性的，引导用户手工输入完查找条件，光标离开组合框，触发"find"宏。"其他"按钮引导用户浏览模糊查找条件下经常出现的"一对多匹配"。

步骤 8：修改"课表"宏组如图 8-29 所示。光标在"更新学号姓名"处用鼠标右击，2 次选择"插入行"，然后书写"next 姓名"宏。GotoControl（参数：姓名），FindNext（参数：无），表示对［姓名］继续先前条件的查找，看能否找到下一个匹配记录。

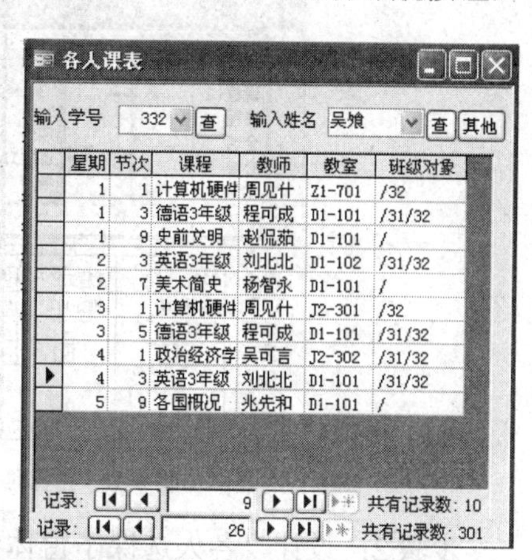

图 8-28 增加 3 个按钮后的窗体效果

课表 : 宏

宏名	操作	注释
find学号	GoToControl	find前提：对象"可见"
	FindRecord	参数由"="引导，[字段名]形式
find姓名	GoToControl	
	FindRecord	
next姓名	GoToControl	
	FindNext	继续先前条件的查找
更新学号姓名	SetValue	意义为[学号1]=[学号]
	SetValue	意义为[姓名1]=[姓名]

操作参数

查找符合最近的 FindRecord

图 8-29 "课表"宏组修改 2：寻找下一个匹配

步骤 9：将“课表.next 姓名”挂到“各人课表”窗体内“其他”按钮的“单击”事件上，运行该窗体检验效果。

【例 8-6】 应用实例——各人选课

如图 8-30 所示，“各人选课”是由前例“各人课表”修改而得的父子窗体，主窗体数据源依然为查询“学生”，子窗体为“各人选课”子窗体，完成后可用组合框下拉菜单方便快速选课。父子窗体通过“学号”链接。

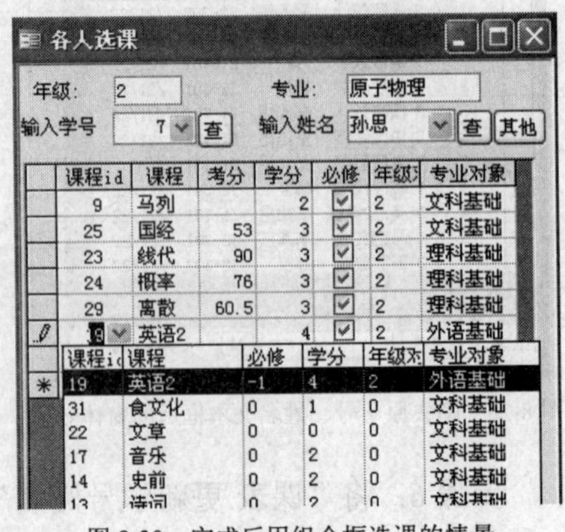

图 8-30 完成后用组合框选课的情景

关键是对组合框“课程 id”的控制。一是已选的课不能出现在下拉菜单中；二是除了公共课（年级对象：0）外下拉菜单的年级对象应与主窗体一致；三是除了基础课（专业对象：形式如“××基础”）外，下拉菜单的专业对象应与主窗体一致。每当开始选课，下拉菜单必须按上述规则更新。

（1）控件准备。

步骤 1：设计查询“选课”，如图 8-31 所示。

“各人选课子窗体”中的“课程 id”这种多列组合框最好在查询“选课”中定义。

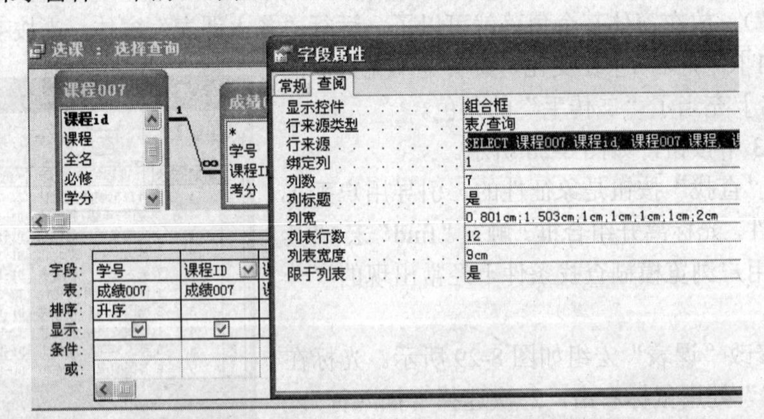

图 8-31 在查询“选课”中定义多列组合框（参见图 8-30）

步骤 2：设计“各人选课子窗体”（数据表窗体），如图 8-32 所示。

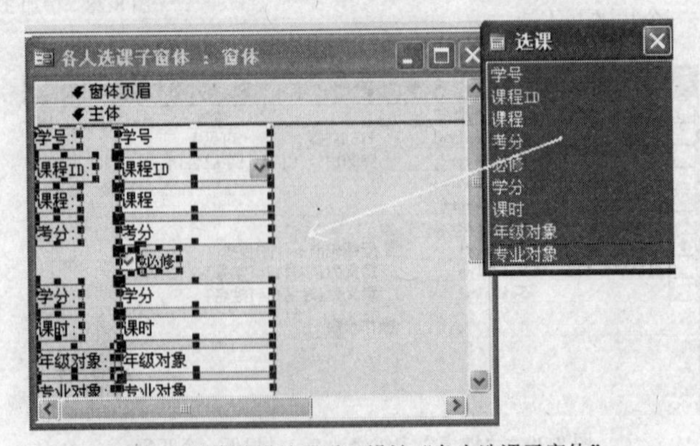

图 8-32 用窗体设计器手工设计“各人选课子窗体”

“各人选课子窗体”必须用窗体设计器手工设计（指定记录源为查询“选课”，打开其字段列表，直接拖曳到窗体的主体），否则查询中的下拉菜单不复存在。

步骤 3：“各人选课子窗体”嵌入主窗体后，组合框［课程 id］须参照主窗体的对象进一步设计，如图 8-33、图 8-34 所示。

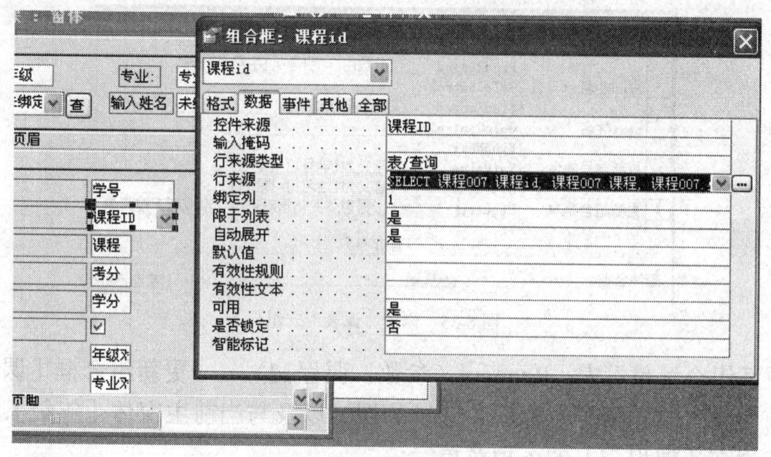

图 8-33　准备修改组合框［课程 id］的“行来源”

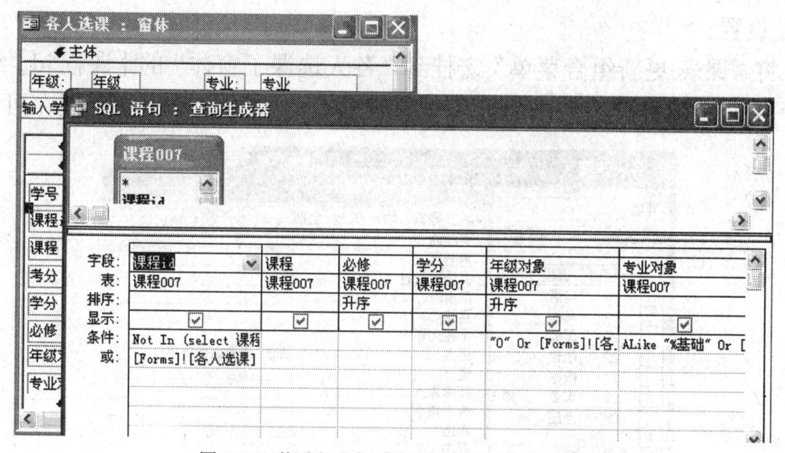

图 8-34　修改组合框［课程 id］的“行来源”

打开［课程 id］的属性表，在“数据”选项卡上单击“行来源”[...]按钮，修改查询设计。

在［课程 id］、［年级对象］、［专业对象］的“条件”行输入（对象引用可使用表达式生成器）以下内容。

1：Not In (select 课程 id from 选课 where 学号=［Forms］!［各人选课］!［学号］)

该生已选的课不能出现在下拉菜单（当前行可例外，见下面提示）。

2："0" Or ［Forms］!［各人选课］!［年级］

［年级对象］要么是公共课（"0"），要么与主窗体［年级］一致。

3：ALike "%基础" Or ［Forms］!［各人选课］!［专业］

［专业对象］要么是基础课（"xx 基础"），要么与主窗体［专业］一致。

提示：最好在课程 id “或:”条件行，补充并列条件：［Forms］!［各人选课］!［各人选课子窗体］.［Form］!［课程 id］——对当前行的引用，使当前行以黑色的方式出现在下拉菜单中。

（2）宏编程。

步骤 4：修改“课表”宏组，如图 8-35 所示。

宏名	操作	注释
find学号	GoToControl	find前提：对象“可见”
	FindRecord	参数由"="引导，[字段名]形式
find姓名	GoToControl	
	FindRecord	
next姓名	GoToControl	
	FindNext	
更新学号姓名	SetValue	意义为[学号1]=[学号]
	SetValue	意义为[姓名1]=[姓名]
更新组合菜单	Requery	根据窗体变化重新查询，形成新下拉菜单

操作参数

控件名称　课程id　在激活的

图 8-35　修改“课表”宏组

增加“更新组合菜单”宏：Requery（参数：课程 id）——更新组合框［课程 id］的记录源，这样当前学生（以［学号］标识）选过的课（以及与当前主窗体［年级］、［专业］不合的课）不会出现在［课程 id］的下拉菜单。

提示：Requery 如果不填参数，意义为更新整个当前窗体的记录源。

（3）触发设置。

步骤 5：将“课表.更新组合菜单”宏挂到“各人选课子窗体”的［课程 id］组合框的“进入”事件——键盘或鼠标使控件成为当前对象时触发，如图 8-36 所示。现在可试运行。

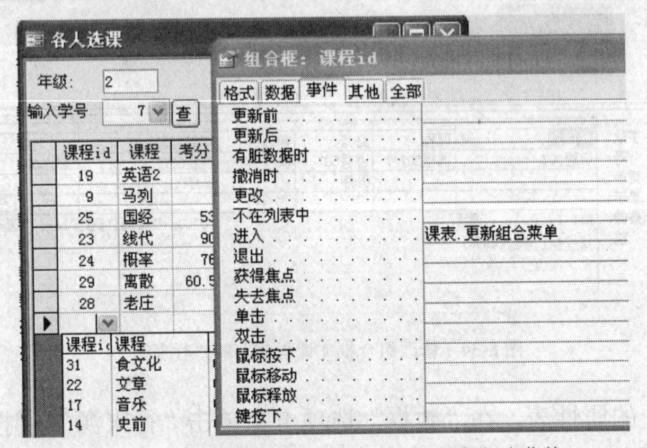

图 8-36　设置组合框的“进入”事件：更新组合菜单

本 章 小 结

宏通常是一种与对象相关的程序，一般由控件启动。使用宏主要有 2 个目的，一是省去自己重复繁琐之事，二是省去他人专门学习之事。熟悉各种指令和各种事件，正确引用各对象的名称是初学者的难点。

1．宏设计通常有控件准备、宏编程和触发设置 3 步。

2．运用宏组可以把各相关宏集中在一起便于管理。

3．宏程序的分支通常由<条件>、<…>、StopMacro 结构实现。

4．宏程序代码的重复（循环）由 RunMacro 引用一个宏实现（必要时带<条件>）。

5．“=<表达式>”形式可使操作参数或对象引用增加许多灵活性。

6．比较复杂的程序若需分步调试，可临时插入 StopMacro 设置断点。

习 题 8

8.1 思考题

1．什么叫“宏”，宏编程与普通编程相比有什么好处？

2．如何将“宏”转换为 VBA 代码，转换后有什么好处？

3．不使用“宏组”有什么不利？

4．条件栏“…”的确切含义是什么？条件栏填写“No”有什么效果？

5．一般触发宏经常使用哪些事件？记录和字段分别对应何种事件？

6．什么叫对象的引用？绝对引用（形如：Forms!［颜色］!［红］.BackColor）和相对引用（形如：［红］.BackColor）有何不同？

8.2 选择题

1．以下关于“宏”的说法错误的是（ ）。

（A）宏可以是多个命令组合在一起的　（B）宏一次能完成多个操作

（C）宏是一种编程的方法　（D）宏操作码用户必须用键盘逐一输入

2．用于打开一个窗体的宏命令是（ ）。

（A）opentable　（B）openreport　（C）openform　（D）openquery

3．用于打开一个报表的宏命令是（ ）。

（A）opentable　（B）openreport　（C）openform　（D）openquery

4．用于打开一个查询的宏命令是（ ）。

（A）opentable　（B）openreport　（C）openform　（D）openquery

5．以下关于宏的描述错误的是（ ）。

（A）“宏”均可转换为相应的 VBA 模块代码

（B）宏是 Access 的对象之一

（C）宏操作能实现一些编程的功能

（D）宏命令中不能使用条件表达式

6．用于关闭数据库对象的命令是（ ）。

（A）CLOSE　（B）CLOSE ALL　（C）EXIT　（D）QUIT

7．用于显示消息框的命令是（ ）。

（A）INPUTBOX　（B）MSGBOX　（C）MESSBOX（）　（D）BEEP

8．用于从其他数据库导入、导出数据的命令是（ ）。

（A）TRANSFERDATABASE　（B）TRANSFERTEXT

（C）TRANSFER　　（D）TRANSFER FORM

9．用于从文本文件导入、导出数据的命令是（　　）。

（A）TRANSFERDATABASE　　（B）TRANSFERTEXT

（C）TRANSFER　　（D）TRANSFER FORM

10．能够创建宏的设计器是（　　）。

（A）窗体设计器　　（B）表设计器

（C）宏设计器　　（D）编辑器

8.3 填空题

1．运行宏组中的宏的命令格式是________________。

2．添上图中的 1________，2________，3________，4________工具项的含义。

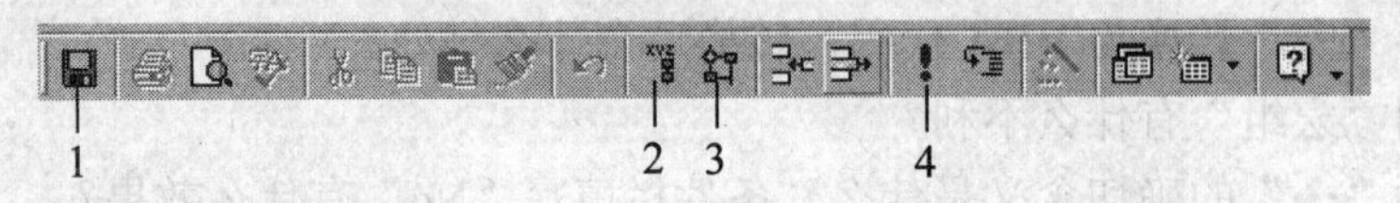

3．独立运行宏的方法之一是________________。

4．由多个操作构成的宏，运行时按________依次执行。

8.4 上机实验

1．设计一个“打开报表”窗体，如作业图 1-1。上面有 3 个报表按钮，再自定义一个工具栏这样用户单击工具栏上“打开报表”，就知道怎样操作了。

（1）控件准备

① 设计窗体“打开报表”。

② 选择“工具｜自定义｜新建”菜单命令，新建-T 工具栏 test1，拖动窗体“打开报表”到 test1 工具栏。

③ 快速建立“学生×××”、“教师×××”和“课程×××”3 个报表。

（2）宏编程

④ 设计宏组“打开报表”，如作业图 1-2（3 个“打开”宏的“视图”设置为“打印预览”）。

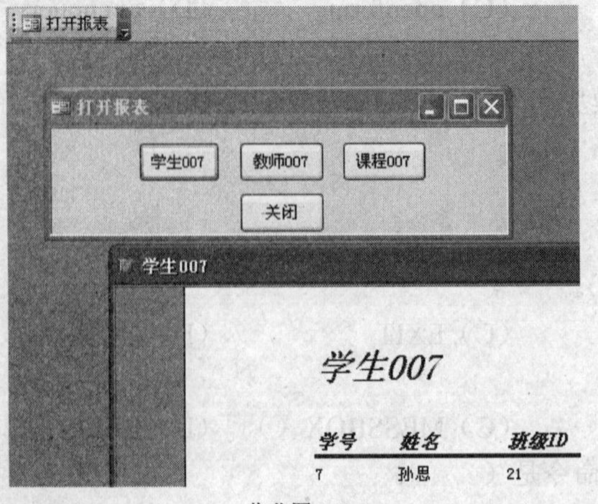

作业图 1-1

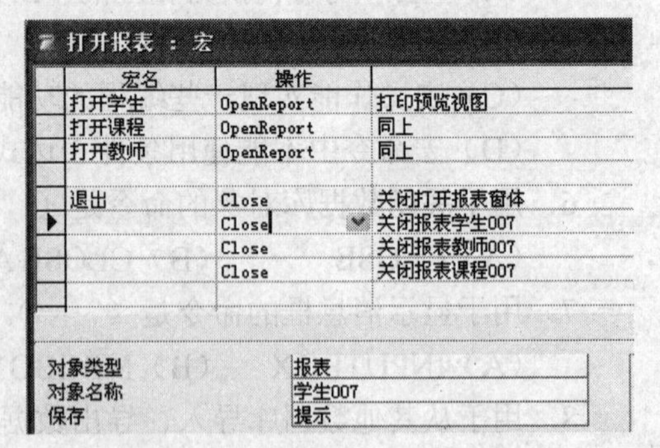

宏名	操作	
打开学生	OpenReport	打印预览视图
打开课程	OpenReport	同上
打开教师	OpenReport	同上
退出	Close	关闭打开报表窗体
	Close	关闭报表学生007
	Close	关闭报表教师007
	Close	关闭报表课程007

对象类型	报表
对象名称	学生007
保存	提示

作业图 1-2

（3）触发设置

⑤ 单击自定义 test1 工具栏中的“打开报表”按钮，看是否能打开对应窗体。

⑥ 单击系统工具栏图标，进入窗体设计视图。选中“学生×××”按钮，从快捷菜单中选择“属性”。在属性表“事件”栏，把宏“打开报表.打开学生”挂在“单击”事件上单击其事件右侧的下拉菜单按钮，选择指定的宏即可）。用这种方法，也可设置其他按钮的相关事件触发程序。

⑦ 单击系统工具栏原位置的图标运行。

2．设计一个“筛选预览”窗体，如作业图 2-1。上面有一组合框［籍贯 1］，若选择某一籍贯值，则立即打开带筛选的报表“学生×××”。若下一次再选，会先关闭已经打开的筛选报表，重新显示筛选结果。

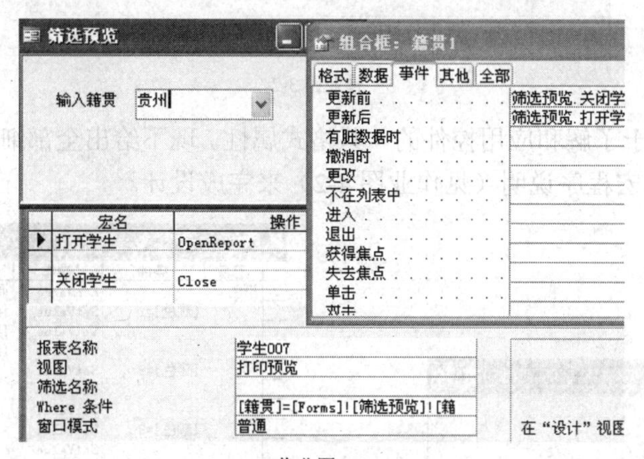

作业图 2-1

窗体“筛选预览”、宏组“筛选预览”及触发设置如作业图 2-1 所示。

提示：Where 条件中对组合框的引用“[籍贯] = [Forms] ! [筛选预览] ! [籍贯 1]”可使用表达式生成器：“窗体 | 加载的窗体”。用“=<表达式>”方式表达则更为灵活，可实现某些困难的引用，此处不妨一试。

3．如作业图 3-1 所示，“各班课表”是窗体设计练习过的一个父子窗体，主窗体数据源为查询“学生”，子窗体直接嵌入查询“各班课表”。通过“班级 id”的链接，可以由导航按钮选择每个班级并浏览其课表。仿照例题“各人课表”对其改进。这样，既能保留原来的顺序浏览功能，又能以更快捷的办法访问指定的班级课表，结果如作业图 3-2 所示。

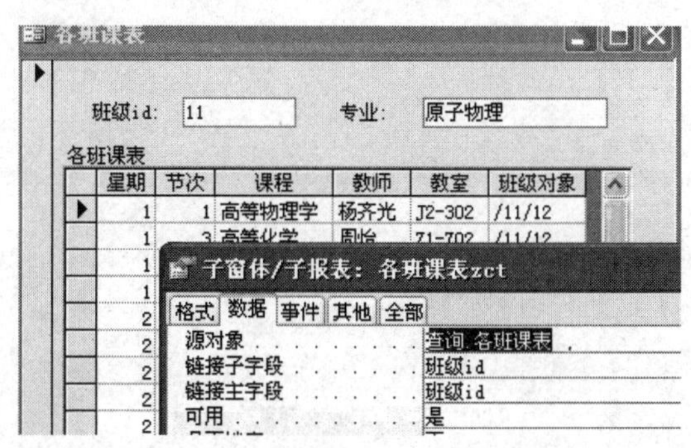

作业图 3-1

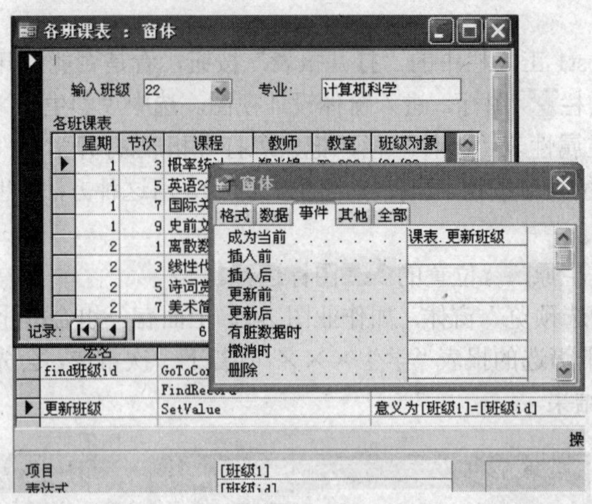

作业图 3-2

4．该练习有助于了解和应用控件的一些格式属性。现不给出全部细节，请根据窗体外观（见作业图 4-1），和宏程序说明（见作业图 4-2）来完成设计。

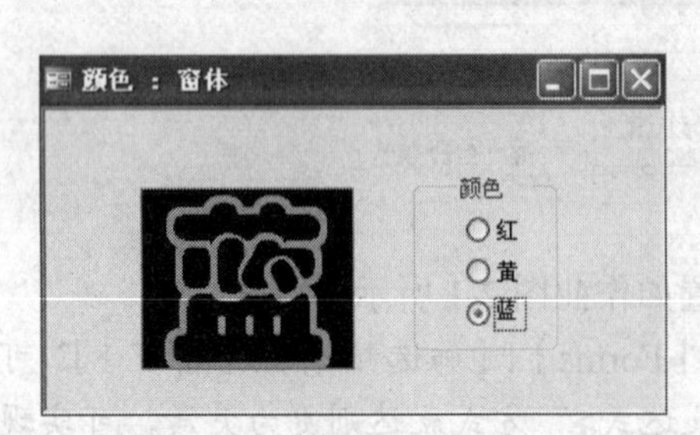

作业图 4-1

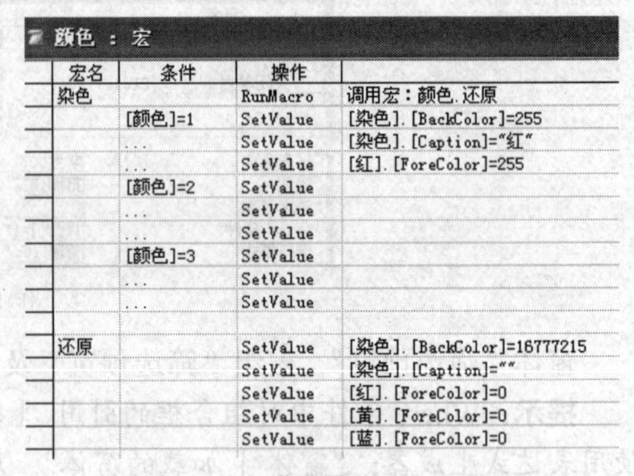

颜色 ：宏

宏名	条件	操作	
染色		RunMacro	调用宏：颜色.还原
	[颜色]=1	SetValue	[染色].[BackColor]=255
	...	SetValue	[染色].[Caption]="红"
	...	SetValue	[红].[ForeColor]=255
	[颜色]=2	SetValue	
	...	SetValue	
	...	SetValue	
	[颜色]=3	SetValue	
	...	SetValue	
	...	SetValue	
还原		SetValue	[染色].[BackColor]=16777215
		SetValue	[染色].[Caption]=""
		SetValue	[红].[ForeColor]=0
		SetValue	[黄].[ForeColor]=0
		SetValue	[蓝].[ForeColor]=0

作业图 4-2

第9章 数据安全

信息日益成为财富增长和社会发展最重要的资源，以至于它自身也成了一种重要的资产，数据库就是这种资产的最重要的存在形式之一。但凡重要的物品都存在两大忧患，一是被损毁，二是被窃取。和一般物品不同的是，数据是可以简单复制的，只要重要数据都有备份，就可以防止损毁。还有一点不同的是，数据是可以保密的，只要有足够的保密措施，对方若不能以较小代价读出数据，得到数据也是徒劳无益的。

本章主要学习 Access 对数据的备份和保密方法。

9.1 数据备份

为了防止数据的丢失和损坏，数据备份是最有效的措施之一。Access 提供多种数据备份的方法。

9.1.1 数据损毁的主要原因

数据损毁大致有以下原因。

（1）系统故障，包括硬件和软件故障。有些故障，如突然掉电、死机，可能让你几个小时的工作付之东流，也有些故障可能彻底毁坏文件，甚至整个外存储器。

（2）误操作。不经意的修改、删除及格式化，可能失去文件的一部分或整个文件，乃至整张盘的数据。

（3）计算机病毒、黑客程序对软件造成的破坏。

9.1.2 数据备份的主要方式

1．对象级备份

对某对象修改设计时，总要考虑失败的可能。在打开的数据库中选择表、查询、窗体和报表等对象，通过“另存为”或“导出”来实现对象备份。例如，在进行删除查询之前，最好把要删除的表备份。

【例 9-1】 将“成绩”表备份。

步骤 1：打开“D:\Access\教学信息管理”数据库文件。

步骤 2：单击“表”对象，选取“学生”表。

步骤 3：选择“文件 | 另存为”菜单命令，打开“另存为”对话框（见图 9-1）。

步骤 4：在“另存为”对话框中，可以指定“另存为”的文件名和保存类型。

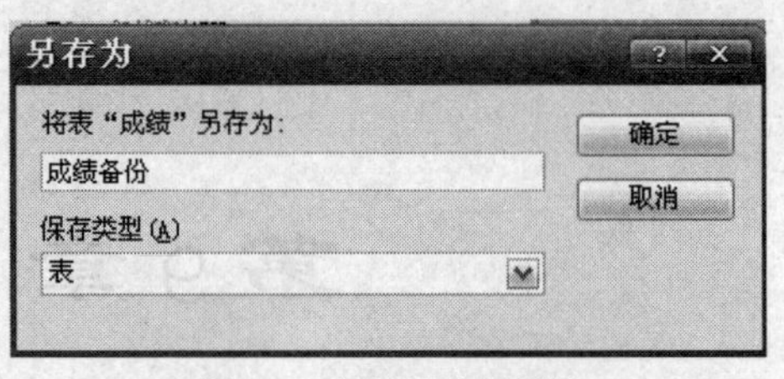

图 9-1 “另存为”对话框

2. 文件级备份

文件级备份是对数据库文件的备份，相对于其他数据库应用系统往往需要若干个文件夹，几十上百个文件，Access 数据库将所有对象都以“准文件”形式聚集在一个 mdb 文件中，因此实现文件备份很方便。Windows 的文件系统已经提供了复制文件的手段。

选择“工具 | 数据库实用工具”菜单命令（见图 9-2），就可以转换其文件格式。Access 提供了一系列数据库文件处理功能，这些操作不必关闭文件就可以实现。

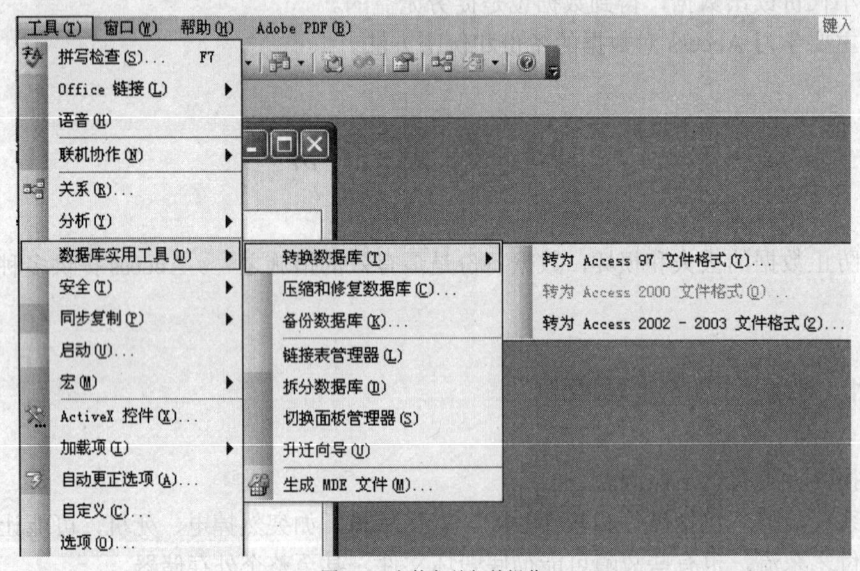

图 9-2 文件备份相关操作

（1）“压缩和修复数据库”主要是为了清除数据库形成过程中产生的一些中间数据。在备份数据库前，最好打开“工具 | 选项 | 常规”选项卡，选中“关闭时压缩”复选框，这样保存文件时，使文件总处于接近最小冗余状态。

（2）“转换数据库”不但有备份功能，而且可以在 Access 97、Access 2000 和 Access 2003 几个 Access 版本间转换数据库格式。Access 2003 版默认新建数据库为 2000 版。为了安全和提高效率，需要把 mdb 格式编译成 mde 格式文件时，必须将数据库转换为 2003 版。

（3）日常用得比较多的操作是“备份数据库”。其好处是会自动在文件名后面附加日期（如“数据安全 test_2006-10-21.mdb”）。这样，在多次备份后一旦要恢复，可有迹可循。

3. 盘级备份

重要数据不应该放在一张盘上，可在 Windows 环境下，将数据库文件直接复制或压缩复制（如 zip、rar 格式）到其他优盘、移动硬盘或可读写光盘。

9.2　数据库的加密与加锁

9.2.1　数据库的加密

加密/解密是一种改变字符编码的文本或文件保密方法。现代加密/解密主要通过软件程序来实现。经过加密的文本或文件由一些符号映射为另外一些符号，不经过解密程序，或没得到加密时使用的密钥（密码或口令），文本或文件就无法映射为原先的符号读出。

Access 的加密/解密称作"编码/解码数据库"，主要防止对方通过其他程序窥视到数据库中的片断信息。例如，前面"密码管理"涉及的表、窗体、宏，如果数据库没经过加密，就可以在资源管理器下右击数据库文件名，通过"打开方式"对话框，选择 Office Word 打开文件，搜索"密码"关键字，就会找到近 10 处有关数据库的信息。

可以对当前打开的数据库实现编码（加密）操作，也可以在关闭数据库的情况下实现编码（加密）操作。解码（解密）过程同加密过程相反。选择"工具｜安全｜编码/解码数据库"，通过对话打开某个未加密的数据库文件，然后形成另一个经过加密的数据库文件。

【例 9-2】 将"教学信息管理"数据库加密。

步骤 1：打开"D:\Access\教学信息管理"数据库文件。

步骤 2：选择"工具｜安全｜编码/解码数据库"菜单命令，如图 9-3 所示。

步骤 3：在弹出的对话框中输入加密后的数据库文件名，也可以与原文件同名。

步骤 4：单击"确定"按钮，完成操作。

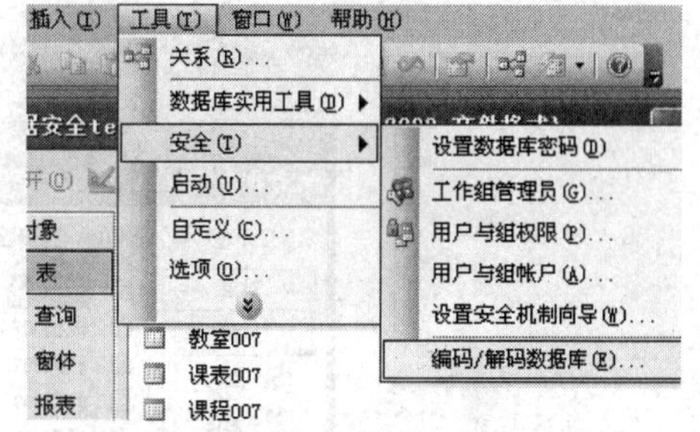

图 9-3　文件加密/解密操作

提示： Access 对编码过的数据库操作与先前没有区别，故一般无须解码。由于 Access 对打开编过码的数据库无须口令，因此应当结合文件加锁。通过设置口令，使得对方无法打开此数据库，从而无法执行 Access 解密操作。

9.2.2　数据库的加锁

Access 可以在对象级（VBA 代码）加锁，但主要在文件级或用户级加锁。

Access 通过文件或用户级加锁使得对方无法进入某个或某些特定的 Access 数据库。加锁与加密相结合才能使对方既不能通过 Access，也不能通过其他程序读出数据。

Access 提供的一种简单的加锁方法，可以为某个数据库设置密码（密钥）。设置密码后，每次打开数据库都需要键入正确密码。就像一座大楼只有一种钥匙，凡有钥匙的人对楼内一切财产都有处置权。

【例 9-3】 将"教学信息管理"数据库设置密码。

步骤 1：关闭当前数据库窗口，在"打开"对话框中，选择"独占方式"打开数据库文件，如图 9-4 所示。

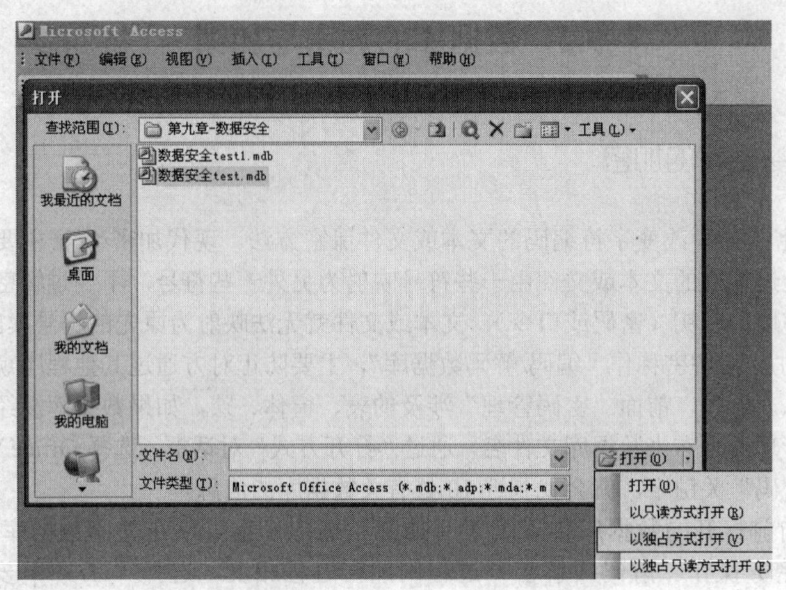

图 9-4 加密/解密必须先以“独占方式”打开数据库

步骤 2：选择“工具 | 安全 | 设置数据库密码”菜单命令，如图 9-5 所示。

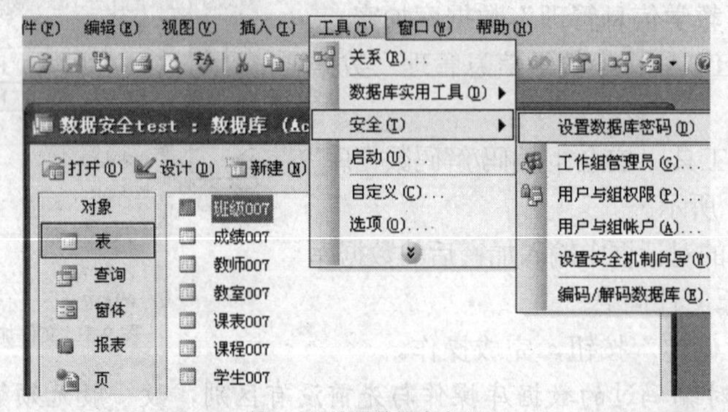

图 9-5 设置数据库密码

步骤 3：在“设置数据库密码”对话框中的“密码”、“验证”文本框中，分别输入同一密码，如图 9-6 所示。密码要有足够长度，还得自己记得住，并注意当时键盘上的中英文的大小写状态。例如，你可以选择某句诗词的拼音代码的首字母：ysbzc（云深不知处）。

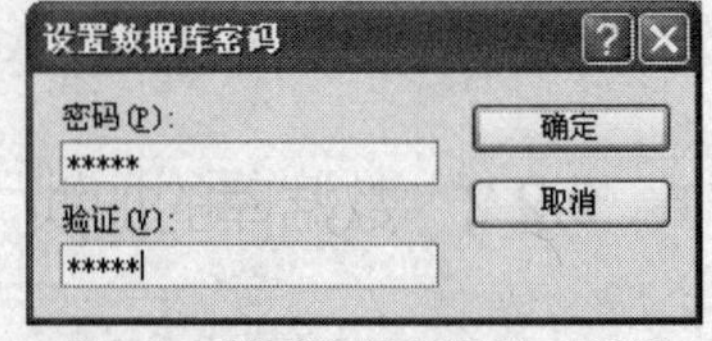

图 9-6 “设置数据库密码”对话框

9.3 用户级安全机制

一座办公大楼应该有多种钥匙，不同部门和不同级别的人据有不同钥匙，对楼内各种财产有不同的处置权。Access 提供的“用户级安全机制”就是这样一种分权管理体制，类似于在服务器上看到的用户级安全机制。

安全账户定义了存在哪些用户，这些用户属于哪些组，以及各自不同的密码和权限，规定了可以访问数据库中的哪些对象，进行哪些操作。这些信息存储在“工作组信息”（mdw 文件）及加锁的数据库（mdb 文件）中。

9.3.1 用户级安全机制的概念

“用户级安全机制”始终存在一个叫“管理员”的用户和两个称为“管理员组”、“用户组”的工作组。“管理员组”几乎拥有对数据库的一切权力（主要为“所有权”、“管理权”、“修改权”和“读取权”），“用户组”通常只有运行、输入等权力。

“管理员”初始设置同时是以上两个组的成员，作为第一管理员和唯一管理员，具有对数据库的最高处置权。

“用户级安全机制”从第一次启动 Access 就以隐性方式存在（“工作组信息”为“……Access\System.mdw”）。“管理员”不设密码，当打开数据库，就是以“管理员”身份进行操作的。只有为“管理员”设置了密码，才能以其他用户（如果存在）身份登录。

应用“用户级安全机制”实质上是由一个属于“管理员组”的用户接管名谓“管理员”的一切权力，同时剥夺“管理员”的“管理员组”成员身份，并给配置一个并不打算启用的随机密码。这样，凡叫“管理员”的用户（其他 mdb 数据库，Excell 等 Office 文档，默认的当前操作者均为“管理员”），都不享有加锁数据库“管理员组”的权力。

9.3.2 应用“用户级安全机制”

手工设置安全机制很繁琐，利用 Access 的“设置安全机制向导”，可用对话填表方式完成大部分操作。

【例 9-4】 设置安全机制向导。

步骤 1：选择“工具 | 安全 | 设置安全机制向导”菜单命令，打开“设置安全机制向导”对话框，如图 9-7 所示，选择“新建工作组信息文件”选项。

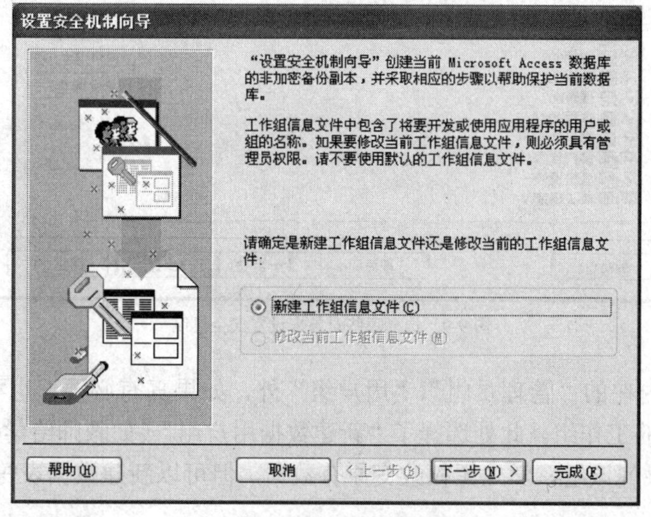

图 9-7 新建工作组信息文件

步骤 2：填表建立工作组信息。包括工作组信息文件名（默认为与加锁数据库同路径的“Security.mdw”）；WID，即工作组 ID（ID 是随机产生的，一般没必要修改）；默认选择工作组面向单个数据库而非所有数据库，如图 9-8 所示。

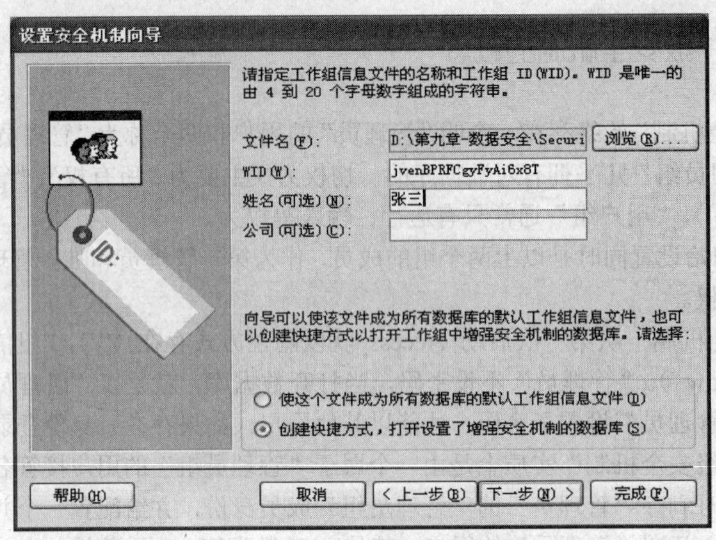

图 9-8　选择工作组面向单个数据库

步骤 3：选择哪些对象来设置安全机制。默认对数据库所有的对象来设置安全机制，如图 9-9 所示。

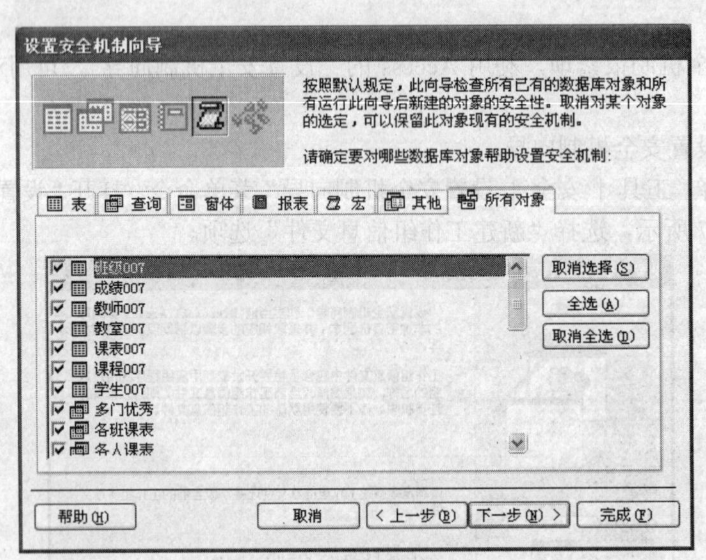

图 9-9　选择哪些对象来设置安全机制

步骤 4：除了内在的“管理员组”、“用户组”外，如果真有必要，也可选择“备份操作员”等预设了权限的工作组。此处选择了“新建数据用户组”（如教师给学生布置作业，可建立 stu1、stu2……隶属该组。学生无权改变原有数据，但可以新建数据表等对象），如图 9-10 所示。

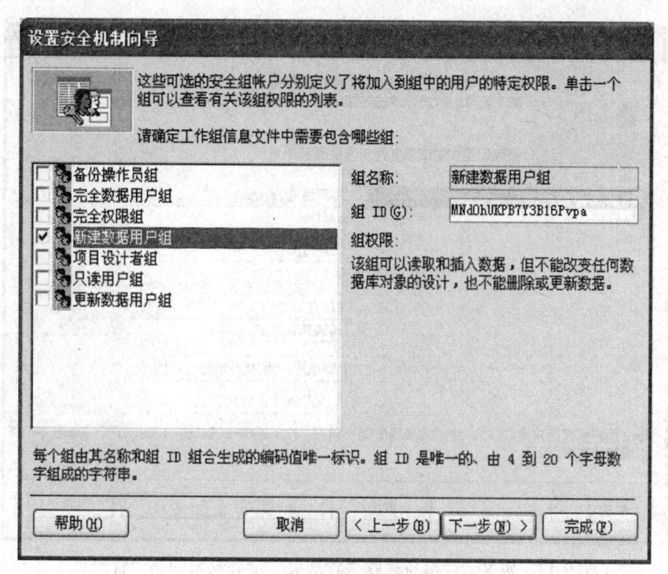

图 9-10 预建“新建数据用户组”

步骤 5：默认不给“用户组”任何权限（见图 9-11），否则“管理员”作为任何数据库不可删除的“用户组”成员，可以从任一数据库登录，通过“导入”获取所希望保密的对象。

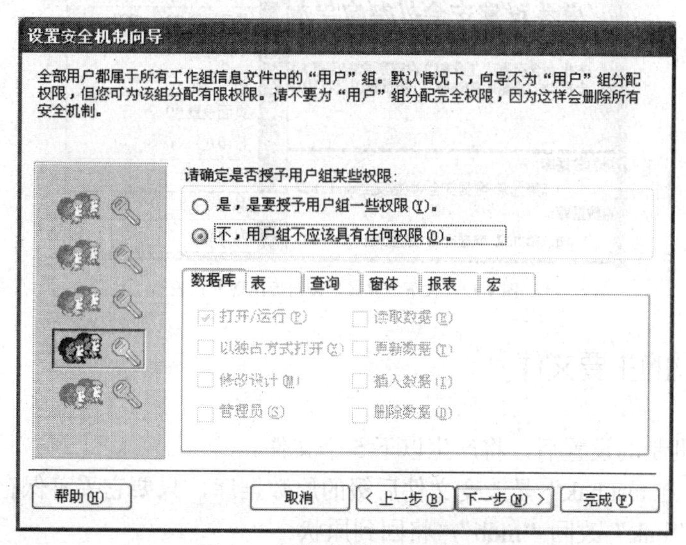

图 9-11 不给“用户组”任何权限

步骤 6：至少定义一个准备接收“管理员”全部权限的第一管理员（见图 9-12），只有第一管理员才拥有数据库的“所有权”。现在添加“master”，密码“007”（别忘按下“将该用户添加到列表”按钮）。密码也可选择在“master”登录后设置。为安全起见，删除已经公开的 Windows 登录用户“new”。

步骤 7：单击“下一步”按钮，确认第一管理员（此处是“master”）属于“管理员组”。

步骤 8：单击“完成”按钮，出现如图 9-13 所示的报表。其中，WID（工作组 ID）、PID（个人 ID）及密码等信息对今后重建“工作组信息”（mdw 文件）非常重要，建议选择“导出”文本文件方式保存到一个文本文件，如，swz_rptSecure.txt，秘密妥善保存。

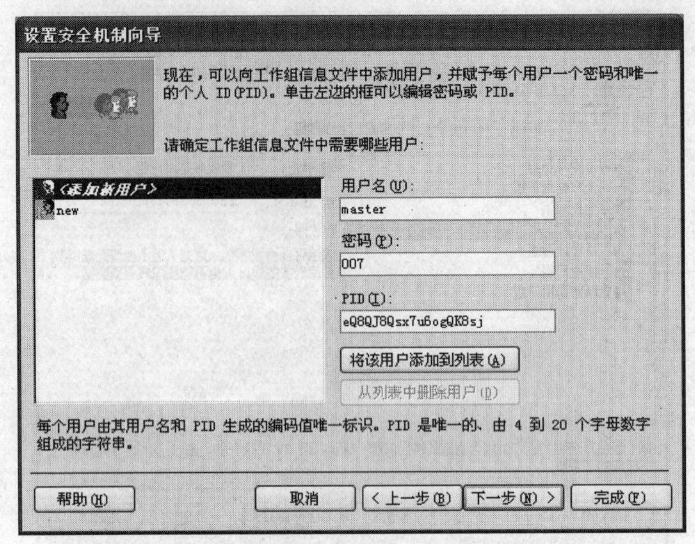

图 9-12　定义一个准备接收“管理员”全部权限的第一管理员

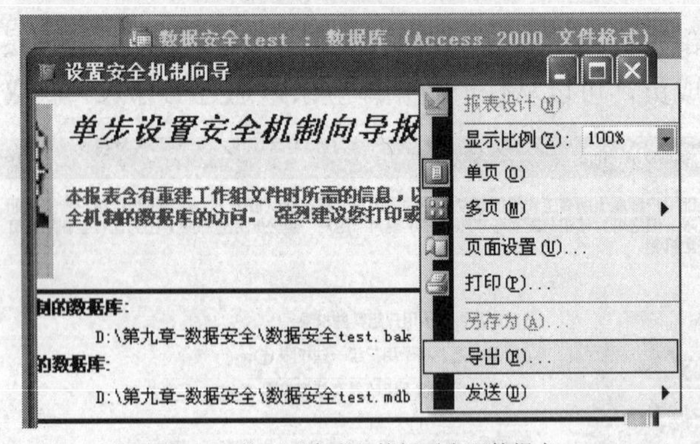

图 9-13　按下“完成”按钮后出现的报表

9.3.3　生成的主要文件

在完成安全机制的设置后，将产生以下 5 个文件。

（1）“数据安全 test.bak”是改变文件后缀的原数据库，只要它妥善保存，即使其余 4 个文件都删除，将“bak”改回“mdb”，将回到原状。

（2）“数据安全 test.mdb”是已经加锁的数据库，若缺失以下（3）或（4）两个文件，该文件将作废。

（3）“Security.mdw”是“工作组信息”文件，它的缺失意味着“数据安全 test.mdb”作废，除非利用 swz_rptSecure.txt 文件重建。

（4）图标是建立在桌面的快捷方式，它在启动“数据安全 test.mdb”文件的同时打开“Security.mdw”文件。它缺失后要重建也很麻烦，应把它复制到当前文件夹中。

（5）“swz_rptSecure.txt”是“工作组信息”报表的文本形式，只要它存在，运用一点技巧可以重建“Security.mdw”文件（见 9.4.3 复活安全机制技巧）。因此，“swz_rptSecure.txt”文件必须安全保存。

9.3.4　验证“用户安全机制”

【例 9-5】 验证用户安全机制。

步骤 1：双击“数据安全 test.mdb”，此时默认以那个被剥夺了权力的“管理员”身份登录，屏幕出现 “没有使用……对象的必要权限……”提示信息。

步骤 2：新建“db1.mdb”空数据库，试以默认用户“管理员”身份从“数据安全 test.mdb”导入数据，屏幕出现“没有使用……对象的必要权限……”提示信息。

步骤 3：双击“数据安全 test.mdb”的快捷方式，出现下面的对话框（见图 9-14），将“名称”文本框中输入“master”，“密码”文本框中输入“007”。如果登录成功，就可以以最高管理者身份建立和删除工作组和用户，给他们分配权限了。

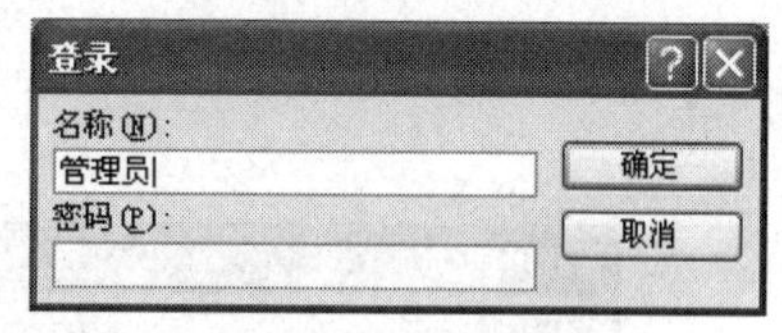

图 9-14　双击桌面加锁数据库快捷方式出现的登录对话框

注意：登录名称不可填写组名，“组”只是一种权力的载体，只有以个人身份，即某组组员才可以登录，兑现该组的权力。

9.4　账户管理和权限管理

分权管理是“用户安全机制”的主旨，Access 实现分权管理主要手段包括两个方面：一是通过“账户管理”将不同用户分配到不同的权限组；二是通过“权限管理”给不同的权限组分配不同的权力。

9.4.1　账户管理

账户管理的使用者主要是管理员组成员。一般用户只能管理自己的密码和自己创建的对象。

【例 9-6】 新建用户。

步骤 1：选择“工具 | 安全 | 用户与组账户”菜单命令，打开对话框，如图 9-15 所示。

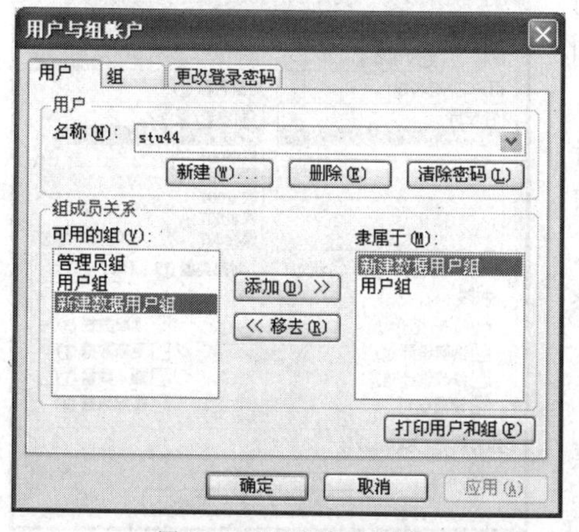

图 9-15　账户管理对话框

步骤 2：单击“新建”按钮，出现图 9-16 所示的对话框，可建立组/某个人账户，默认地给予“用户组”组员身份，根据需要还可以赋予别的身份。ID 至少应输入 4 个字符（其中“个人 ID”在建组时其实应该显示为“组 ID”）。

步骤 3：单击“用户”/“组”选项卡，通过“名称”组合框选择账户。

- 可以删除选择的账户，但不能删除当前管理者（此处为 master）自身。初始“管理员”和 2 个初始工作组也不可能删除。
- 可从“组成员关系”/“隶属于”两框中选择某个组的“资格”，“添加”给用户或从用户名下

“移去”，这是最简单的对个人用户授权的手段。图 9-15 所示是将“新建数据用户组”资格添加给了“stu45”。注意：一个账户只要存在，不可能移去用户组资格。

● 可以清除所选账户的密码。注意：“管理员”的密码万不可清除。否则，按约定一个被剥夺权力的“管理员”将自动登录，安全机制会失效。

步骤 4：单击“更改登录密码”选项卡，出现如图 9-17 对话框。

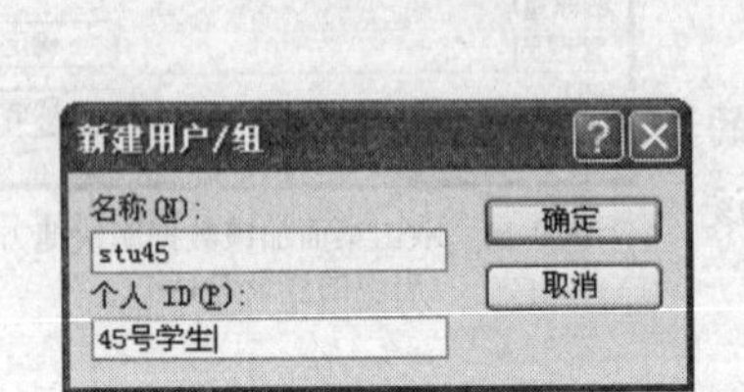

图 9-16 新建用户/组对话框（ID 至少应输入 4 个字符）

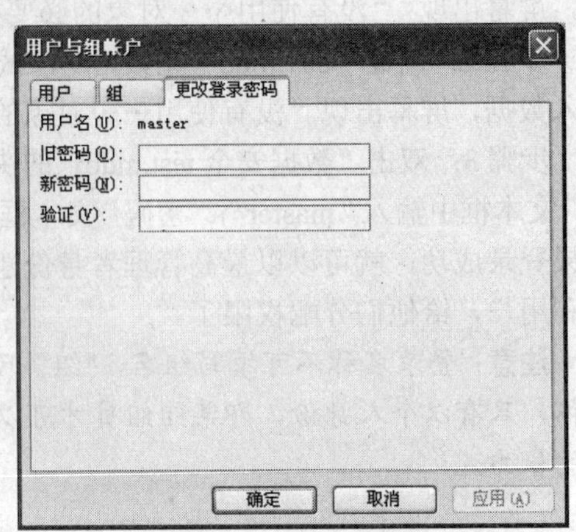

图 9-17 更改登录密码

● 此处只能修改当前用户自己的密码。新建账户须以空密码登录后再设置密码。

● 除了“旧密码”被清除或新建账户，必须给出正确的原密码才有权更改密码。

● 组账户不可能用以登录，所以不存在密码。

9.4.2 权限管理

“权限管理”主要是管理员组成员使用，以给不同的权限组分配不同的权力。管理员分权管理的主要策略是以组定权。

处置数据库、表、查询、窗体等各种对象的权力按等级大致可分为：

“所有权”>“管理权”>“修改权”>“读取权”，上位权限隐含下位权限。

一般管理办法是仔细分析各类对象的安全和使用需求，精心设计 3~4 个权力组。其中“管理员组”和“用户组”可设为两个极端，前者几乎拥有一切权限，但只有第一管理员具有数据库对象的“所有权”；后者的权限几乎一无所有，可视为冻结的账户。中间状态组（如“新建数据用户组”）以满足工作要求为限，按照表、查询、窗体等各种对象，将“所有权”、“管理权”、“修改权”、“读取权”恰如其分地分配给各工作组。

图 9-18 “用户与组权限”对话框

【例 9-7】 设置用户与组权限。

步骤 1：选择“工具｜安全｜用户与组权限”菜单命令，打开“用户与组权限”对话框，如图 9-18 所示。

步骤 2：选择用户组，分配权限，主要有以下做法。

（1）一般同组成员授予同样的权力（由“账户管理”实现）。“权限管理”主要针对权限组，只有特别必要，才在此对个人用户的权力做少许增删。

（2）上位权限隐含下位权限，但有时需要“兑现”。例如，“teacher”把“表 1”的“所有权”赋予“stu1”，而不赋予设计权；“stu1”必须据此设置自己的设计权，才真正有权修改设计。

（3）管理员对新建对象（尚不存在）的限制无效，普通用户一旦创建，则自动获得对象的“所有权”，并立刻兑现下位权限。

（4）普通用户只能查看设置自己内在的权力。当然可以一劳永逸地放弃某些权力。例如，“stu1”放弃对“表 1”的“所有权”，下次登录就不可能反悔了。

（5）同时选取多个对象，可使用 Shift 键和 Ctrl 键来控制。

注意：多个对象同时选取时，代表各种权限的复选框有 3 种状态：全有、全无、参差。

9.4.3　复活安全机制技巧

如前所说，应用安全机制产生的 5 个文件必须妥善保存。即使这样也会出现问题，例如文件路径发生变化，“管理员”密码被清除等。

利用“bak”文件当然可以回到原点，但这意味着加锁数据库中的新成果全部废弃。

现在假定只剩下 5 个文件中的 mdb 和 txt 文件，我们可以据此在任何机器、任何路径恢复 mdb 数据库的可读性以及原有的安全账户，可用以下方法。

1．将 mdb 和 txt 文件复制到某新文件夹。将 mdb 文件暂时改名（此处为“数据安全 test1.mdb”），新建空数据库作为它的替身（此处为“数据安全 test.mdb”），结果如图 9-19 所示。打开原工作组信息文本（“swz_rptSecure.txt”）以资剪贴。

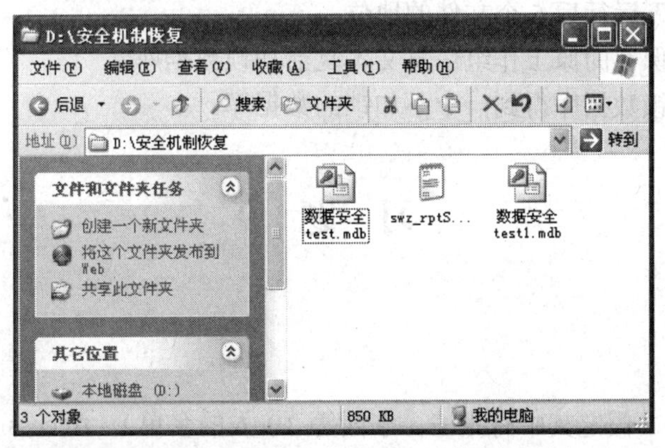

图 9-19　将 mdb 和 txt 文件复制到新文件夹，mdb 文件改名后新建一个 mdb 文件

2．重新运行“工具｜安全｜设置安全机制向导”，步骤同前，关键是对话填表时要剪贴“swz_rptSecure.txt”中工作组标记 WID 和第一管理员“master”的标记 PID，替代随机产生的新 WID 和 PID。如欲同时恢复其他账户，照此办理。

3．清点 A、B、C、D、E 5 个文件，其中“数据安全 test.mdb”和它的“bak”文件其实是替身和替身的原件。删除它们，由“数据安全 test1.mdb”改名复原。现在与原先相比，缺少了不加锁的“bak”文件。如果还想得到不加锁的“bak”文件，参考 9.4.4 小节。

9.4.4 取消安全机制技巧

作为管理员，有时为了简化操作，想取消数据库的安全机制。对原文件重新设置太麻烦，一般做法是另外导出一个数据库。下面介绍一种简便方法。

1．以“管理员组”组员身份登录加锁数据库（如 master）。

2．从文件菜单“新建”空白数据库（如 db1.mdb）。

3．趁此刻“管理员组”组员身份未变，在 db1 中“导入”加锁数据库中全部对象。

提示：db1 还遗留少许加锁数据库痕迹，对其不能直接运行安全机制。只要退出 db1 新建 db2，再从 db1 导入即可。

本章小结

本章介绍了几种 Access 对数据的备份和保密方法，以保证数据的安全。

1．数据安全可以通过备份和保密来实现。

2．数据保密通过加密/加锁实现。Access 的加密必须与加锁配合使用。

3．文件级简单加锁适用于单个用户或几个平等的工作组成员。

4．理解分权管理机制。各类对象的 4 级权限、各组权力、用户的组员身份及密钥，可运用“账户管理”/“权限管理”配置以上要素。

5．用户级加锁通过“设置安全机制向导”来实现，要旨是新定义一个全权的第一管理员，将原来默认的全权“管理员”打入无权的“用户组”。认识“管理员”密码的特殊地位。认识“设置安全机制向导”运行后 5 个文件的地位。

6．可利用妥善保存的原工作组信息文本复活加锁数据库。

7．可从一个加锁数据库得到一个不加锁的数据库。

习 题 9

9.1 思考题

1．对于 A.mdb（假定其中有张三、李四等 10 人的名单），Access 的加密和加锁有什么不同？

2．对于 A.mdb，简单加锁和启动安全机制加锁有什么不同？

3．在文件夹 D:\007\下，对 A.mdb 应用“用户级安全机制”会产生哪些文件？怎样管理这些文件？

4．假定在文件夹 D:\007 下，对 A.mdb 应用“用户级安全机制”产生的文件移动到 D:\008 下，怎样对快捷方式文件作相应修改？（提示：快捷菜单 | 属性）

5．假定“007”是 A.mdb 的第一管理员，清除原始“管理员”的密码后，还能以“007”身份登录该数据库吗？怎样恢复正常登录？（提示：选择“工具 | 安全 | 用户与组账户”菜单命令，为“管理员”任设新密码）

6．假定上述文件只留下 A.mdb 和“工作组信息”报表的文本形式“swz_rptSecure.txt”，该怎么办？

7．要从加锁的 A.mdb 得到不加锁的 B.mdb，该怎么做？

9.2　选择题

1．在建立、删除用户和更改用户权限时，一定先使用（　　）账户进入数据库。

（A）管理员组成员　　（B）普通账户
（C）具有读写权限的账户　　（D）没有限制

2．在设置或更改数据库密码前，一定先以（　　）方式打开 Access 数据库。

（A）打开　　（B）只读　　（C）独占　　（D）独占只读

3．在建立数据库安全机制后，进入数据库要依据建立的（　　）方式。

（A）安全机制，包括账户、密码、权限等
（B）组的密码
（C）账户的 PID
（D）权限

4．在压缩数据库时，压缩的是数据库对象的（　　）。

（A）非使用空间　　（B）字符串　　（C）字体　　（D）去掉多媒体部分

5．数据库的副本可以用来（　）数据库。

（A）加密　　（B）提高效率　　（C）恢复　　（D）添加访问的权限

9.3　填空题

1．数据损毁大致有________、________、________原因。

2．数据备份的主要方式有________、________、________。

3．现代加密/解密主要通过________来实现。

9.4　上机实验

在“教学信息管理”数据库的复件中，添加用户账号并设置操作权限。

第 10 章　Access 应用系统实例

在前面的章节中，介绍了 Access 数据库的功能和应用，使用户对 Access 数据库有了一个比较全面的了解。尽管在前面的各章介绍中也列举了大量实例，但比较零散、不系统。本章将运用以前所学的所有知识，以“CD 管理系统”为例，向用户介绍使用 Access 实现应用系统的过程。“CD 管理系统”的开发会涉及的一些对象，如表、查询、窗体、报表、宏，从完成一个系统设计的基点出发，将 Access 数据库管理系统的各个对象作为工具，在介绍实现过程时，读者可参照教材的各章内容加以理解和应用。同时，为了方便读者和学生完成 Access 课题设计，提供一些实践选题供参考。

10.1　“CD 管理系统”示例

要完成“CD 管理系统”的设计，设计人员应按照 1.4 节中介绍的数据库设计方法和步骤进行实践。

设计数据库的一般步骤如下。

（1）分析需求。确定数据库要存储哪些数据。

（2）确定需要的表。一旦明确了数据库需要存储的数据和所要实现的功能，就可以将数据分解为不同的相关主题，在数据库中为每个主题建立一个表。

（3）确定需要的字段。实际上就是确定在各表中存储数据的内容，即确立各表的结构。

（4）确定各表之间的关系。仔细研究各表之间的关系，确定各表之间的数据应该如何进行联接。

（5）功能的设计。通过设计查询、窗体和报表，实现各种数据输入、处理和输出功能。

（6）调试。可以在各表中加入一些数据作为例子，然后对这些例子进行操作，看是否能得到希望的结果。如果发现设计不完备，可以对设计做一些调整。

10.1.1　需求分析

现在要设计的“CD 管理系统”被用来分类和管理一堆音乐 CD，使得用户不但能够了解音乐 CD 基本情况（如每张 CD 的标题、风格、购买日期等相关信息），而且知晓每张 CD 的详细信息（比如每张 CD 包含的曲目、歌曲长度、演唱者），甚至每首曲目的声音剪辑。

1．信息要求

使用 Access 设计“CD 管理系统”数据库的基本任务是既要保存诸如歌曲名称、CD 名称、歌曲长度、演唱者及出版商的信息，又要考虑如何最大限度地减少数据库中的重复数据。要有基本表，应该设计各个表的基本结构、表间关系；要有查询，要能够输出合理的报表。可以通过创建以下数据表，作为数据库的基础。

- “CD 集”表用来保存每张 CD 的标题及相关信息。
- “CD 曲目”表用来保存 CD 中歌曲信息。
- “歌手”表用来保存演唱者或演唱组的信息。
- “出版商”表用来保存出版商的信息。

2．处理要求

任何信息系统都具备数据的输入、处理和输出功能。本系统包括以下基本功能。

- 增加 CD 唱片。
- 添加歌手。
- 删除报废的 CD 唱片。
- 查看 CD 唱片。
- 打印 CD 清单等。

3．安全性与完整性要求

CD 管理应考虑具有一定的权限与加密，并使用表间关系中的完整性约束，以保证数据的正确。

10.1.2 数据库设计

接下来，我们需要依次考虑每张表，并决定每张表中应该存储哪些信息。确定各表包含哪些字段，安排字段的类型和大小，找出表的主键。为了保证数据输入的方便和规范，还应安排字段诸如默认值、有效性规则等属性。

1．设计各个表的结构

（1）“CD 集”表

“CD 集”表中保存的是与整张 CD 相关的信息，如名称、分类、发售日期等。这些信息将构成数据库中的主表，将该表命名为“CD 集”。“CD 集”表的设计如表 10-1 所示。

表 10-1 “CD 集”表

字 段	类 型	长 度	主 键	说 明
CD 编号	自动编号型		是	
标题	文本型	50		
风格	文本型	50		流行、乡村音乐、民族
歌手编号	查阅向导			数据源：“歌手”表
购买日期	日期/时间型			默认值：当天函数 date()
购买价格	货币型			
出版商	查阅向导			数据源：“出版商”表
是否报废	是否			

“CD 编号”字段是自动编号数据类型。它为这个 CD 集中的每张 CD 都提供了一个唯一

的标识号，并作为这张表的主键。此外，“CD 曲目”表中也使用“CD 编号”字段，使得“CD 集”表和“CD 曲目”表建立联系。

考虑到大部分 CD 以专集形式发行，因此安排一个“歌手编号”字段。

这张表中的其他字段并不是必要的，但是它们能帮助我们准确无误的记录 CD 的信息。

（2）“CD 曲目”表

“CD”表保存 CD 中歌曲信息，比如每张 CD 包含的曲目、歌曲长度、演唱者，甚至每首曲目的声音剪辑。“CD 曲目”表的设计如表 10-2 所示。

表 10-2　“CD 曲目”表

字　段	类　型	长　度	主　键	说　明
CD 编号	数字	长整型	是	数据源：“CD 集”表
曲名	文本型	50	是	
歌手编号	数字	长整型		
长度	文本			
曲目片段	OLE 对象			

“CD 曲目”表的主键是“CD 编号”字段和“曲名”字段组合形成该表的主键。

“CD 曲目”表将通过“CD 编号”字段实现与“CD 集”表的链接。该字段用来表明这首歌所属的 CD 盘。类似地，“歌手编号”字段与“歌手”表中的相同字段实现与“歌手”表的链接，表明歌曲与哪一个演唱人或组相对应。在“CD 曲目”表安排“歌手编号”字段主要针对非专集类型的 CD 唱片，唱片的曲目由不同的歌手演唱。

“曲目片段”字段的类型设置为 OLE 对象型，用来保存曲目的声音剪辑。

（3）“歌手”表

“歌手”表保存演唱者或演唱组的信息，比如歌手编号、姓名、简介等。“歌手”表的设计如表 10-3 所示。

表 10-3　“歌手”表

字　段	类　型	长　度	主　键	说　明
歌手编号	自动编号型		是	
歌手姓名	文本型	50		
歌手简介	备注			
照片	OLE 对象			

（4）“出版商”表

“出版商”表保存出版商的信息，比如出版商编号、姓名、简介等。“出版商”表的设计如表 10-4 所示。

表 10-4　“出版商”表

字　段	类　型	长　度	主　键	说　明
出版商 ID	自动编号型		是	
出版商	文本型	50		

续表

字　段	类　型	长　度	主　键	说　明
联系人	文本			
地址	文本			
邮政编码	文本	6		
电话	文本			
传真	文本			
电子邮件	文本			

注意：该数据库的设计方式并不是完成 CD 管理任务的唯一方式。数据库中要保存哪些信息应该根据实际情况而定。我们可以在自己的数据库中保存与上述完全不同的信息。比如可以添加“出版商”表，保存出版商相关信息。

2．设定各个表的主键

“CD 集”表的主键是 CD 编号。

“CD 曲目”表的主键是 CD 编号+曲名。

“歌手”表的主键是歌手编号。

“出版商”表的主键是出版商 ID。

图 10-1 所示为“CD 曲目”表的设计视图。

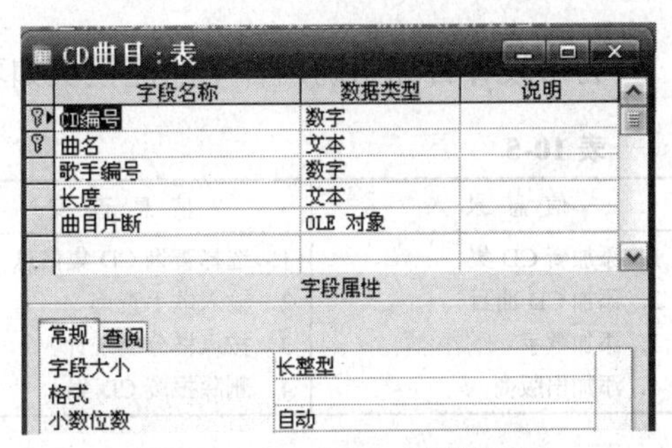

图 10-1　“CD 曲目”表的设计视图

10.1.3　建立表间关系

创建表以后，下面的工作就是建立表之间的联系，以保证数据受到参照完整性规则的约束。按照第 3 章介绍的方法建立表间联系。在本例中，用于建立关联的字段和它们各自对应的表如下。

- 通过“CD 编号”字段，建立“CD 集”表和“CD 曲目”表的一对多的关系，“CD 集”表是关系“一”的一方。
- 通过“歌手编号”字段，建立“歌手”表和“CD 集”表的一对多的关系，其中“歌手”表是关系“一”的一方。
- 通过“出版商 ID”字段，建立“出版商”表和“CD 集”表的一对多的关系，其中“出版商”表是关系“一”的一方。

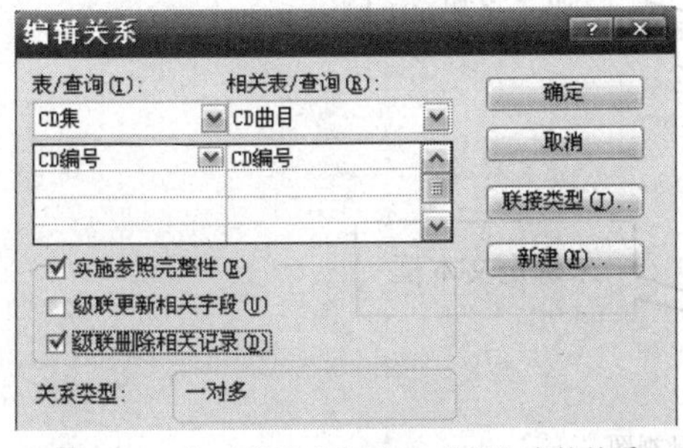

图 10-2　“CD 集”表和“CD 曲目”表的关系

在建立“CD 集”表和“CD 曲目”表的关系时，选择“实施参照完整性”选项。同时考虑在删除某张 CD 唱片时，该唱片在“CD 曲目”表的曲目记录应随之删除，因此选择“级联删除相关记录”选项。图 10-2 所示为“CD 集”表和“CD 曲目”表的“编辑关系”对话框。

图 10-3 所示为表之间的关系，其创建步骤因在前面已经介绍，这里就不再介绍了。

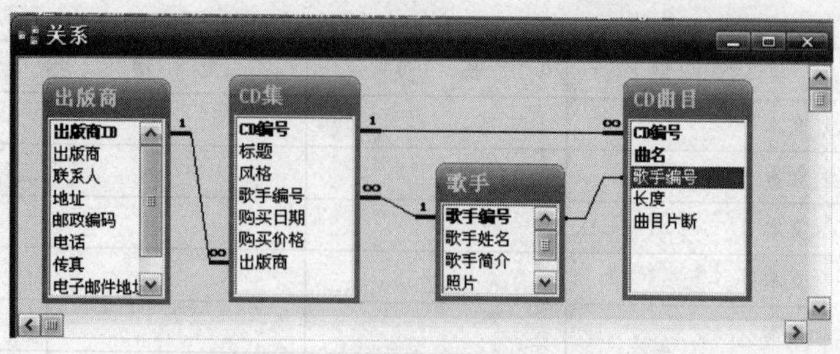

图 10-3 “CD 管理系统”表间关系图

10.1.4 功能模块

为了设计目标明确，各个功能模块如表 10-5 所示。

表 10-5 功能模块

信 息 录 入	信 息 查 询	信息统计与输出	退 出
1. 添加新 CD 集 2. 添加 CD 曲目 3. 添加歌手 4. 添加出版商	1. 选择查询 CD 集信息 2. 输入歌手查询 3. 按风格分类统计 4. 删除报废 CD 集	输出各类 CD 报表	退出系统

10.1.5 设计窗体

设计 CD 唱片管理数据库窗体的目的是希望一般用户通过窗体使用数据库，用来保护数据库的内容。

1.“CD 管理系统”窗体

设计一个名为“CD 管理系统”的窗体，通过该窗体的命令按钮，实现相关功能，并通过自动启动，每次在打开数据库时将自动打开“CD 管理系统”窗体，如图 10-4 所示。

（1）窗体的布局

窗体的布局如图 10-4 所示。

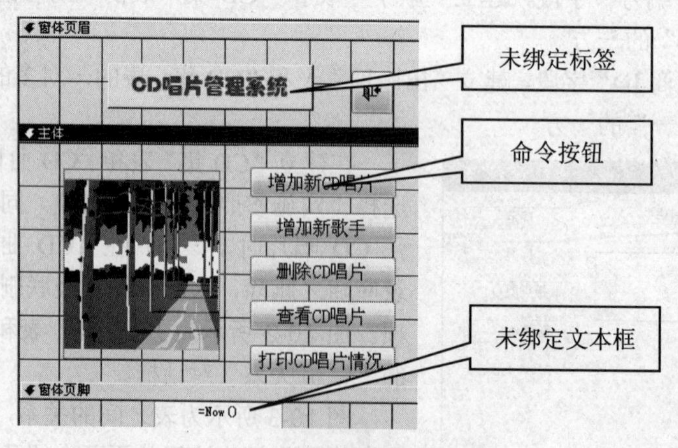

图 10-4 “CD 管理系统”设计视图

（2）窗体属性的设置

为了使窗体显示更加美观，“CD 管理系统”窗体不显示导航按钮等。可以通过设置窗体属性，改变窗体显示方式，如图 10-5 所示。其中包括以下内容。

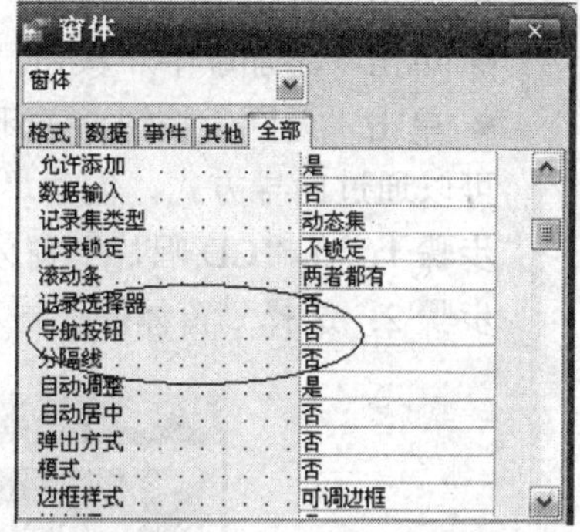

图 10-5 “CD 管理系统”属性窗口

- 记录选择器：否。
- 导航按钮：否。
- 分隔线：否。
- 最大最小化按钮：无。

2．添加新 CD 唱片

（1）“CD 唱片”窗体的布局

“增加新 CD 唱片”选项和“查看 CD 唱片”选项都要用到“CD 唱片”窗体。该窗体由主窗体和子窗体两个主要部分构成。主窗体信息来自“CD 集”表中的信息，子窗体的信息来自“CD 曲目”表中的信息。该窗体可以通过“窗体—子窗体”的方式运行。子窗体是直接根据“CD 曲目”表建立的。子窗体中只显示与主窗体中“CD 编号”相同的记录，如图 10-6 所示。

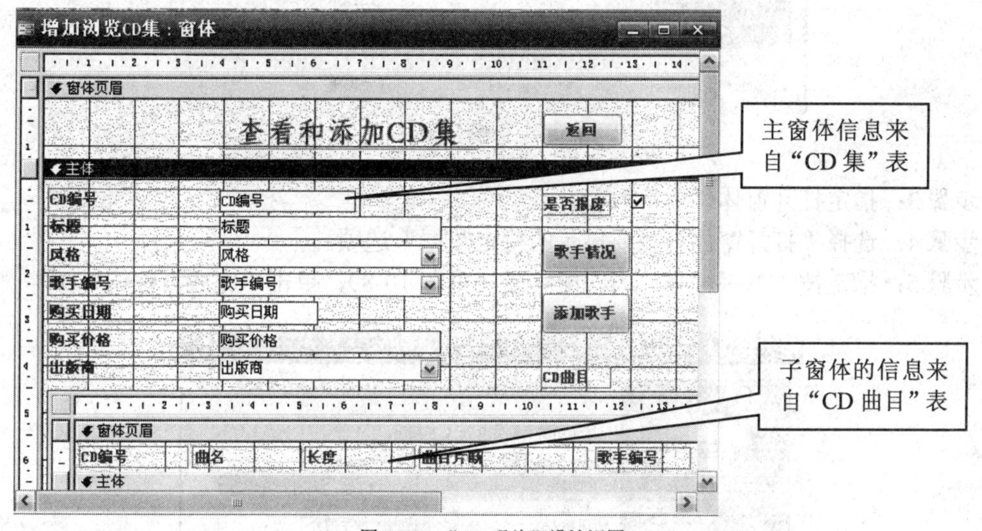

图 10-6 “CD 唱片”设计视图

（2）“CD 唱片”窗体及子窗体设计

创建“CD 唱片”窗体的操作步骤如下。

步骤 1：以“CD 集”表为数据源建立名为“CD 唱片”窗体，窗体采用纵栏式。

步骤 2：以“CD 曲目”表为数据源建立名为“CD 曲目”窗体，该窗体显示“CD 曲目”表中的字段。

步骤 3：进入“CD 唱片”窗体设计视图，通过“工具箱”中的“子窗体”按钮在设计视图上建立子窗体。

步骤 4：通过“子窗体向导”选择刚建立的“CD 曲目”窗体，并选择以“CD 编号”作为连接字段，完成子窗体的设计。

(3)“CD 唱片”窗体中命令按钮的设计

“CD 唱片”窗体中有 3 个按钮，分别有以下功能。

- 单击“歌手情况”按钮，打开“歌手”窗体，显示当前歌手情况。
- 单击“添加歌手”按钮，打开“歌手”窗体，添加新的歌手。
- 单击“返回”按钮，关闭当前窗体，打开“CD 管理系统”窗体。

可以通过向导方式，创建“歌手情况”按钮，其操作步骤如下。

步骤 1：在“CD 唱片”窗体设计视图中添加按钮。

步骤 2：选择“窗体操作”和“打开窗体”，如图 10-7 所示。

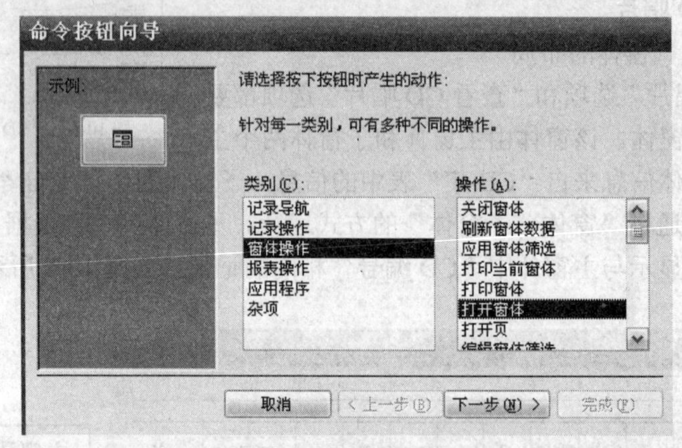

图 10-7 选择按钮操作

步骤 3：指定打开窗体“歌手”。

步骤 4：选择“打开窗体查找要显示的特定数据”选项。

步骤 5：指定按“歌手编号”为匹配字段（见图 10-8），单击“完成”按钮。

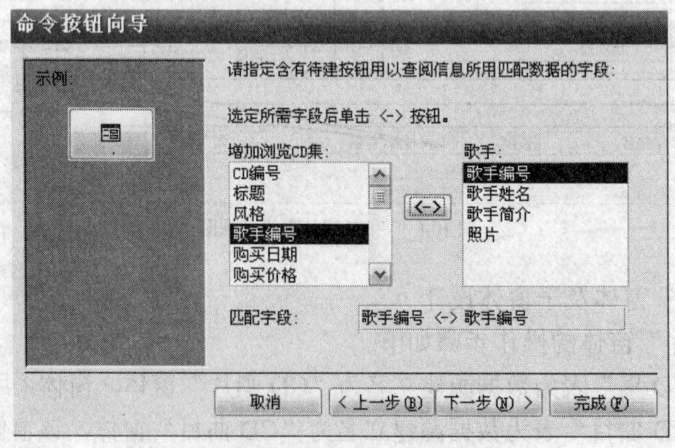

图 10-8 选择匹配字段

3．添加新歌手

如果要增加一个歌手，可以单击“CD 管理系统”窗体中的“添加新歌手”按钮，或单击“CD 唱片”窗体中的“添加新歌手”按钮。当按下鼠标键时，Access 将执行一个名为“增加歌手”的宏，打开“歌手”窗体，如图 10-9 所示。

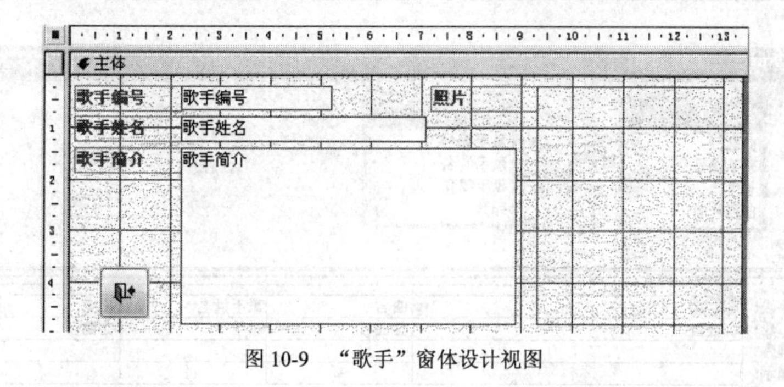

图 10-9　“歌手”窗体设计视图

10.1.6　设计查询

1. 查询子系统

（1）“查询子系统”窗体

因为查询是重点，可以将其主要功能包含在“查询子系统”窗体中，通过单击“CD 管理系统”窗体中“查看 CD 唱片”按钮打开“查询子系统”窗体，如图 10-10 所示。

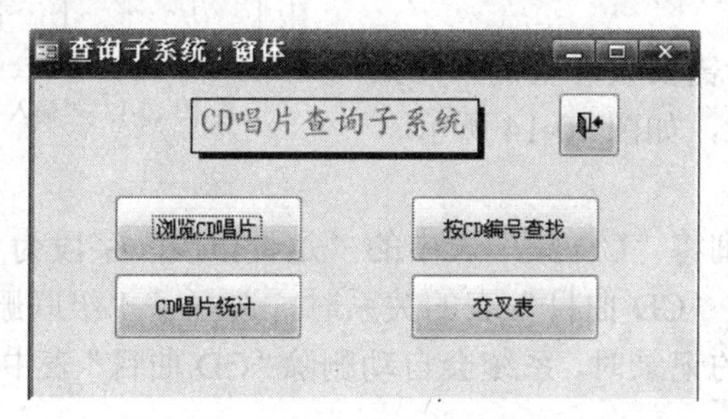

图 10-10　“CD 唱片查询子系统”窗体

（2）浏览 CD 唱片

建立查询，数据源来自“CD 集”、“CD 曲目”和“歌手”表，查看 CD 唱片详情并作为其他查询和窗体的数据源，如图 10-11 所示。

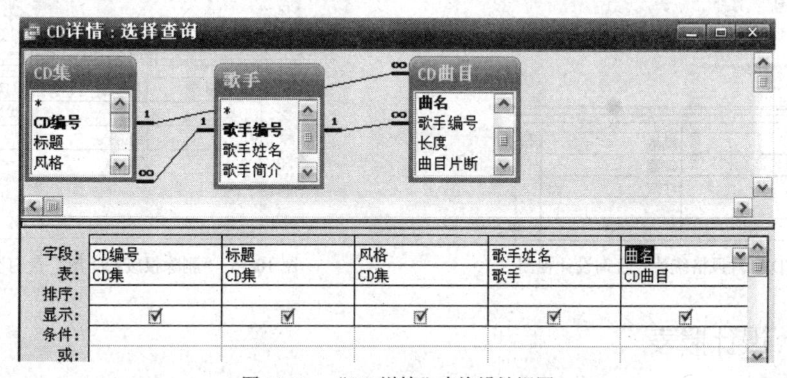

图 10-11　“CD 详情”查询设计视图

（3）按 CD 编号查找

设计参数查询完成按 CD 编号查找的功能，输入的 CD 编号来自“输入 CD 曲目”窗体中的组合框，如图 10-12 所示。这样做可以使输入参数的操作变为从下拉列表中选择参数的操作，方便而准确。

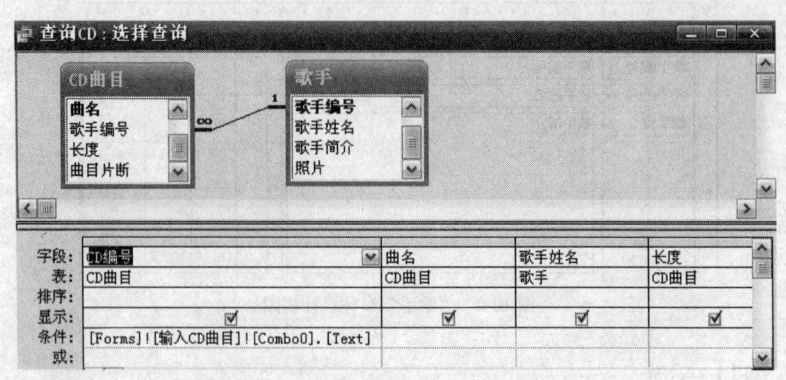

图 10-12 “按 CD 编号查找”查询设计视图

在“输入 CD 曲目”窗体中（见图 10-13），安排一个组合框和命令按钮，通过组合框下拉列表选择 CD 编号参数，单击命令按钮打开“CD 集”窗体。

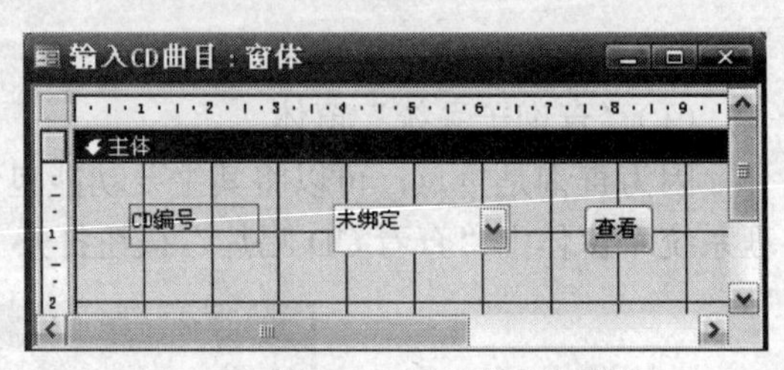

图 10-13 “输入 CD 曲目”窗体设计视图

（4）CD 唱片统计

可以根据不同的统计需要设计查询，比如统计不同风格唱片的数量，如图 10-14 所示。

2．删除报废 CD

“删除报废 CD”查询将“CD 集”表中的“是否报废”字段为“true”的记录删除。因为在建立“CD 集”表和“CD 曲目”表的关系时，选择了“级联删除相关记录”选项，所以在删除“CD 集”表中的记录时，系统会自动删除“CD 曲目”表中的相关记录，如图 10-15 所示。

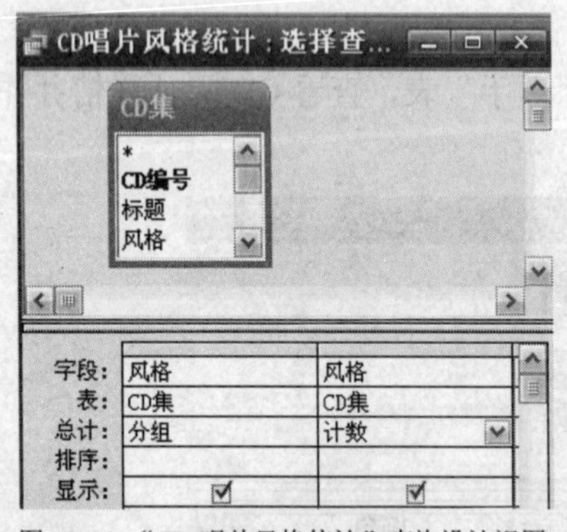

图 10-14 “CD 唱片风格统计”查询设计视图

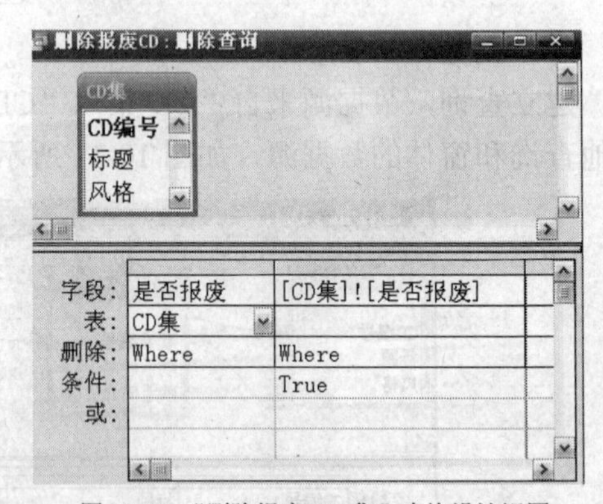

图 10-15 “删除报废 CD 集”查询设计视图

10.1.7 设计报表

该数据库中只定义了一张报表，即“CD 唱片情况”报表。用鼠标单击“CD 管理系统”窗体上的“打印 CD 唱片情况”命令按钮，将运行该报表。该报表的数据源来自“CD 详情”查询，显示了数据库中每个歌手的 CD 唱片的清单，并统计了每个歌手的 CD 唱片数量。

可以看出，这个报表比较简单，只是用来给用户一个所有歌曲的参考目录。该报表按照

“歌手姓名”字段进行了分组。通过在“歌手姓名”页眉中 count（[CD 编号]）函数，统计拥有每位歌手 CD 唱片数量；在“CD 编号页眉”中展示每张唱片的情况；在“主体”部分则展示每张唱片中曲目情况；在“报表页脚”部分，同样通过 count（[CD 编号]）函数，统计拥有所有 CD 唱片数量。报表的设计视图如图 10-16 所示。

图 10-16 “CD 唱片情况”报表设计视图

10.1.8 设计宏

1. 为“增加新 CD 唱片”命令按钮建立宏

当用鼠标在“增加新 CD 唱片”命令按钮上单击时将运行“增加唱片”宏。这个宏中包括 3 个操作，如表 10-6 所示。

表 10-6 “增加唱片”宏

操 作	作 用	操作参数的设置
Close	关闭“CD 管理系统”	对象类型：窗体 对象名称：CD 管理系统
OpenForm	打开“CD 唱片”窗体	窗体名称：“CD 唱片”
GoToRecord	在窗体中跳到新记录输入的位置	记录：新记录

建立“增加唱片”宏步骤如下。

步骤 1：在数据库窗口的对象栏选择“宏”对象，单击“新建”按钮，自动产生“宏 1”的宏设计界面（见图 10-17），单击“操作”栏，即可打开宏指令的下拉菜单（如果用键盘输入宏指令的前一两个字母，可更快速地找到所需操作）。

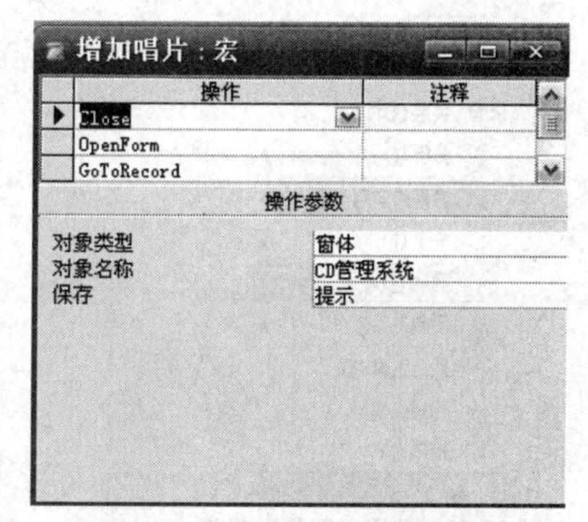

图 10-17 “增加唱片”宏设计视图

步骤 2：在“操作参数”对话框设置参数。

步骤 3：以“增加唱片”为名，保存宏。

步骤 4：在“CD 管理系统”设计视图中，在“增加新 CD 唱片”命令按钮的属性窗口中设置触发事件，如图 10-18

所示。

图 10-18　命令按钮属性窗口

2．“增加歌手”宏

这个宏与“增加唱片”宏类似。它包括 OpenForm 操作和 GoToRecord 操作。Access 将打开一个“歌手”窗体，并允许用户在该窗体中向“歌手”表中增加记录。表 10-7 所示是“增加歌手”宏的内容。

表 10-7　　“增加歌手”宏

操　　作	作　　用	操作参数的设置
OpenForm	打开“歌手”窗体	窗体名称：“歌手”
GoToRecord	在窗体中跳到新记录输入的位置	记录：新记录

10.1.9　将主窗体设置为启动窗体

若想启动 Access 系统后直接进入“CD 管理系统”，可将该窗体设置为启动窗体。其操作步骤如下。

（1）打开“CD 管理系统”数据库，使用鼠标左键单击对象“窗体”。

（2）使用鼠标左键单击 Access“工具”菜单，选择“启动”命令，如图 10-19 所示。

（3）调出“启动”对话框，在“显示窗体/页”的第一栏，使用下拉箭头选择“CD 管理系统”窗体单击“确定”即可，如图 10-20 所示。

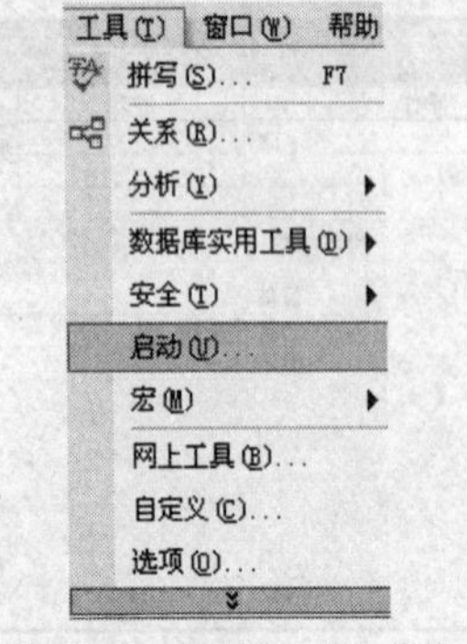

图 10-19　使用“工具”菜单

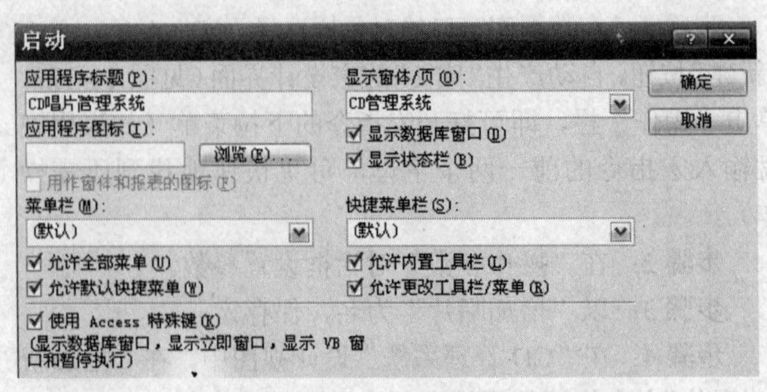

图 10-20　设置启动窗体对话框

10.1.10　为系统设置和撤销密码

系统设计完成后，可通过设置密码，避免数据修改。

1．为系统设置"密码"

其操作步骤如下。

（1）关闭"CD 管理系统"数据库。

（2）用鼠标左键单击 Access 的"文件"菜单，调出"打开"对话框，先选定数据库名"CD 管理系统"，再单击"文件名栏"右侧的"打开"下拉箭头，选择"以独占方式打开"。

（3）系统回到数据库窗口，用鼠标左键单击 Access"工具"菜单（见图 10-21），选择"安全"，调出下一级菜单，选择"设置数据库密码"，弹出如图 10-22 所示的对话框。

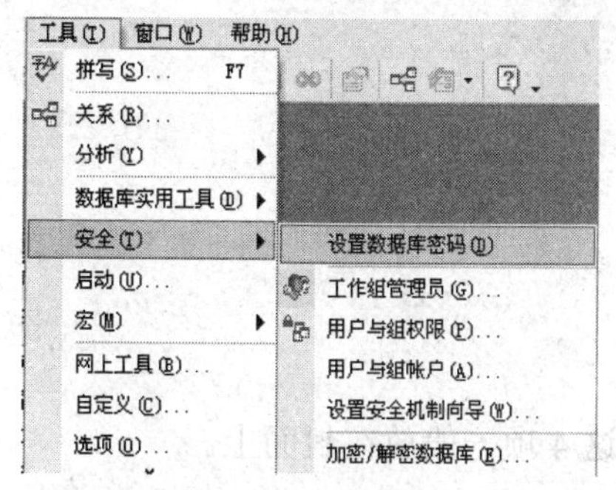

图 10-21　设置密码操作

图 10-22　设置数据库密码对话框

（4）在该对话框中输入"密码"，在"验证"栏输入同一密码即可。

当再次打开该数据库时，系统会提示输入密码，如图 10-23 所示。若密码输入正确，系统会自动打开该数据库，否则系统提示出错，如图 10-24 所示。

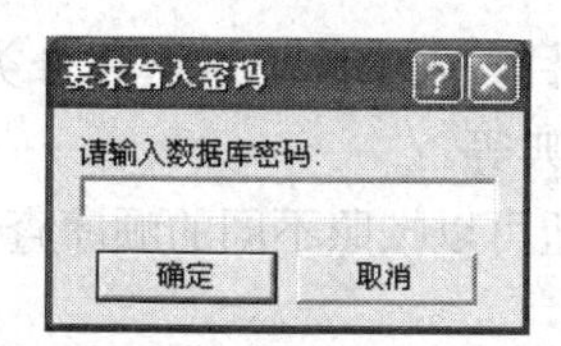

图 10-23　输入数据库密码对话框

图 10-24　数据库密码错误提示

2．为系统撤销密码

其操作步骤与为系统设置密码基本相同。

（1）用鼠标左键单击 Access 的"文件"菜单，调出"打开"对话框，选定数据库名"CD 管理系统"，单击"文件名栏"右侧的"打开"下拉箭头，选择"以独占方式打开"。

（2）当再次打开该数据库时，系统会提示输入密码。输入正确密码，单击"确定"按钮，如图 10-23 所示。

（3）系统回到数据库窗口，用鼠标左键单击 Access"工具"菜单（见图 10-21），选择"安全"，调出下一级菜单，使用鼠标左键单击"撤销数据库密码"即可。

注意：不执行（1）、（2）步骤，则不能执行第（3）步骤；若需修改密码，其操作步骤基本同于"设置"与"撤销"密码的操作。

10.1.11 完成系统任务说明书

一个系统设计完成之后，要经过调试、试运行、投入使用等阶段，设计者应写出任务说明书，使其成为今后修改、扩充功能的重要资料。

任务说明书的内容应包括以下几个方面（本系统主要介绍实现过程，就不再展示任务说明书了）。

① 任务名称。

② 设计者。

③ 指导教师。

④ 设计时间。

⑤ 总体功能。

⑥ 各功能模块联系图。

⑦ 表的结构和表之间关系。

⑧ 窗体、查询和报表的设计和功能。

⑨ 各模块功能使用方法。

⑩ 操作说明。

⑪ 注意事项。

其中，任务名称、设计者、指导教师和设计时间这 4 项一般放在封面上。

10.1.12 完善数据库

"CD 管理"数据库中的内容还存在着可以进一步完善的地方，下面介绍可改进的内容。

（1）增加"音乐类型"表。这个表用来对"CD 曲目"表中的记录进行分类。例如，音乐类型可以包括摇滚、流行、新世纪、乡村、爵士、古典等。

（2）在"输入新唱片"窗体中增加筛选按钮。该按钮可以按照不同的顺序查看所有的 CD 记录。例如，可以按照演唱组或购买日期进行排序。

（3）在"输入新唱片"窗体中加入查找特性。该特性可以在整个 CD 集中找到某张 CD 的记录，可以按照标题、演唱组或其他特性进行查找。

（4）增加更多的 CD 记录。本书提供的这个数据库中一共有 30 多条 CD 唱片记录。读者可以修改它们，并据为己有，如增加更多的 CD 记录。随着声音剪辑片断的增加，数据库的大小将极大的增加。

（5）定义更多的报表。实际上还可以创建更多的报表。例如，以下这些报表。

- CD 集价值报表。该报表将用于财产保险。列出所有 CD 的标题、购买日期和价值，但不记录其曲目的信息。
- CD 平均拥有时间。该报表能让读者知道已收集的 CD 是否已经老化。在这种情况下，可以高亮度显示需要清除或尽快更新的 CD。
- 出版商一览表。该报表包括了各出版商 CD 集中演唱组的信息。

10.2　学生实践选题

为了方便读者和学生完成 Access 课题设计，学生可以在教师的指导下，以个人或小组的方式完成一个小型课题，可选择从以下 8 个课题中选择一项。课题设计内容包括课题名称、课题中涉及的各表的结构、各表间的关系示意图和项目的主要功能。其中建立正确的表及表间关系是重点。

当然，学生还可以选择这 8 个课题之外的课题，创建出生动、活泼、使用的数据库管理系统。

课题名称目录：

① 图书借阅；　② 设备租赁；
③ 商品订货；　④ 人事档案；
⑤ 产品销售；　⑥ 工资发放；
⑦ 明星排行榜；　⑧ 图书销售。

10.2.1　图书借阅管理系统

图书借阅管理系统设计了 3 个表，表结构及部分记录内容如图 10-25～图 10-27 所示。

读者表 ： 表

读者号	姓名	性别	班号	出生日期	年龄	电话	E-MAIL地址
1000	宋爱华	女	德语06	1988年9月7日		13001000001	ABA@sohu.com
1001	欧阳人和	男	德语06	1990年10月2日		13001000002	ABB@sohu.com
1002	王芳	男	德语06	1988年5月6日		13001000003	ABC@sohu.com
1003	刘小利	女	法语06	1988年11月2日	30	13001000004	ABD@sohu.com
1004	赵平	男	法语06	1987年9月9日	31	13001000005	ABE@sohu.com
1005	姚颖	男	亚非06	1990年1月8日		13001000006	ABF@sohu.com
1006	王红雷	女	亚非06	1990年1月1日		13001000007	ABG@sohu.com
1007	左苗	女	英语06	1988年12月1日	30	13001000008	ABH@sohu.com
1008	钱桂芝	男	英语06	1989年1月12日		13001000009	ABI@sohu.com
1009	孙大力	男	英语06	1989年7月8日		13001000010	ABJ@sohu.com
*					0		

图 10-25　读者表的表结构及部分记录

借阅表 ： 表

读者号	图书号	借书时间	还书时间	已还否
1000	100112	2006-9-6	2006-9-19	☑
1000	113432	2006-9-1	1006-10-1	☑
1001	244355	2006-9-6		☐
1002	113432	2006-9-9		☐
*				

图 10-26　借阅表的表结构及部分记录

图书表 ： 表

图书号	书名	作者	出版社	书价
100112	天龙八部	金庸	出版社A	28
113432	水浒传	施耐庵	出版社B	35
123213	倚天屠龙记	金庸	出版社A	34
244355	三国演义	罗贯中	出版社C	32
*				0

图 10-27　图书表的表结构及部分记录

图 10-28 所示为各表之间关系。

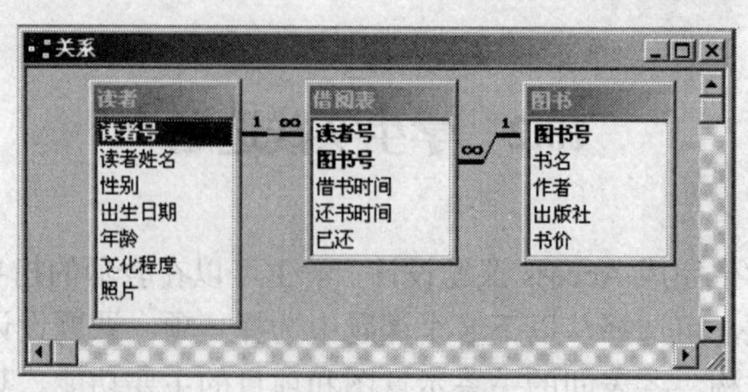

图 10-28 各表的关系

10.2.2 设备租赁管理系统

设备租赁管理系统实现对客户和设备，以及客户租赁设备情况的记录和管理。图 10-29 所示为该系统主要表间关系示意图。

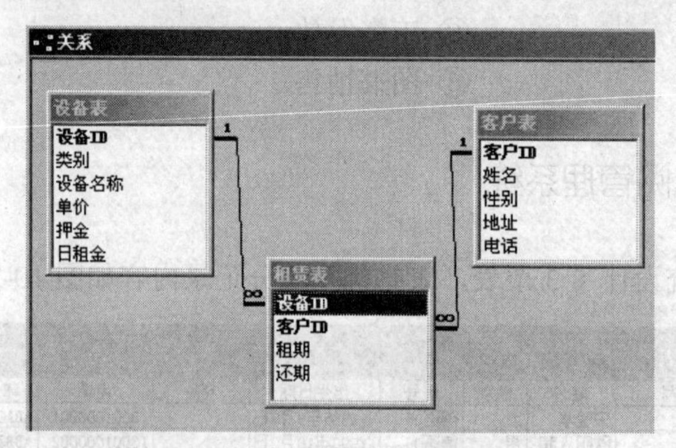

图 10-29 设备租赁管理系统表间关系示意图

10.2.3 商品订货管理系统

商品订货管理系统实现对供应商和产品，以及供应商提供产品情况的记录和管理。图 10-30 所示为该系统主要表间关系示意图。

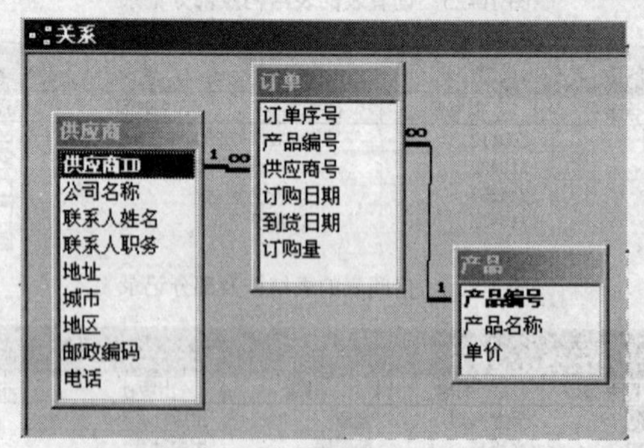

图 10-30 商品订货管理系统表间关系示意图

10.2.4 档案管理系统

档案管理系统实现对职工和职工工资，以及职工家庭情况的记录和管理。图 10-31 所示为该系统主要表间关系示意图。

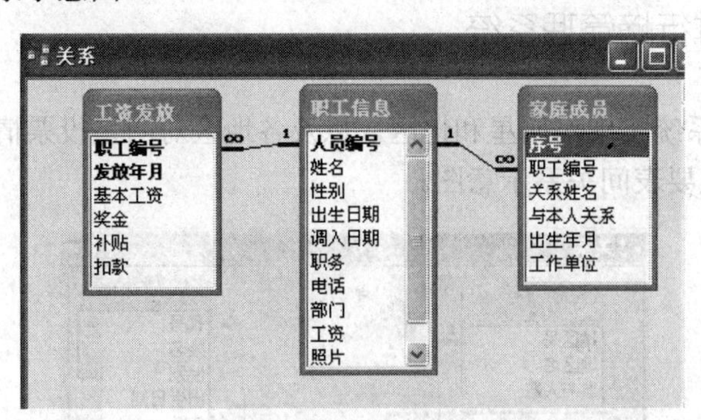

图 10-31 档案管理系统表间关系示意图

10.2.5 产品销售管理系统

产品销售管理系统实现对客户和产品，以及客户购买产品情况的记录和管理。图 10-32 所示为该系统主要表间关系示意图。

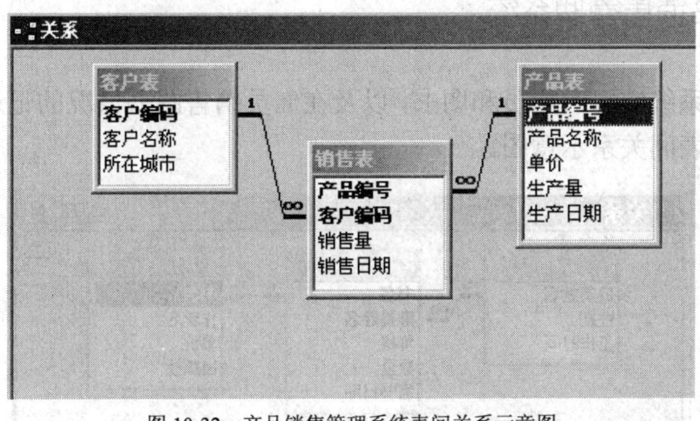

图 10-32 产品销售管理系统表间关系示意图

10.2.6 个人银行卡管理系统

个人银行卡管理系统实现对个人银行卡，以及在银行卡上存取情况的记录和管理。图 10-33 所示为该系统主要表间关系示意图。

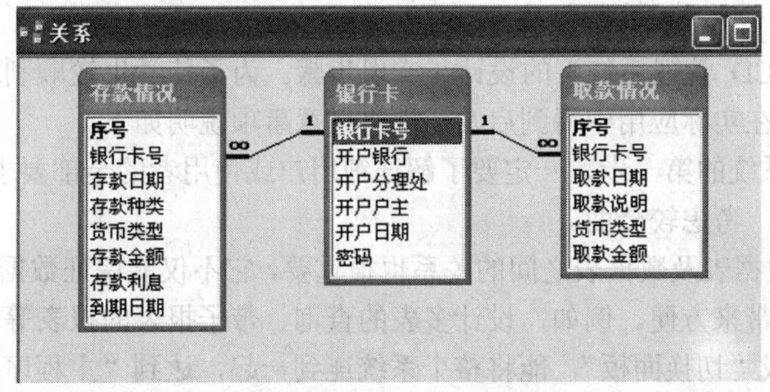

图 10-33 发放工资管理系统

10.2.7 明星排行榜管理系统

明星排行榜管理系统实现对明星和地区，以及各地区对明星投票情况的记录和管理。图 10-34 所示为该系统主要表间关系示意图。

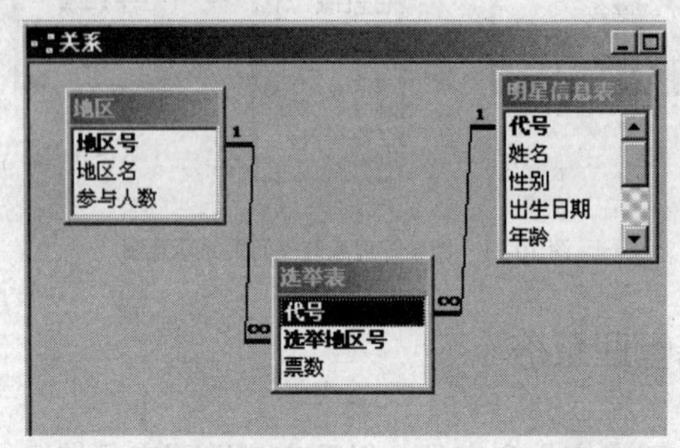

图 10-34 明星排行榜管理系统表间关系示意图

10.2.8 图书销售管理系统

图书销售管理系统实现对雇员和图书，以及在雇员销售图书情况的记录和管理。图 10-35 所示为该系统主要表间关系示意图。

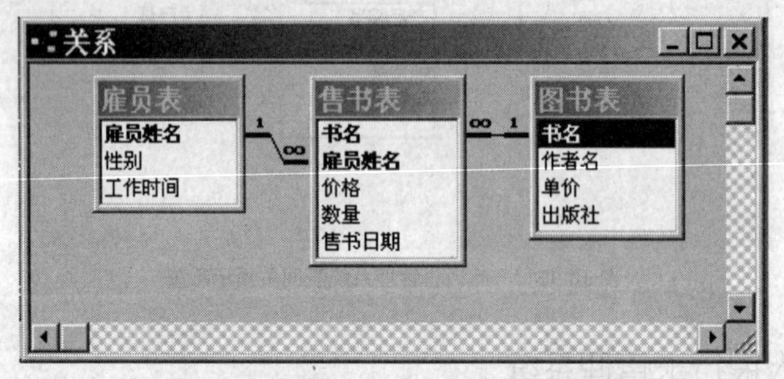

图 10-35 图书销售管理系统表间关系示意图

本 章 小 结

本章介绍了“CD 管理系统”的设计与实现步骤。为了使学生较顺利地完成结业系统设计，也为其他用户在实际应用中得到启发，现将注意事项说明如下。

1．完成一个系统的第一步，一定要了解详细用户或使用者的全部要求，不要反复修改，尽量在最初设计时，考虑较全面。

2．设计各个数据表及数据表之间的关系也很重要，它不仅能保证数据的正确性，也能给设计查询、报表等带来方便。例如，设计多表的查询、带子报表的报表等。

3．使用窗体或“切换面板”，能将整个系统连到一起，达到“主程序调用子程序”的目的。用户在学习“窗体”一节中要掌握创建各类窗体和在窗体上使用命令按钮的方法。

4．完成一个系统的设计后一定要调试，检查它是否达到设计要求，是否存在错误，将错误消灭在投入使用之前。

5．设计系统的同时应完成“任务说明书”的编写，这不仅是对学生完成作业的要求，而且是在实际开发信息系统时必不可少的过程。翔实准确的“任务说明书”会有利于系统正确使用，有利于系统的修改、功能的扩充。总之，这样做对使用者和开发者都有利。

附录 习题解答

1.2 选择题

1. B　2. A　3. D　4. D　5. A　6. B　7. C
8. B　9. A　10. B　11. B　12. C

1.3 填空题

1. Access　SQL Server　Oracle
2. 数据
3. 二维表
4. 关系
5. 选择　投影　联接
6. 投影
7. 工资号
8. 一对多关系　多对多关系

2.2 选择题

1. C　2. D　3. D　4. A　5. C　6. A　7. B
8. B　9. C　10. C　11. B　12. A　13. D　14. B

2.3 填空题

1. 数据库管理
2. 表
3. 表、查询、窗体、报表、宏、WEB 数据访问页、模块
4. WEB 数据访问页、.mdb

3.2 选择题

1. C　2. C　3. A　4. C　5. D　6. A　7. A
8. C　9. B　10. C　11. B

3.3 填空题

1. 设计
2. 数据类型

3．数据表

4．-1，0，-1，0

5．高级筛选/排序

6．冻结

7．文本、备注、数字、日期/时间、货币、自动编号、是/否、OLE 对象、超链接、查阅向导，自动编号

8．输入掩码

4.2 选择题

1．D 2．A 3．A 4．B 5．B 6．D 7．A

8．D 9．C 10．B 11．A 12．A 13．D 14．C

4.3 填空题

1．选择查询、参数查询、交叉表查询、操作查询和 SQL 查询

2．"教授" or "副教授"

3．总计

4．学号 学号 课程 ID

5．与 / and、或 / or

6．SQL

7．sum()、min()、count()

8．生成表查询、更新查询、追加查询、删除查询

5.2 选择题

1．B 2．C 3．C 4．A 5．B 6．A 7．B

8．C 9．A 10．C 11．A 12．D

5.3 填空题

1．绑定型控件、未绑定型控件、计算型控件

2．列表框、组合框

3．窗体相应位置单击鼠标左键

4．格式

5．纵栏式、表格式、数据表、先建立基于多表的查询作为数据源

6．控件、其属性集

7．Ctrl

8．格式、数据、事件、其他、全部

6.2 选择题

1．B 2．C 3．A 4．B 5．D 6．D 7．D

8. D　9. B　10. A　11. D　12. A

6.3 填空题

1. 3 种，设计视图、打印预览、版面预览
2. 排序与分组、依据的字段和相关属性
3. 第一页最上方
4. 主体节
5. 表、查询
6. 页面页眉、页面页脚、组页眉、组页脚、主体节

7.2 选择题

1. C　2. C　3. C　4. A　5. B

8.2 选择题

1. D　2. C　3. B　4. D　5. D　6. A　7. B
8. A　9. B　10. C

8.3 填空题

1. 宏组名.宏名
2. 保存　宏名　插入行　运行宏
3. 单击工具栏的“运行”按钮（!）
4. 宏命令的顺序

9.2 选择题

1. A　2. B　3. A　4. A　5. C

9.3 填空题

1. 系统故障　误操作　计算机病毒
2. 对象级备份　文件级备份　盘级备份
3. 软件程序